国家社会科学基金"十四五"规划教育学一般项目
"0~3岁婴幼儿保育指导大纲实施的国际比较研究"
（课题号：BDA210076）成果

0~3岁婴幼儿
心理发展与评价

林洵怡 著

Psychological Development
and Evaluation of
Infants and Young Children Aged 0-3

清华大学出版社
北京

本书封面贴有清华大学出版社防伪标签，无标签者不得销售。

版权所有，侵权必究。举报：010-62782989，beiqinquan@tup.tsinghua.edu.cn。

图书在版编目（CIP）数据

0～3 岁婴幼儿心理发展与评价 / 林洵怡著 . —北京：清华大学出版社，2024.8
ISBN 978-7-302-63861-2

Ⅰ．①0… Ⅱ．①林… Ⅲ．①婴幼儿心理学 Ⅳ．① B844.12

中国国家版本馆 CIP 数据核字 (2023) 第 111321 号

责任编辑：刘志彬	
封面设计：汉风唐韵	
版式设计：方加青	
责任校对：王荣静	
责任印制：沈　露	

出版发行：清华大学出版社
网　　址：https://www.tup.com.cn，https://www.wqxuetang.com
地　　址：北京清华大学学研大厦 A 座　　邮　　编：100084
社 总 机：010-83470000　　邮　　购：010-62786544
投稿与读者服务：010-62776969，c-service@tup.tsinghua.edu.cn
质 量 反 馈：010-62772015，zhiliang@tup.tsinghua.edu.cn

印 装 者：大厂回族自治县彩虹印刷有限公司
经　　销：全国新华书店
开　　本：170mm×230mm　　印　张：20.5　　字　数：365 千字
版　　次：2024 年 9 月第 1 版　　印　次：2024 年 9 月第 1 次印刷
定　　价：168.00 元

产品编号：098707-01

前言

党的二十大报告强调了发展普惠托育服务体系的重要性，并指出托育机构不只简单地提供照护服务，还要做到科学育儿，高质量地发展。0~3岁，是个体成长的关键阶段，更是塑造未来社会人才的重要机会。本书的撰写正是基于这样的背景和使命，旨在通过深入研究，为我国婴幼儿身心健康成长提供坚实的科学支撑和实践指导。

本书聚焦儿童早期发展与教育的研究新进展和前沿成果，在传统发展心理学学科体系的基础上，结合新的发展评价手段、评价方法、评价工具，以一种新的模式充实我国婴幼儿心理发展与评价的研究领域。在内容架构上，本书共分为九章，每一章都围绕一个中心主题展开，形成了一个相互关联、互为支撑的知识体系。第一章至第三章，分别从婴幼儿心理发展的研究、理论体系、遗传和环境因素、发展评价研究与实践等方面，为读者提供了一个全面的认识框架。第四章至第七章，进一步深入到婴幼儿感知觉与身体动作、认知、言语、情绪与社会性发展的具体领域，详细阐述了各领域的发展特征、评价指标和指导要点。第八章则重点探讨了在婴幼儿保育实践中如何获取、解读和运用发展信息，以整体提升托育服务质量。本书最后一章综合介绍了婴幼儿发展的标准化评价量表，内容涵盖婴幼儿发育行为的发展评估以及托育机构和家庭托育点的质量评估，为相关的研究和实践提供了具体实施工具。

本书的撰写，得到了许多同行与友人的支持和帮助。要特别感谢廖雨曈、张伊帆、穆芳、谢婉琳、毛欣梅、刘文琴和薛曼莉为资料收集的辛苦付出，以严谨的学术态度和饱满的工作热情，为本书的完成做出了重要贡献。同时，也要感谢清华大学出版社的编辑团队，他们的专业指导和辛勤工作，保证了本书的顺利出版。此外，还要感谢所有参与审校、提供反馈意见的专家学者，以及在实践应用中给予启发和建议的托育工作者和婴幼儿家长。

本书主要面向各大高校学前教育、早期教育专业的学生、教师以及婴幼儿早期发展与评价的科研工作者等，致力于让读者建立对婴幼儿心理发展特点以及发展评估内容的整体性认知，并能够运用相关评价方式、评价指标对婴幼儿心理发展进行有效评价和开展相关研究。在本书撰写过程中，始终坚持科学性、实践性和可读性的统一，力求使每一章节都既有理论深度，又有实践指导价值。然而，由于婴幼儿心理发展与评价是一个复杂的研究领域，限于时间和水平，难免存在不足之处，敬请广大读者批评指正！

最后，衷心希望通过本书的撰写出版，为0～3岁婴幼儿的心理发展研究和实践工作贡献一分力量，为婴幼儿的成长提供科学指导，为家长和教育工作者提供实用参考。期待通过我们的努力，能够为每一个婴幼儿的未来发展打下坚实的基础。

目录

第一章 婴幼儿心理发展研究 /1

第一节 婴幼儿心理发展的研究 / 2
一、婴幼儿心理发展的范畴和研究领域 / 2
二、婴幼儿心理发展研究的基本议题 / 3
三、婴幼儿心理发展研究的基本方法 / 6

第二节 婴幼儿心理发展的理论体系 / 12
一、行为主义观 / 12
二、精神分析论 / 18
三、认知主义观 / 22
四、社会文化理论 / 24
五、生态系统理论 / 25

第三节 婴幼儿心理发展的遗传和环境因素 / 27
一、遗传的生物学基础 / 27
二、环境对婴幼儿心理发展的影响 / 33
三、遗传与环境的辩证关系 / 39

第二章 婴幼儿发展评价研究与实践 /44

第一节 婴幼儿发展评价的背景 / 45
一、什么是发展评价 / 45
二、婴幼儿发展评价的历史发展 / 46
三、我国婴幼儿发展评价的现实意义 / 48

第二节　婴幼儿发展评价的研究设计 / 52
　　一、婴幼儿发展评价的横断研究 / 52
　　二、婴幼儿发展评价的纵向研究 / 53
　　三、婴幼儿发展评价的时序设计 / 54
　　四、婴幼儿发展评价的准实验设计 / 55
第三节　婴幼儿发展评价的类型划分 / 56
　　一、区分标准：评价实施的时间 / 56
　　二、区分标准：评价实施的基准 / 59
　　三、区分标准：评价实施的方法 / 63
　　四、区分标准：评价实施的途径 / 68

72 第三章
婴幼儿发展评价指标体系

第一节　婴幼儿发展评价指标体系的含义 / 73
　　一、发展评价目标与评价指标 / 73
　　二、什么是婴幼儿发展评价指标体系 / 74
第二节　婴幼儿发展评价指标体系的编制方法 / 75
　　一、经验分析法 / 75
　　二、实证研究法 / 76
第三节　婴幼儿发展评价指标体系的框架 / 83
　　一、婴幼儿发展评价指标体系框架的构建原则 / 83
　　二、婴幼儿发展评价指标体系框架的构建依据 / 85
　　三、婴幼儿发展评价指标体系框架的内容与应用 / 85

88 第四章
婴幼儿感知觉与身体动作发展和评价

第一节　婴幼儿感知觉与身体动作发展特征 / 89

　　　　一、婴幼儿生理发展基础 / 89
　　　　二、婴幼儿的感知觉 / 101
　　　　三、婴幼儿的动作 / 109
　　第二节　婴幼儿身体发展评价 / 114
　　　　一、婴幼儿身体发展的评价范畴 / 114
　　　　二、婴幼儿身体发展的指标体系 / 115
　　　　三、评价婴幼儿身体发展的意义与指导要点 / 122

126 | 第五章
婴幼儿认知发展和评价

　　第一节　婴幼儿认知发展特征 / 127
　　　　一、认知发生发展理论 / 127
　　　　二、婴幼儿的记忆 / 131
　　　　三、婴幼儿的思维 / 135
　　　　四、婴幼儿认知品质 / 145
　　第二节　婴幼儿认知发展评价 / 147
　　　　一、婴幼儿认知发展的评价范畴 / 147
　　　　二、婴幼儿认知发展的评价指标 / 148
　　　　三、评价婴幼儿认知发展的意义与指导要点 / 156

163 | 第六章
婴幼儿言语发展和评价

　　第一节　婴幼儿言语发展特征 / 164
　　　　一、言语发展基本理论 / 164
　　　　二、前言语阶段 / 171
　　　　三、婴幼儿的言语 / 179
　　第二节　婴幼儿言语发展评价 / 184

一、婴幼儿言语发展的评价范畴 / 184

二、婴幼儿言语发展的评价指标 / 185

三、评价婴幼儿言语发展的意义与指导要点 / 189

第七章 婴幼儿情绪与社会性发展和评价 / 193

第一节 婴幼儿情绪与社会性发展特征 / 194

一、婴幼儿的情绪 / 194

二、婴幼儿的气质 / 198

三、婴幼儿的亲子依恋 / 202

四、婴幼儿的同伴关系 / 211

五、婴幼儿的自我意识 / 212

第二节 婴幼儿情绪与社会性发展评价 / 216

一、婴幼儿情绪与社会性发展的评价范畴 / 216

二、婴幼儿情绪与社会性发展的评价指标 / 217

三、评价婴幼儿情绪与社会性发展的意义与指导要点 / 225

第八章 婴幼儿发展评价信息的获取与运用 / 231

第一节 婴幼儿发展评价信息的获取方法 / 232

一、运用观察法获取婴幼儿发展评价信息 / 232

二、运用调查法获取婴幼儿发展评价信息 / 240

三、运用心理测验法获取婴幼儿发展评价信息 / 245

第二节 婴幼儿发展评价信息获取应遵循的原则 / 246

一、发展性原则 / 246

二、客观性原则 / 247

三、全面性原则 / 248

　　　　四、过程性原则 / 248
　第三节　婴幼儿发展评价信息的记录与整理 / 249
　　　　一、记录婴幼儿发展评价信息的方法 / 249
　　　　二、整理婴幼儿发展评价信息的方法 / 253
　　　　三、婴幼儿发展评价信息的个人档案管理 / 255
　第四节　婴幼儿发展评价信息的运用 / 260

262 | 第九章 婴幼儿发育行为与环境的标准化评价工具

　第一节　观察类评价工具 / 263
　　　　一、婴幼儿家庭环境观察评估表 / 263
　　　　二、托育机构婴幼儿环境评价量表 / 267
　　　　三、家庭托育点保育环境评价量表 / 271
　第二节　调查类评价工具 / 273
　　　　一、中国婴幼儿气质量表（CITS 和 CTTS）/ 273
　　　　二、中国婴幼儿情绪及社会性发展量表 / 279
　　　　三、婴幼儿感觉处理能力剖析量表 / 289
　第三节　心理测验类评价工具 / 293
　　　　一、贝利婴幼儿发展量表 / 293
　　　　二、中国儿童发育量表（CDSC）/ 297
　　　　三、丹佛发育筛查量表 / 305
　　　　四、儿童心理行为发育预警征象筛查问卷 / 308

311 | 参考文献

第一章

婴幼儿心理发展研究

本章将对婴幼儿心理发展的研究及理论基础进行全面的阐释，能够为婴幼儿的保育和教育提供科学依据，以更好地促进婴幼儿的心理发展。本章从以下三个方面对婴幼儿心理发展研究进行阐述：第一节主要围绕婴幼儿心理发展的范畴与研究领域、婴幼儿心理发展的基本议题，以及婴幼儿心理发展研究的基本方法来探讨婴幼儿的心理发展。第二节主要围绕行为主义观、精神分析论、认知主义观、社会文化理论和生态系统理论这五个与婴幼儿的心理发展密切相关的、具有广泛影响的理论和观点阐述有关婴幼儿心理发展的理论基础。第三节从遗传的生物学基础、环境对婴幼儿心理发展的影响、遗传与环境的辩证关系三个方面来探讨婴幼儿心理发展的影响因素。

第一节 婴幼儿心理发展的研究

一、婴幼儿心理发展的范畴和研究领域

发展心理学通常将个体的心理发展划分为不同的年龄阶段，其划分的依据就是这些个体在一段时期内所具有的共同的、典型的心理特征。当前，世界各国对婴幼儿期的划分存在着不同的观点，在不同的历史时期、从不同的角度出发，对婴幼儿的年龄界定有不同的理解和看法。《儿科学》界定婴儿期为胎儿出生后28天至满1岁，幼儿期为1岁至3岁。国外有些学者将胎儿出生后满28天称为新生儿期；出生后1个月至满1岁为婴儿期；1岁至3岁为学步儿期。结合当下有关婴幼儿的研究动态，本书将0～3岁界定为婴幼儿期，即婴幼儿是指0～3岁的儿童。

个体发展是从受精卵形成到死亡整个生命过程之间发生的系统变化，包括个体的身体、心理两个方面的发育、成长、分化、成熟、变化的过程。婴幼儿各个方面的发展并不是独立进行的，而是互相交叠、互相作用的。从系统研究的角度而言，心理发展研究指对动物或种系的心理演化过程的研究，分为比较心理学和民族心理学。比较心理学从研究动物的心理出发，从中求得对人类心理发展的各种认识；民族心理学研究某一历史阶段中各民族的心理发展，并加以比较，以此探讨人类心理发展的历史。从个体的研究角度而言，心理发展指人从出生到成长，再到衰亡的全过程的一系列心理变化，而心理发展研究则是探寻个体的心理水平是怎样由低级向高级发展的。

婴幼儿的心理发展是发展心理学中的重要研究内容之一，指个体在0～3岁期间所发生的一系列心理成长与变化的过程。婴幼儿心理发展研究中的主要任务可以用"WWW"表示："是什么（what）"揭示婴幼儿心理发展的普遍特征与模式；"什么时间（when）"探寻婴幼儿这些共同特征与模式发展变化的时间表；"为什么（why）"阐述婴幼儿心理发展变化的原因及其作用机制。各项研究表明，婴幼儿期是个体身心发展的关键期，是大脑发育的重要阶段，在这一时期，个体的各项发展均具有巨大的潜力。因此，了解并掌握婴幼儿心理发展的特征与规律有助于用科学的方式更好地为各项育儿工作提供指导与帮助。

我国学者对儿童心理发展大多是从儿童的身体和运动发展、感知觉发展、认知发展、语言发展、思维发展、情绪，以及社会性发展等方面进行阐述和探讨的。本书将婴幼儿心理发展主要划分为生理发展、认知发展、言语发展、情绪与社会性发展这四大领域（图1-1）。

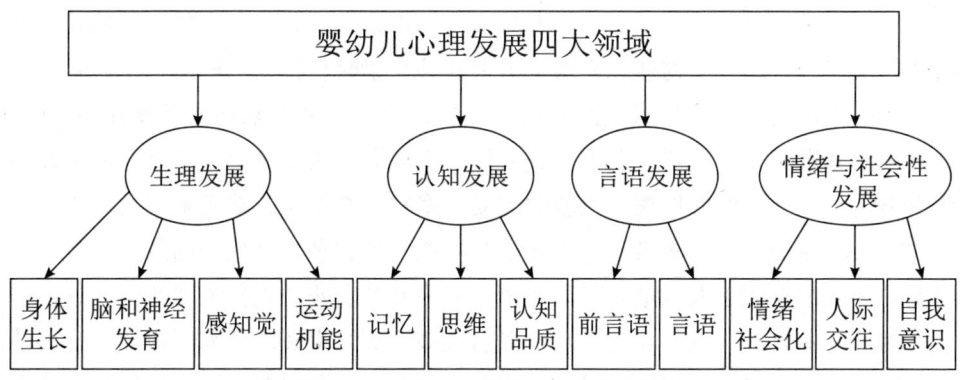

图1-1 婴幼儿心理发展的各个领域

二、婴幼儿心理发展研究的基本议题

心理学家们在研究婴幼儿的心理发展时，通常会从三个基本议题展开探讨：首先，遗传与环境的问题，旨在探索影响婴幼儿心理发展的因素；其次，发展的连续性和阶段性问题；最后，发展的主动性和被动性问题。

（一）遗传与环境之争

在影响婴幼儿心理发展的因素中，遗传因素和环境因素哪个更重要？这是由来已久的天性－教养争论（nature-nurture controversy）。此外，两者之间是如何相互作用的？两者各自起多少作用，又是如何起作用的？这些基本理念影响着我们对婴幼儿的看法。在心理学发展史上，遗传和环境对个体心理发展的影响引起了心理学家们的诸多争论，这些争论主要经历了以下三个时期（表1-1）。

表1-1 遗传与环境之争的三个时期

时　　期	主　要　观　点
20世纪初叶	强调遗传和环境对人的发展"谁起决定性作用"
20世纪中叶	注意到遗传和环境对个体的发展都有着重要的影响，开始研究遗传和环境"各自起多少作用"

续表

时　　期	主　要　观　点
20世纪末期至今	随着心理学研究的深入，逐渐了解到遗传和环境之间的复杂关系，开始探究两者是"如何起作用的"，分析遗传和环境的相互制约关系

以F. 高尔顿（F. Galton）为代表的遗传决定论支持者认为个体心理的发展是由基因决定的，即受生物遗传而与生俱来的某些禀赋和特质的影响，发展只是这些内在因素的展开，环境只是起到引发、加快或延缓先天素质自我展开的作用。高尔顿在家谱研究中表明，名人家庭后代中出现名人的比例远大于普通人家庭后代中出现名人的比例，他在全伦敦的政要、军官、文学家、艺术家等名流中挑选了977人，并研究了这些名流的亲戚中有哪些人最有名。结果，高尔顿发现这些名流的亲戚中有332人也是名流，他也选取了977名普通人作为对照组，这些普通人的亲戚中仅有一位是名流。在针对名人孩子成名率和教皇养子成名率开展的比较调查中，高尔顿发现，教皇养子成名率比名人孩子成名率低，他认为这两个比较组中孩子的成长环境是相似的，因此，他进一步认为这个结果就证明了个体发展是受遗传决定的。

以J. B. 华生（J. B.Watson）为代表的环境决定论支持者认为个体心理的发展是由个体的成长环境决定的，强调环境和教育对人的发展具有重要的意义。华生曾指出，仅需要给予特定的环境就能将婴幼儿培养为他想要其成为的任何类型的人。华生极端地认为，个体发展的唯一条件是环境和教育，遗传对其几乎没有起作用。

现在，只有少数人仍持有这两种极端的观点，心理学家们往往不再偏激地认为个体的发展仅受遗传和环境其中某一个因素的影响，而是注意到了它们之间的复杂关系，更为赞同两者的共同作用，并逐渐开始关注它们是怎么共同决定人的发展及在特定情境下两者的相对重要性。我们应该注意到，遗传和环境对个体心理发展的作用是相互依赖、渗透、共同作用的，并不是单独存在的。

（二）发展的连续性和阶段性

婴幼儿心理发展的过程是连续的还是分阶段的？或者说心理发展的过程是量的积累还是质的飞跃？对这个问题的看法业界仍存争议。环境决定论的支持者认为心理发展的过程是量的积累过程，是一点点渐进的，就好像是在平缓的坡上不断往高处行进；而遗传决定论的支持者则认为个体的心理发展过程不是连续的，而是分阶段展开的，心理发展的过程从一个时期到另一个时期，在水平上存在着质的差异，表现为在发展上产生质的飞跃和发展的阶段性，他们认为发展就像在爬一层层向上的台阶，每向上一个台阶（或阶段）都是个体发展实现的一次质的飞跃。由于对待发展的连续性和阶段性看法的不同，心理学家们提出了不同的解释心理发展过程的模型（表1-2）。

表1-2 解释心理发展过程的模型

解释心理发展过程的模型	主要观点
连续发展模型（growth model）	心理发展过程被视为是连续的、渐进的、不分阶段的，认为不成熟和较为成熟个体间的主要差异在于数量上和复杂程度上的不同。华生的行为主义观点是连续发展模型的典型代表
发展的阶段模型（stage model）	心理的发展过程是不连续的、分阶段进行的，发展的每个阶段都具有质的差异。J. 皮亚杰（J. Piaget）的发生认识论、S. 弗洛伊德（S. Freud）、E. H. 埃里克森（E. H. Erikson）的精神分析论都是发展的阶段模型的典型代表
分化—层次模型（differentiation-hierarchization model）	心理的发展过程既非线性，也非阶段性，该模型指出个体的发展是对早先简单、弥散、整体的心理状态的一种分化，并且建立起更高水平上的整合与层级组织，新近的动态系统发展心理学家即持这一观点
汇聚模型（canalization and funnel model）	人类的行为或潜在行为在发展的开始很大的可变性，在发展展开的过程中，其范围和形式逐渐受到限制，并逐渐发展成和社会规范一致的心理和行为特征。早期学习就符合这个发展模型
人本主义模型（humanistic model）	人本主义模型指出人类是自身发展的主动建构者，并且认为发展中的人是一个从出生起就逐渐指向并掌控信息加工流程、指向和组织自我活动可能性并反思自我思维的生命体。A. H. 马斯洛（A. H. Maslow）、E. 弗罗姆（E. Fromm）是这一发展模型的代表人物

大量研究表明，心理的发展变化就如同其他事物的发展变化，当新的要素不断积累到达一定量时就会发生质变，即量变引起质变，心理发展由此出现了连续中的中断，新的阶段开始形成。现在多数心理学家认为婴幼儿的心理发展过程是多层次、多水平的，而非单一的、独立的，即发展过程在任何时刻都是连续性和阶段性的统一，是不断从量变到质变的过程。

（三）发展的主动性和被动性

婴幼儿在心理发展的过程中究竟是主动的还是被动的？或者说婴幼儿心理发展的动力是内在的还是外在的？众多学者对这个问题的不同看法产生了两种对立

的发展模型——发展的机械模型与发展的机体模型。

发展的机械模型可以追溯到 J. 洛克（J. Locke）所提出的"白板说"（theory of tabula rasa），他把婴幼儿看成是没有任何记号和观念的白板，认为所有发展均源于婴幼儿后天的经验。发展的机械模型强调是外界的环境刺激引发了婴幼儿的心理变化，是环境塑造了婴幼儿的行为。发展的机械模型将个体视为被动的反应机器，认为个体的发展完全是依靠外力运行的，外部刺激给予什么样的影响就会留下什么样的烙印。因此，持发展的机械模型观点的心理学家们认为婴幼儿的发展完全可以被外部力量所控制，婴幼儿的心理发展是被动的，对婴幼儿的自我认识持消极的态度。以华生为代表的行为主义者就是发展的机械模型的典型代表。

然而，发展的机体模型则把婴幼儿看作是一个整体而非一个只能受外界环境刺激的、被动的反应机器，认为婴幼儿不是始终被动地等待环境刺激，而是生来就能够积极主动地探索外部世界，能够主动地选择刺激、寻求刺激、组织刺激并创造和改变某些环境。持发展的机体模型观点的心理学家们认为婴幼儿发展的推动力来源于婴幼儿的内部，他们承认婴幼儿的发展需要外部环境的支持，但外部环境因素不是发展的决定性因素，而是仅影响了婴幼儿发展进程的快慢。他们认为婴幼儿能够决定自己的发展方向和水平，因此对婴幼儿的自我认识抱有积极的态度。皮亚杰的发生认识论就是发展的机体模型的一个典型代表。

虽然目前业界对发展的主动性和被动性问题仍存在争议，但目前趋于一致的共识是婴幼儿心理的发展动力是婴幼儿内部心理发展现状与外部环境的要求不一致而形成的矛盾。

三、婴幼儿心理发展研究的基本方法

研究方法是为达到研究目的而采取的手段。婴幼儿心理发展的研究通常需达到以下目的：描述需要研究的问题，为之后的研究打下基础；解释各个因素间的相关关系或因果关系，揭示问题背后的原因和机制；通过对问题背后原因和机制的了解，预测未来在同种条件下问题再次发生的可能性；对造成问题的因素进行控制，避免同样问题发生；将研究的结论或方法用于解决生活中的实际问题或应用于其他方面。研究方法的选用会直接影响研究的效果和科学的前景，研究婴幼儿心理发展，应选用科学的、符合婴幼儿特点的、适用于婴幼儿的研究方法。对婴幼儿的心理发展进行研究，有以下几种基本的研究方法：观察法、调查法、测验法和实验法等。

（一）观察法

观察法在研究婴幼儿心理发展的过程中需要研究者直接深入到现场、自然环境或是一种可以引发想要考察的行为的实验室情境中，记录所研究的行为。因此，观察法可以在自然的状态中进行，也可以在提前创设好的情境中进行。

在自然状态和情境中采用观察法时，被观察者不会受到干扰和影响，观察对象的表现较为自然，观察者可以直接看到他们想考察的日常行为，能够获得较为真实和客观的材料。观察法是研究婴幼儿心理发展的基本方法，这是由婴幼儿的心理发展特点决定的。首先，婴幼儿的语言发展水平较低，无法较好地表达自己的感受和观点，而观察法对婴幼儿的言语表达能力并没有要求；其次，婴幼儿的自我意识水平较差，无法较好地意识到自己的心理活动、情绪和行为，也无法意识到自己的心理活动过程，而观察法无须婴幼儿意识到自己心理活动的原因和过程；最后，婴幼儿的心理活动具有外显性，其心理活动过程会由外显的表情和行为表现出来，通过观察婴幼儿的外显表现研究者便能了解其心理活动。因此，观察法在婴幼儿心理发展的研究中被广泛使用。

观察法的问题在于观察材料的质量及对观察材料的分析与应用易受观察者自身因素的影响，如偏见、专业性、身心素质，而且，它往往需要花费较长的时间和精力。由于婴幼儿的心理活动有不稳定性，因此观察者需要反复观察才会获得较为系统的数据。此外，观察者较为被动，只能等待预想内容的出现，不能主动地诱导其发生。

运用观察法对婴幼儿心理发展进行研究需要注意几个方面：首先，观察者应在正式观察前准备好观察清单、明确观察计划、选择合适的观察方式，并在观察过程中及时做好记录；其次，尽量在"单盲"的情况下对婴幼儿进行观察，可通过单向玻璃进行观察，让婴幼儿察觉不到有人在观察自己，避免婴幼儿受观察者的干扰和影响，使观察效果更加自然；最后，观察者要避免自身的主观因素对观察的影响，克服自身的偏见，记录时不得加上主观的意愿和猜测，并尽可能运用先进设备（如借助摄像、录音等技术手段）使观察结果客观、真实和准确。

（二）调查法

调查法指在一个总体中根据一定的方式选取适当的样本量，运用问卷或访谈等方法对婴幼儿的心理活动进行系统而间接的了解和考察，并对样本进行分析，从而推导出总体的情况。由于婴幼儿与一同生活的成人朝夕相处，家长、教师或其他熟悉婴幼儿情况的成人往往对婴幼儿的心理活动特点更为了解，因此研究者可以通过与婴幼儿熟悉的成人来了解婴幼儿的心理活动和行为表现。在婴幼儿的心理发展研究中，调查法可以分为问卷法、作品分析法和访谈法三种方式。

问卷法指根据研究目的，以书面形式把要调查的内容列成明确的问题，设计成问卷，通过研究对象的回答来收集有关研究对象数据资料的一种研究方法。由于受到婴幼儿文字理解能力的限制，问卷通常由婴幼儿的家长或熟悉婴幼儿的成人填写。问卷调查能够获得大量的数据，不受时间和空间条件的限制，使用方便，数据收集效率高，因此被广泛应用于婴幼儿的心理学研究中。但其局限性在于收集到的数据受调查者合作态度和主观倾向的影响，而且为了得到科学的结果，调查者必须事先对问卷进行检验，选取能够反映总体情况的样本和适用的数据分析方法，且调查发现的结论往往只能了解事物的表面现象，无法解释背后的原因，因此还需要配合其他研究方法共同使用。

作品分析法是研究者通过对婴幼儿作品的分析获取其心理发展相关信息的方法。婴幼儿的作品种类包括绘画、各种作业和工艺品等。通过这些作品可以分析婴幼儿某一个或某几个方面的心理活动。由于婴幼儿在创作的过程中常常通过语言、行为或表情表达其在作品中无法表达的情感，因此对婴幼儿的作品分析法不应脱离这个创作过程，最好将作品分析法和观察法结合使用。作品分析法的优势在于能够通过对婴幼儿作品的全面分析，较为客观准确地了解婴幼儿的心理发展特点和水平，但其局限性在于容易受研究者主观倾向性的影响，而且对研究者的专业素质要求较高，需要研究者能够掌握相关的专业知识，并灵活地将之运用到对婴幼儿作品的分析中。

访谈法需要调查者对被调查者进行提问，并且对被调查者的回应进行及时记录。该法能够使受访者根据自己的日常思维方式表达自己的想法，而调查者则能够在较短时间内收获大量的信息。访谈法的缺点在于受访者的观点和看法受个人情感和经历的影响，因此获取的信息较为主观。

（三）测验法

测验法是通过科学、客观、标准的测验评估手段对人的特定素质进行测验、分析与评价的方法。用于心理评估的测验法可以有三种方式：量表法、投射测验法和仪器测量法。由于婴幼儿的特殊性，量表法是这个阶段最常使用的一种测量方法。测验法可以使用量表中的题项引发和刺激被测试者的反应，记录所引发的反应结果，然后通过一定的方法进行处理、予以量化，进而描绘行为的轨迹，并对其结果进行分析。该法不仅可以用于研究婴幼儿心理发展的个体差异,也可以用于了解不同年龄个体心理发展水平的一般特征。此外,测验评估的人员必须要接受专业训练,测验中要擅于与婴幼儿合作,使婴幼儿做出真实的反应。

心理测验评估的特点主要包括:①标准化。测验评估工具的内容、题目的编制和具体的实施过程均有严格的标准化程序,为了避免无关因素的不利影响,保证测验评估对不同人的一致性和有效性,研究者必须事先明确和统一测验评估的内容和方式,包括对测验评估环境的选择、指导语和测验评估时间的统一、测验评估数据的标准化等。②相对性。心理测验评估的结果是一个相对的量数,是与常模进行比较的结果,常模就是标准化样本的平均数,是被试测验评估结果的客观参照标准。将被试婴幼儿的测验评估结果与常模进行比较,就能得出婴幼儿的相对发展水平和差距。③简便性。测验评估法往往采用标准化的工具、评估和解释系统,按照规定的程序进行,因此操作应比较简单,数据处理应较为易行,能在较短时间内了解婴幼儿的心理发展状况。

测验评估法的局限性包括几点:测验评估的结果往往只是婴幼儿对题目的外显反应或完成任务的结果,而并非婴幼儿的内在心理过程,因此无法直接获取造成测验评估结果的心理过程和多方面因素的信息;测验评估法偏重于对结果的分析,对内在过程和影响因素的分析不足;此外,同样的测验评估工具难以适用于不同文化、不同民族和不同社会背景的婴幼儿。需要特别注意的是,婴幼儿的心理发展具有不稳定性,因此一般需要通过多次测验评估的结果共同反映婴幼儿的心理发展水平和特点,不能绝对地将一次测验评估的结果作为判定婴幼儿心理发展水平的依据。

(四)实验法

实验法需要通过设计和控制婴幼儿的活动条件,以引起婴幼儿被试的行为反应和心理活动变化。通过实验能够排除偶然因素和次要因素的干扰,从复杂的影响因素中找出关键的因素、抓住事物的本质,从而揭示特定条件与心理现象之间的联系,进而揭示婴幼儿心理发展的水平和特点。婴幼儿心理发展的研究中常用的实验法有两种:实验室实验法和自然实验法。

1. 实验室实验法

实验室实验法指在创设好的特殊实验室情境内,通过专门的仪器设备对婴幼儿的心理发展进行研究,该方法被广泛应用于研究刚出生几个月的婴幼儿,例如,在实验室里,利用计算机、电视机、多导仪和视崖仪等设备对婴幼儿的感知觉、记忆、思维、注意等心理过程进行研究。图1-2为在实验室中进行的婴幼儿转头偏好法实验示意图。该方法的优势在于能够严格控制各种实验条件,并控制无关变量,提高实验结果的精确性,研究者在研究过程中较为主动,能够调控被试婴幼儿的行为条件,以了解被试婴幼儿在特殊条件下的反应、获得特殊的资料。其主要缺点在于研究是在实验室中进行,婴幼儿容易产生不自然的心理状态,会感到紧张、有压力,从而导致实验结果不够真实和自然,具有一定的局限性,且研究结论容易脱离实际情况,使实验的结论难以被推广到日常生活中。

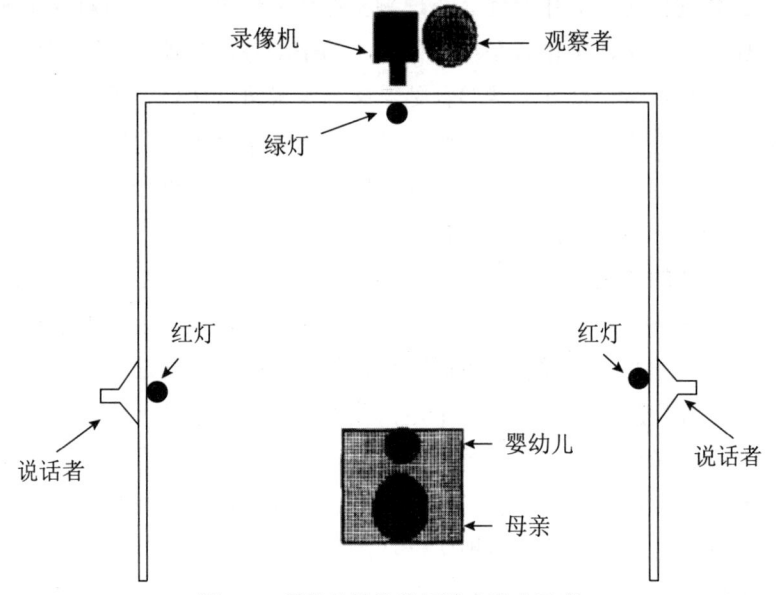

图1-2 婴幼儿转头偏好法实验室示意

注：婴幼儿转头偏好法的实验示意如图中所示。婴幼儿坐在母亲的腿上,面向正前方的中央面板。观察者位于面板之后,通过面板上的小洞来判断婴幼儿的转头偏好。

2.自然实验法

自然实验法应在婴幼儿的真实生活环境中而非实验室中进行,通过该实验方法可以有目的、有计划地对一些条件进行适当控制,故其也叫现场实验。有关婴幼儿心理发展的一些研究难以在人为创设的实验室情境中进行,例如,婴幼儿的社会化、人际交往问题的研究需要在婴幼儿的日常生活中进行观察,才能更加自然、真实地了解婴幼儿社会化、人际交往的水平和特点。自然实验法的优势在于它将心理学研究与日常工作结合起来,能够更好地反映婴幼儿心理和行为发展的真实情况,研究的问题来源于现实,对实践有着直接的指导意义,具有较强的生态效度。自然实验法的缺点是无关变量较多,且没有进行相应控制的手段,研究容易受无关变量的干扰，与实验室实验法相比，对结果的分析（尤其是因果分析）更为不易。此外，自然实验法需要花费的时间和精力更多，因此对研究者本身的素质要求也比较高。

（五）心理生理法

心理生理法旨在揭示婴幼儿的生理过程与其行为表现之间的关系，通过神经系统的变化来研究婴幼儿的心理发展和个体差异的作用机制。自主神经系统的不随意活动（血压、心率、呼吸、瞳孔夸张和应激激素水平的变化）对个体的心理状态极为敏感，其活动变化与个体的兴奋、悲伤、生气等情绪，以及害羞、社交性等气质问题密切相关。

随着科学技术的发展，心理学的研究者们利用各种特殊的技术手段来揭示婴幼儿认知和情感反应的生理基础。例如，研究者利用脑电图（electroencephalogram，EEG）记录婴幼儿大脑的神经活动，婴幼儿的兴奋或悲伤的情绪会对脑电图的模式产生不同的影响。另外，功能性脑成像技术（functional brainimaging techniques）可以产生脑活动的三维图像，从而提供个体某些能力对应脑区的精确信息。功能性磁共振成像（functional magnetic resonance imaging，FMRI）是一种很好的心理生理学方法，研究者在给予婴幼儿一个刺激后，磁场能够侦测到婴幼儿大脑血液的变化，从而产生激活脑区的计算机图像。图 1-3 为两个幼童受到同一外在刺激后脑神经被激活的图像，男童的大脑神经细胞大都处于低活动水平（呈蓝色），而女童的大脑神经细胞大都处于高激活状态。这是因为此男童从出生到 32 个月都生活在一个孤儿院，遭到的是忽视和冷淡；而女童则生活在一个备受家人呵护和温馨照料的家庭，从两幅脑图像的比较中可以看到早期经验对大脑发育的影响。

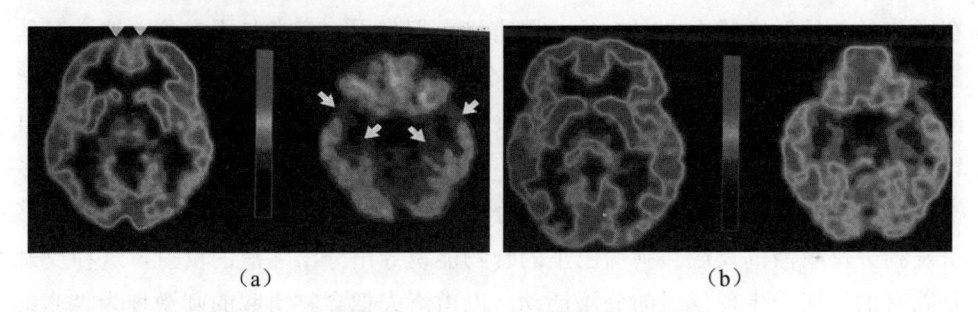

(a)　　　　　　　　　　　　(b)

图 1-3　两个幼童的脑成像比较

（a）男童脑成像；（b）女童脑成像

第二节 婴幼儿心理发展的理论体系

理论在心理科学研究中占据着重要的地位。在发展心理学领域，许多具有影响力的心理学家开展了卓有成效的科学研究，以不同的视角影响各自领域所关心的问题，提供了描述、解释和预测行为的科学框架，用于指导后人的研究和实践。与婴幼儿心理发展密切相关的理论主要包括：巴甫洛夫、华生、斯金纳和班杜拉的行为主义观；弗洛伊德与埃里克森的精神分析理论；皮亚杰的认知主义观；维果斯基的社会文化理论，以及布朗芬布伦纳的生态系统理论。本节将围绕以上几个具有广泛影响的理论和观点阐述有关婴幼儿心理发展的理论基础，有助于更好地了解并掌握婴幼儿心理发展的原因和机制。

一、行为主义观

行为主义学派是心理学中非常重要的流派之一，由美国心理学家约翰·华生于 20 世纪初创立，它的一个突出特点是强调现实和客观的研究。行为主义学派的支持者认为儿童的行为和发展具有可塑性和可控制性，强调环境是影响儿童行为和发展的重要因素，该学派是婴幼儿心理发展的重要理论流派。

（一）I. P. 巴甫洛夫

I. P. 巴甫洛夫（I. P. Pavlov）的行为主义观体现在他的经典条件反射理论中。在经典条件反射实验中（图1-4），巴甫洛夫把狗用一套套具固定住，这个套具能够用以测量并记录狗分泌唾液的量。在条件作用之前，巴甫洛夫仅提供食物就能够引发狗分泌唾液的反应，仅发出铃声不能引发狗分泌唾液的反应。当发出铃声时，实验者将食物置于狗的口中，从而诱发出分泌唾液的反射。在反复多次发出铃声并提供食物之后，本来和分泌唾液无关的刺激——铃声——也能够引发狗分泌唾液的反应。狗嘴巴里的食物能诱导出分泌唾液的反射，这种反射是固有的，属于生理反射的分泌活动。巴甫洛夫把食物引起的刺激称为"非条件刺激"（unconditioned stimulus，UCS），将反射性唾液分泌称为"非条件反射"（unconditioned reflex，UCR）。经过反复训练仅发出铃声但不提供食物也能诱导狗产生唾液分泌，这种情况下铃声就成了"条件刺激"（conditioned stimulus，CS）。铃声引发的唾液分泌即"条件反射"（conditioned reflex，CR）。条件刺激是能够引起条件反射的"初始中性刺激"（neutral stimulus，NS），需要学习才能具备，不是天生的。此外，经过多次实验，巴甫洛夫发现，条件刺激应呈现在非条件刺激之前，比如，应先发出铃声，后提供食物。如果是先提供食物后发出铃声，那么条件反射将很难形成。

巴甫洛夫的这一经典条件反射实验可以被简化为以下三部分。

（1）非条件前提：非条件刺激（食物）→非条件反应（唾液分泌），如图1-4（a）。

（2）非条件插入：非条件刺激（食物）+中性刺激（铃声）→非条件反应（唾液分泌），如图1-4（b）（c）。

（3）条件效果：条件刺激（铃声）→条件反应（唾液分泌），如图1-4（d）。

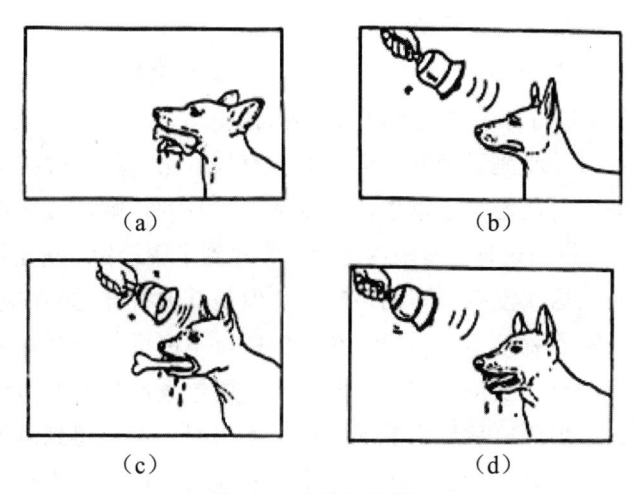

图1-4 条件反射实验

巴甫洛夫根据经典条件反射实验的研究结果提出了经典条件反射的四个特征，即获得、消退、恢复和泛化，这四个特征在行为治疗法中均得到了广泛的运用。

（1）获得。把条件刺激与非条件刺激多次结合，就能获得条件反应和加强条件反应。如将铃声刺激和提供食物被重复多次结合呈现给狗，狗就能获得对铃声的唾液分泌反应。

（2）消退。条件反射的形成不是一劳永逸的，如若只给予条件刺激，而不再给予无条件刺激，狗就不会再得到条件反射的强化，重复几次后，已经产生的条件反应就会消失，即条件反应消退。例如，已经习惯了对铃声产生唾液分泌的狗，在重复多次仅听到铃声而得不到食物之后，其对铃声很可能不再有产生唾液分泌的反应了。

（3）恢复。已经消退条件反射的狗就算不再接受条件反射的强化训练也还有被重新激发的可能，再次出现就被称为条件反射的恢复。

（4）泛化。条件作用的形成往往需要针对一个特定的刺激，对这种特定刺激的反应形成之后，狗可能会对与条件刺激相似的一些刺激做出条件反应。例如，当狗对铃声产生条件反射后，对近似铃声的声音也会产生条件反射，这就是所谓的"一朝被蛇咬，十年怕井绳"。

（二）J. B. 华生

J. B. 华生利用条件反射法对一个新生儿所做的恐惧研究试验为其行为决定论提供了有力的支持。实验的第一步，华生先让 11 个月的艾伯特与小白鼠一起玩了三天，这三天里艾伯特并没有害怕小白鼠，甚至会用手去摸它。实验进行到第二步，华生在艾伯特伸手去摸小白鼠的瞬间敲击了悬挂在一旁的钢条，而艾伯特刚开始的时候只是受到了惊吓，但是并没有哭。第二次，就在艾伯特伸手摸小白鼠之际，华生再次敲响了钢条，又制造了刺耳的声响，艾伯特再次受到惊吓，开始哭泣，这样的过程反复多次进行。实验到了第三步，华生仍将艾伯特和小白鼠放在一起，这次没有刺耳的声响了，但是艾伯特却对小白鼠表现出极大的恐惧和排斥，不愿意接近小白鼠。在实验中，小白鼠作为刺耳声响的替代刺激引起了艾伯特的恐惧反应，华生由此指出，通过条件反射能够获得任何的行为和心理。在进一步研究后华生发现艾伯特不仅对小白鼠感到恐惧，他的恐惧反应泛化到了毛绒玩具、狗、兔子、毛皮外套等类似白鼠的事物，对这些事物均表现出强烈的排斥和恐惧。尽管这个实验因违背了伦理道德而饱受各界的争议和诟病，但它无疑是心理学界的一大收获，为行为的习得与消除提供了事实依据。

基于艾伯特实验，华生倡导的行为主义观提出了几个基本观点。①在心理发展问题上的环境决定论主要体现在三个方面：一是否认遗传的作用，认为行为发生的共识就是刺激—反应理论（stimulus-response theory，S-R），从刺激可以预测反应，从反应也可以反过来推测刺激，因此行为不可能取决于遗传；二是华生在否认遗传作用的同时也夸大了教育和环境的作用，认为教育和环境是婴幼儿行为发展的唯一条件；三是学习是刺激与反应的联结，有机体接受外界的刺激，然后做出与此相对应的反应，因此无论多么复杂的行为都可以通过控制外部刺激而形成，较为复杂的行为形式可能包含一个刺激复合而不是一个单项刺激。因而发展是一个量变的过程，不具有阶段性。②华生认为情绪是身体对特定刺激做出的反应，儿童具有三种非习得的情绪反应——惧、怒和爱，华生在儿童情绪发展方面的研究重点是儿童在惧、怒和爱这三种非习得性情绪反应基础上形成的条件反射，此外，他认为儿童长大后的复杂情绪都是建立在这三种非习得性情绪的基础上形成的条件反射。

华生的行为主义观点和理论为婴幼儿心理发展研究和婴幼儿教育提供了丰富的理论基础，他主张在教育中要用良好的方式训练婴幼儿，积极培养婴幼儿各种良好的习惯，对婴幼儿的发展具有积极的意义。但他过分夸大了环境与教育的影响，忽视了遗传特征对婴幼儿心理发展的影响，也忽略了婴幼儿自身的内部作用，包括婴幼儿自身的主观能动性和创造力等，这使他受到了许多心理学家的批评。

（三）B. F. 斯金纳

B. F. 斯金纳（B. F. Skinner）则把条件反射分为经典性条件反射和操作性条件反射。在经典性条件反射中，斯金纳认为个体的行为反应是被一个特定的刺激引发的，即反应是由现行的刺激引起的，是一种"应答性行为"。例如，将食物放进一条狗的嘴里，狗会分泌唾液。在经典性条件反射中，刺激是最重要的，是由条件刺激引起反应的过程，用公式可以表示为：S → R。而在操作性条件反射中，没有明确的刺激，个体的行为是自发操作、自发作用于环境的，即个体操作其环境的行为，这种自发的操作受到结果的控制，用公式可以表示为：R → S。例如，当婴幼儿把地上的东西捡起来时就给他掌声鼓励，时间久了，婴幼儿就会形成捡起掉落在地上东西的行为，因为捡起来就可以得到掌声，这便是操作性条件反射。

斯金纳于1938年发明了著名的斯金纳箱（Skinner box），见图1-5。箱内放进一只白鼠或鸽子，并设置一个操纵杆或按键，箱子的构造要尽可能地排除一切外部的刺激。箱子里的动物可以自由活动，当动物压住操纵杆或按键时，就会有食物掉落在箱子里的盘中，动物就能吃到食物。重复若干次后，动物就能形成压杠取食的条件反射。斯金纳通过观察记录白鼠或鸽子在斯金纳箱中的行为表现来说明个体做出的反应和反应后会出现的刺激条件对个体的行为起控制的作用，行为的结果会影响之后行为出现的概率。

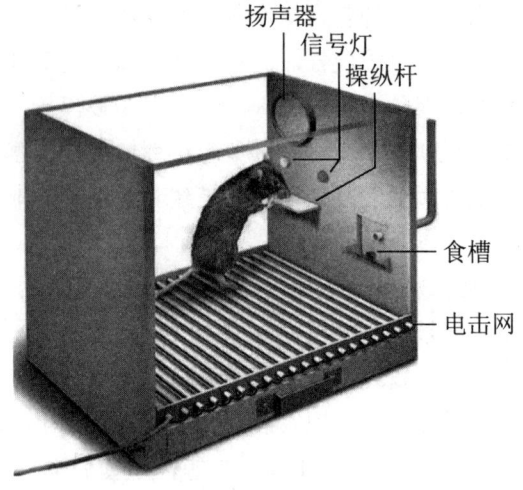

图 1-5　斯金纳箱

斯金纳分出了强化的两种类型：正强化和负强化。正强化是一种刺激的加入增进了一个操作反应发生的概率，通常是积极的刺激；负强化是通过一种刺激的排除或撤销从而加强了一个操作反应发生的概率，通常是令人厌恶的、消极的刺激。

斯金纳的儿童心理发展论体现在对儿童行为的强化控制上。首先，强化作用是塑造儿童行为的基础，成人通过掌握强化的作用来控制儿童的行为反应，从而塑造成人所期望的儿童行为。其次，强化对儿童的发展具有重要的作用，行为如果不被强化就会消退，也就是得不到强化的行为是很容易消退的，例如，要想消除婴幼儿一些不良的行为，面对孩子经常性发脾气、哭闹等，家长可以在孩子有这些情绪和行为时不予理睬（即采取"冷却法"），使这些行为得不到强化，之后这些行为就会逐渐消失。如果想要培养孩子的良好行为（如不挑食、早睡早起的行为习惯等），家长可以进行有步骤的强化，从而培养并巩固儿童良好的行为。最后，斯金纳强调要对儿童的行为进行及时强化，他认为对儿童的行为和心理发展而言，强化不及时会产生不利的效果。例如，在儿童帮助别人时，家长和教师对儿童进行的表扬和奖励能够使孩子的助人行为得到强化，增加孩子助人行为发生的概率。

（四）A. 班杜拉

1. 观察学习

观察学习也被称为替代学习，是 A. 班杜拉（A. Bandura）社会学习理论的一个基本概念,指儿童通过观看他人(榜样)所表现出来的行为及其结果而进行的学习。以往的行为主义观聚焦于直接经验的获得和强化上,但班杜拉认为儿童依靠直接经验得到的行为也可以通过观察他人的行为习得。观察学习是婴幼儿社会行为学习的一种常见方式,班杜拉重新审视榜样示范在婴幼儿社会教育中的重要意义,认为家长、教师和同伴是婴幼儿观察学习的主要来源,要重视这三者的榜样作用。这种观察学习包括四个相互联系的子过程。

(1)注意过程:观察榜样是儿童观察学习过程的开始,也是形成意象的基础。

(2)保持过程:儿童在注意过程中获得榜样示范行为的意象后,将采用符号的形式以记忆储存这些意象。这种符号的形式包括视觉形象和言语编码。

(3)运动再现过程:儿童在视觉编码和言语编码的作用下再现榜样示范行为的过程。

(4)动机过程:儿童是否愿意模仿并实际做出某种行为,取决于所做的行为是否可以得到强化,这个过程是引发儿童将获得的新行为表现出来的过程。如果儿童行为的结果受到夸奖和鼓励,那么他/她就会愿意将行为表现出来;如果儿童行为的结果是被批评、被惩罚,那么他/她就不会将行为表现出来。

2. 替代强化和自我强化

早期行为主义观点认为儿童行为的强化直接受到外部因素的影响,例如,当幼儿园的小朋友帮助了他人,老师口头表扬或奖励小礼物以鼓励幼儿继续帮助他人。除了直接强化,班杜拉还基于观察学习理论提出了替代强化和自我强化的概念。

替代强化指儿童本身没有受到强化,通过观察他人的行为而获得强化。婴幼儿看到他人成功的行为,或获得表扬、奖励的行为会增强发生这种行为的频率;如果看到他人失败的、被惩罚的行为,则会削弱或者抑制这种行为的出现。例如,当婴幼儿看到同伴破坏玩具而被父母责骂时,这个婴幼儿可能之后会尽量不去破坏玩具。

自我强化指儿童在对自己的行为进行自我评价的基础上形成的主观自我感受。例如,婴幼儿会在自己完成游戏任务时欢呼雀跃。儿童能够根据自己的经历,在自我评价的基础上逐渐建立起自己的评价标准,从而加强或削弱自己的行为表现,儿童就是在这种自我强化的作用下逐渐形成自己的观念和人格。

3. 三元交互作用理论

在对行为的结果进行分析时,班杜拉认为个体、环境和行为是不能独立发挥作用的,三者之间是相互决定、相互作用的,并由此提出了三元交互理论,即强调在社会学习的过程中行为、个人、环境三者之间具有交互作用，是彼此联结的，呈三角模式（图1-6）。三元交互理论把个体的行为看作是在个体与环境相互作用的社会化进程中形成和发展的，婴幼儿的行为与其周围的环境和自我认知密切相关，因此我们在对婴幼儿进行教育时，应重视周围环境对婴幼儿的影响与婴幼儿认知因素的重要作用。

图1-6　个体、环境、行为的交互决定关系

二、精神分析论

精神分析论（psychoanalysis）被认为是西方心理学的三大流派之一，由S. 弗洛伊德于19世纪末20世纪初创立。精神分析理论的深远影响渗透到了哲学、文学、社会、教育、文化、宗教等各个领域，是从治疗人的心理障碍中发展起来的。精神分析论重视探索人的动机和行为的根源，对探索婴幼儿心理的发展尤为重要。精神分析论在儿童发展心理方面最具代表性的人物是弗洛伊德和E. H. 埃里克森。

（一）弗洛伊德

1. 意识层次理论

弗洛伊德的意识层次结构理论阐述了人的精神活动，包括欲望、冲动、思维、幻想、判断、决定、情感等，它们会在不同的意识层次里进行。弗洛伊德认为，意识层次可以分为潜意识（unconscious）、前意识（preconscious）和意识（conscious）三个层次，如同一座冰山，露出水面的只是一小部分意识，对人的行为会产生重要影响的是隐藏在水面下的绝大部分前意识和潜意识（图1-7）。

2. 人格结构理论

在意识层次理论的基础上，弗洛伊德提出了本我（id）、自我（ego）和超我（superego）的心理结构，也被称为人格结构。弗洛伊德认为，本我、自我、超我三者之间交互调节、相互作用。三者若能和谐运作，那么个体就能发展成一个正常的、适应良好的人；但三者间的平衡一旦被打破或长期发生冲突，就会导致个体适应困难，甚至造成个体的心理异常。

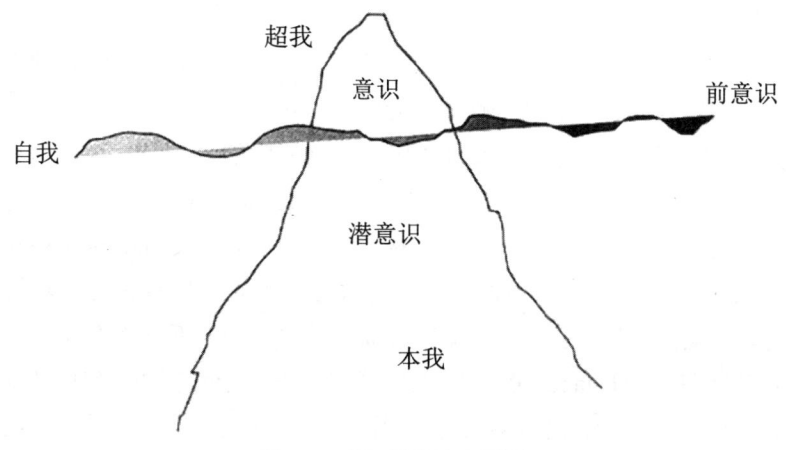

图 1-7　意识层次冰山模型

（1）本我。本我是人格中最原始的部分，包含与生俱来的基本欲望、冲动和生命力，是由遗传所决定的生物本能。本我不知善恶、好坏，不论是否应该、是否合适，只要求立即得到生物需要和满足，受"快乐原则"的支配。如若得不到满足，便会感到焦虑。例如，婴幼儿想要一件东西就会希望立刻得到满足，如果不能得到，他们可能会很快产生哭闹的行为。

（2）自我。自我是在本我的基础上发展而来的，其产生于婴幼儿与外界现实的相互作用中，是在个体出生后，在外部环境的作用下形成的。自我受"现实原则"的支配，通过考虑现实的情境控制本我的盲目冲动，调节本能和外界环境之间的关系，它需要做到两个方面：一方面要满足本我的需要，另一方面要受现实的约束，制止违反社会规范和道德的行为。婴幼儿最初只有本我这个部分，但在成长的过程中，婴幼儿本能冲动的作用会逐渐改变，行为盲目性会逐渐变少。例如，婴幼儿在学习走路时能自我抑制随便走动的本我冲动，考虑往什么地方走可以避免碰撞。

（3）超我。超我是由自我发展起来的，而又超脱自我。在人格结构中，超我代表理想的部分，是个体在道德规范的影响下，将社会道德观念内化而形成的，其主要作用在于监督、批判、约束自己的行为。超我包括两个部分：一个是自我理想（ego ideal），即要求自己的行为要符合自己的理想标准，其以奖励的方式形成；另一个是良心（conscience），即通过规定或约束自己的行为来避免犯错，以惩罚的方式形成，例如，当一个人做了违背社会道德的事情，其就会产生罪恶感。超我遵循"理想原则"，其功能是让个体依据至善至美使自己达到理想的自我状态。

3. 心理性欲的发展

精神分析理论着重对"潜意识"的探索。心理性欲的发展理论是弗洛伊德关于儿童发展的重要理论，他认为性本能存在于人的潜意识中，是个体心理发展的基本动力，"性欲"是一切身体器官的快感，例如婴幼儿吮吸、身体的舒适、幸福的情绪、排泄产生的快感等。弗洛伊德认为力比多（libido，即性的能量）集中在身体的某些器官或部位，这些部位被称为"性感区"（egogenerous zone）。随着年龄的成长，婴幼儿身体上集中产生快乐与兴奋的部位也在发生有规律的变化。以此为依据，弗洛伊德将儿童心理性欲的发展分为以下五个阶段。

（1）口唇期（oral stage，0～1岁）：婴幼儿在这个时期通过口腔活动（如吮吸、咀嚼和咬东西）来满足对事物与快感的需求。在这个时期，婴幼儿的基本满足或多或少都会产生口腔类型的人格。例如，父母对婴幼儿的口腔活动不加以限制，那么婴幼儿长大后的性格将偏向于开朗、慷慨和乐观；若父母限制或阻止婴幼儿的口腔活动，那么婴幼儿长大后的性格将偏向于发展为悲观、依赖和退缩。弗洛伊德认为，每个人都会经历口唇期，寻求口唇快感会一直持续到成人阶段，接吻、咬东西、抽烟或喝酒都是口唇快感的体现。

（2）肛门期（anal stage，1～3岁）：婴幼儿在这个时期的性快感集中在肛门区域，在排泄时婴幼儿会产生轻松与快感，这让婴幼儿感受到了操控的作用。父母在此期间对婴幼儿进行排便训练能够使其养成良好的排便习惯，婴幼儿刚开始也许会对此表现出反抗，但直至其习惯了排便规矩，性感区便会从肛门转移。

（3）性器期（phallic stage，3～6岁）：在这一阶段，儿童开始察觉到自己生殖器的存在，会通过抚摸性器官获得满足。性器期性欲的表现主要在"俄狄浦斯情结"（Oedipus complex），即男孩对自己的母亲有性兴趣，将父亲作为竞争对手（即恋母情结），女孩会对自己的父亲产生依恋，将母亲作为竞争对手（即恋父情结）。

（4）潜伏期（latency stage，6～11岁）：进入潜伏期的儿童，性欲的发展逐渐呈现出一种停滞或退化的现象，这个时期口唇、肛门和性器的感觉都被逐渐遗忘，儿童逐渐放弃恋母或恋父情结，机体进入相对平静的时期，将主要精力集中于学习、游戏、运动、交往等活动之中。

（5）青春期（genital stage，11岁以上）：青少年性的能量在这个时期将大量涌现，容易产生性冲动，并希望建立两性关系。

弗洛伊德的心理性欲发展理论对婴幼儿的心理发展具有积极的启示意义，它强调个体早期经验在人格发展方面的重要意义，启示着成人要为婴幼儿提供良好的家庭氛围和生活环境，为婴幼儿形成良好的人格特质打下基础。

（二）埃里克森

埃里克森的心理社会发展阶段理论认为遗传的生物因素决定了人生各个阶段发展的时间，但社会环境决定了与各个阶段相联系的危机是否能够得到解决。他强调了社会文化环境对个体心理发展的影响，提出了个体心理发展需要经历八个发展阶段的理论，被称为心理社会同一性理论。

（1）信任感对不信任感（basic trust versus mistrust，0～1岁）：此阶段的发展任务是获得信任感、克服不信任感，形成"希望"的品质。婴幼儿在出生后会有各种生理性需求，例如要吃、要抱、要睡等，这些需求一旦得到满足，婴幼儿便会对周围的环境产生安全感和基本信任感。而当他们受到苛刻的对待时，婴幼儿便会对周围环境产生怀疑感和不信任感。

（2）自主感对羞怯感或疑虑感（autonomy versus shame and doubt，1～3岁）：此阶段的发展任务是获得自主感、克服羞怯感或疑虑感，形成"意志"的品质。婴幼儿掌握了爬、走路、说话等技能，产生了"自主性"意识。在这一阶段，如果父母给予婴幼儿一定的自由，并鼓励婴幼儿做一些力所能及的事情，恰当地让婴幼儿有独立活动和操控自我的机会，就能够发展婴幼儿的自主感；反之，就会让婴幼儿产生羞怯和疑虑。

（3）主动感对内疚感（initiative versus guilt，3～6岁）：此阶段的发展任务是获得主动感、克服内疚感，形成"目的"的品质。这一阶段，儿童的主动性大大增加，主动探索的行为增多。如果儿童在主动探索时能受到鼓励和支持，那么他们的自主性就会得到进一步发展；如果在主动探索时受到压制和否定，那么儿童就会失去信心，产生内疚感和失败感。

（4）勤奋感对自卑感（industry versus inferiority，儿童中期）：此时期的发展任务是获得勤奋感、克服自卑感，追求自身的完善，形成"能力"的品质。儿童进入学校学习，为了在学业上做得更好，他们必须勤奋努力。若能设立并完成自己的目标，得到支持、认可和赞许，儿童的勤奋感就会增强；反之就会产生自卑感。

（5）同一感对同一感混乱（identity versus identity confusion，青春期）：此时期的发展任务是建立自我同一感、避免同一感混乱，形成"忠诚"的品质。处于青春期的青少年开始思考自己是怎样的人，在社会上应扮演什么样的角色，并从他人的态度、自己担任的各种社会角色中逐渐认清自己，形成自我认同感。如果青少年对自己的过去感到怀疑、对现在和将来感到迷惘，不能形成良好的自我认同感，那么就会导致同一感混乱。

（6）亲密感对孤独感（intimacy versus isolation，成年早期）：此时期的发展任务是获得亲密感、避免孤独感，形成"爱"的品质。只有在青春期里获得了同一感的人，才敢于与他人发生亲密关系。如果能够获得可靠的友谊和美满的爱情，就会产生亲密感；如果不能与他人分享快乐和痛苦，则会陷入孤独寂寞的苦恼之中。

（7）繁殖感对停滞感（generativity versus stagnation，成年中期）：此时期的发展任务是获得繁殖感、避免停滞感，形成"关怀"的品质。进入中年后，人们开始关心下一代，在抚养和教育下一代的过程中形成了对他人的关爱，如果没有获得繁殖感，成人便会陷入停滞感之中，表现为空虚和对人生目标的怀疑。

（8）自我完善感对绝望感（integrity versus despair，成年晚期）：此时期的发展任务是获得自我完善感、避免绝望感和无意义感，形成"智慧"的品质。成年晚期的人进入到人生的最后阶段，如果回顾自己的人生觉得很有意义和价值，便会产生自我完善感；反之，对于过去的人生感到不满意的人会厌恶人生，就会产生绝望的感觉。

埃里克森强调人格的发展是有阶段的，人在成人阶段形成的行为和人格可以从人的早期经验中找到根源，人格发展阶段理论中关于婴幼儿时期的阐述对早期教育具有重要且深远的意义。

三、认知主义观

认知主义又名认知学派，代表人物是瑞士儿童心理学家 J. 皮亚杰。皮亚杰的发生认识论是一种研究儿童心理认识的结构、发生、发展过程，以及心理起源的学说，研究"人的知识是怎么发生的"。皮亚杰认为，适应是外部环境与婴幼儿图式的相互作用，是通过同化、顺应和平衡实现的（图1-8），从而不断使心理发展实现由低级向高级发展。

图 1-8 婴幼儿心理发生发展的机制

1. 图式（scheme）

图式是婴幼儿在认识周围世界的过程中形成的，自己独特的认知结构。婴幼儿在原有的认知结构的基础上不断同化外来的刺激，最早的图式是婴幼儿的本能动作。图式即个体持有的某种思维模式，具有框架性、重复性等特点，由于每个个体或多或少都有自己独特的思维模式，因此不同个体的图式并不完全相同，是存在差异的。个体在已经形成了对某件事物的图式之后，仍会在日常生活中碰到新的经验、刺激，这些经验、刺激可能会和个体原来形成的图式产生冲突。

2. 同化（assimilation）和顺应（accommodation）

同化指婴幼儿对外部刺激和信息进行转换，将外部刺激和信息处理和改变，并纳入到主体的结构中；顺应是婴幼儿通过改变已有的认知结构来处理新刺激，如果婴幼儿的图式不能同化客体，就需要建立新的图式或调整原有的图式，使自己适应外部环境。

3. 平衡（equilibrium）

婴幼儿在认知外部环境的过程中只同化是不够的，需要对其原有的图式进行调整，建立新的图式，在这种不断更新和改变已有的认知结构的过程中，婴幼儿通过同化和顺应达到与外部环境的平衡。平衡是认知发展中的一个核心因素和动机力量，能使个体内部心理结构与外部环境相互一致。

皮亚杰认为，神经系统和内分泌系统的成熟是儿童心理发展的必要和重要条件，是儿童认知发展的生物基础。环境主要是外界的刺激和个体接受这些刺激所获得的经验及社会生活、文化、语言、教育等；而平衡的过程是主体内部存在的机制，是个体通过同化和顺应实现的自我调节过程，如果没有这个过程，任何外界刺激都不能对儿童本身起作用。因此，平衡过程对儿童的心理发展过程起重要的作用。根据儿童建构形成的认知结构的性质，皮亚杰将儿童的认知发展分为以下四个阶段。

（1）感知运动阶段（sensorimotor stage，0～2岁）：这一阶段是思维的萌芽，是婴幼儿未来发展的基础。在这一阶段，婴幼儿凭借感知觉、运动和动作来认识外部世界，但这个时候婴幼儿还没有表象和思维，智力活动处于感知运动水平。

（2）前运算阶段（preoperational stage，2～6岁）：这一阶段儿童的表征或符号活动急剧增加，能够初步运用符号描述外部世界，通过直观动作和表象进行思维，思维方式具有直觉性和自我中心的特点。皮亚杰将前运算阶段又分为两个分阶段。一个阶段是前概念或象征思维阶段（2～4岁）：这一阶段的标志是儿童开始运用象征符号。儿童能够将现实中的事物和想象中的符号联系起来，凭借符号将现实中的事物加以象征化，例如，在游戏时会将椅子当作马，把木块当作电话。皮亚杰认为这就是思维的发生，标志着儿童的符号系统开始形成。此外，由于这一阶段的儿童还不能熟练区分心理和物理的现象，思想还具有"泛灵论"

(animism)的特点，会把没有生命的、活动着的物体（如太阳、月亮、雨、风和云等）看作是活的，"泛灵论"在儿童的绘画作品中有充分的体现。另一个阶段是直觉思维阶段（4～6岁）：这一阶段是儿童智力由前概念思维向运算思维过渡的时期，儿童的显著思维特征是依旧缺乏守恒性和可逆性。

（3）具体运算阶段（concrete operational stage，7～11岁）：这一阶段的儿童开始根据具体事例进行初步的逻辑推理，思维具有可逆性，儿童开始理解守恒的道理，以自我为中心的程度逐渐下降。守恒是有关儿童认知能力的概念，指儿童认为尽管物体的外表形式有所改变，但物体的性质并未改变。

（4）形式运算阶段（formal operational stage，12岁以后）：形式运算阶段又称命题运算阶段，这一阶段的儿童能够借助概念、数字等抽象符号进行逻辑思维，思维发展趋于成熟，思维能力已经超出事物的具体内容，具有较大的灵活性。

在皮亚杰的认知主义观中，婴幼儿处于感知运动阶段，并即将发展到前运算阶段。婴幼儿从用感知觉、运动和动作与外部世界发生初步的关系，到能够进行一系列有目的的活动，思维不断发展，并通过主动探索逐渐获得对外部世界的认知。

四、社会文化理论

社会文化理论的创始人是苏联的心理学家L.维果斯基（L. Vygotsky），该理论对苏联乃至世界心理学的发展都产生了重要影响。维果斯基认为，心理发展是个体的心理在环境与教育的影响下，在低级心理机能的基础上逐渐向高级心理机能转化的过程。低级心理机能是个体在早期以直接的方式与外界相互作用时表现出来的特征，包括基本的感知觉、形象思维和情绪等，这是生物进化的结果；高级心理机能是以符号系统为中介的心理机能，例如有意注意、抽象思维、理智性意志，以及高级社会情绪等。高级心理机能是人类心理和动物心理的本质区别，人类所特有的高级心理机能的起源——人脑——就是受社会文化历史条件作用的高级心理机能可能产生的物质基础。

儿童的高级心理机能受社会文化历史的影响。处在不同的文化背景中，儿童心理发展的水平、方向和阶段也就不同，其一切复杂的心理活动的形式都是在交往过程中形成的。心理发展最重要的因素是掌握凭借语词传递的全人类的经验，通过与更成熟的社会成员的合作性对话，儿童用语言指导自己的思维和行为，逐渐习得被文化所认可的知识技能。

"最近发展区"（zone of proximal development，ZPD）是维果斯基儿童心理学理论中的一个重要概念，指儿童独立解决问题的实际发展水平（现实能力）和儿童通过他人（如成人或有能力的同伴）的帮助可以达到的解决问题的水平（潜在能力）之间的差距。该理论认为儿童存在两种水平：一种是儿童现有的水平，指儿童在独立活动时所能达到的解决问题的水平；另一种是儿童可能的发展水平，指儿童通过学习所获得的潜力。两者之间的差异就是最近发展区。教学应着眼于儿童的最近发展区，提供有难度的教学内容、调动儿童主动性、发挥学习潜能，帮助儿童超越其最近发展区而达到下一发展阶段的水平。

在维果斯基的理论指导下，有研究者提出了"脚手架"（scaffolding）的概念，即为学习者提供理解知识的概念框架。这个框架是根据学生的最近发展区建立的，当成人根据儿童的表现水平调整有关的指导后，有效的"脚手架"便出现了，通过"脚手架"可以不断地将学生的发展提升到更高的水平，最大限度发挥教学的积极作用。因此，作为成人应该有意识地观察婴幼儿的最近发展区，并进行适时的引导，从而促进婴幼儿的健康成长。

五、生态系统理论

美国著名心理学家 U. 布朗芬布伦纳（U. Bronfenbrenner）提出了生物生态模型（bioecological model）（图 1-9），该模型对由小到大（或由内而外）情境对儿童发展的影响做出了全面、详细的解释。

1. **微系统**（microsystem）

微系统处在系统结构的最里层，是对儿童产生最直接影响的环境。微系统可能仅指家庭，然而随着年龄的增长，儿童逐渐接触到幼儿园、学校和其他社会场所，微系统会变得越来越复杂。在这一层次上理解儿童的发展时，应注意所有的关系都是双向的（bidirectional），即微系统会对儿童产生影响，而儿童自身的特征（如习惯、气质、人格、能力和外貌）也会对他人产生影响。例如，亲社会行为较多的儿童可能会获得更多的偏爱与赞赏，而攻击性较强的儿童可能会受到同伴的排斥等。同时，微系统中任何两个个体之间的互动也会受到第三方的影响，例如，在家庭里，祖父母可能会干涉父母对子女的管教行为，此外，夫妻关系对子女的发展也会产生影响，微系统能最直接地传递社会文化。

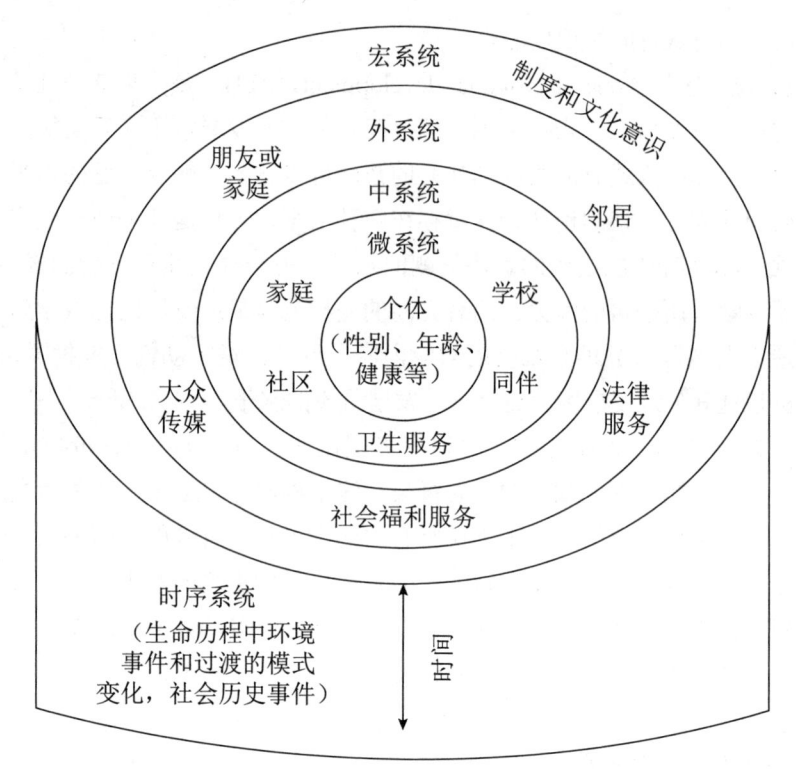

图 1-9　生物生态模型

2. 中系统（mesosystem）

中系统指个体与其所处的微系统与微系统之间的相互联系或过程。如果家庭、学校、同伴群体等微系统之间能够互相支持并协调一致，儿童就能够得到最好的发展。例如，儿童的学业进步与教师的教学水平、教学观念和学校资源有关，也与父母对孩子学业的重视程度有关。

3. 外系统（exosystem）

外系统指个体虽然没有直接参与或经历，但是对个体的发展产生影响的环境。外系统可以是正式的组织，例如父母的工作场所、父母的宗教团体、社区的健康和福利机构等；也可以是非正式的，例如，父母工作的压力、父母的人际网络等都会对儿童产生影响。

4. 宏系统（macrosystem）

宏系统处于系统结构的最外层，指微系统、中系统和外系统所处的文化和亚文化环境，包括儿童所处社会的价值观念、伦理道德、生产实践、风俗习惯等都会在很大程度上影响着儿童在家庭、学校、社区等环境中所获得的经验。例如，在以集体主义文化为主流的社会中成长的儿童与在崇尚个人主义文化为主流的社会中成长的儿童在价值观念上必然有很大不同。

5. 时序系统（chronosystem）

时序系统指出儿童会随时间发生变化和发展。在儿童的世界中，家庭成员的变化、父母就业情况的变化、战争等都属于时间系统的因素。在生态系统理论中，儿童的发展既不是仅由外界环境决定，也不是仅由自身内部因素所控制，应该说儿童与环境是相互作用的，二者共同建构起一个相互影响和依赖的网络。

婴幼儿生长在家庭和社会所构成的各个生态系统中（图1-9），这些系统交互作用，对婴幼儿产生直接的影响，还可以通过其他系统对婴幼儿产生间接的影响。婴幼儿的心理变化是婴幼儿发展的生态环境系统适应性调节的必然结果。生态发展观的基本思想主要体现为几点：①个体处于一个复杂关联的系统网络中，既不能孤立存在也不能孤立行动；②所有个体均受到来自内部和外部动因的影响；③个体主动塑造着环境，同时环境也在塑造个体，个体力求达到并保持与环境的动态平衡以适应环境。因此，对婴幼儿的教育需要关注各个生态系统对婴幼儿的影响，努力为婴幼儿的成长营造良好的生态环境。

第三节　婴幼儿心理发展的遗传和环境因素

从胎儿期起，婴幼儿的心理发展就受到各种因素的影响，这些影响因素主要可以被归纳为两类：一类是遗传因素，另一类是环境因素。遗传因素和环境因素在婴幼儿心理发展过程中的作用历来是儿童心理发展学家和教育学家关注的重要问题。本节就主要从这两个方面分析影响婴幼儿心理发展的因素，剖析婴幼儿早期经验和环境的特点和作用。

一、遗传的生物学基础

（一）遗传素质

所有有机体的发展都是从遗传开始的，因此，理解并掌握与遗传素质有关的知识对认识遗传素质在婴幼儿心理发展中的作用至关重要。人类通过遗传，在种族延续的过程中进行着遗传物质的传递。对人类而言，在父母生殖细胞中的染色体组合后，就完成了基因的传递。遗传素质则指个体遗传的生物特性，包括个人生来就具备的有机体的结构、形态、感官，以及神经系统功能等方面的生物特性。

人体细胞有46条染色体，被组成23对，每对染色体都包括两部分基因，其中一条来自父亲，另一条则来自母亲（图1-10）。一对染色体的两条染色单体形态和结构相同，被称为同源染色体。人类染色体上包含的基因是遗传物质的基本单位主要成分是脱氧核糖核酸（deoxyribonucleic acid，DNA）。DNA像一个盘旋上升的梯子，包含着有机体生长和功能的密码，而染色体也被称为是DNA的主要载体（图1-11）。基因储存着有机体的全部遗传信息，它决定了个体的性状，也决定了婴幼儿生长发育的整个过程，婴幼儿在生物特征上的千差万别正是由他们不一样的遗传基因所决定的。在受精卵上排列的基因代表着父母部分的性状特点。基因的组成和排列特点构成了整体的遗传信息，最终影响着婴幼儿的发展。

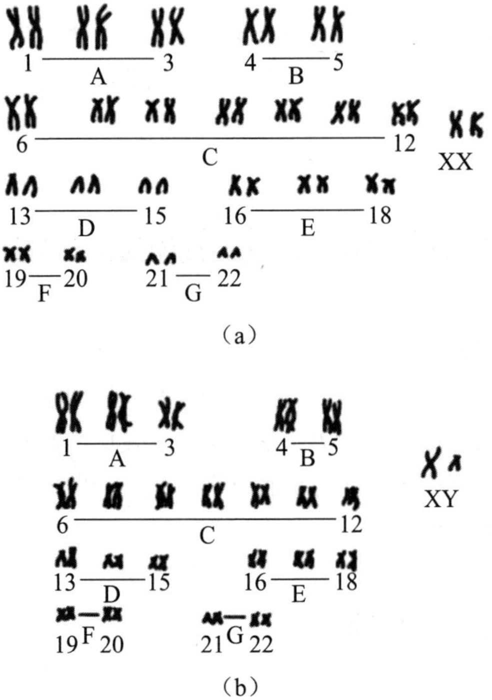

图 1-10 正常人的染色体[①]

（a）女性；（b）男性

---

① 每对染色体含有两条染色单体。根据染色体的相对长度和着丝点的位置可以把46条染色体顺序地排成23对。标有 A～G 的是22对常染色体，标有 X 和 Y 的是一对性染色体。

（a）　　　　　　　　　　　（b）

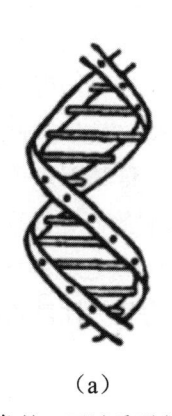

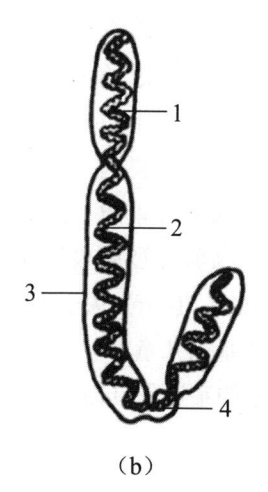

1—染色丝，可以看到它的螺旋；2—染色体基质；3—膜；4—着丝点

图1-11　染色体

（a）螺旋梯子形状的DNA分子；（b）染色体内部结构图解

遗传素质对婴幼儿心理发展的作用主要体现在以下两个方面。

（1）遗传素质能为婴幼儿心理发展提供基本的自然物质前提，也为婴幼儿的心理发展奠定了生物基础。曾有研究者将儿童和黑猩猩放在一起抚养，由于黑猩猩没有人类的遗传素质（也就是大脑和神经系统），即使在良好的人类生活条件下成长并接受了精心的训练，但它们的心理发展可以达到的最高水平也仅是人类婴幼儿时期的心理发展水平。中国科学院心理研究所对22.8万名儿童进行了调查，结果发现，其中有3%～4%的儿童为低能儿和失智症儿，这些特殊儿童的问题约有50%和人类的遗传素质相关。人体在发展的过程中形成了高度发达的大脑和神经系统，大脑和神经系统反映了人体基因的功能，是婴幼儿身心发展的物质基础。由于基因遗传的问题而导致的发育异常或发育不全的婴幼儿，其心理发展的障碍往往难以被克服。例如，唐氏综合征的儿童被称为"先天愚型"，该综合征也是在儿童中较为普遍的由于常染色体畸变所引起的出生缺陷，此类儿童不管后天怎样治疗和锻炼都无法发展到一般孩子的心智水平；生来双目失明的儿童无法产生美术的才能；生来完全耳聋的孩子也无法产生音乐的才能。由此可见，遗传素质是婴幼儿心理发展的最基础的物质前提。

（2）遗传素质奠定了婴幼儿心理发展个别差异的最初基础。婴幼儿的遗传素质存在个别差异性，如高级神经活动类型及感知觉器官在机构和机能上存在差异。心理研究表明，婴幼儿心理发展个别差异的基础是个体遗传素质的不同，遗传素质的个别差异性为心理发展的个别差异赋予了可能性。婴幼儿在音乐、运动、绘画等方面有着很高的天赋，虽然这与后天对婴幼儿的培养和婴幼儿自己的努力练习息息相关，但必须关注到遗传素质在这之中发挥的重要作用。例如，有些孩子生来手指长且灵活、声音纯净好听、运动协调性好等。可见每个婴幼儿由于具有不同的遗传素质，因此，他们都会有各自发展的最优方向。同卵双生子是由一个受精卵分裂而成的两个胚胎，有着相同的遗传基因。美国心理学家C. L. 伯特（C. L. Burt）关于遗传与环境对人智力的影响的研究发现，一起长大的没有血缘关系的儿童智力相关很小，而有血缘关系的儿童之间的智力相关则会根据家族谱系的亲近程度而逐渐增高，同卵双生子的智力相关性最高。

（二）生理成熟

生理成熟指个体在生长、发展的过程中，身体各部位和器官的结构和功能的逐渐完善。成熟势力说的代表人物格塞尔认为，儿童的发展有其天然的时间表，儿童的生理与心理发展过程都是根据基因所规定的时间顺序规律地完成，这种通过基因来指导发展过程的机制就是成熟，即发展受遗传因素的制约，并经由在各个发展水平间的突然转换而完成。

A. L. 格塞尔（A. L. Gesell）认为，支持儿童心理发展的因素有两个：成熟和学习。但成熟为主要因素，才是个体发展的主要推动力。虽然支配个体心理发展的因素还有学习，但成熟和学习所起的作用是不同的，作为内部因素，成熟决定了心理发展的水平、速度及方向，而作为外部因素，学习对个体的心理发展不起任何决定性作用。这是因为发展的本质是结构性的，是通过不同发展水平之间的转变而实现的，这种变化的结构是儿童学习的基础，只有满足了成熟的条件，儿童的学习才是真正有效的，是能够得到巩固的学习。因此，成熟是个体发展的主要动力，儿童如果没有足够的成熟，就无法促成真正的心理发展和变化；如若不具备成熟的条件，仅依靠学习根本无法推动自身的发展。

格塞尔强调的"成熟是影响儿童心理发展的主要力量"这一论断来自他开展的双生子爬梯实验（图 1-12）。1929 年，格塞尔对一对身高体重健康状况均相同的双胞胎 T 和 C 进行实验，他首先对双生子 T 和 C 进行了行为基线的观察，确认他们的发展水平相当。在他们出生的第 48 周时，格塞尔对 T 进行了爬楼梯训练，每天训练 10 分钟；对 C 则不进行训练。T 训练 1 个月后才能勉强独立爬上小梯子，并且速度非常缓慢，动作也不协调。到了 C 出生的第 53 周，当 C 达到爬楼梯的成熟水平时，对 C 开始集中爬梯训练，T 则是继续巩固训练。结果发现，

C 训练 2 周之后很快就能灵活地独立爬梯子了。通过观察进一步发现，在第 55 周时，T 和 C 的爬梯子能力无差别，经过了 2 周训练的 C 和接受了 7 周训练的 T 达到了同样的爬梯水平。因此，格塞尔认为在儿童达到成熟之前对其进行训练虽然能稍微提早某些机能出现的时间，但未经特殊训练的儿童在达到成熟时，只需稍加训练便可赶上，因此养育儿童时必须注意遵循内部发展规律，不要以主观的想法思考儿童应该做什么，而应考虑儿童能做什么。

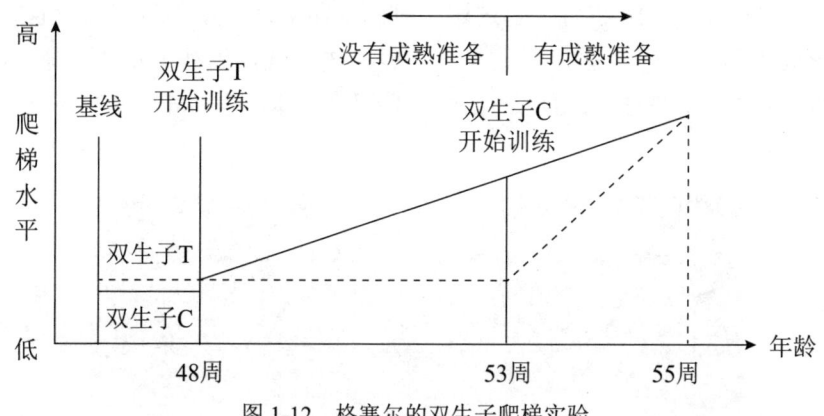

图 1-12 格塞尔的双生子爬梯实验

个体生理成熟的过程受遗传成长程序的控制，制约着婴幼儿的心理发展顺序、发展速度和水平、发展的差异性。格塞尔还提出了五个关于儿童行为发展的基本原则：①发展方向原则，发展不是随意的，而是按照一定的方向，有系统、有秩序地前进的；②相互交织原则，人体的机能或系统是相互交织、共同作用的，最终把发展引向整合并达到趋于成熟的较高一级水平；③机能不对称原则，尽管发展是相对平衡的，但是最终会有一方占据优势，如优势手、优势腿、优势眼、优势记忆通道等；④个体成熟原则，儿童的发展取决于内部的成熟，而个体内部的成熟受基因的控制，外部环境不能改变它，因此，是成熟决定着学习而不是学习决定成熟；⑤自我调节原则，儿童有其自身发展的节奏，并非直线形的，儿童在发展的过程中具有较强的调节自身发展节奏的能力。这些原则对揭示儿童心理发展的规律（尤其是对于揭示作为心理发展基础的生物学规律）具有重要意义。

（三）关键期

婴幼儿在心理发展的过程中会受到客观规律的制约，这就包括婴幼儿心理发展的关键期。有关心理发展关键期问题的研究可以追溯到奥地利动物习性学家 K. Z. 劳伦兹（K. Z. Lorenz）对小鸭、小鸡、小鹅等鸟类动物印刻行为的研究。这些鸟类出生时一般会把第一眼看到的对象视为"母亲",如果出生后接触的是其他种类的鸟或其他会活动的事物,它们会对其形成依赖、紧紧跟随着"母亲",而对自己真正的母亲没有任何依恋。这种现象被称为"印刻现象"(imprinting)(图1-13),而这种"印刻现象"发生的时期被称为是关键期(critical period)。关键期指个体对外界刺激有最高敏感性的某一时期,其最基本的特征就是仅发生在个体生命中某一短暂的特定时刻。劳伦兹认为,小鸡的印刻学习一般是发生在出生后的10~16小时,超过这一时间,印刻现象就不再明显,且在关键期内形成的印刻行为会被存留下来,只要形成了就难以被修正和复原。因此,关键期也被称为"最佳学习期",在这一时期里个体最容易养成某种习性或学会某种行为。

图1-13 印刻现象

关键期同样存在于人类的心理发展过程中。印度发现的"狼孩"就是有关人类关键期问题的典型事例。1920年,美国牧师辛格在印度发现了两个和狼崽一起生活的小女孩,小的只有2岁,取名为阿玛拉,很快就去世了;大的约8岁,取名为卡玛拉。牧师将两个"狼孩"刚从狼窝里救出来时,她们的行为习惯就像狼一样,白天睡觉,夜晚嚎叫,用四肢行走,用手抓食物,她们怕水和火、拒绝洗澡,害怕与人接触。在辛格的悉心照料和教育之下,卡玛拉用了2年左右的时间学会了站立,在4年内学会了6个单词,在6年内学会了直立行走,7年内学会了45个单词,但直至17岁去世时,卡玛拉的智力也只相当于4岁儿童的心理发展水平。可见,由于"狼孩"从小脱离人类社会生活,已经错过了学习人类言语的关键时期,即便受到精心的教育,其语言发展仍然是缓慢的,语言能力始终难以恢复。这也表明了儿童语言有一个可以印刻的关键期。

心理学家对儿童心理发展关键期进行了积极的探索和研究,图1-14是儿童不同能力发展的关键期(桑标,2009)。研究表明,双眼视觉的关键期为0~5

岁，情绪控制的关键期为1～5岁，反应习惯方式的关键期为0.5～5岁，同伴社会技能的关键期为3～7岁，语言的关键期为0.5～7岁，认知技能－符号的关键期为1.5～5岁，认知技能－比率的关键期为4～7岁。

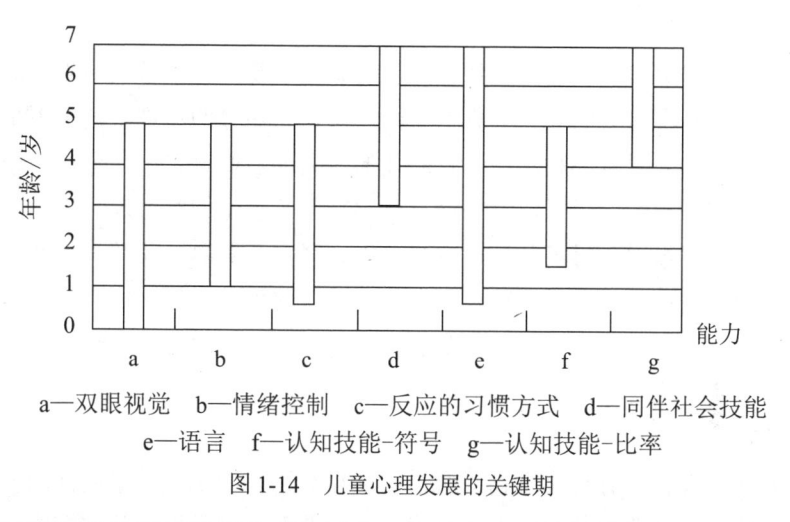

a—双眼视觉　b—情绪控制　c—反应的习惯方式　d—同伴社会技能
e—语言　f—认知技能-符号　g—认知技能-比率

图1-14　儿童心理发展的关键期

从开展人类发展关键期的研究以来，人们意识到关键期对儿童心理发展具有深远的影响，对"关键期"的研究仍是当今人类心理发展研究的重大课题。人类的心理发展有哪些关键期？如何针对这些关键期进行有效教育？这些问题仍需我们深入研究。

二、环境对婴幼儿心理发展的影响

（一）胎内环境的影响

孕妇的健康状况及子宫环境会直接或间接对胎儿产生影响，对胎儿发育的具体影响主要包括以下几项。

1. 孕妇的营养

胎儿的营养供应基本上来源于孕妇，因此，孕妇在孕期是否能够保持健康、均衡的营养对孕妇和胎儿来说都是非常重要的。许多研究表明，孕妇营养良好，妊娠和分娩过程会较为顺利，且有利于孩子的身体健康和正常发育；孕妇营养不良就可能导致胎儿多种系统发育出现异常。例如，在神经系统方面，孕妇营养不良可能会导致胎儿脑重过低；在免疫系统方面，孕妇营养不良会阻碍胎儿免疫系统正常发育，新生儿出生后易患呼吸系统疾病。此外，孕妇营养不良还有可能造成胎儿肝脏、肾脏等多种器官发育不完善等问题。通常来说，正常的饮食可以为孕妇和胎儿提供足够的营养，但因个体吸收能力存在差异，具体饮食的安排需要因人而异。

2. 孕妇的疾病

孕妇的身体健康也是至关重要的。已有研究发现，许多孕妇的疾病能够穿过胎盘屏障和血脑屏障对胎儿产生影响。由于未出生胎儿的免疫系统还不足以产生足够的抗体以有效对抗各种感染，且胎儿的血脑屏障发育也不完善，对中枢神经系统的保护相对较弱，所以很多疾病对胚胎或胎儿产生的危害远大于对孕妇本人的危害。有研究报道，母亲孕期患有高血压、肾炎、贫血、关节炎、低热和经常出现感冒等症状可能与儿童多动症的发生有关。此外，如果孕妇患有传染病（如艾滋病，即 AIDS），那么病毒会通过血液、母乳或生产等途径传染给婴幼儿，感染艾滋病的婴幼儿将难以活到成年。

3. 药物

一方面，药物、有毒化学物质会透过胎盘对胎儿产生和孕妇同样的效果，另一方面，药物还会改变孕妇的生理状况，从而改变子宫环境。若孕妇服药不慎可能会影响胎儿的正常发育，因此孕期孕妇患病一定要配合医生治疗。

4. 孕妇的情绪状态

孕妇的情绪状态对胎儿发育的影响同样重要。这里的情绪指的是深沉、持续时间较长的情绪。孕妇与胎儿两者血液中的化学成分、全身循环流动的激素及细胞的新陈代谢不同。母亲的不良情绪（发怒、恐惧或悲伤等）会使内分泌腺尤其是肾上腺分泌各种不同种类和数量的激素，使细胞新陈代谢发生变化，也使血液里的合成物发生变化，从而影响胚胎的发育，甚至造成胎儿畸形。一些研究者还发现，孕妇如果在孕期间长期处于高压力的状态，其胎儿出生后可能会易怒、过于活跃、生活习惯（如饮食、睡眠和排泄等）不规律。

有学者曾在 1952 年对德国柏林和其他地区的 55 家医院进行了调查（Eichmann et al., 1951），调查结果表明，在希特勒上台前的 7 年内（1926—1933 年），儿童神经系统畸形发生率是 1.25%；在希特勒法西斯统治下的 7 年内，儿童神经系统畸形发生率达到了 2.38%；1940—1945 年第二次世界大战期间，儿童神经系统畸形发生率又增加到 2.58%；1946—1950 年是战后最困难的时期，德国生活设施遭到严重破坏，食物奇缺和流亡等原因造成了孕妇严重的应激和营养不良，儿童神经系统畸形发生率竟高达 6.5%。由此可见，孕期忧虑和惊恐状态的加重与新生儿畸形率的增加是一致的。

5. 孕妇妊娠期的环境

孕妇在妊娠期受到环境污染、辐射、烟酒等的影响也会对胎儿的发育产生危害，从而影响婴幼儿的心理发展。例如，辐射会引起基因突变、染色体被破坏。孕妇受到的 X 射线照射就可能会使胎儿产生小头畸形、智力缺陷、失明、唐氏综合征、生殖器畸形等问题。环境污染中的噪声可以通过两种途径影响胎儿发育，一是通过刺激孕妇本人引起孕妇神经系统和内脏功能紊乱或导致子宫收缩；二是通过孕妇神经—体液系统对胎儿产生影响。日本和中国的研究员通过将录音器放入子宫内的方法证实，孕妇在噪声环境中时，外面声波可透过子宫对胎儿正在发育的听觉系统有直接作用的可能（杨柯，2015）。因此，孕妇在怀孕期间需要格外注意，应为胎儿提供一个良好的妊娠期环境，避免环境污染、辐射和烟酒等负面影响。

（二）社会性环境的作用

人是社会性动物，自出生后便处在社会环境中，因此会受到各种社会因素的影响。社会环境使婴幼儿的生物基础所提供的心理发展的可能性变为现实。若没有生活在社会环境里，那么即使遗传为婴幼儿提供了发展个体心理的可能性，这种可能性也无法变为现实，印度狼孩卡玛拉和阿玛拉便是典型的例子。对婴幼儿来说，社会环境对其心理发展的影响主要包括：家庭、托育机构、同伴及社区、社会文化等因素。

1. 家庭教养方式

在婴幼儿心理发展的过程中，家庭环境是他们出生后接触到的第一个生活环境，是最重要、最基础的环境，也是对婴幼儿影响最早、影响时间最长的环境。家长是孩子的第一任教师，家长的一言一行对婴幼儿的成长有着最直接、最深刻、最持久的影响。关于家长的教养方式对婴幼儿发展的影响，心理学家们已经进行了大量的研究。

美国心理学家 D. 鲍姆林德（D. Baumrind）曾对家长的教养行为与儿童人格发展的关系进行了长达十年的三次研究，研究表明，由于家长的人格不同，其在帮助自己的孩子实现社会化的过程中所采用的教养方式也是千差万别。鲍姆林德将大量的研究信息进行整合之后，提出了教养方式的两个维度：要求（demandingness）和反应性（responsiveness）。要求指家长设定行为标准和期望并要求孩子遵守它们的程度；反应性指家长对孩子需要的敏感程度及对孩子表达爱、关心和关注的程度。根据这两个纬度，鲍姆林德将家长对子女的教养方式概括为以下四种类型。

（1）权威型教养方式（authoritative parenting）：接受－控制。权威型家长对孩子具有高要求性、高反应性的特点，会主动了解子女的兴趣和要求，经常向子女提供足够而有效的信息并言传身教，引导自己的子女自主做出决定。权威型家长会为孩子设立明确的准则和期望，会为孩子解释这些准则和期望的设定原因，他们明确了孩子不遵守的后果，并且在必要时让后果切实发生。在权威型教养下成长的儿童能够形成积极乐观的性格特点，更加独立和自信，在自我调控、社会和认知能力方面也有更好的表现。

（2）专制型教养方式（authoritarian parenting）：不接受－控制。专制型家长对孩子的行为，甚至是观念都进行着高度控制，这类家长经常用命令和斥责来强迫孩子顺从自己的意志，希望孩子遵守自己提出的各种行为标准。专制型教养方式的家长往往采取强制的、严格的、简单粗暴的教育方式，如果孩子表现出抵触情绪，他们就会对孩子进行惩罚。这种教养方式忽视了儿童的想法，致使儿童逐渐失去独立自主性。在专制型教养方式下成长的婴幼儿长期处于被动、压抑的状态，缺乏自信和创造力，有较差的社会适应能力，孩子往往会形成两种极端的性格：一种是顺从、自卑、性格压抑；另一种是逆反、具有攻击性、不守规矩。

（3）放纵型教养方式（indulgent parenting）：接受－不控制。放纵型的家长把孩子视为自己的私人财产，把教育子女视为个人的私事，总是无条件地满足孩子的任何要求，事事代劳，对孩子的要求低、反应性高，对孩子几乎没有明确的规定，对孩子的行为缺乏控制。在放纵型教养方式下成长的婴幼儿会养成懒惰、娇生惯养、自理能力差、以自我为中心与缺乏责任感的性格，表现为思想和行为的不成熟。

（4）忽视型教养方式（neglectful parenting）：不接受－不控制。忽视型的家长对孩子不关心，对待孩子既缺乏感情的投入又缺少必要的控制。家长对孩子进行教育时往往缺乏耐心，他们很少对孩子有什么要求，并且很少费心去纠正孩子的行为或给孩子规定行为准则。在忽视型教养方式下成长的婴幼儿容易养成自以为是并缺乏安全感的性格，自控能力较差，攻击性较高。

除此之外，家庭中不同的人际交往与婴幼儿的心理发展有着密切的关系。由父母和孩子组成的核心型家庭是现代社会主要的家庭组成形式。父母双方能够为婴幼儿提供两种行为的范例，这对孩子适当的性别发展有益。大家庭（几代同堂的家庭）的优点是孩子受成人教育的时间较多，但是这种家庭中容易出现隔代溺爱，在教育孩子的观念和方式上也不容易产生一致，造成孩子焦虑、无所适从等不良特征。

2. 家庭社会经济地位

婴幼儿的家庭社会经济地位（social economic status，SES）是婴幼儿心理发展的研究者们关注的重要因素，婴幼儿家庭中主要照护者的受教育程度、职业和收入是衡量 SES 的三个重要指标。随着 SES 的变化，家长和婴幼儿都面临着环境的不断变化，这种变化深刻影响着家庭功能，家庭社会经济地位会影响家长对孩子的价值观和期望及家长和孩子的互动等方面，社会经济地位高的父母经常和孩子谈话，和孩子一起读书，给予孩子更多的刺激。此外，家长受教育程度对婴幼儿的养育也有影响，拥有高社会经济地位且受教育程度高的父母往往能养成抽象思维的习惯，他们较多地对孩子进行口头鼓励，培养孩子内在的品质；而低社会经济地位的父母由于受教育程度不高，常常对孩子的教育感到一种无力感，从而对婴幼儿的成长过程产生影响。

3. 托育机构

托育机构是对婴幼儿进行早期教育的专门机构。这类机构是复杂的社会环境，能够影响婴幼儿多方面的发展。随着年龄的增长，婴幼儿身心发展不仅受到家庭的影响，进入托育机构后，和托育机构教师及同伴的交往也逐渐成为婴幼儿社会交往的主要部分。托育机构的早期教育对婴幼儿的发展有着重要的影响，其中，教师的专业素养是影响婴幼儿个性发展的重要因素，教师的儿童观和教育观、工作态度、情感表达、个性品质、职业素养等方面都在与婴幼儿互动的过程中潜移默化地影响着婴幼儿的心理发展。此外，托育机构的教育对婴幼儿发展的影响还取决于其物理环境、学校文化生活等方面，如每个班级婴幼儿的数量、每个婴幼儿得到的活动空间、托育机构的环境创设和托育机构的教育理念等。

许多研究者就托育机构对婴幼儿的影响做了跨文化对比研究，发现托育机构的早期教育在促进婴幼儿认知发展方面具有重要的作用。研究表明，及时接受学校教育的儿童在认知方面的发展比未接受学校教育的儿童明显更好。

4. 同伴

婴幼儿与同龄婴幼儿之间的社会交往活动被称为同伴交往。随着年龄的增长，婴幼儿逐渐为同伴所吸引，他们的交际对象逐渐由家长扩展到同龄的伙伴。在与同伴相互作用的过程中，婴幼儿会逐渐发展出一种新的人际关系——同伴关系。作为婴幼儿安全感的来源之一，同伴对婴幼儿的社会适应、情感、自我概念等方面的发展也有着重要的意义。

首先，同伴交往能够促进婴幼儿社会技能的发展。婴幼儿在和同伴交往的过程中会表现出社交行为，如相互接触、微笑、请求、邀请等，他们不断练习自己已经掌握的社交技能，同时通过对同伴的社交行为的观察和模仿不断学习并尝试新的社交行为，从而丰富自己的社交手段。其次，同伴交往能够满足婴幼儿的情感需要。婴幼儿与同伴形成的良好交往关系能够使自身产生安全感和归属感。同伴可以成为婴幼儿的情感依赖，为其提供情感支持，他们可以从同伴身上获得更多的爱和尊重。当婴幼儿感到焦虑、紧张和不安时，同伴交往可以使他们的情绪得到宣泄、同情和理解，以克服不良情绪导致的心理问题，最终获得良好的情绪发展。最后，同伴交往能够促进婴幼儿自我概念的发展。在与同伴交往的过程中，婴幼儿逐渐意识到他人的特征及自己在他人心目中的形象和地位。在共同参加的活动中，婴幼儿将逐渐学会处理与同伴的矛盾、坚持自己的观点或放弃自己的主张，同时确定自己相对同龄伙伴的角色和地位，因此，共同活动可以帮助婴幼儿去自我中心化，促进婴幼儿自我概念的发展。

5. 社会公共政策

社会公共政策，尤其是与儿童有关的政策体现了国家和社会的主导理念和社会价值。儿童是社会中最需要帮助、关爱和保护的弱势群体，在儿童身上投资，将来必将在个体、家庭乃至国家和社会层面获得价值回报。许多国家都关注儿童的问题，将之作为关系到国家兴旺发展的重要战略性问题来考虑。政府会加大对与儿童有关的社会发展的不同领域的财力、物力和人力等投资，体现在与儿童有关的各种福利政策上。

在儿童发展的宏观政策方面，联合国大会于1959年发布了《儿童权利宣言》，提出了各国儿童应当享有的各项权利，但不具有广泛使用性和监督机制。为此，1989年联合国大会发布了《儿童权利公约》，该公约共54条，实质性条款41条，为促进儿童的身心健康发展确立了基本准则。我国于1991年通过了《中华人民共和国未成年人保护法》，并于1992年正式实施。这一法律文件保障了未成年人的身心健康发展，保护了未成年人的合法权益。此外，我国高度重视儿童事业的发展，迄今为止先后制定了三个周期的中国儿童发展纲要：从国情出发，于1992年发布了《九十年代中国儿童发展规划纲要》；2001年颁布了《中国儿童发展纲要（2011—2020年）》，并于2021年印发了《中国儿童发展纲要（2021—2030年）》（简称《纲要》）。《纲要》的颁布与实施为儿童生存、健康、发展、福利、社会环境、法律保护和儿童权利的实现提供了重要保障。在政府财政投入方面，随着社会经济的发展，我国在儿童身心发展领域的财政投入对儿童的发展也有着重要的影响，加大对教育和医疗卫生保健服务等方面的投入也有利于更好地促进儿童身心发展。

6. 大众传媒

社会文化对婴幼儿心理发展的影响还会通过成人的传递和大众传媒的传播而产生。随着科技的发展，特别是互联网的普及，大众传媒已经成为儿童日常生活中的重要部分，并成为个体发展过程中必不可少的社会文化因素。目前儿童接触最多的媒介有电视、计算机、网络等，尤其是接触电视和网络的机会和时间越来越多，因而受影响程度也越来越高。已有研究表明，大众传媒对儿童的性格、学业成绩、性别角色意识、社会交往等方面具有重要的作用。然而当前社会上的许多动画片、广告、游戏中都包含了一些消极的信息，而婴幼儿又喜欢模仿，因此，家长也要注意大众传媒对婴幼儿的影响。

三、遗传与环境的辩证关系

至此分别探讨了遗传与环境因素对婴幼儿心理发展的影响，我们还要进一步意识到，遗传与环境因素对婴幼儿心理发展的作用并不是相互孤立的，而是相互渗透、相互依存的。当代研究者一致认为，遗传与环境共同对个体的发展产生影响，那么遗传与环境因素分别起多大的作用？遗传与环境因素怎么样共同起作用？

（一）遗传和环境各起多大作用

研究者采用遗传力估计值和一致率这两种方法推断遗传在复杂的人类特质中的作用。接下来是这两种方法得出来的结果及其局限性。

1. 遗传力估计值

遗传力估计值（heritability estimate）指在一定的时间、特定的群体中，某种特质的个体差异在多大程度上可以归因于遗传因素。研究者通过统计程序确定遗传力的估计值，遗传力估计值的范围若在 0～1，说明个体差异源于环境，1 则说明全部差异源于遗传。一般而言，遗传力指数在 0.4～0.7，随着儿童年龄的增长，遗传力估计值随着个体获取对环境掌控能力的增加而增加，并因此构造出能增强和扩大其遗传倾向性的环境。此外，遗传力估计值具有样本特殊性（sample-specific），也就是遗传力只对所研究的样本具有适应性，不能被随意推广至其他样本。

在儿童和青少年双生子样本中，智力的遗传力估计值约 0.5。这表明智力中一半的变异可以由基因的个体差异来解释（Plomin，1994）。到成年期，遗传力估计值还会升高，甚至达到 0.8。收养儿童的智力与养父母相比更接近于亲生父母的智力，这一发现也进一步证明了遗传的重要作用（Plomin et al.，1997）。

相关研究还发现，遗传因素对人格也有重要的影响。对社交性、情绪表达性、活动水平等多种特质而言，儿童、青少年和成人双生子的遗传力估计值处于中等水平，在 0.4～0.5（Rothbart and Batesk，1998）。

2. 一致率

一致率（concordance rate）是用来推断遗传对复杂特征影响的第二种测量方法，它表示当双生子的一方出现某种特质时，两方同时表现出这种特质的概率有多大。例如，一致率可以通过考察情绪和行为障碍在双生子双方中是否同时出现，以分析遗传对那些可判断为"有"或"无"的特征的影响。

一致率的变化范围为 0%～100%，0% 表示双生子中的一方有某种特质，而另一方没有；100% 表示若双生子的一方有某种特质，而另一方肯定也会具有。若同卵双生子的抑制率远远高于异卵双生子的抑制率，则可以认为遗传在其中起主要的作用。双生子研究表明，在精神分裂方面，同卵双生子的一致率为 30.9%，异卵双生子的一致率为 6.5%；在重度抑郁方面，同卵双生子的一致率为 69.2%，异卵双生子的一致率为 13.3%；在反社会行为及犯罪方面，同卵双生子的一致率为 87%，异卵双生子的一致率为 72%（Gottesman，1991）。

3. 遗传力估计值与一致率的局限性

研究者们对遗传力估计值与一致率的精确度提出了各种质疑。首先，这两种方法的结果都只能针对特定的被研究的人及遗传与环境影响的特定范围。例如，在一个国家里，人们的家庭、学校和社区生活经历都十分相似，在这种情况下，行为的个体差异就可能主要来自遗传，遗传力估计值接近于 1；反之，环境的变化越多，其在个体差异中的作用就越大，遗传力估计值就越低（Plomin，1994）。

其次，遗传力估计值和一致率的精确度取决于所选择的双生子在多大程度上能反映人群遗传和环境的变化程度。然而，研究中用到的大多数双生子样本是在极为相似的环境中被共同养育的，即使有些被分开养育的双生子，社会服务机构也常常把他们都安排在经济条件较好的家庭中接受养育，这样的机构在许多方面都非常相似（Rutter et al.，2001）。由于大多数双生子不像一般人群那样五花八门，双生子环境的变化较少，所以遗传力估计值就可能夸大遗传的作用。

最后，遗传力估计值和一致率受到批评的重要一点是它们的用途问题。它们只是令人感兴趣的统计数值，无法精确地告诉我们智力和人格是怎样形成和发展的，也无法表明儿童该怎样对专门为促进其尽快发展而设计的环境做出反应

(Rutter，2002)。事实上，较好的生长环境可以使儿童更好地表现出他们的天赋。处境有利的儿童智力的遗传力更高，这是因为优越的环境使儿童能够充分利用其遗传的天赋；而处境不利的儿童潜能的发挥就会受到阻碍。

（二）遗传和环境怎么样共同起作用

现今，大多数研究者认为个体的发展是遗传与环境共同作用的结果。那么遗传和环境是怎样共同起作用的？想要弄清楚这个问题，有几个概念就必须先明确。

1. 反应范围

反应范围（range of reaction）指每个人独特的、由遗传决定的对环境的反应方式（Gottesman，1963）。如图 1-15 所示，当刺激极度缺乏时，A、B、C 三个孩子的智力测验得分都很低，而当刺激变得丰富时，A 的智力一直稳步上升，B 的智力在急剧上升后又有所下降，而 C 只有当环境和刺激适当时才开始上升。智力反应范围强调了两点。第一，由于每个人的遗传结构不同，所以同样的环境下每个人会有不同的反应，在图 1-15 中，当环境刺激缺乏时，三个孩子的智力测验都得了相似的低分；当环境刺激在中等程度时，B 的智力测验得分暂时领先；当环境刺激丰富时，A 升至第一，C 升至第二，两个孩子都超过了 B。第二，有时遗传和环境的不同结合可以使两个人很相似。例如，假设 B 受到的环境刺激比较少，其智力测验得分为 100 分，也是人群的平均分。A 和 C 也能达到这个分数，但前提是其必须生活在刺激相对比较丰富的环境中。总而言之，反应范围的概念表明，遗传和环境的各种独特结合既能导致行为的相似性，也能导致行为的差异性（Wahlsten，1994）。

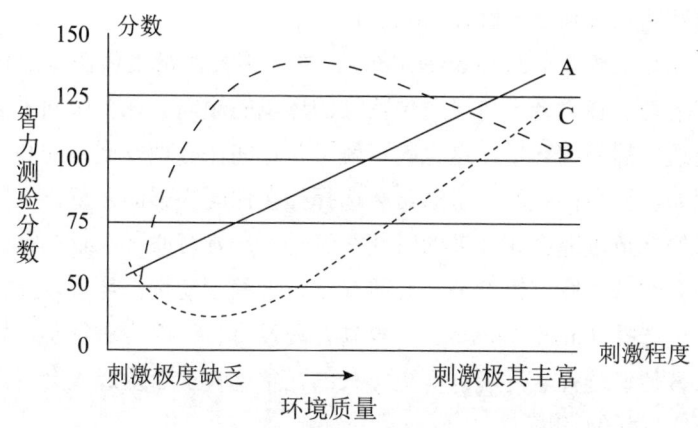

图 1-15 三个孩子在从刺激极度缺乏到刺激极其丰富时的智力反应范围

2. 定型化

定型化（canalization）指遗传限制了某些特征只能发展为一种或几种结果的程度。定型化提供了另一种理解遗传和环境是怎样结合的方式。定型化程度高的行为将遵循遗传设定的特定生长计划，只有提供强大的环境力量才能将其改变。例如，婴幼儿的直觉和动作发展就是容易被定型化的，因为所有正常的人类婴幼儿最终都会翻身、伸手取物、坐、爬和走路，只有一些极端的情况才会改变这些行为。相比之下，智力和人格的定型化程度则较低，因为它们很容易随着环境的变化而发生很大的变动。

3. 遗传-环境相关性

根据遗传-环境相关性（genetic-environmental correlation）的概念，人的基因会影响其所身处的环境，这种影响的方式会随着年龄的增长而变化，并具体表现为以下三种形式。

（1）被动相关性（passive correlation）。第一种相关性被称为被动相关性，因为儿童无法控制它。最初是父母替子女营造环境，而这种环境受父母自身遗传特质的影响。例如，父母如果是优秀的运动员，喜欢户外运动，那么他们就会带着孩子去游泳、跑步等。孩子除了会接触到"运动的环境"，还可能会遗传父母的运动天赋。因此，在遗传和环境的双重作用下，他们就可能会成为优秀的运动员。

（2）激发相关性（evocative correlation）。儿童激发了别人对他们的反应，这些反应受到儿童自身遗传特质的影响，同时它们又加强了儿童最初的反应方式。例如，一个开朗的、活泼的婴幼儿受到的社会刺激会比一个内敛的、消极的婴幼儿更多。一个善于合作的、注意力集中的婴幼儿很可能比一个容易分心的、注意力不集中的婴幼儿得到更多耐心、细致的教导。

（3）主动相关性（active correlation）。主动相关性指主体在其遗传特征的影响下，会有主动选择适合于自己遗传特征的环境的倾向。儿童倾向于去体验自己会感到较能适应的外部环境，这也就造就了儿童间在心理发展方向和发展水平上的差异。例如，社会性强的儿童通常会选择社会性同样强的儿童作为同伴；运动能力发展好的儿童可能会花较多的时间在运动上；好奇心强、求知欲高、有智力优势的儿童会经常去图书馆看书。有研究者将这种主动选择环境以完善遗传的倾向叫作小环境选择（niche-picking）。婴幼儿还没有什么能力进行小环境选择，这是因为成人替他们选择了环境；而更年长的儿童、青少年及成人会有可能越来越多地掌控他们生活的环境。

4. 环境对基因表现的影响

大量证据表明,遗传和环境的关系不是从基因到环境的单向关系,而是一种双向关系:基因会影响婴幼儿的行为和经验,这些行为和经验也会影响基因的表现。研究者把这种双向关系称作渐成式框架(epigenetic framework)。渐成作用(epigenesis)表示,基因与各种水平的环境之间渐进、双向的交流促进了发展。例如,健康营养的饮食将促进婴幼儿大脑的发育,大脑的发育会促进神经细胞产生新的联结,从而改变基因的表现。

研究者对遗传与环境或者天性与教养之争感兴趣的一个主要原因是他们希望能通过改善环境使人们尽可能得到更充分的发展。渐成作用提醒我们,对发展最好的理解是把它作为遗传和环境之间一系列复杂的交流互动。虽然我们不能按照自身所期望的方式改变婴幼儿,但是环境却能改变遗传的影响。任何试图促进发展的尝试想要取得成功,都需要先明确:想要改变的特征是什么,个体的遗传素质如何及我们所做的干预类型和持续的时间。

第二章

婴幼儿发展评价研究与实践

  评价是人类社会中的普遍现象。本章主要从三个方面对婴幼儿发展评价研究与实践进行了阐述：第一节从婴幼儿发展评价的历史发展方面追根溯源，再从现实意义的角度对婴幼儿发展评价进行概述；第二节从婴幼儿发展心理学领域最常用的研究设计角度分析介绍了婴幼儿发展评价研究的横断设计、纵向研究、时序设计，以及准实验设计；第三节从评价实施的不同时间、不同基准、不同途径和不同方法四个角度详细介绍了婴幼儿发展评价的类型。

第一节　婴幼儿发展评价的背景

一、什么是发展评价

"评价"一词，其字面意为"评定价值"。在哲学上，"评价"和"价值"密切相关。马克思认为评价是具有客观性的认识活动，是主体对客体有无价值及价值大小所做的判断。作为主体，人的评价行为贯穿生活，与周围世界的客体发生方方面面的联系，人们也渐渐习惯于在采取行动之前进行价值判断与衡量，了解他人对此的评价，进而决定是否进行此活动。关于婴幼儿发展评价研究的概念说法不一。本书认为婴幼儿的发展评价是教育者依据婴幼儿的教育目标，运用科学的教育评价理论和方法，对儿童身心的各方面发展进行价值判断的过程。

（一）发展评价强调对象的主体性和差异性

婴幼儿年龄较小，他们的发展速度不同，个体发展有很大的差异性，所以不能用统一的标准来要求。教师、家长等评价者需要树立正确的儿童观。在幼儿园的教学中，为了真正地了解婴幼儿的发展、为婴幼儿创设更好的教育，幼儿教师应当树立正确的儿童观。而0～3岁的婴幼儿和3～6岁的幼儿相比年龄更小、发展更弱，更需要成人的呵护与关照。所以，婴幼儿发展评价者儿童观的树立刻不容缓。

虽然对婴幼儿而言，评价他们是为了更好地照顾他们，但是无数个被评价的个体最终还是以一种总体的方式被汇总到评价者面前，所以，对婴幼儿进行评价时，评价者容易陷于总体的关系中而忽略个体。在婴幼儿的发展评价中，重视被评价对象的主体性和差异性显得尤为重要，除了必须尊重婴幼儿发展的连续性与阶段性的共性规律之外，还必须尊重婴幼儿在相似的发展过程中出现的个体差异。

（二）发展评价的落脚点在于促进婴幼儿发展

婴幼儿的发展是一个动态的、连续的过程，评价者应该从发展的角度看待它。在这一过程中重要的是评价者对婴幼儿发展评价信息的获取，更重要的是评价者对这些信息的运用，评价只是手段，落实才是目的。冯晓霞（2003）指出，幼儿园教育评价的"根本目的在于为发展服务，支持发展，促进发展"。在实际生活中，对托育机构而言，实施婴幼儿发展评价可以帮助评价者充分了解婴幼儿的发展情况，意识到自己在教育过程中存在的问题，并及时做出调整以提高其教育质量，也可以帮助家长清楚地了解婴幼儿学习、活动等状况，促进家长对婴幼儿的了解，促进家园共育。

也有学者指出，发展性评价的提出有利于弥补现行评价环节的缺失。从长远意义来说，发展评价有利于补偿应试教育的不足，比如鉴别性评价的弊端。通常此评价只重视对学生单一能力的培养，通过评价进行甄别、鉴定和选拔，如升学考试时关于智力和技能方面的测验偏向性较为明显。而发展性评价则更有以人为本、人文关怀的意味。发展性评价强调以评价促发展，它与可持续发展、终身发展等理念相协调，真正将落脚点放在了婴幼儿的发展上。

二、婴幼儿发展评价的历史发展

作为一种活动，评价渗透于人类生活的各个方面，在社会历史的长河中，人们时时都在对自然、社会、他人和自己进行评价，也时时被他人评价着。在古代，我国就开始了以科举制度为主要标志的教育测试的先河，教育测试确立了现代教育评价体系的基石，而我国的科举制度也对后来世界各国公务员的招聘考试都产生了重要影响。20世纪初期，我国科举制度废止之时，西方教学测试运动正在出现和发展，其间，人们逐渐将教学评价和教育测试相结合，出现了多种体制的多元化格局。近代以来西方教育测量理论很快就传入我国，特别是在"五四运动"后，我国一些学者结合我国实际情况展开了理论研究与实践工作，我国的教育测验活动蓬勃发展，学者们引进、吸收教育评价理论与测探量表，并编撰、出版教育评价学专著和教材等。

西方早期教育测验于19世纪末产生并在20世纪20年代—30年代达到兴盛期，但是这种评价方式主要是根据测验的结果对儿童进行选拔，缺乏人文关怀的色彩。

20世纪30年代—40年代，现代教育评价兴起。现代教育评价发端于以R. W. 泰勒（R. W. Tyler）为首的研究组进行的"八年研究"，其与早期评价在目的上有很大的不同，体现了理念的时代性进步。该评价方式强调对教育进行诊断和改进，用于发现当前教育工作中的问题，从而有针对性地对教育过程、教育策略、教育目标进行调整，创造适合儿童发展的教育。

20世纪50年代—60年代起，幼儿发展评价的关注点逐渐发生变化，评价的功能开始从注重"测验"转向注重"评价"。这种转变的背后体现了评价目的显著进步，评价者在评价中采取更科学、更多元的方法，关注更广泛、更全面、更综合的内容，使评价变得更加包容，对促进儿童的全面发展起到了重要的作用。

1978年以来，我国的教育评价逐渐进入具体评价方案研究和实践的阶段，国内广泛开展了各类型、各层次的教育评价活动。在早期教育领域的教育评价实践过程中，一些地方政府陆续制定、颁发了托育机构教育质量评价量表，即分级分类验收标准。在自上而下、有组织、有计划地对当地托育机构进行分等定级的验收工作中，这些标准不仅促进了园所管理工作的规范化和教育质量的提高，而且促进了我国幼儿教育质量的评价工作。值得注意的是，以幼儿教师为评价主体的非正式的评价逐渐受到重视，并在实践中变得越来越普遍，成为幼儿教育实施过程的重要组成部分。

21世纪以来，随着我国婴幼儿教育实践和教育观念两者的不断发展，婴幼儿发展评价也随之不断进步。党的十八届中央委员会向中国共产党第十九次全国代表大会的报告首次将"幼有所育"列为七大民生目标之一，体现了党和政府对儿童教育问题的高度重视（胡马琳和蔡迎旗，2021）。然而当前我国托育政策体系仍处于重新探索阶段，完善托育政策、构建托育服务体系、积极开展婴幼儿评价工作已然成为提高我国婴幼儿教育质量的关键。2019年5月9日，中华人民共和国国务院办公厅正式印发了《关于促进3岁以下婴幼儿照护服务发展的指导意见》（以下简称《指导意见》），首次提出"婴幼儿照护"的概念，也拉开了托育的序幕。2021年8月20日，中华人民共和国全国人民代表大会常务委员会会议表决通过了关于修改《中华人民共和国人口与计划生育法》的决定。值得关注的是，婴幼儿照护和托育服务首次被写进《中华人民共和国人口与计划生育法》并被多次重点提及，包括全面推进普惠托育体系，国家鼓励和引导社会力量兴办托育机构，支持幼儿园和机关、企业事业单位、社区提供托育服务等。中国人口出版社也正式出版了由中华人民共和国国家卫生健康委员会人口监测与家庭发展司编的《婴幼儿照护服务文件汇编（2021版）》（简称《汇编》），《汇编》基本概括了托育从业者需要了解的婴幼儿照护和托育相关的政策法规及标准规范文件，是目前市面上相对全面且完善的托育文件汇编，也是托育从业者的官方参考书。至2024年，托育服务走入发展的第3年，我国新时代的托育事业迅猛发展的同时，政策法规和标准规范也在完善当中。我国已出台多个婴幼儿托育的相关政策，有效推进了婴幼儿发展评价的发展，使婴幼儿发展评价逐渐转向对过程的评价，更加强调对婴幼儿发展的全面、综合考察，同时以改进婴幼儿原有的发展状态为主要任务。

教育评价在实践中成效显著，在理论上也取得了重要发展，近年来儿童发展观和儿童学习观都发生了重要的变化。发展系统论认为，儿童的发展只有在儿童与不断变化的环境的动态性互动中才能实现，对儿童发展的看法由向特定的发展终点运动转变为儿童是在不断变化中不断发生质的变化。因此，教育目的的价值取向也随着儿童的发展而不断发生动态变化。同时，随着神经科学、发展心理科学研究的不断深入，人们对儿童的心理发展特点与规律也有了更加清晰、深入的了解和认识。

婴幼儿发展评价是婴幼儿教育从理论到实践、从观念到行动转化的重要路径，要使教育目标符合婴幼儿发展的实际水平，满足婴幼儿的发展需要并能通过教育活动的实施真正促进婴幼儿的发展，客观上要求教育者必须了解婴幼儿的发展情况。因此，通过系统化的评价了解婴幼儿的发展就成为提升婴幼儿教育质量的必要前提和基础。多年来，国内外教育工作者已尝试编制出多个婴幼儿发展的评价工具或标准系统，使婴幼儿发展评价工作能够更加科学、客观地进行，但目前婴幼儿发展的评估工具仍存在许多有待改进的地方，例如，针对婴幼儿发展的评估工具数量不多，评估范围不够全面，导致婴幼儿发展的有关研究较少。因此，婴幼儿发展评价领域的研究工作仍有待大力投入、推进和完善。

评价是为教育目标服务的，婴幼儿发展评价对婴幼儿教育的实践与未来发展具有较强的导向作用，能够有效改善婴幼儿教育工作者的教育观，提高婴幼儿教育工作者的教育水平。因此，务必要提高对婴幼儿发展评价工作的重视，以促进早期教育更好地发展。

三、我国婴幼儿发展评价的现实意义

随着我国课程改革的推进，教育评价越来越倡导发展性评价。对婴幼儿发展进行评价有利于帮助教育者把握婴幼儿发展的正确方向、了解婴幼儿的真实水平，从而提出符合婴幼儿发展水平的教育目标、提高婴幼儿教育的有效性。因此，对提高教育者教育水平和对教育机构的提质增效具有重要的意义。为此，可从国家、社会和个体三个角度对婴幼儿发展评价的意义进行分析。

（一）国家层面：协调系统工程，顺应教育改革

现代教育认为，教育过程是一个系统工程，由目标、投入、过程、产出等要素有机构成，评价在其中起着重要的协调作用。通过评价所获得的被评价对象的发展信息，可以帮助教育者更好地协调四要素。例如，根据评价信息分析教育目标是否恰当、教育投入是否营造了适宜的环境、教育过程中的方法是否促进了婴幼儿的发展等。在教育者的调控中，教育系统工程的各个组成部分在整体有序运行中处于令人满意的状态，从而使婴幼儿的教育真正适应婴幼儿发展的需要。

幼教领域在十几年的教育改革中发生了较大的变化。1996年正式颁布的《幼儿园工作规程》（简称《规程》）明确提出了幼儿教育的指导思想："遵循幼儿身心发展的规律，符合幼儿年龄特点，注重个别差异，因材施教，引导幼儿个性健康发展。"并且《规程》中还特别强调要促进每一个幼儿的发展，如《规程》第二十六条提出："幼儿园应在各项活动的过程中，根据幼儿不同的心理发展水平，注意培养幼儿良好的个性心理品质，尤应注意有根据幼儿个体差异研究有效的活动形式和方法，不要强求一律。"2020年，中共中央、国务院印发了《深化新时代教育评价改革总体方案》，提出教育评价要坚持科学有效，要"改进结果评价、强化过程评价、探索增值评价、健全综合评价，充分利用信息技术，提高教育评价的科学性、专业性、客观性"。

通过对相关文件的整理，我们发现：①幼教改革从教师"本位"到幼儿"本位"，注重以幼儿发展为核心；②教育从着眼于整体到着眼于个体；③教育评价的方式强调多元融合。婴幼儿是人类发展的最初阶段，是学前教育的基础，需要教育者悉心的照料。通过对婴幼儿发展状况进行评价，教育者可以更好地为婴幼儿创设与教育相适应的良好环境，促进每个幼儿在不同水平上得到发展。

（二）社会层面：增效托育机构，提高教育质量

《国家中长期教育改革和发展规划纲要（2010—2020年）》提出"把提高质量作为教育改革发展的核心任务"的战略目标。当前，很多国家将早期教育发展的着力点聚焦于质量层面，试图通过构建完善的评价体系以提高早期教育质量。换句话说，以评价促质量已然成为多个国家新历史时期的发展潮流。目前，幼儿园在开展幼儿发展评价的过程中深入贯彻《规程》，在实践中落实《规程》的指导思想，把幼儿园工作的重点转移到研究和促进幼儿发展上来。作为幼儿园教育的重要奠基，托育机构应该学习幼儿园的实践工作，潜心落实婴幼儿发展评价研究。

婴幼儿发展评价工作与提高托育机构教育质量的关系十分密切。对婴幼儿发展的优质评价标志着托育机构质量意识的提高，也是促进托育机构教育质量进一步提高的重要动力。我们可以在婴幼儿发展评价中窥见托育机构教育者的教育观与儿童观、管理思想与管理制度，以及保教人员的文化与业务素质等问题。因此，婴幼儿发展评价代表了托育机构的整体形象。

婴幼儿发展评价工作有利于加强和改善托育机构的日常工作。例如，当我们从托育机构日常生活中的各项活动对婴幼儿的发展进行评价时，教育者在客观上必须加强日常工作中的计划性。将此项工作纳入幼儿园工作日程中就是在管理制度上对研究婴幼儿发展提供条件和保证。教育者需要开展各式各类促进婴幼儿身心全面发展的教育活动来满足对婴幼儿全面观察和评价的需要。

此外，婴幼儿发展评价本身就是研究婴幼儿发展的过程。教育者在对婴幼儿各方面发展进行观察、分析和判断的同时，可以认识到自己工作中存在的缺点和不足，从而积极改进自身工作。婴幼儿发展评价结果的量化也会为教育者提高教育质量提供外部监督，提高其自我革新的内驱力。随着评价工作的深入开展和不断完善，这种评价工作又将有助于在机构内形成研究婴幼儿发展的良好风尚。

（三）个体层面：提高教师素质，保障婴幼儿权利

（1）开展婴幼儿发展评价工作有利于促进教师教育观念的转变，帮助教师树立正确的儿童观。每一种评价体系都蕴含着教育价值观，教育者掌握和运用这种评价体系的过程也是理解、选择和接受其中教育价值观的过程。婴幼儿发展评价可以帮助教师有效地了解婴幼儿，并促进教师在了解婴幼儿的过程中潜移默化地改进教育观念。在系统和客观的评价实践中，教师能对"尊重儿童""师幼互动""幼儿主体"等新理念的了解进一步深入。同时，对婴幼儿发展的整体特点与规律、婴幼儿发展的个别差异等问题的认识更加深刻。通过对婴幼儿发展的科学、正确、全面认识，教师将逐步培养自身热爱、尊重婴幼儿的教育情怀，从而更理性地面对和接纳每一个处于不同发展水平的婴幼儿。婴幼儿发展评价为教师提供了观察集体中每一个婴幼儿的机会，有利于促进教师发现婴幼儿个体的优点与不足，从而改变可能已经形成的对一些婴幼儿的思维定式，建立起对他们发展的信心，给予婴幼儿更多发展的机会。

（2）开展婴幼儿发展评价可以提高教师的业务理论水平。婴幼儿发展工作需要教师熟练掌握相关测验类评价工具、观察类评价工具和调查类评价工具等。例如，婴幼儿诊断性发育评价工具：贝利婴幼儿发展量表第4版（BAYLEY-4）和

婴幼儿发育量表（CDCC）。婴幼儿筛查性发育评价工具：丹佛儿童发展筛选测验（Denver developmental screening test，DDST）和儿童心理行为发育预警征象筛查问卷等。同时，教师还要掌握婴幼儿发展的评价体系，包括制定评价体系的指导思想、评价指标及评价标准的具体内容等。一般而言，婴幼儿发展评价体系都是在实事求是、科学的态度中通过多次理论和实验互相印证的成果，这种成果蕴含着深厚的婴幼儿教育基本原理，同时也反映了广大幼教工作者在与时俱进的实践中所积累宝贵经验，具有深刻的理论和实践价值。教师在学习评价体系的过程中应明晰其中蕴含的思想内涵，并在教育实践中系统化地学习婴幼儿教育理论。在这种学习过程中，从理论上进一步了解婴幼儿发展的年龄特点和一般规律，在实践中不断纠正自身的教育误区，感受婴幼儿生理和心理各方面发展的具体规律。

（3）开展婴幼儿发展评价可以驱动教师主动提高自身素质与能力。随着社会经济的转型升级，婴幼儿教育事业的迅速发展，教师也需要不断学习来应对新时期新的教育要求。开展婴幼儿发展评价有利于教师掌握观察、记录和判断等基本能力，也有利于提高教师分析问题、解决问题等一般能力。此外，长期开展婴幼儿发展评价工作有利于为教师科研能力的培养提供制度保障。婴幼儿教师在工作中与婴幼儿密切接触，如果能注重搜集日常接触中婴幼儿发展的重要信息并通过科学的方法将信息进行量化，则可以拥有婴幼儿发展的丰富、生动、典型的一手资料，为开展科研工作提供强有力的保障，为教师从事科研活动提供巨大的优势。所以开展婴幼儿发展评价工作有利于培养教师的科研意识，促进教师结合实际工作开展教育科研工作。教师只需要对获得的广泛一手资料进行思维加工、再创造，就可以得到大量关于婴幼儿发展的新知识并产生新认识，这些认识可能对丰富婴幼儿教育的理论产生重要作用，促进学前领域前沿理论的研究。教师在搜集、积累、整理、加工信息的特殊实践活动中，也能自然而然地提高自身分析问题、解决问题的能力。

（4）开展婴幼儿发展评价工作有利于保障婴幼儿受教育的权利。我国1982年颁布的《中华人民共和国宪法》第四十六条规定："中华人民共和国公民有受教育的权利和义务。"尽管婴幼儿教育不属于义务教育，但作为每个人成长的最初阶段，婴幼儿阶段对人生的发展意义非凡。婴幼儿发展评价以婴幼儿教育目标为依据，采用发展性教育的方法和理论采集婴幼儿发展的相关信息，并对此进行价值判断，且教师在评价过程及相关的评价中需注意被评价对象的主体性和差异性。教育者掌握婴幼儿个体发展信息后，对其采取有针对性的教育将有利于婴幼儿的学习和发展，并为之创造条件。换句话说，教师通过对婴幼儿个体发展的评价了解每个婴幼儿的实际水平和目标的差距后采取教育措施是保障婴幼儿能获得充分发展、真正享受教育权利的基本条件。所以，教育者要在评价中尊重婴幼儿作为学习和发展主体的地位，努力促进婴幼儿教育机会均等，这将符合其个性化发展的需求。婴幼儿教育是基础教育的重要组成部分，是学校教育和终身教育的奠基阶段，社会各类托育机构都应从实际出发，因地制宜地实施素质教育和个性化教育，为婴幼儿终身发展奠定基础。托育机构应与家庭密切合作，综合利用各种教育资源共同为婴幼儿的发展创造良好的条件。

第二节　婴幼儿发展评价的研究设计

研究者决定做一个研究时需要选择研究设计，研究设计能够尽可能地保证研究者的假设得以验证。在婴幼儿发展评价中，最常用的研究设计包括横断设计、纵向设计、时序设计和准实验设计。

一、婴幼儿发展评价的横断研究

横断设计（cross-sectional design）又称横断研究，指在同一时间内对不同年龄的人群进行观察、测量或实验。对描述年龄趋势的研究，横断设计是一种高效率的策略，因为只需要对被试者测量一次，就可以在短时间内收集到大量的资料，研究者不需要考虑被试流失和练习效应问题。此外，横断研究的样本也较为容易选取和控制。例如，杜安·布赫梅斯特和温多尔·弗曼（Buhrmester and Furman，1990）在一项横断研究中让三年级、六年级、九年级和十二年级的学生都填写一份问卷，探讨他们的兄弟姐妹关系。结果表明，随着年龄的增长，兄弟姐妹互动中的平等逐渐增多，而强迫、独断逐渐减少。到青少年时期，兄弟姐妹之间的亲密关系会逐渐减弱。

虽然横断设计是很方便的研究设计，但是由于横断研究对象的选取是几个特定的年龄点，带有"拼凑"的性质，因此无法确切地反映被试心理发展的连续性和转折点。例如，在前面提到的利用横断设计进行兄弟姐妹关系的研究中，比较的只是不同年龄群体的平均数，但研究无法得出兄弟姐妹关系的发展是否存在什么个体差异，而只有追踪研究才能得出以上的结果。朱迪·邓恩等人（Dunn et al.，1994）的追踪研究就发现，青少年时期的兄弟姐妹之间的关系变化特征具有很大差异，不少兄弟姐妹之间会变得更疏离，而有些人则变得更亲密、更富支持性，还有一些人变得更有竞争性和敌对性。此外，与纵向设计一样，横断设计也可能受到同龄群组效应的干扰。例如，对出生和成长在不同年代的 5 岁、15 岁、25 岁的同龄群组进行比较，不一定能代表真正的年龄变化。相反，比较的结果反映的只是与每个群组成长的历史时期有关的不同经历而已，即可能出现"横断谬误"，且社会变革的速度越快，这种"横断谬误"就可能会越严重。除此之外，横断研究也不能说明心理发展的因果关系，比如，无法解释个体的早期经验对后期心理发展的影响。

在婴幼儿发展领域，以徐秀等（2007）进行的婴幼儿抚育环境和动作发展的研究为例，该研究的目的是了解婴幼儿的动作发展状况，探讨丰富和贫乏的抚育环境对婴幼儿动作发展的影响。研究运用儿童抚育环境和动作发展问卷及婴幼儿动作发展测试，在同一时间内对上海市四个区的 612 名婴幼儿进行了检测，分为 6 个年龄组，分别为 3 个月、6 个月、9 个月、12 个月、15 个月和 18 个月。研究结果表明，超过 75% 的家长能够有意识地帮助婴幼儿进行动作发育的训练，超过 80% 的婴幼儿能够完成各年龄段应有的关键动作发育。对婴幼儿的动作发展与家庭抚育环境的相关性分析发现，婴幼儿的动作发展和家庭抚育环境紧密相关。

二、婴幼儿发展评价的纵向研究

纵向设计（longitudinal design）又称追踪研究，指在不同的年龄对同一组被试者进行重复考察，其间的变化被认为是婴幼儿的年龄增长所致。纵向设计研究的跨度可短（几个月或几年）可长（10 年甚至一生），其优点是通过长期的追踪研究，研究者能够获得婴幼儿心理发展的连续性与阶段性的材料，同时由于该设计追踪的是每个被试者随着年龄的增长而表现出来的行为，故可使研究者能够查明发展的普遍模式和个体差异。纵向研究还使研究者可以考察早期事件与行为同后期事件与行为之间的关系，这有利于研究者了解婴幼儿心理发展的原因与机制，科学地对婴幼儿心理发展进行评价。

尽管纵向设计有其自身优势，但它也存在着一些问题。第一，研究的被试者可能会因为搬家、厌烦或其他原因而流失，这便改变了最初的样本，造成有偏样本（biased samples），而已有样本往往无法再代表研究者希望的调查结果并将其推广给其他群体。第二，由于在纵向设计中，被试者经历的是重复研究，被试者可能会变成"测验通"，其表现就可能掺杂练习效应（practice effects），导致成绩的提高并不是由于发展的因素造成的,而是因为测验技能的提高及对测验逐渐熟悉而实现的。第三,会出现纵向设计中研究者广泛讨论的同龄群组效应(cohort effects),即出生在不同年代的人们会受到不同的、特定的社会历史文化环境的影响,从而表现出心理发展上的差异,基于同一个年龄组得出的结果有可能难以应用在另一年代成长的人身上。例如,在20世纪50年代,女性的害羞、退缩、顺从行为更容易为社会所接受,因此退缩并不会给她们造成特别大的适应问题。但如今,害羞的年轻女性通常表现出较差的适应能力,这可能是由于西方社会女性角色的变化而造成的。害羞的成年人无论男女都比其他同龄人感到更多的压抑,获得的社会支持更少,并且可能在受教育与职业成就方面表现较差。

我们以卢姗等(2018)进行的看电视时间与婴幼儿语言、情绪社会性发展的关系研究为例进一步说明纵向设计的重要价值。该研究的目的是揭示看电视时间与婴幼儿语言及情绪社会性发展的关系。研究分别从研究开始的第14个月和第25个月两个时间点进行,分别在两个时间点完成婴幼儿看电视时间及语言和情绪社会性发展情况评估。14个月时有66名婴幼儿,月龄范围为13~16.9个月。25个月时有62名婴幼儿,月龄范围为23.77~28.7个月。有52名婴幼儿既参与了第14个月又参加了第25个月的评估。该研究主要是通过调查问卷的方式从婴幼儿的母亲处获得相关的信息,追踪研究发现,在看电视时间与婴幼儿语言发展方面,婴幼儿第14个月时,看电视时间的长短与其在语言方面的表现有显著的相关,但在婴幼儿25个月时,看电视时间长短与婴幼儿在语言方面的表现无关,且第14个月的婴幼儿的看电视时间与其第25个月的语言发展也无关;不论是第14个月还是第25个月的婴幼儿,看电视时间的长短对其情绪社会性方面的发展均有影响,且第14个月的婴幼儿的看电视时间与其第25个月社会性发展的多个方面均有显著关系。

可以看到,尽管婴幼儿在第14个月时看电视时间与其在语言方面的表现有关,但到第25个月时,这些差异明显消失了,看电视时间的长短在被试者的语言发展方面几乎没有造成差别,也就是说,看电视时间影响婴幼儿的语言发展只存在于一个特定的时期,而只有在纵向研究中才能理解婴幼儿发展中的各种变量之间的关系。

三、婴幼儿发展评价的时序设计

时序设计(sequential design)指在不同时间内,进行几个相似的横断研究或追踪研究，以更好地发现婴幼儿心理发展的变化和转折点。时序设计将横断研究与纵向研究融合在一起，它有两个优点：第一，通过比较出生在不同年代但年龄一样的被试者，可以揭示同龄群组效应是否存在；第二，可以做纵向比较和横断比较，如果两个结果相似，就可以证实研究结果。

以周晖和张豹（2008）提出的对幼儿早期阅读水平发展的研究为例，该研究的目的是探讨4～6岁幼儿阅读知识、识字水平和故事理解水平的关系及其年龄发展特征。该研究包括一次横断研究和一次纵向研究。在横断研究中，他们运用阅读知识测验、识字测验、故事理解测验对北京市的177名幼儿进行了测试，其中小班幼儿53人（45～54个月）、中班幼儿68人（55～66个月）、大班幼儿56人（67～79个月）。横断研究的结果表明，年龄较大的幼儿在早期阅读3个方面的水平均高于年龄较小的幼儿，且幼儿的阅读知识、识字水平和故事理解水平三者之间均呈显著的正相关关系。在追踪研究中，研究者在半年后运用与横断研究相似的工具对70名来自上阶段横断研究中的幼儿进行了测试，其中中班幼儿（原小班幼儿）32人、大班幼儿（原中班幼儿）38人。追踪研究的结果表明，被试者在半年后都表现出更高的早期阅读水平，3种早期阅读技能较好的幼儿在半年后对应的阅读技能水平也较高，但三者之间并没有跨时间的直接联系。该研究表明，幼儿的早期阅读发展水平会随着年龄的增长而不断提高，且其发展有一定的连续性。

四、婴幼儿发展评价的准实验设计

准实验设计（quasi-experimental design）是介于非实验设计和真实验设计之间的研究设计。它比前实验设计的效度要好得多，能对一部分影响实验效度的因素进行控制，但又不如真实验设计那样需要对整个研究过程做充分、严格的控制，因此人们在实验前冠于"准"字以示区别。在准实验设计中，人们所考察的时间和行为被分为两类：自变量和因变量。自变量（independent variable）是研究者预期会导致另一个变量发生改变的变量；因变量（dependent variable）指研究者假设的受自变量影响的变量。实验需要在控制条件的情况下进行，其目的在于排除自变量以外一切可能影响研究结果，而对实验可能起干扰作用的无关变量（irrelevant variable）。在实验开始时，首先对因变量进行测量（前测），其次引入自变量实施激发，最后选择其后的某一个时点对因变量进行再测（后测），比较前后两次测量的结果就可以将原理论假设完全证实或部分证实或证伪。

相较于真实验设计，准实验设计既无法直接对实验的自变量进行操纵，又不能严格地控制无关变量。准实验设计像真实验设计一样需要设置不同的比较组（实验组和控制组），比较不同条件的变化。但是准实验设计采用的是不可直接操纵的变量来确定比较的组和条件，同时准实验设计也没有运用随机化程序进行被试者选择和实验处理。

准实验设计有三个特点。第一，准实验设计中的自变量通常采用被试者变量，这些被试者变量可能是自然形成的被试者变量，如年龄、性别、种族等；可能是社会形成的被试者变量，如社会阶层、社会经济地位、居住地区、宗教信仰等。第二，由于准实验设计多需要在家庭、学校等实际生活情境中对实验条件做适当的控制，被试者已经具备了某种不同程度的特征，因此，无法像真实验那样从总体中随机抽取被试者或随机进行分组。第三，一般而言，由于准实验容易受无关因素的影响，不容易严密控制条件，因而不能从准实验的结果中得出因果关系的结论。

由于婴幼儿存在特殊的心理特征，在对他们进行的实验研究中，研究者往往很难随机分配被试者并操纵实验条件。因此，有时候研究者不得不实施准实验设计。在准实验设计中，研究对象是被精心选择的，研究者可以尽其所能让不同组婴幼儿的初始特征保持相似。这样，研究者就能够尽可能避免对实验处理效应做出模棱两可的解释。但是，虽然经过这些努力，准实验设计仍然达不到真实验设计那样准确和严谨。

第三节　婴幼儿发展评价的类型划分

婴幼儿发展有不同的水平，对其发展的评价也有不同的维度。"横看成岭侧成峰"，不同类型的评价对婴幼儿发展的同一现象会有不同的结论。本部分主要从评价实施的时间、基准、途径及方法4个维度对婴幼儿发展评价的类型进行划分并展开论述。

一、区分标准：评价实施的时间

婴幼儿的发展是一个动态变化的过程，仅想使用一个标准来衡量婴幼儿发展的可行性较低。但是为了更加客观地衡量婴幼儿的发展，评价必须贯穿婴幼儿发展的全过程。所以，不妨将评价拆分，渗透于教育的开始、过程、结束三个部分。

在对婴幼儿进行有效的教育和指导前，教育者需要充分了解婴幼儿的发展水平。而如何了解婴幼儿，进而为接下来的教育指导活动奠定基础则体现了评价的重要性。所以教育者需要在活动开始之前对婴幼儿的发展水平进行科学的评价，掌握婴幼儿学习特点及不同的发展水平，明确婴幼儿现阶段的实际能力与需求，为优质教育的开展提供可能。

在教育活动的进行过程中，虽然教育者的教育设计事先对婴幼儿的表现进行了预判，但由于婴幼儿发展水平不同，在接受相同的教育过程中仍会表现出较大的差异性，所以教育者在教育过程中对婴幼儿的发展进行评价显得尤为必要。掌握婴幼儿学习情况有利于教育者根据不同婴幼儿的表现，有针对地调整活动设计或者跟进婴幼儿的学习进度，给予个性化的指导，适时、适度地调整教育内容，改进教育策略。

在一个主题活动结束之际，教育者需要通过对婴幼儿学习情况的评价，根据婴幼儿是否达到教育目标来检测自己的教学效果。把抽象的教育落实到婴幼儿最终的发展中，既有利于促进婴幼儿的发展，也有利于促进教育者专业素养和教学技能的提高。教育者在此过程中应不断总结自己的教育经验，为后续教育能力的提高奠定基础。

综上所述，根据评价实施的时间可以将婴幼儿的发展评价分为诊断性评价、形成性评价和终结性评价三类。

（一）诊断性评价

诊断性评价是在实施教育之前对婴幼儿接受教育的有关主观条件进行的评价，有利于教育者检查婴幼儿的学习准备程度，从而根据不同的学习准备程度对婴幼儿进行适当活动调整，达到个性化的培养目的。在此过程中，教育者可以通过评价把握婴幼儿不同的学习水平，从而辨别造成婴幼儿学习困难的原因，进行有针对性的教学调整。

诊断性评价是在学期、学年、课程或教育活动开始前为了解婴幼儿的学习准备状况及影响学习的因素而进行的评价。例如，摸底测试就是教师为了解学生的学习准备程度而进行的常见的诊断性评价。对婴幼儿而言，诊断性评价更多的是早教中心教育者在一个活动开始之前、在第一次接触陌生的婴幼儿之前对其进行评价，来促进教育者更好地开展活动。

（二）形成性评价

形成性评价就是教师在教学过程中对教学对象的变化、身心条件的利弊等因素做出恰当的评估，给教育者提供反馈信号，使之能够适时做出自主反思，并合理地调节其所设定的教育目标、教学内容、方法手段等教学要求，使教学进程更适用于婴幼儿的发展。

与其他年龄段的孩子不同，婴幼儿是一个较为特殊的学习群体。他们刚刚脱离家的环境，从未接受正规的教育，父母的教育方式也各不相同，个体的发展程度有较大的区别。所以婴幼儿的学习方式、学习速度差异显著，这些差异在学习的过程中显现得淋漓尽致。教育者在一开始的诊断性评价中可能难以彻底了解个别婴幼儿的学习状态，所以在婴幼儿的学习过程中注意其个体的学习状况显得尤为重要。教育者可以根据婴幼儿学习中动作的掌握、心理的变化等不同教育反馈来调整教育设计，例如教育目标是不是接近该婴幼儿的最近发展区、教育方式是不是贴合了该婴幼儿的年龄特点等。在此过程中，教育者可以更好地调整婴幼儿的发展状态。

同时，在形成性评价时可以时刻提醒教师不要用统一的标准去评价所有的婴幼儿。简单化的达标教育与以人为本的婴幼儿教育完全背道而驰，并且对婴幼儿抱有过分期待会在其父母心中形成长久压力，教育者对标准的误解与传播可能会给婴幼儿及家长带来巨大的压力。形成性评价可以时刻提醒教育者教育的重点应该在婴幼儿的学习过程中，而非对结果标准的追求。

形成性评价通过对婴幼儿学习过程及结果进行及时的评价，有利于促进教育者在教育过程中改善教育活动。例如，教师在课堂上提问就属于形成性评价，提问可以帮助教师得到学生的反馈，及时把握课堂效果。婴幼儿的学习过程主要体现在婴幼儿在学习过程中运动、语言、认知、情绪与社会性等方面的进步。

（三）终结性评价

终结性评价指在某一个教育单元、阶段、主题或者活动周期结束时，对被评价对象做出鉴定、区分等级，预计被评价对象未来发展的可能性。

教育者可以根据婴幼儿最终的学习效果表现评定教育目标的达成程度。对婴幼儿的学习效果进行的评定还有利于教育者在后续教学活动中确定学生的学习起点，从而为制定新的教学目标提供依据。

二、区分标准：评价实施的基准

用不同的指标衡量婴幼儿的发展状况会得到不同的价值判断。例如，某一男孩 2 岁时身长为 85 cm，如果以"常模"为基准，可以得到"身长发育水平一般"的价值判断（按照有关标准，73.6～92.4 cm 为平均身长范围），如果以"小托班婴幼儿"为基准，则可以得到"身长发育水平中上"的价值判断（班级中身长超过 85 cm 的婴幼儿不足一半），如果以"男婴自己"为基准，则可以得到"身长发展速度减慢"的价值判断（与上一年增长 25 cm 相比，今年只增长了 10 cm 左右，发展速度降低）。

因此，根据评价时所运用的基准可以将婴幼儿的发展评价分为：绝对评价、相对评价和内差异评价三种。

（一）绝对评价

绝对评价是在被评价对象的群体或集合之外建立教育评价的基准，并将群体中的每个个体与基准逐一进行比较，从而判断其优劣的评价方式。如果假定被评价对象是 A_1、A_2、A_3、…、A_n，客观标准为 B，则绝对评价可以用图 2-1 表示。

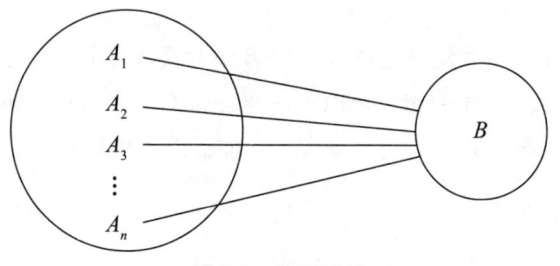

图 2-1　绝对评价

绝对评价在婴幼儿身高、体重方面的测量，语言、思维的发展判断等方面较为常见。例如，对婴幼儿身高、体重等方面的评价，我们可以测量每个婴幼儿的身高、体重，收集数据，然后与理论的正常值进行对比，从而判断该婴幼儿的发展状况。再如，对婴幼儿的音乐教育技能进行评价，我们可以根据其个体的表现与倾听、模仿等方面的标准进行对比分析，从而做出该婴幼儿音乐技能发展的价值判断。

绝对评价的操作比较简单，对评价者要求较低，具有很高的可操作性，便于普及。在专家的制定下，绝对评价的标准设置较为准确，评价者只需要将评价对象与评价标准逐一对照就能判定其发展的状况。在评价之后，评价者很清楚每个被评价对象的实际水平，可以明确被评价者个体与客观标准的差距，可为改进教学提供明确的方向，扬长避短。

然而，绝对评价在给评价者带来方便的同时也存在较大的局限性。

第一，绝对评价客观标准的制定存在一定的困难。一方面，身高、体重及智商等指标需要从理论中转化，但此转换过程带有一定的难度，需要业界高精尖人才完成。另一方面，理论带有地域差异，所以国外的指标在国内未必适宜。因此，客观标准的选择需要极其严格，这将直接影响评价的质量。此外，某些幼儿园的美术课堂上出"范画"问题值得商榷，虽然艺术创作需要一定的对象激发创作灵感，但教师让其根据范画进行一味的模仿创作，与范画相似性高就代表画得好，反之则画得差，这种出示"范画"的行为实则阻碍了婴幼儿想象力的发挥，太具绝对性，客观标准选择的狭隘性导致了教育行为不恰当。

第二，绝对评价的方式依赖于"测量"等手段。由于婴幼儿年龄较小，在测验中，陌生的环境、陌生的人员及天生内向的性格因素可能导致婴幼儿难以表现自己的真实水平，所以测量的真实性有待考证。而且《纲要》中教育评价部分明确表示，对婴幼儿的评估要"在日常活动和教育教学过程中采用自然的方式进行"。因此，在提倡自然化的评价方式过程中，评价者应该酌情减少"测验""测量"等方式的使用。

第三，不易分辨出婴幼儿之间在学习方面的真实差异。绝对评价由于更强调评价对象与客观标准之间的比较，而不注重评价对象之间的横向比较，所以如果客观标准的选择出现了问题，则容易产生片面化的评价结果。

（二）相对评价

相对评价是在被评价对象的群体或集合中选择一个或几个对象建立基准，然后将每个对象与基准逐一进行比较，从而判断出群体中每一个个体的相对优势。如果假定被评价对象集合中的元素是 A_1、A_2、A_3、…、A_n，而选取的基准为 B，则相对评价可以用图 2-2 表示。

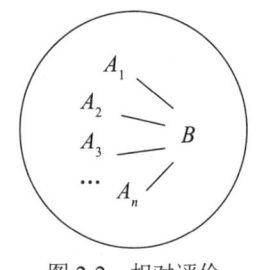

图 2-2　相对评价

相对评价是婴幼儿发展评价中较常见的评价方式。例如，当托育机构的教师想了解全班婴幼儿的身高时，往往以班上某个婴幼儿为标准，把这个婴幼儿的身高视为中等。让其他婴幼儿与之相比，比他高的就称之为高个子，比他矮的就称之为矮个子。这就是相对评价。教育者在进行婴幼儿发展评价的过程中，对相对评价的运用往往无师自通。例如，教育者习惯把班级中的某些表现好的婴幼儿在心理定位为好学生，而同时必然出现某些与好学生表现对立的"差生"。这也是相对评价的典型表现。

相对评价在托育机构中发挥了很大的作用，甚至教育者往往在无意中就运用了该评价方式。例如，当教育者制订某班婴幼儿语言方面的学习计划时，往往以班上的某个婴幼儿为基准确定活动的难易程度。假设该婴幼儿语言方面发展水平较高，那么该班其他婴幼儿与之相比若接近或超过这个婴幼儿则会被认为是中上的，而与这个婴幼儿差距较大的则会被认为是语言发展不足的。由此确定合适的课程梯度来满足大多数婴幼儿的最近发展区。相对评价有利于育者了解婴幼儿之间的差异，帮助教育者把握班级中婴幼儿发展的差距。在把握婴幼儿个体不同发展水平的基础上，根据婴幼儿细化模仿的学习特点，教师可以根据评价结果对婴幼儿进行分组，在小组中让婴幼儿优势互补、互帮互助。

相对评价也有很大的局限性。对教育者而言，一是相对评价随选择的群体而变化，基准难以界定，评价结果不能与教学目标相对应，因而不能为改进教学提供依据。二是容易产生狭隘的教育观，教育者在无形之中更容易偏爱优等生，不利于树立正确的儿童观。教师在频繁的横向比较中，容易只欣赏部分优秀的孩子，而忽视部分弱势的孩子。而在班级的教育过程中，很多环节需要亲子互动来完成，教师若稍加不注意而表现出对部分孩子的偏爱，那么就易对家长的情绪造成负面影响，进而影响家长与孩子的互动、影响家长对孩子的评价等。

对评价对象而言，一是相对评价容易忽视婴幼儿个人的努力状况，评价结果具有相对性，客观性较差。例如，同样的分数或同样的行为表现可能对不同婴幼儿而言，有的只是发挥了正常的水平，而有些却是取得重大进步的结果，但是相对评价却难以显示婴幼儿的这种进步。婴幼儿属于发展中的个体，这些个体都有自己独特的发展进程，过多地与其他婴幼儿比较反而容易对个体的发展造成误判，从而影响个体的自尊心、自信心。二是相对评价容易产生激烈竞争，挫伤部分婴幼儿的积极性，不利于促进所有婴幼儿的进步，长此以往，容易让婴幼儿从小养成狭隘的学习观念。学习应该是把个体变成更好的人，而不是为了与其他人比较，同龄人之间彼此学习互助是好的现象，倘若因过度比较而产生嫉妒等不良情绪，反而容易影响婴幼儿的心理健康。

（三）内差异评价

内差异评价是把一组评价对象集合中每个个体的过去和现在纵向比较，或把个体的相关方面（如学生不同学科成绩或同一学科内的不同方面的成绩等）横向比较的评价。如果假定被评价对象集合中元素的现在状态是 A_1、A_2、A_3、$\cdots$、A_n，过去状态是 B_1、B_2、B_3、$\cdots$、B_n，则内差异评价可以用图2-3和图2-4表示。

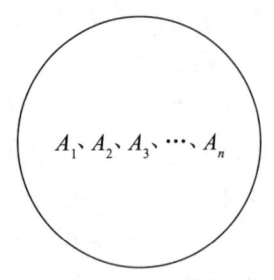

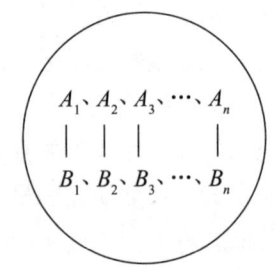

图2-3 横向比较的评价　　图2-4 纵向比较的评价

内差异评价的显著特点是比较对象为个体本身。该评价方式既不和"常模"比，也不和别人比，仅通过和个体自己的发展比较来进行"价值判断"。该评价方式的优点主要体现在两个方面：一是纵向比较，即教师把婴幼儿某方面现在的发展状况与其自身该方面原有的发展状况比较，评判其发展速度。教师在运用纵向比较的过程中要详细观察婴幼儿前后的发展情况，细致地关注婴幼儿个体的点滴进步。例如，当教师观察到甲、乙两名婴幼儿同时发出"爸爸"这个词语时可以做出不同的判断：甲进步显著；乙进步微弱。因为教师之前观察到甲婴幼儿掌握说话的技能较晚，此时能发出"爸爸"两个字，这对甲婴幼儿而言意味着里程碑式的进步，进步显著。而乙婴幼儿很早就会发出"爸爸"这个词语，此刻喊出"爸爸"对他没有挑战性。所以这要求教师在婴幼儿发展过程中密切关注婴幼儿自身的发展变化，及时了解婴幼儿个体的进步情况，更好地制定个性化的教育方案。二是横向比较，即教师把婴幼儿几个侧面的发展状况进行比较，发现其中的差异，进而评判其发展的潜力和特点。该评价方式要求教师掌握婴幼儿个体发展的若干侧面。例如，当教师想考察婴幼儿情绪与社会性发展状况时，需要对其依恋关系、情感表达、自我意识、与成人的关系、与同伴的关系等若干侧面进行观察，从而做出价值判断，对该婴幼儿情绪和社会性发展进行综合性的判断。

个体内差异评价法在婴幼儿的教育评价中有很大的现实意义。首先，对被评价者而言，个体内差异评价法的关注点在个体，这种评价方式可以给予被评价者充分的尊重与安全感，使他们不会感受到很大的压力。对评价者而言，评价者准确了解到个体的优势和弱点及其努力的方向，适合因材施教。婴幼儿的生理和心理发展不完善，需要托育机构教育者的悉心照顾。每个婴幼儿的发展都有无限的可能，教育者在内差异评价方法中能够遵循个性教育的原理，充分了解每个婴幼儿的优势与不足，有利于进行教育诊断，可有效观察婴幼儿的进步情况。其次，家长把婴幼儿托付给早教中心的同时也对早教中心赋予了极大的期待，每个家长都希望自己的孩子受到充分的尊重与照顾，采用内差异评价法体现了教育工作者的专业性与儿童观，在与家长交流的过程中专业的数据也会增强家长的信任感，让家长充分安心。

不过，虽然个体内差异评价法照顾了个体差异，但该评价方式既不与客观标准比较，也不与别人比较，评价本身缺乏客观标准，不易给被评价对象提供明确的目标，难以发挥评价应有的功能。评价结果的不良传递容易导致被评价者自我满足、故步自封。因此，个体内差异评价可以与相对评价或绝对评价相辅而行。

综上所述，绝对评价、相对评价、内差异评价各有所长。绝对评价可以促进教育者了解被评价对象与客观标准的差距，从而调整教育计划，帮助被评价者减少与"常模"的差距；相对评价可以帮助教育者掌握群体中个体差异的离散程度，有利于其把握教育过程中整体和部分的关系，提高教育质量；内差异评价可以帮助教育者了解每个婴幼儿发展的情况，针对个体发展的进程因材施教，实现个性化的发展。"尺有所短，寸有所长"，所以，教育者在运用三种发展评价时，应该把这些评价方法结合使用，使之相得益彰，并且，最重要的是教育者要走到婴幼儿的心里去，选择并灵活运用不同的评价方式充分开发婴幼儿自身的内驱力，引导婴幼儿确立切实可行的阶段目标，使婴幼儿在学习发展的过程中夯实基础，避免眼高手低、好高骛远的倾向。

三、区分标准：评价实施的方法

在婴幼儿的发展评价中，为了准确地体现婴幼儿的发展状况，需要使用不同的评价方法。从是否涉及数学的角度可以把评价分为两类：定量评价和定性评价，它们也叫作"数量化评价"和"非数量化评价"。

（一）定量评价

定量评价是对事物用数量化的方法进行价值评定，它按照一定的客观标准通过数量计算的方式进行科学、全面的测定，并通过量化的方式收集和处理数据资料。因此，定量评价所得到的数据较为客观、标准、精确。简单地说，定量评价的主要方法有：用数量表示评价标准、用数量描述事物现象、用数量分析事物状态、用数量表示评价结果等。

定量评价在托育机构中是一种较为常见的评价方式，例如，测定班级中婴幼儿的身高，选择客观、科学的标准进行测量后，把结果排序，从而得出谁高谁矮的结论等。根据婴幼儿测量的可行性，本节主要介绍两种定量评价方式：数量统计法、累积分数法。

1. 数量统计法

数量统计法是将婴幼儿发展的事实加以量化（次数、比例、频率等），通过对数量的统计做出价值判断的方法。例如，对婴幼儿粗大动作发展进行的评价。教育者可以抽取几个一样长的时间单位，对该时间段内婴幼儿出现的粗大动作的次数进行记录，从而根据次数的多少判断该婴幼儿的粗大动作发展情况（见表2-1）。

表2-1　婴幼儿粗大动作发展评价

动作	次数				
	爬行	踢	跑	走	投掷
1					
2					
3					
4					
总评					

2. 累积分数法

累积分数法是把评价内容分解成若干项目，并且为每个项目设置最低分和最高分。评价者根据事先设定的项目和分数对每个项目进行评分，然后把各项目所得的分数相加，得出被评价者的总分。最后，根据总分对被评价者的发展做出价值判断。

例如，对婴幼儿的情感与社会性发展进行评价。

第一步，我们可以将婴幼儿情感与社会性的发展分成依恋关系、情感表达、自我意识、与成人的关系和与同伴的关系等五类。

第二步，确定每个项目的最高分为5分。

第三步，分别对婴幼儿五个项目的实施行为进行评分，统计该婴幼儿的行为若干次。

第四步，根据若干次行为，累计该婴幼儿的最终分数并计算平均分。对该婴幼儿的情感与社会性发展进行评价（见表2-2）。

表2-2 婴幼儿情绪和社会性发展的分析评价

项　目	评　分				
	1	2	3	4	5
依恋关系					
情感表达					
自我意识					
与成人关系					
与同伴关系					
累积分					
总平均分					

定量评价在婴幼儿的发展评价中有很大的现实意义。但受限于明确的客观标准和严格的计算，定量评价更加针对可测性的品质与行为，强调婴幼儿的共性，过分依赖测验、测试等形式。然而，对婴幼儿所处年龄段而言，有些内容不适合采用量化的方式进行评价，在量化中会加强婴幼儿的紧张、不安情绪，从而影响评价结果，导致某些测验量流于形式，难以确保真实性。婴幼儿阶段的教育更应强调人文关怀，要求教育者关照所有婴幼儿，同时，婴幼儿很多重要品质难以量化，导致定量评价容易忽视个性发展，只能把婴幼儿丰富的个性心理发展和行为表现刻板化为简单的分数。所以，教育者也要酌情使用该评价方式。

（二）定性评价

定性评价是对事物进行的非数量化价值判断，即评价者根据对评价对象通常表现的观察和分析，直接对评价对象做出定性结论。定性评价是一种主观性较强的、经验型的评价方法，它强调观察、分析、归纳与描述，包含的主要方法有等级评价法和评语评价法等。

1. 等级评价法

等级评价法是婴幼儿发展评价中被普遍应用的一种评价方法。该评价方式可以给出不同等级的定义，并进行概念描述，然后针对每一个被评价对象按照给定的等级进行评估，最后再给出总的评价。

目前，等级评价法主要有以下几种形式。

五等级法：优秀、良好、中等、及格、不及格。
四等级法：高级、一级、二级、三级。
三等级法：上、中、下。
二等级法：合格、不合格。

等级评价法操作简单，应用普遍。例如，教育者在评价婴幼儿语言发展状况时，通过对婴幼儿语言表达的观察可以得出"好""中""差"的判断。不过，等级评价法容易在评价中带有较高的主观性，所以应用该方法时应该注意在对婴幼儿进行多次观察的基础上进行。

2. 评语评价法

评语评价法通常是由评价者进行简短的书面评估。评语的内容、格式等均无统一要求，因此有较大的自主性。此评价方法较为传统，可以与其他评价方式配合使用。

评价内容通常会涉及被评价者的优缺点、潜在能力、改进的建议等。不过，运用此法所作的评语既缺少特定的标准，用语又较为随意，因此难以得出准确的教育决策，但因为它明确而灵活、反馈简捷，仍颇受欢迎。

3. 分析评价法

分析评价法是根据一定的理论依据或评价目的，把价值判断的内容分解成几个项目分别进行评价。例如，当我们对婴幼儿的情绪和社会性发展进行评价时，主要从依恋关系、情感表达、自我意识、与成人的关系、与同伴的关系五个方面评价，所以我们可以把婴幼儿的某些行为分为以上五个部分，分别评定这些项目，进而对婴幼儿的情绪和社会的发展进行价值判断（见表2-3）。比如，当我们评价婴幼儿的身体和运动发展时，通常从生理生长、粗大动作、精细动作、自护力四个方面展开。同理，我们也可以把这四个项目分解，由此判定婴幼儿的身体和运动发展情况（见表2-4）。

表2-3 婴幼儿情绪和社会性发展的分析评价

项目	婴幼儿				
	×××	×××	×××	×××	…
依恋关系	√	√		√	
情感表达	√		√	√	
自我意识	√		√		
与成人关系	√		√	√	

续表

项目	婴幼儿				
	×××	×××	×××	×××	…
与同伴关系	√				
总评	优	差	良	良	

表 2-4　婴幼儿身体和运动发展的分析评价

项目	婴幼儿				
	×××	×××	×××	×××	…
生理生长		√		√	
粗大动作			√	√	
精细动作	√	√	√	√	
自护力				√	
总评	差	中	中	优	

4. 综合评价法

综合评价法是对评价内容进行整体分析。例如，评价者取婴幼儿的不同领域（美术、音乐等）的作品，根据整体的印象直接对作品进行价值判断，由此来了解婴幼儿的发展状况。如表 2-5 所示。

表 2-5　婴幼儿音乐能力发展的综合评价

表现	婴幼儿				
	×××	×××	×××	×××	…
甲	√	√		√	
乙	√		√	√	
丙	√		√	√	
丁	√			√	
总评	优	差	中	优	

综合评价法虽然在评价表中把具体的评价内容量化出来，但实际上分解的工作也必不可少，只不过综合评价法把分解的内容转换在评价者的头脑中，因此这种评价对评价者有更高的要求。评价者需要熟练地掌握婴幼儿发展及评价的相关知识。综合评价法在婴幼儿的发展中运用较为广泛。婴幼儿表达能力尚不完善，

所以需要教育者密切观察婴幼儿生活中的一举一动，形成对该婴幼儿的整体印象，这也是综合评价的表现。

分析评价法和综合评价法各有所长。分析评价法能使评价者对被评价对象的某方面发展有具体、深刻的认识，便于针对性地指导教育；综合评价法则帮助教育者整体把握幼儿发展状况，适当地进行教育调整。在日常的评价中，可以把两种评价方式结合起来，按需调整，选择判断婴幼儿发展的最佳方式，更好地评价婴幼儿的发展。

一般来说，定量评价关注"量"而走向抽象，定性评价则关注"质"而走向具体。教育者在运用定性评价法时，更加关注在婴幼儿的教育中，结果与教育目标是否一致，具有人文关怀的色彩。因此，定性评价更加关注现场，同时因为没有客观标准而对评价者的专业判断提出更高的要求，评价者需要对婴幼儿种种表现试图做出具有教育学、心理学意义的解释与推论。因而，定性评价是更具有现代人本思想、更倾向于婴幼儿的发展性评价。但是，定性评价有时使评价结果模糊笼统，弹性较大，难以精确把握。

定性评价是定量评价的基石，而定性评价又与定量评价是紧密联系的。人们能够根据定性标准加以测量，并将定性数据转化为量化数据，以便于进一步提高评估的准确度。因此，评估员可以按要求分别对定性标准的评价"优秀、良好、一般、较差"等赋值"4、3、2、1"，并加以定量处理。当然，定量分析也能够帮助定性分析。例如，人们能够根据定量评价得到的数量化结果得出定性的评价结果，人们将高分等同于"优秀"，将低分等同于"差"。所以二者是可以互相转化、相辅相成的。而在具体应用上，定性方法和定量方法结合，有利于帮助教育者更好地进行评价。

因此，教育者在婴幼儿的发展评价中，应该把定性评价和定量评价相结合，教育者对婴幼儿的发展状况进行评价时，评价结果的呈现方式除了等级外，还应有以最有代表性的事实来客观描述婴幼儿的进步和不足，并提出建议。

四、区分标准：评价实施的途径

（一）教师嵌入和基于托育机构课程的评价

婴幼儿评价中最重要和最应该理性倡导的是由最熟悉婴幼儿、与婴幼儿日常接触最多的群体，而非由不熟悉婴幼儿的群体进行外部评价。所以，对于婴幼儿发展评价而言，教师是当仁不让的首要评价者。

在对婴幼儿进行发展评价时，教师应该采取适宜的途径，促进婴幼儿发挥出应有的实际水平，保障评价的客观、真实性。一方面，由于婴幼儿个体心理和生理机制发展不完善，在某些为评价专门创设的情境中，婴幼儿很难表现出自己的应有水平，因而所得评价结果真实性欠佳。另一方面，在托育机构中，教师为婴幼儿选择合适的课程，是课程的设计者与实施者，他们为婴幼儿设计、提供丰富的课程内容，并通过课程内容的实施来组织婴幼儿参与各项教育活动。因此，教师可以把对婴幼儿的发展评价渗透在保教结合的一日生活中。例如，在此过程中，教师可以将选择的"婴幼儿发展评价指标体系"中的幼儿发展评价指标嵌入托育机构的课程内容中，并基于该内容实施的具体教育活动情境，通过观察、谈话、作品分析等方法收集典型目标表现行为，再对其表现和发展水平进行判断，充当幼儿发展的评价者角色。

托育机构一日生活和活动主要包括生活照料、安全看护、平衡膳食和早期学习机会四类，这些活动具有不同功能和特点，同时又各自有不同的教育活动内容，这些活动内容即为教师嵌入基于幼儿园课程的具体评价途径。例如，生活照料中婴幼儿养成良好的睡眠习惯和生活卫生习惯；早期学习机会中学会正确的发音、掌握词汇和简单的句子等。教师可基于由这些教育活动内容组成的具体评价途径的实施情境，收集记录婴幼儿活动中丰富的实际表现，并判断其表现水平，从而围绕某个评价内容进行即时评价。

对婴幼儿而言，一日活动的各个内容和环节都是其积极主动参与并能够表现自我生理、心理特点和能力水平的真实情境，相应地，对教师而言，这些都是对婴幼儿发展进行评价的具体途径。教师需要在熟悉评价指标、内容与评价标准的前提下了解基于不同活动的具体教育活动内容和环节及可以收集的婴幼儿相关典型目标表现行为，提前做好具体教育活动内容与婴幼儿典型目标表现行为的连接，从而将婴幼儿发展评价内容及想要收集记录的婴幼儿典型目标表现行为有机地嵌入幼儿园课程内容中；同时，基于教育活动真实情境常态，客观地收集记录婴幼儿在活动中的自然表现，以提高婴幼儿发展评价的真实性，并根据评价结果回归保教质量要素，提升婴幼儿全面发展的能力。

（二）家长基于婴幼儿机构外日常生活的评价

除了在托育机构和早教机构，婴幼儿大部分的时间都是和父母在一起。家长往往对婴幼儿发展十分关注，如果教师能合理引导家长对婴幼儿的关注，那么家长就会在婴幼儿发展评价的过程中发挥巨大的作用。

婴幼儿与家长朝夕共处、亲密互动的生活场所首先是以家庭环境为主的，此外，还涉及一些家庭外的社会环境，例如走亲访友、旅游参观等。这些园外日常生活情境都是家长进行婴幼儿发展评价的重要途径，同时还可以作为教师对婴幼儿发展评价的重要辅助手段。家长可在与婴幼儿相处互动的日常家庭生活及社会环境中时时刻刻、随处随地观察婴幼儿的自然真实表现，记录婴幼儿的表现信息，并对婴幼儿的表现行为阶段进行价值判断。

为此，家长要加强自身是"婴幼儿发展评价中必不可少主体"的意识，充分发挥自己在收集婴幼儿真实表现记录评价信息中的优势，立足于婴幼儿的园外日常生活评价途径，结合家庭及社会生活环境中婴幼儿的表现向教师提供婴幼儿在园外的真实表现，与教师共同观察、收集婴幼儿发展评价资料，共同参与婴幼儿发展评价。

（三）婴幼儿自身基于机构内外活动的评价

婴幼儿自身是发展评价的重要主体。婴幼儿参与自身发展评价的途径主要为在托育机构内所有的保教活动、自发活动，以及在托育机构外（即家庭和社会环境中）由家长共同陪伴参与的亲子活动等。基于托育机构内外活动的评价是婴幼儿作为评价主体参与自身发展评价的重要途径，是对教师评价和家长评价的另一重要辅助评价途径。

由于自身发展的局限性，婴幼儿对其自身的评价需要教师和家长的积极引导。教师可以从婴幼儿的年龄特点出发，引导婴幼儿基于机构内外活动的表现，力所能及地提供一些自身的发展评价信息，例如，采用绘画、符号及录像等方式进行记录。首先，托育机构的活动设计得科学合理是婴幼儿进行自身评价的重要途径。托育机构的一日活动（如生活照料、安全看护、平衡膳食和早期学习活动）中的不同活动内容与环节都是婴幼儿可参与评价的具体途径。教师是一日活动的设计者，可以根据班级课程中活动实施的情况和进度为婴幼儿创设参与评价的机会。例如，让婴幼儿在活动后通过绘画、符号及实物记录等方式回忆、梳理自身各类活动中的表现，教师可以根据婴幼儿的年龄，让婴幼儿尝试互评，对自己和他人的行为表现进行初步的价值判断。其次，在家长陪伴下，若婴幼儿园外的活动丰富多彩则也能为婴幼儿参与评价提供具体途径。教师可以适当地引导家长，提出收集信息的要求和内容，在家园共育中鼓励婴幼儿运用录像、照相、录音等方式记录自己的所见所闻、所思所感，为婴幼儿自身评价提供重要材料依据。

《纲要》指出，对婴幼儿发展状况的评估要注意"在日常活动与教育教学过程中采用自然的方法进行，平时观察所获得的具有典型意义的婴幼儿行为表现和所积累的各种作品等是评价的重要依据""以发展的眼光看待婴幼儿，既要了解现有水平，更要关注其发展的速度、特点和倾向等"。在对婴幼儿的发展进行评价时，我们应该创造条件，让婴幼儿在真实、自然的活动情境中充分地展示自己的认知与发展状况，评价者也要努力发现每个婴幼儿个性化的潜力和特点，进而因材施教，把婴幼儿发展评价的主要群体从专业人员转换为与婴幼儿最熟悉的父母或教师。在进行婴幼儿发展评价时，我们始终要明确：测评不是目的，根据测评结果来改进措施、促进婴幼儿发展才是价值所在。婴幼儿接触最多的还是父母，所以如果婴幼儿的父母掌握了发展评价的方法，那么婴幼儿将会更加受益，父母也能更好地执教。

第三章

婴幼儿发展评价指标体系

婴幼儿个体的发展具有多方面、多层次、多角度、高复杂性的特点，因此在对婴幼儿进行发展评价时，应选择合适的指标体系。婴幼儿发展评价指标体系的建立是婴幼儿发展评价的基础。本章第一节阐释了婴幼儿发展评价指标体系的内涵；第二节介绍了婴幼儿发展评价指标体系的编制方法，包括分析法和实证研究法；第三节在阐述婴幼儿发展评价指标体系构建原则和依据的基础上重点介绍了体系框架的内容，为本书后续章节提供指引。

第一节　婴幼儿发展评价指标体系的含义

一、发展评价目标与评价指标

评价离不开目标,确定评价的目标是婴幼儿发展评价工作的前提和基础。明确"目的"与"目标"的关系,即要弄清楚方向目标与到达目标的联系与区别。"目的"一般是人们在活动之前预先存在于意识中的、关于活动终末结果的高度概括,具有很强的方向性;"目标"往往是"目的"的具体化,是人们在活动之前预先设计的关于活动最终结果的具体表述。在实践中,仅有方向目标是不够的,还必须依据实际情况将方向目标分组结合,达到可操作和可检测的程度,这样才能有效保证方向目标规定的质量要求。方向目标是到达目标的基础,到达目标是方向目标的层次化、细目化和具体化。在婴幼儿发展评价中,人们感到有些评价指标既不能起目标作用,又不能被有效地量化,究其原因就是没有处理好二者的关系,使指标仍然停留在概括的方向上。

"指标"即衡量目标的单位和方法。婴幼儿发展评价是根据婴幼儿发展目标,通过系统搜集婴幼儿发展的有关信息对婴幼儿发展状况做出价值判断的过程。在这个过程中,婴幼儿的发展目标起到了重要的作用,教师在把婴幼儿的实际状态和教师预设的目标相比较的过程中增强了活动的目的性。因此,我们不妨把婴幼儿发展评价理解为一种以促进婴幼儿发展目标为基础,围绕婴幼儿发展目标展开价值判断的活动。目标的制定以符合婴幼儿年龄段的发展标准为模板,对婴幼儿发展进行价值判断时必须依据一定的标准。例如,根据一定的标准,我们才能判断婴幼儿的身体指标的发展情况;根据一定的标准,我们才能判断婴幼儿情绪和社会性的发展情况等。这些目标被作为衡量婴幼儿发展水平的具体依据,也被称为婴幼儿发展评价指标。

婴幼儿发展评价指标与目标既有密切的联系,又有着一定的区别。婴幼儿发展评价指标是衡量婴幼儿发展水平的具体依据,其拟定需要以婴幼儿发展评价目标为依据。婴幼儿发展评价目标是指标的基础,是指标的概括;指标是目标的具体化,具有可操作性。离开目标的指标是毫无意义的指标,而没有指标的目标又是无法被认识的、难以达到的目标;指标必须根据目标确定,即指标是目标的具体化；指标对目标的反映并不是消极的、被动的，而是通过达到指标去积极影响目标的实现。目标与指标的区别首先表现在内涵上，婴幼儿发展评价目标总是带有某种程度的原则性，是抽象的、笼统的，因此它很难直接成为评价的依据，而婴幼儿发展评价指标则比较灵活、具体、实在，具有更强的指挥定向作用。目标反映着事物的全貌，而指标是目标在某个方面的规定，就是说任何指标都不反映全部的目标，只反映目标的某个方面或某个局部。所以，就内涵而言，目标总是比指标更宽更广。目标与指标的稳定性不一样，相对来说，目标总是比较稳定的，不轻易变动，而指标则可以在反映目标的前提下根据各个时期评价工作的侧重点不同或其他需要而做适当的变动。

二、什么是婴幼儿发展评价指标体系

评价指标体系根据评价目标和评价主体的需要而设计，具有广义与狭义的区别。狭义的指标体系指彼此紧密关联的、成体系的指标群，能够对评价对象进行全面综合评估并反映所有的关键目标；广义的指标体系不仅包括了各指标内容，还包括指标所对应的权重和相关实证量化的手段。它是评价目标的具体评价条目，是评价对象各方面、各层次、各角度的指标组成的有机整体。一定程度上讲，评价目标的原则性和抽象性较强，为了促进评价的可操作性，我们需要将目标分解。例如，我们先将目标分解成不同方面，再将每一方面的目标进一步分解，直至目标具体而可操作。在这个过程中，每一方面、每一级的目标就成了评价指标，所以，指标体系就是分解后的目标。需注意：指标体系中的任何一个指标都只能反映目标的某一方面或某一部分，它们互相补充、互相制约，想要对婴幼儿的发展进行判断，就必须通过整体指标体系的若干评价指标。

婴幼儿发展评价指标体系指根据幼儿教育的目标对其发展的方向做出分析，从婴幼儿发展的重要维度建构的各项婴幼儿具体发展指标的总和。它由婴幼儿发展评价的指标、指标的权重和评价标准三个部分构成。作为婴幼儿发展评价的基础和核心，婴幼儿发展评价体系有利于科学、全面地反映婴幼儿真实的发展水平，它对婴幼儿发展评价起着统揽全局的意义。不过婴幼儿发展评价体系不是一成不变的，根据评价者视角的不同，婴幼儿发展评价体系也会侧重不同的维度。我国目前对婴幼儿发展评价指标体系的系统研究并不多，且大多是将婴幼儿发展评价内容作为幼儿园保教质量评价指标体系的一部分加以阐述。从需求上讲，对婴幼儿发展评价体系进行的研究日益紧迫。

第二节　婴幼儿发展评价指标体系的编制方法

经验分析法和实证研究法是构建婴幼儿发展评价指标体系的常用方法。其中：经验分析法依据相关政策及婴幼儿发展理论，对评价指标进行分级拟定，是一种定性分析方法；实证研究法在经验分析法的基础上，通过量定的程序，采用科学的方法，对指标的确立进行技术性处理，从而使指标设计拟定工作尽可能规范化、制度化。

一、经验分析法

经验分析法是指标设计者凭借自身的学识修养和工作经验进行指标体系构建的一种方法。经验分析法是常用的构建发展评价指标的方式，是一种定性分析的方法。经验分析法的步骤如下：首先，明确发展评价指标的具体层级；其次，在确立评价指标层级的基础上，对每一层的评价指标进行进一步定义和细化；最后，形成有条理的、相互联系的发展评价指标体系。在发展评价指标体系的建构过程中，不论是层级确立，还是指标细化环节，都需要紧密围绕相关研究理论和政策要求，以保证指标体系的科学性和规范化。总体而言，评价指标体系的结构关系是：自上而下逐层分解，层层涵盖，由抽象到具体，最后直至可操作；自下而上逐层说明，层层显示，由具体到概括，最后归于总的"价值判断"。

Ⅰ级评价指标是构建婴幼儿发展评价指标体系的起始环节，也是开展婴幼儿发展评价的落脚点。Ⅰ级评价指标明确从哪些具体维度评价婴幼儿的发展状况，对评价活动的开展起到指引方向的作用。确立Ⅰ级评价指标需要有正确的价值取向引领。评价婴幼儿发展状况并非评价的最终目的，开展婴幼儿发展评价的最终目的在于通过评价真实、全面地了解婴幼儿，为婴幼儿健康成长提供有效支持，使家长、托育工作者更有针对性地照护婴幼儿，从而使每个婴幼儿在其原有的发展基础之上获得更好的发展潜力，达成良好的保育目标。

Ⅱ级评价指标主要围绕"从哪些角度评价婴幼儿发展"这一关键要义。在确定了婴幼儿发展评价的Ⅰ级评价指标后，要进行的步骤是将发展评价的Ⅰ级评价指标分解为Ⅱ级评价指标。确定Ⅱ级评价指标的依据主要是与Ⅰ级评价指标相关的发展理论，围绕着Ⅰ级评价指标的婴幼儿发展相关理论对Ⅱ级评价指标进行细化。例如，将婴幼儿语言的发展作为评价的Ⅰ级评价指标，根据婴幼儿语言发展的相关理论研究，婴幼儿语言发展评价的具体范畴应涉及接受性语言、表达性语言等方面。由此可知，依据相关的理论研究，我们可以拟定出发展评价的Ⅱ级评价指标。

Ⅲ级评价指标是婴幼儿发展评价指标体系构建的最后一个环节，也是将宏观抽象的概念表述落实到可操作、可测量的细微观测点的关键环节，所以，Ⅲ级评价指标的拟定主要遵循可操作性原则进行筛选，以满足构建指标体系的根本诉求，即可测量的诉求。在婴幼儿发展评价指标体系中，通过对Ⅱ级评价指标进行进一步的分解来确定Ⅲ级评价指标。婴幼儿发展评价Ⅲ级评价指标的确立围绕指标的可操作性展开，Ⅲ级评价指标涉及婴幼儿发展评价过程中的具体操作实施，可理解为Ⅱ级评价指标所拟定的可用于衡量婴幼儿发展事实的标准。例如，在婴幼儿语言发展评价中，已经确定了"接受性语言"这一Ⅱ级评价指标，那么，在衡量婴幼儿接受性语言发展的具体水平时，就需要我们对婴幼儿接受性语言这一Ⅱ级评价指标做出进一步的分解，通过具体的行为特征明确婴幼儿接受性语言发展的高低，便于评价者在实践中利用指标开展评价工作。

经验分析法的优点是简便易行，但科学性、客观性较差。使用该方法时需要注意以下几方面。第一，理由应该充分，即判断每项指标是否有必要，缺了它有什么影响，保留它有什么理由和好处。被保留下来的指标一定要有充分的依据，在指标体系中属于非要不可的因素。第二，设计者需区分每项指标反映评价的对象的本质程度，保留那些反映本质的主要因素，舍弃那些不能充分反映本质的次要因素。除此之外，在指标筛选的过程中，需要将内涵相同或相近的指标合并，将内容交叉的指标保留其一，将有因果关系的指标保留"因"，舍弃"果"，若遇到相互矛盾的指标，则按照既符合方针政策规定，又符合当地实际情况的标准进行选择性保留。第三，在指标筛选中，要做到去难存易、删繁就简，即将确实难以测量和操作的指标舍去，对于内涵复杂的指标而言，应尽量求其单一。

二、实证研究法

科学合理的发展评价指标体系的建立有着较强的技术性。实证研究法强调在经验分析的基础上，依据定量程序对指标的确立进行技术性处理，从而使指标设计拟定工作尽可能规范化、制度化，使指标体系的具体内容、操作实施达到较为科学化、理想化的标准。从实证研究法的角度出发，发展评价指标体系拟定的程序大致可分为体系初建、指标筛选、权重设置及信效度检验等几个环节。

（一）体系初建

体系初建又称为框架制定。在实证研究法中，发展评价指标的框架设计与经验分析法的思路一致，通过对评价指标的层层分解，形成一定层级结构的指标框架。在相关的准备工作中，开展调查研究是第一步，婴幼儿发展评价指标体系应能反映国家相关政策文件的精神及发展心理学的相关理论。对被评价的对象所涉及的各个方面及影响因素进行全面的调研。搜集资料是第二步，在调研的基础上，大量搜集国内外关于婴幼儿发展评价的经典理论和最新成果，取其精华，并加以运用。在完成婴幼儿发展评价指标体系的准备工作后，通过对大量资料进行调研，研究者可以根据相关资料对评价的目标进行细化分解，分解的顺序是先将总目标细化成不同方面的领域目标，再把不同方面的领域目标进一步细化拆分，一直细化拆分到能够满足可测性要求的指标为止。在进行目标分解时要注意，同一层次指标应围绕不同方面，不能重叠，属于平行关系。在分解目标时，应注意以下问题。

1. 评价指标体系是一个分类系统

评价指标体系是一个庞大的分类系统，它要按一定的标准和程序将分类对象中具有某十个共同特点的对象划分为一类，其最上一层是概括性最大、包容性最大的主要概念，然后按一定的标准将此主要概念分解成若干子概念，再将这若干子概念按一定的标准划分为亚子概念，直到划分成有独立意义的最小的子概念为止。指标体系的实质是层层划分，层层分类。需注意，划分和分类的标准必须符合逻辑学的原则和评价对象的实际情况。否则，建立的指标体系将不能科学、准确地评价评价对象。

2. 评价指标体系是一个等级层次关系

在目标分解中，对评价对象的划分和分类一般要进行三到四次，每一相同层次的概念是十个等级。一般来说，层次越高，内涵越丰富，概括性也越强；层次越低，内涵越单纯、越具体、越便于测量和操作。高层次与低层次概念存在两种关系：一是包容关系，即低层次概念包容在高层次概念中；二是等级关系，即低层次概念从属于高层次概念，并且较高层次概念简单。

3. 评价指标体系应尽可能量化

在整个评价指标体系中，应尽可能将可量化的指标进行量化，不能量化的指标则采用语言描述。在构建评价指标框架时，应注意建立指标体系的科学性和完备性，避免挂一漏万、包罗不尽。因此，初拟的指标不仅粗疏，而且数量较为庞大。初拟指标一般经专人起草，然后再经集体讨论修改而成。在这个阶段，分解的指标多凭个人的工作经验和理论修养，各抒己见，所以具有"头脑风暴"的性质。

（二）指标筛选

在评价指标的初拟和框架制定过程中，往往容易出现各指标之间存在不同程度的包含、交叉、重复、因果和矛盾关系等现象，因此，我们需要通过筛选、合并和归类等方式对初拟的指标进行完善，从而形成较为完整的、全面的发展评价指标体系，筛选指标的方式主要包括以下两种。

1. 调查法

调查统计法是模糊综合评判法、经验法和统计法的综合，即参加调查的人先凭各人的经验评判指标的重要程度，再采用模糊评判的方式对评价的模糊程度进行分析；在最后进行结果分析时，运用统计学的原理和手段，以数据分析为依据进行指标的选择。调查统计法的运用不仅能够大量获取有关专家和相关教育工作者的意见，使得指标筛选具有可靠的群众基础和实践基础，还能运用模糊评判的原理及数理统计的方法，以统计数据处理结果，使指标确定和筛选具有科学、客观的依据。

调查统计法的具体操作包括以下三个环节。第一环节是研制调查问卷。设计者把初拟的指标体系制成调查问卷，分发给有关的专家和有经验的教育工作者，请他们对初拟的每一项指标做出重要程度的评判。指标的重要程度一般划分为3～7个等级，每一等级用一个数值表示。第二环节是回收调查问卷，并对其数据进行整理。问卷回收后，应检查其完整性、准确性及可靠性。在检查的基础上统计调查问卷的回收率（回收问卷数占发出问卷数的比率）和有效率（有效问卷数占回收问卷数的比率），回收率至少要达到65%，有效率则更高一些为宜。有时，虽然回收率达到了要求，但是废卷或未作答的问卷太多，样本的代表性就会出现问题，其分析和报告的可靠性不能令人信服，评价结论的作用就会降低。调查问卷有了较高的回收率和有效率，评价者就可以根据统计整理的要求与方法，对调查问卷的结果按照一定的要求进行分类、比较，并以统计表或统计图的形式将其表示出来，使评价者对评价结果有一个直观的、初步的认识。第三个环节是统计分析。统计每一项指标的总分和评定"很重要""重要"的人数及其人数百分比。然后，按每一项指标的得分和评为"很重要""重要"的百分比，由高到低进行排序，把低于某一数值的指标剔除（一般以低于 2/3 或 3/4 为剔除界限）。

除以上程序外，调查统计法在实践中常通过德尔菲法（Delphi technique）开展。德尔菲法又称专家咨询法，是一种背靠背的匿名专家调查法。德尔菲法实施的基本步骤如下。第一步，按照指标拟定所需要的知识范围组成专家小组。第二步，设计出问卷，并寄出问卷，向所有专家提出所要预测的问题及有关要求，并附上有关这个问题的所有背景材料，同时请专家提出还需要什么材料，然后由专家做书面答复，将提出的问题和必要的背景材料用通信的方式补充，各个专家根据所收到的材料提出自己的预测意见，并说明自己是怎样利用这些材料提出预测值的。第三步，将各位专家的第一次判断意见汇总，列成图表进行对比，再分发给各位专家，让专家比较自己同他人的意见，修改自己的意见和判断；也可以把各位专家的意见加以整理，或请声望更高的专家加以评论，然后把这些意见再分送给各位专家，以便他们参考后修改自己的意见。第四步，将所有专家的修改意见收集起来，汇总后再次分发给各位专家，以便做第二次修改。逐轮收集意见，并为专家反馈信息是德尔菲法的主要环节，收集意见和信息反馈一般要经过三四轮，在向专家进行反馈的时候，只给出各种意见，但并不说明发表各种意见的专家的具体姓名。这一过程重复进行，直到每一个专家不再改变自己的意见为止。第五步，如此反复，直到意见一致，最后对专家的意见进行综合处理。

2. 多元统计分析法

多元分析法是研究多个相依因素（变量）之间的关系及具有这些因素的个体（单位）之间关系的一种方法。多元分析法运用于评价指标的筛选，一方面可以减少评价的指标数量，另一方面可以帮助筛选出重要的评价指标。多元分析的具体方法包括主成分分析、聚类分析、因子分析等。例如，主成分分析是多元统计分析方法之一，利用该方法对指标进行降维，具有较好的效果。在综合评价中，主成分分析的主要作用有：降维、指标删减、信息显著性分析、综合评价中的排序问题等。主成分分析将具有一定相关性的 p 个备选指标重新组合成一组新的、相互之间无关的综合指标，来代替原来的指标。选择步骤是用第一主成分的线性组合 F_1 的方差来表达。在所有的线性组合中，选取的 F_1 应该是方差最大的，即 $Var(F_1)$ 越大，F_1 包含的信息越多。如果第一主成分不足以代表原来 p 个指标的信息，则再考虑选取第二主成分的线性组合 F_2。为了有效地反映原来的信息，F_1 已有的信息不能再出现在 F_2 中，即 $Cov(F_1, F_2)=0$。依此类推，可以构造出第三、第四和 m 主成分，而这些新的指标为 $F_1, F_2, F_3, \cdots, F_m (m \leq p)$。按照保留主要信息量85%以上的原则，筛选出具有代表性的指标，且指标之间相互独立。计算公式如下所示。

$$F_i = a_{1i}zx_1 + a_{2i}zx_2 + \cdots + a_{pi}zx_p$$

（三）权重设置

在发展评价指标体系的构建中，各指标的权重设置是十分重要的环节。如果评价指标体系构成了评价的因素集，那么，权重集合则构成了各因素之间的关系集。权重根据指标的地位和作用赋予其相应的数值。权重既可以表示不同指标在整个体系中的主次地位，又可以体现一个指标与其他不同指标之间的关系。从方法的主要原理角度来看，可以将确定权重的方法划分为主观赋值法和客观赋值法，其中：主观赋值法根据评价人员主观上对各指标的认识和重视程度确定指标权数，如德尔菲法和层次分析法等，该方法概念清晰、简单易信，但其结果容易受到每个人主观偏好和价值判断的影响；客观赋值法基于指标的原始客观信息，直接根据原始信息之间的联系强度及各指标反映的信息量，通过统计方法处理后获得权重，如熵值法、变异系数法、复相关系数法和因子分析法等，这类方法逻辑严密，推算客观，但其权重会受到样本数据的影响，随数据的变化而变化，因而，随着时间的推移或样本数据的变化，其权重也随之变化，使得研究结果不具有空间和时间上的可比性。

1. 层次分析法

层次分析法又称AHP构权法（analytic hierarchy process，AHP），将复杂的评价对象排列为一个有序的递阶层次结构的整体，然后在各个评价项目之间进行两两比较、判断，计算各个评价项目的相对重要性系数，即权重。AHP构权法又分为单准则构权法和多准则构权法。层次分析法的核心问题是建立一个构造合理且一致的判断矩阵，判断矩阵的合理性受标度合理性的影响。标度是评价者对各个评价指标（或者项目）重要性等级差异的量化概念。确定指标重要性的量化标准常用的方法有比例标度法和指数标度法。比例标度法以对事物质的差别的评判标准为基础，一般以5种判别等级表示事物质的差别。当评价分析需要更高的精确度时，可以使用9种判别等级来评价。初始权数的确定常常采用定性分析和定量分析相结合的方法。一般是先组织专家，请各位专家给出自己的判断数据，再综合专家的意见，最终形成初始值。

2. 熵值法

熵值法指"熵"应用在系统论中的信息管理方法。熵越大，说明系统越混乱，携带的信息越少，反之，熵越小，系统越有序，携带的信息越多。熵（entropy）是德国物理学家鲁道夫·克劳修斯（R. Clausius）在1865年提出的术语，它用来表示一种能量在空间中分布的均匀程度。熵是热力学的物理概念，是体系混乱度（无序度）的量度，用 S 表示。在信息论中，熵是对不确定性的一种度量。熵主要用来度量系统的无序程度，当信息量越大时，其不确定性就越小，熵也就越小；反之，熵就越大。熵值法求得的指标权重由该指标在评估指标体系中变化的相对速率得出。设有 m 个待评的方案，n 个评价指标，由此形成原始的指标数据矩阵 $X=(X_{ij})m\times n$。对于指标 X_j 而言，指标值 X_{ij} 差距越大，证明该指标在综合评价中所起的作用就越大；若是某项指标的指标值全部相等，那么，该指标对综合评价就不会起作用。信息的增加通常意味着熵的减少，而熵可以用来度量这种信息量的大小。与其他赋权法相比，熵值法是一种比较客观、全面，无须先验结果的综合评价方法。

（四）信效度检验

在发展评价指标体系初步建立且权重设置完成的基础上，需要进一步采用多种统计学检验方法对所构建的指标体系的信度和效度进行检验。信度（reliability）指通过运用评价指标工具开展评价所得的结果的可靠程度。它显示了评价结果的可重复性、稳定性、一致性和再现性。效度（validity）指评价指标的有效性，即评价指标在某种程度上反映了研究者想要测量概念的真实含义。换言之，效度就是真实性程度。

1. 信度检验

检验信度的标准有重测信度、同质性信度、折半信度、评分者信度及复本信度。一般采用内部一致性法、重测法、肯德尔和谐系数法、等价法及折半法进行统计计算。内部一致性法在统计计算中常用 Cronbach's α 值作为评价指标，Cronbach's α 系数应达到或超过0.7。在探索性研究中，Cronbach's α 系数可以低于0.7，但不能低于0.5。重测法用于估计在两个不同时间进行同一测验时发生的误差情况。这种类型的信度分析只适用于所测量的特质或特征不随时间而改变的情况。例如，人们通常认为智力测验测量的是稳定的一般能力，如果两个时间进行同一测验得到的是两个不同的分数，那么，我们就可以下结论说，这种不一致是由随机测量误差所导致的。通常，我们不会认为被试者在两次测验之间变得更加聪明或更加愚蠢。

在折半法中，首先对被试者施测一个测验，然后将测验人为地分为两半，分别计分，最后将两部分的分数进行比较。可以采用多种方法进行分半。如果测验很长，那么，最好的方法就是随机地把项目分到两个部分中去。但是，为了每一部分计分的方便，部分研究人员更愿意前后分半，计算前一部分项目的分数和后一部分项目的分数。尽管便利，但是当第二部分的项目难度大于第一部分时，采用这种方法可能会出现某些问题。如果项目难度是逐渐加大的，那么，比较好的方法是进行奇偶分半，分别计算题号为奇数的项目分数和题号为偶数的项目分数。

重测信度的估计相对容易，只需要在两个时间点运用同一指标进行评价，然后计算出两次评价结果之间的相关性。肯德尔和谐系数法又称 W 检验，是表示多列等级相关的一致性检验方法，适用于 n 个评分者评价 K 个对象，或 1 个评价者 n 次对 K 个对象做出评价的一致性分析。

2. 效度检验

效度指运用指标评价婴幼儿相关行为特质的准确程度。效度越高，说明指标对婴幼儿发展的真正特质的代表性就越强。根据性质和特点可以把效度分为内容效度、实证效度和构想效度三种。

内容效度指一个评价指标的代表性程度或适宜性程度。内容效度通常由研究者或专家判断题项是否符合测量评价目的和要求来确定。如研究者或专家依靠逻辑去判断一项评价工具是否有效，凭借对概念的掌握去鉴别该变量的各方面特征是否都被考虑到。

实证效度又称校标效度，校标是衡量测验有效性的外在标准，即检验测验效度的参照标准。一个好的校标必须具备四个条件：第一，好的校标能有效地反映测验的目标；第二，好的校标稳定可靠，具有较高的信度；第三，好的校标是可测量、可量化的；第四，好的校标测量方法简单易学，省时省力，符合经济有效的原则。校标效度的评估方法有多种，其中，较为常见的有校标系数、组的分类、预期表、命中率等。

构想效度也称结构效度，指评价结果能够解释理论构想和结构特质的程度，即指标所要评价的概念能显示科学意义，并符合理论设想的程度。被估计的行为是检验建构效度通过测量结果与理论假设相比较来检验，确定构想效度的方法主要有因素分析、检验聚合效度与区分效度及运用相关的评价工具的研究结果进行分析等。其中，因素分析的主要功能是从量表全部指标中提取一些公因子，各公因子分别与某一群特定变量高度相关，这些公因子即代表了评价工具的基本结构。

第三节　婴幼儿发展评价指标体系的框架

任何指标体系的建构都需要遵循一定的依据和原则。本节首先阐述婴幼儿发展评价指标体系框架的构建依据及婴幼儿发展评价指标的内容体系的构建原则。以此为基础，进一步介绍婴幼儿发展评价指标的主要框架内容。

一、婴幼儿发展评价指标体系框架的构建原则

（一）科学性

婴幼儿发展评价指标体系应该在深入学习、领会婴幼儿相关文件的基本精神与要求的基础上，根据教育的新观念和发展新趋势，在搜集国内外有关婴幼儿发展研究的成果的基础上编制而成。在编制评价指标体系时，教育工作者应借鉴学习心理学的有关理论，如多元智能理论等，并密切结合婴幼儿的身心发展规律及年龄特点，确保评价指标体系的科学性。在此基础上编制完成后，有关专家和实践工作者应对此进行评估和反复研讨，对指标体系的结构和内容进行多次修改之后完成定稿。婴幼儿发展评价指标体系应遵循全面性、动态性、客观性的原则，坚持定性评价与定量评价、绝对评价和相对评价、分析评价和综合性评价等多种评价方式相结合，坚持教育与评价的整合。

另外，出于现实考虑，评价指标并不可能涵盖婴幼儿发展的全部内容，教育者既应了解评价体系及其指标要求，也应明确评价内容是教育内容的重要部分，并非教育内容的全部，教师在重视评价教育教学内容的同时，决不能忽视各领域教育的其他内容。

（二）现实性

婴幼儿发展评价是根据预设的教育目标，有计划地对婴幼儿展开评价的过程。其目的是通过对婴幼儿进行评价，促进家长及托育工作者不断反思、解决教育中的问题，创设更适合婴幼儿的教育。教育者要把评价渗透到婴幼儿的日常生活中，评价要与教育活动有机结合，为婴幼儿在真实的生活中创造表现其经验的

机会。切忌做出为评价而评价的行为。同时，教育者应该明确：观察、记录婴幼儿的表现不是评价的最终目的，评价的最终目的在于利用分析记录结果进行工作的调整，以促进婴幼儿更好地发展。因此，教育者要客观准确地分析和利用评价结果，以恰当的方式及时向家长反馈、交流。

婴幼儿的发展速度、发展水平有很大的个体差异性。因此，对婴幼儿进行评价时，要注意某一阶段评价的全面性，也要注意阶段与阶段的关系，即突出个体本身的发展变化。教育者资料的收集非常重要，例如，注意一段时间内婴幼儿心理和生理的变化，确定婴幼儿已有的发展水平，并将其作为与家长沟通的重要信息和下一步教育教学的重要参考。

（三）可行性

婴幼儿发展评价体系是提供给托育机构老师及婴幼儿教育者使用的，因此，应符合托育机构的工作特点及婴幼儿教育工作者的现实水平。我们不妨从指标的数量、表述方式、可操作性三方面促进可行性的达成。

第一，所列指标是反映婴幼儿发展的众多指标中最主要的指标。婴幼儿发展评价指标体系是根据婴幼儿发展目标而制定的，该目标已经成为一个多领域、多层次、多侧面的科学体系。婴幼儿发展评价则是对其是否达到发展目标的检测。但是，从现实可行性角度考虑，评价指标难以包含发展目标的所有项目。所以，在建构婴幼儿发展评价指标体系的过程中，确定指标的数量需要一个严格筛选的程序。项目过多、散而不精则难以落实；项目过少、漏而不全则难以信服。可见，我们在制定评价指标体系时，要尽力兼顾科学和可行的原则。

第二，评价项目的内容是在日常生活中可以被观察到的普遍行为。由于婴幼儿语言表达的局限及其他心理能力发展的特点，评价者主要依靠对婴幼儿行为的观察进行信息的搜集。因此，婴幼儿发展评价指标所涉及的评价项目应该是婴幼儿在日常生活中大量、自然出现的，且容易观察和量化的行为。教师根据日常的观察积累，并辅之以必要的测查手段和工具，可以对婴幼儿的发展进行判断。这是保证评价体系可行性的重要因素。

第三，指标体系语言明确具体，通俗易懂。婴幼儿教育工作者是婴幼儿发展评价指标的主要使用者，为了保证评价体系的可行性，必须考虑教育工作者的实际水平、受教育程度、时间、精力等客观条件。所以，为方便教师理解和掌握评价体系，制定评价指标体系时，必须注意在语言表述上尽量明确、具体，帮助教师更好地理解，从而更好地完成评价。

二、婴幼儿发展评价指标体系框架的构建依据

在全球范围内，对婴幼儿早期发展的关注正在不断增强。1987年，全美儿童早期教育协会提出了发展适宜性实践理论（developmentally appropriate practice），该理论对美国乃至全球的早期教育产生了极大的影响。发展适宜性实践秉持以儿童为中心的理念，注重对儿童学习环境的建构，强调儿童的智力、身体、社会性和情感的全面发展。发展适宜性实践的理论认为，儿童作为主动的建构者应积极参与和环境的互动，并在此过程中获得全方位的发展。进入21世纪后，美国政府先后颁布了一系列法案，不断加强政府对婴幼儿早期教育的投入和规划，鼓励各州政府出台婴幼儿发展相关的评价标准。目前，全美共有50个州颁布了有关《早期学习与发展指南》的文件，涉及婴幼儿发展评价的诸多方面。研究者通过对美国50个州的《早期学习与发展指南》的可视化分析发现，动作、语言、认知与社会情绪发展是评价婴幼儿早期发展的关键点。通过进一步的细化研究可以发现，婴幼儿动作发展方面的核心指标是精细动作与粗大动作发展；婴幼儿语言发展方面的关键指标涉及接受性、表达性语言等；婴幼儿认知发展方面的关键指标包括象征性思维、问题解决能力等；婴幼儿社会情绪发展方面的相关指标涉及自我概念、社会交往、情绪表达等方面。美国各州关于婴幼儿早期学习与发展的指标对确立我国的婴幼儿发展评价指标体系具有一定借鉴价值。

我国国务院办公厅于2019年发布了《关于促进3岁以下婴幼儿照护服务发展的指导意见》，突出强调了我国当前背景下，婴幼儿照护服务工作的重要价值。2021年，国家卫健委进一步颁布了《健康儿童行动提升计划（2021—2025年）》，该文件指出，为了进一步提升我国儿童的健康水平，需要加强对儿童心理行为发育的监测与评估。同年，国家卫健委印发《托育机构保育指导大纲（试行）》（简称《大纲》），对促进婴幼儿身心健康发展的保育指导重点作出了相应的要求，明确了婴幼儿保育指导的重点，包括日常生活、卫生习惯、动作、语言、认知、情感和社会性等方面，以上政策法规对我国婴幼儿发展评价指标的构建具有价值导向性作用。

三、婴幼儿发展评价指标体系框架的内容与应用

（一）指标的内容结构

依据婴幼儿发展的相关理论及政策，先将婴幼儿发展分解成Ⅰ级指标维度，

然后再对各指标进行依次分解，最终构成了该婴幼儿发展评价指标体系，如表 3-1 所示。下面将从婴幼儿感知觉与身体动作、认知、语言、情绪社会性等方面对该指标进行简单介绍。婴幼儿感知觉与身体动作发展评价的范畴主要涵盖以下方面：一是生长发育类指标，主要包括身高、体重、头围、胸围、听力、视力等；二是动作发展类指标，主要包括粗大动作（走、跑、跳、攀登等）、精细动作（画、剪、折等）等。婴幼儿认知发展评价指对婴幼儿的智力及其他心理能力的发展水平的评价，具体涉及婴幼儿记忆、思维、认知品质等。婴幼儿语言发展的评价范畴主要涵盖以下方面：接受性交流语言、表达性交流语言和社会性交流语言等。婴幼儿情绪社会性评价范畴主要涉及婴幼儿情绪、情感发展与社会性发展等方面，具体包括情绪表达、同理心、人际关系（依恋关系、同伴关系等）和自我意识（自我概念、自我控制等）等方面。

表 3-1 婴幼儿发展评价指标体系

指标	Ⅰ级指标（维度）	Ⅱ级指标（范畴）	Ⅲ级指标（行为表现）
婴幼儿发展	感知觉与身体发展	生长发育	体重
			身高
			头围和胸围
		感知觉	视觉
			听觉
			触觉
			客体知觉
		动作发展	粗大动作
			精细动作
	认知发展	记忆	获得
			保持
			再认
			回忆
		思维	心理表征
			分类和推理能力
		认知品质	好奇心与主动性
			坚持与专注性
			自信与冒险精神

续表

指标	I级指标（维度）	II级指标（范畴）	III级指标（行为表现）
婴幼儿发展	语言发展	接受性语言	理解语言交流
			理解非语言交流
		表达性语言	语言表达
			非语言表达
		社会性语言	社会性微笑
			肢体动作
			简单词语运用
	情绪和社会性发展	情绪	情绪表达
			同理心
		社会性	人际交往
			自我意识

（二）指标的应用

如表 3-1 所示，本节主要把婴幼儿发展评价体系划分为感知觉与身体发展、认知发展、语言发展、情绪和社会性发展四大维度，每个领域由若干发展范畴组成，每一范畴下包括若干评价项目，涉及具体的婴幼儿行为表现特征。其中，婴幼儿具体的行为表现特征将以年龄分段的形式呈现，这一部分的内容会在本书后续章节中进行详细介绍。家长及相关托育工作者可以通过每一指标下对应的不同年龄段婴幼儿的行为表现特征，对婴幼儿的各方面发展进行评价。需注意，该指标仅为家长及普通托育工作者进行婴幼儿发展评价提供可参考的依据，不能用于对婴幼儿发展的诊断。

第四章

婴幼儿感知觉与身体动作发展和评价

感知觉与动作发展是婴幼儿其他方面发展的重要前提。本章第一节聚焦婴幼儿生理基础、感知觉与动作发展的特征,包括婴幼儿身高、体重、骨骼和脑的发育,视觉、听觉、触觉及大小动作的发展。第二节主要介绍婴幼儿感知觉与动作评价指标的范畴和评价意义,具体包括婴幼儿生长发育评价指标、感知觉评价指标、粗大动作评价指标和精细动作评价指标几个方面的具体内容及指导要点。

第一节　婴幼儿感知觉与身体动作发展特征

一、婴幼儿生理发展基础

（一）身高体重的变化

1. 身高的变化

0～3岁是个体各个方面能力发展最为迅速，变化幅度最大的时期，也是个体体格快速发展的阶段，被称为第一成长期。孩子在出生第一年内，其身长会快速增长（宗心南和李辉，2009）。正常情况下，新生儿刚出生时的身长约为 0.5 m；等到了 1 岁左右，他们的身长大约在 0.75 m。在出生后的前 6 个月内，婴幼儿的身长平均每月增长 2.5 cm，之后放缓到每月增长 1.5 cm。在 0～1 岁之间，婴幼儿的身高增长速度非常惊人，会增长到原来的 1.5 倍。发育正常的婴幼儿在 1 岁半左右时，身长约为 0.8 m，2 岁左右的婴幼儿，其身高约为 0.9 m。

我国学者杨华和刘黎明选取了 297 例健康足月生产的婴幼儿进行研究，以期发现影响婴幼儿身高的因素（杨华和刘黎明，2018）。两位学者以婴幼儿出生时的身长和体重，以及乳母的年龄、身高、体重和乳汁营养、家庭经济条件等为基准，对 2 月龄、6 月龄和 10 月龄婴幼儿的体格发育进行相关分析。表 4-1 呈现了对婴幼儿 2～10 月龄身长增值的多因素分析结果。以婴幼儿 2～10 月龄的身长作为自变量，以乳母年龄、乳母身高、乳母体重和乳汁蛋白质作为因变量进行多因素分析。结果显示，在 2～10 月龄的婴幼儿群体中，婴幼儿 2 月龄的身长与出生身长、体重呈显著正相关（均为 $P<0.05$）；婴幼儿 6 月龄的身长增值与乳母身高、乳汁蛋白质均呈显著正相关（均为 $P<0.05$），与其他因素未见相关性（均为 $P>0.05$）；婴幼儿 6～10 月龄的身长增值与乳母体重呈显著正相关（均为 $P<0.05$），其他因素未见相关性（均为 $P>0.05$）。

表 4-1　不同因素对不同月龄婴幼儿身高的影响

因素	月龄								
	2月龄			6月龄			10月龄		
	B	OR	P	B	OR	P	B	OR	P
出生身长	2.130	8.420	0.001	0.016	3.021	0.480	0.080	0.060	0.160

续表

因　素	月　龄							
	2月龄			6月龄			10月龄		
	B	OR	P	B	OR	P	B	OR	P
出生体重	0.114	0.224	0.235	0.020	0.540	0.400	1.470	2.250	0.060
乳母年龄	0.046	0.125	0.513	0.343	1.061	0.649	-0.003	0.040	0.970
乳母身高	-0.098	0.034	0.533	2.660	3.140	0.040	0.070	1.400	0.160
乳母体重	0.238	2.050	0.801	-0.032	0.038	0.118	0.020	2.250	0.040
乳汁蛋白质	3.631	6.460	0.540	0.420	1.820	0.010	-4.860	0.601	0.950

注：B（beta）：回归系数，在回归方程中表示自变量 x 对因变量 y 影响大小的参数。回归系数越大，x 对 y 的影响也越大，正回归系数表示 y 随 x 增大而增大，负回归系数表示 y 随 x 增大而减小。

OR（odds ratio）：优势比，若 OR = 1，x 与 y 之间没有相关性；OR> 1，x 可能会促进 y；OR<1，x 会阻碍 y。

P（P value）：统计学指标，用来判定假设检验结果的参数，即当原假设为真时，所得到的样本观察结果或更极端结果出现的概率。如果 P 值很小，则说明发生情况的概率很小。如果 $0.01<P<0.05$，则为差异显著，如果 $P<0.01$，则差异极显著。

- 婴幼儿出生时的身长：以婴幼儿的出生身长为自变量，以喂养方式为因变量进行分析，发现2月龄婴幼儿的出生时身长对日后身高影响较小（$P=0.001$），而当婴幼儿成长至6月龄和10月龄时，出生身长的影响则越来越显著。
- 婴幼儿出生时的体重：通过相关分析可以得出，不论是哪个月龄的婴幼儿，其出生体重对于日后身高的影响都很明显，但这种影响在2月龄时最为显著，随着年龄的增长，影响逐渐减弱。
- 乳母因素：乳母的年龄对婴幼儿日后身高体格的发展影响很大，且随着年龄增长，乳母年龄与日后婴幼儿身高发育的相关性越来越明显。乳母的身高体重对婴幼儿身高发展也会产生影响，但随着婴幼儿年岁的增长，影响力逐渐减弱。
- 乳汁营养：乳汁蛋白质也会影响婴幼儿身高发育，且这种相关性在2月龄和10月龄婴幼儿群体中十分显著。
- 家庭的收入水平对婴幼儿身长的影响：如表4-2所示，在婴幼儿刚出生的几个月内，其家庭收入水平对新生儿的身长影响不大。当婴幼儿成长到10个月左右，家庭收入较高的幼儿身长明显高于家庭收入中等和收入较低的婴幼儿。原因可能为社会经济地位较高的家庭有更合理的喂养方式。

表 4-2　不同经济地位对婴幼儿身长的影响

月　　龄	高（n=107）	中（n=121）	低（n=69）	F	P
出生	50.15±1.25	50.13±1.23	50.12±1.15	3.001	0.890
6月龄	69.39±1.73	68.86±1.82	68.44±1.55	1.508	0.230
10月龄	72.77±2.62	72.38±2.09	70.89±2.33	11.86	0.001

注：n（number）：样本数量。

F：方差分析中计算出的两个均方的比值，表示整个拟合方程的显著性，F越大，表示方程越显著，拟合程度越好。

P（P value）：统计学指标，用来判定假设检验结果的参数。当原假设为真时，所得到的样本观察结果或更极端结果出现的概率。如果P值很小，则说明发生情况的概率很小。如果$0.01<P<0.05$，则为差异显著，如果$P<0.01$，则差异极显著。

表 4-2 呈现了不同社会经济地位对婴幼儿身高发育的影响。婴幼儿刚出生时，社会经济地位评分高的婴幼儿身长高于其他两组，但差异均无统计学意义（均为$P>0.05$）；6月龄时，社会经济地位评分高的婴幼儿身长高于其他两组，差异无统计学意义（$P>0.05$）；10月龄时，社会经济地位评分高的婴幼儿身长高于其他两组，差异有统计学意义（$P<0.05$）。

2. 体重的变化

发育正常且足月生产的新生儿刚出生时的体重在 2～4 kg。婴幼儿体重的增长幅度会随着其年龄的增长而产生变化。在出生的第一年间，越小的婴幼儿，体重增长幅度越大。3个月左右的婴幼儿体重每周可以增长 0.18～0.2 kg，6个月的婴幼儿体重每周可以增加 0.15～0.18 kg，9个月的婴幼儿体重每周约增长 0.09～0.12 kg，1岁的婴幼儿体重大概每周增长 0.06～0.09 kg。影响婴幼儿体重的因素主要有以下几类：母婴健康状况，母亲或者婴幼儿自身的健康状况对婴幼儿体重有很大的影响，如果母亲乳汁分泌不足，或是婴幼儿自身患有某些疾病，则会影响婴幼儿进食和对营养的吸收，体重可能会下降；但如果婴幼儿正常进食且营养吸收较好，体重则会稳步上升；婴幼儿的睡眠质量，睡眠对婴幼儿生长发育的作用是巨大的，睡眠情况好的婴幼儿，身长和体重都会正常发展。因此，婴幼儿父母应当尽力创造安静、温馨的环境，提高婴幼儿的睡眠质量；热量摄入，不同的喂养方式会影响婴幼儿摄入的热量，研究表明，母乳喂养的婴幼儿可以在进食时吸收更多的热量和营养，随着婴幼儿年龄的增长，母乳喂养的婴幼儿的体重增长较快，体格发育较好；性别差异，研究显示，出生7天的女婴体重低于刚出生时的体重，而男婴的体重则与刚出生时相同（施家有等，2010）。

3. 关于婴幼儿生长模型的研究

人类成长被视为一个以变化为特征的持续过程。随着年龄的增长，个体身高和体重也不断发育。婴幼儿身体发展的方向顺序遵循头尾原则，身体的发展严格遵循"头尾发育规律"，发育顺序是头部→颈部→躯干→下肢（图4-1），在胎儿期，婴儿头颅生长速度最快，而婴幼儿时期，则是躯干部位生长最快。儿童的头颅发育早于躯干，而躯干发育早于四肢，目的是确保儿童的神经系统优先发展，从而进一步保证语言和运动功能的加快发育。

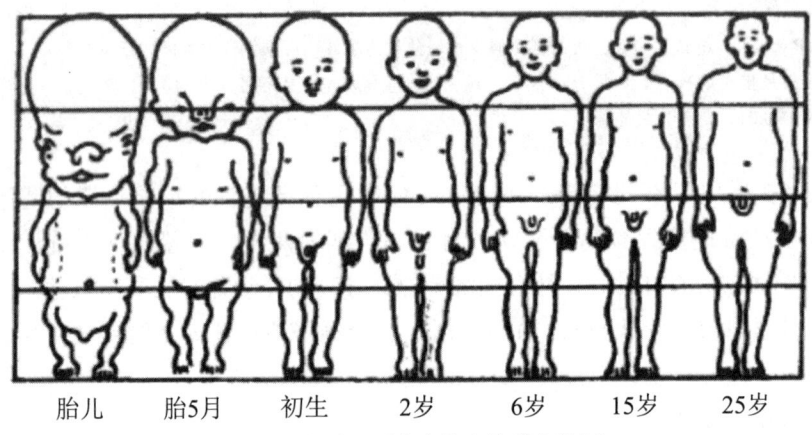

胎儿　胎5月　初生　2岁　6岁　15岁　25岁

图4-1　由胎儿到成人的身体发育比例

美国宾夕法尼亚大学教授兰普尔（Lampl，1992）和他的同事对婴幼儿生长模型进行了一项研究。他们提出，目前，关于人类生长生物学的假设主要基于对个体所收集的身高和体重数据。在个体的婴儿期、儿童期和青春期，每个季度都测量一次身高和体重的生长发育数据。这些数据经过处理后得出，个体的生长体现为三个连续阶段的曲线。在婴儿期，个体的生长速度较快；儿童期的生长速度相对恒定；而到青春期，个体生长发育速度急剧增加，最后曲线逐渐平缓。但兰普尔等人提出，这些数据并没有严格的证据支持。

兰普尔等的研究旨在利用具有时间跨度和分析论证的数据进一步调查婴幼儿生长发育的本质。在取得父母同意的情况下，他们选取了31名临床上发育正常的婴幼儿进行调查（其中有19个女孩，12个男孩），并在出生后3天到21个月期间对这31名婴幼儿的生长进行观察研究。这些婴幼儿被分为三组进行研究，其中，有10名婴幼儿在4~12个月期间每周测量一次身长和体重；18名婴幼儿则在4~12个月期间每半周测量一次身长和体重；剩下3名婴幼儿则每天测量一次身长和体重，这个测量持续到其4个月左右。

婴幼儿身长和体重的测量方式基于公认的权威方法，身长测量是本研究观察的重点。兰普尔等通过研究发现，婴幼儿生长发育并不完全是周期性的，而是间歇性的。每周测量一次身长和体重的婴幼儿，其身长增长幅度从 0.5 cm 扩大到 2.5 cm，且在研究期间，有 7～63 天无生长间隔。半周测量一次身长体重的婴幼儿，其身长增长幅度也是 0.5～2.5 cm，其中，有 3～60 天无生长间隔。而每天都测量身长和体重的婴幼儿在 2～28 天内，其身长增长幅度为 0.5～1.65 cm，如图 4-2 所示，数据按长度（cm）和年龄（天数/10^2）绘制，测量用竖条表示重复测量的平均值 ± 测量范围的技术误差（基于 100 次重复测量，0.08 cm）。跳跃式模型在 $P<0.05$ 水平上发现了 13 个显著增量（标准差 0.32，平均 0.90 cm；范围 0.53～1.67 cm）和间隔 2～15 天的停滞。这组数据说明，每周和每半周测量的婴幼儿体格增长幅度可能在 24 小时内就能达到。

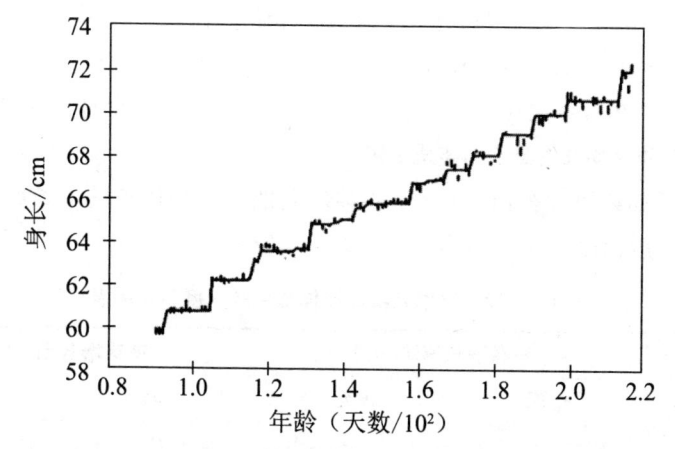

注：从婴幼儿出生 90 天至 218 天每日测量的身长数据（除去 11 天未测量）。该图是根据婴幼儿身长（cm）和年龄（天数/10^2）绘制的。测量结果被绘制成垂直条形，表示重复测量结果的平均值 ± 测量范围的技术误差（0.08 cm，基于 100 次重复测量结果得出）。该跳跃模型在 $P<0.05$ 的水平上确定了 13 个显著增量（平均值 = 0.91 cm；标准差 = 0.32；平均数的抽样误差 = 0.08；中位数 = 0.90 cm；范围包括 0.53～1.67 cm），其中存在间隔 2～15 天的停滞期。

图 4-2　婴幼儿身长的增长

基于以上观察发现，该研究得出了假设：个体出生前两年，身长的增长可能在很短的时间间隔内就能发生，发展的停滞期（stasis）是个体在生长发育过程中一定会经历的正常现象。这一假设是基于以下观察结果得出的：个体的发展停滞期存在于婴幼儿生长发育的全过程；每次在停滞期之后，对个体生长发育的测量数据都处于误差范围之内。

我国学者宗心南和李辉为研究幼儿身高和体重的增长规律及发现这个规律所映射出的个体体格增长模型,依据2005年首都儿科研究所和中华人民共和国教育部公布的《2005年中国九市七岁以下儿童体格发育调查》中的数据进行了分析。

- 婴幼儿出生第一年内的身长和体重变化

在个体出生第一年,其身长和体重会快速增加。这个现象在新生儿出生后3个月内比较明显。通过对婴幼儿身高增长曲线进行平滑修匀后发现,月龄3个月的婴幼儿身长平均为0.61 m,1岁的婴幼儿身长平均为0.76 m。与前3个月相比,3个月到1岁期间,婴幼儿身长增长幅度有所减缓。通过对婴幼儿体重增长曲线进行平滑修匀后发现,月龄3个月的婴幼儿体重约为6 kg,1岁的婴幼儿体重约为9 kg。通过估算新生儿身长和体重的月平均增长值后发现,在新生儿出生前3个月内,其身长月平均增长为4 cm,体重增长为1 kg。婴幼儿身长和体重的月平均增长值在第二个3个月会比第一个3个月下降一半,第三个3个月还会再下降一半。

- 1～2岁婴幼儿的身长和体重变化

通过增长曲线可以得出,1～2岁婴幼儿的身长和体重的增长比第一年慢得多,但和3岁后相比,速度仍然较快,如表4-3所示。

表4-3 我国婴幼儿身高和体重生长速度简易图表

年 龄	身高增长值（cm）						体重增长值（kg）					
	男			女			男			女		
	P_3	P_{50}	P_{97}	P_3	P_{50}	P_{97}	P_3	P_{50}	P_{97}	P_3	P_{50}	P_{97}
[0，3个月）	10.6	11.6	12.5	9.9	10.9	11.9	2.8	3.4	4.2	2.4	2.9	3.6
[3个月，6个月）	6.3	6.4	6.7	6.0	6.2	6.3	1.4	1.7	2.1	1.3	1.7	2.0
[6个月，12个月）	7.5	8.1	8.8	7.5	8.2	9.0	1.4	1.7	2.0	1.4	1.6	2.0
[1岁，2岁）	24.4	26.1	28.0	23.4	25.3	27.2	5.6	6.8	8.3	5.1	6.2	7.6
[1岁，2岁）	10.6	12.0	13.5	10.9	12.2	13.7	2.0	2.4	3.1	2.1	2.5	3.1
[2岁，3岁）	8.4	8.9	9.5	8.4	9.1	9.7	1.7	2.2	2.6	1.7	2.2	2.9
[3岁，∞）	7.0	7.3	7.7	7.2	7.5	7.7	1.6	1.9	2.6	1.6	2.1	2.6

注：P_3：第3百分位,指此处婴幼儿的身高体重增长值高于3%的同龄婴幼儿；

P_{50}：第50百分位,指此处婴幼儿的身高体重增长值高于50%的同龄婴幼儿；

P_{97}：第97百分位,指此处婴幼儿的身高体重增长值高于97%的同龄婴幼儿。

（二）骨骼的生长

骨骼是存在于个体内部的组织，具有坚硬的特点。按照其所在位置，可以分为内骨骼和外骨骼两种类型。对于人类而言，骨骼存在于身体内部，属于内骨骼。新生儿的骨骼发育还未完全，不够坚硬，称为软骨。婴幼儿的足长可以从侧面反映出其骨骼的发育水平（李丽雅等，2006）。研究发现，胎儿从受精卵发育至第6周，其软骨细胞会慢慢骨化为正常骨骼组织，且骨化过程持续时间长，会一直贯穿于个体的整个儿童期和青春期（Moore and Persaud，2003）。女孩的骨龄比男孩早，这个差距在婴儿期和儿童期较大，所以，女孩的身体成型时间比男孩早几年（Tanner et al.，2001）。

1. 头颅骨的发育

个体头颅骨的发育是一个复杂的过程（史俊等，2006）。婴幼儿头颅骨的发育情况常常根据其头围大小，以及前囟、后囟及骨缝的闭合情况进行衡量。婴幼儿的头骨在其出生后的前两年，生长尤为迅速，在婴幼儿刚刚出生的时候，他们的头骨由6条缝隙分隔，这6条缝隙被称为囟门（如图4-3所示）。其中，前囟指头顶和额头边的菱形空隙，是顶骨和额骨之间的空隙（张晓明，2000）。在新生儿的头颅骨中，前囟的空隙比较大，大约有2 cm。这个空隙会随着婴幼儿年龄的增长而逐渐缩小。等到1岁左右，婴幼儿前囟的间隙消失不见。其前囟最晚的闭合时间为出生后18个月左右（顾菊美等，1998）。后囟是顶骨与枕骨边缘形成的三角形间隙。与前囟不同，新生儿的后囟间隙在刚出生时就比较小，甚至已经闭合。如果没有闭合，则最晚延迟至出生后6～8周后闭合。新生儿头颅骨中存在着颅骨缝，这个缝隙在婴幼儿3～4个月的时候会闭合。其中，囟门和骨缝的闭合能够反映婴幼儿颅骨骨化过程。随着头骨的彼此接触，囟门逐渐变为骨缝，并随着脑的发育而扩张，在青春期完全消失，从而头骨发育完全（劳拉·贝克，2014）。为此，在婴幼儿的头颅骨中，前囟发育情况的检查是十分必要的，前囟发育不正常会引起影响婴幼儿终身的疾病。新生儿前囟的缝隙如果不够大，就可能会出现头部畸形发育的状况。而如果缝隙过大，或者缝隙迟迟未关闭（许雯等，2002），则可能会导致新生儿患上佝偻病（徐立新，2000）。

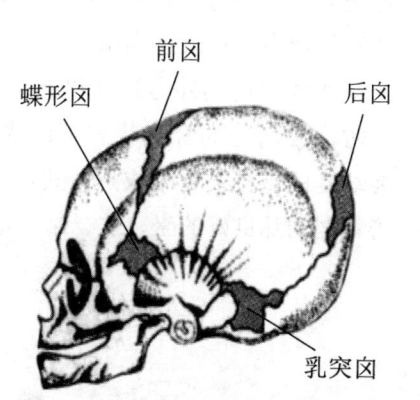

图4-3 婴幼儿出生时的头骨囟门分布

2. 脊柱的发育

脊柱也能起到支撑身体的作用，它位于个体背部中央，脊柱上端连接着头颅骨，下端连接着尾椎骨。新生儿的脊柱发育速度较快，到出生满一年之后，其下肢的发育速度才逐渐超过脊柱的发育。婴幼儿从出生至一年的时间段内，其脊柱从无法弯曲发育到可以弯曲。在 0～1 岁期间，婴幼儿脊柱发育会经历以下几个阶段。第一个阶段出现在 3 月龄婴幼儿身上，3 月龄的婴幼儿已经能向上抬起头，此时，颈部的脊柱向前凸出，因此，这个阶段，婴幼儿的脊柱状态可以称为颈前凸。第二个阶段出现在 6 个月的婴幼儿身上，6 月龄的婴幼儿可以不借助外力独自坐着。此时，支撑婴幼儿独自坐着的力量来源于胸部的脊柱。当婴幼儿保持独自坐立的姿势时，其胸部的脊柱会通过向后凸起来发力，因此，这个月龄的婴幼儿脊柱状态可以表述为胸后凸。第三阶段则出现于婴幼儿 1 岁左右，此时的婴幼儿开始能够借助外力站立和走路，而婴幼儿的站立和行走靠着腰部的脊柱发力，此时，婴幼儿的脊柱状态可以描述为腰前凸（如图 4-4 所示）。值得注意的是，婴幼儿的脊柱发育未成熟，其弯曲的部位和程度并非确定不变。所以，此阶段是培养婴幼儿良好的坐、立、站、走等姿势的关键期。

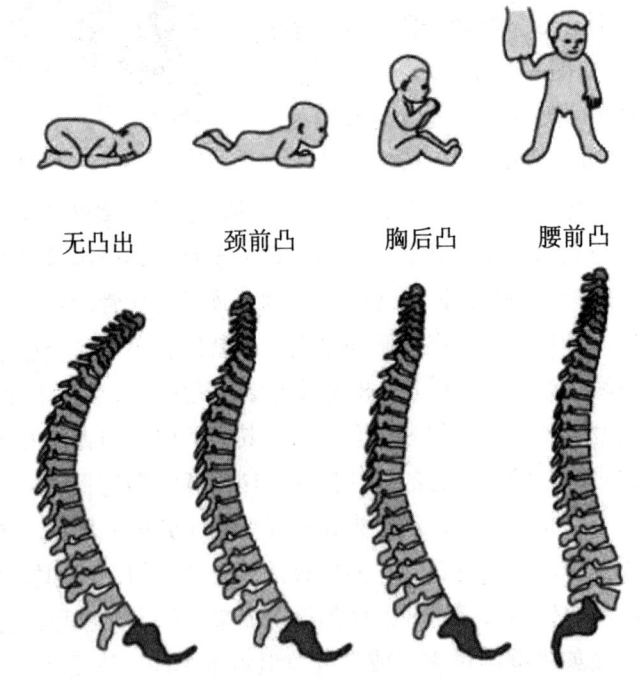

图 4-4　婴幼儿的脊柱弯曲示意图

3. 牙齿的发育

个体牙齿的发育大致要经历组织分化、钙化、萌发等阶段（郑莉琴等，2007）。在婴幼儿时期，牙齿的发育也可以提供骨骼发展的总体线索，牙齿出现早的婴幼儿的身体可能会提前成熟。婴幼儿在长牙时会遵循乳牙先萌发，乳牙掉落之后恒牙才长出的规律。新生儿的乳牙已经萌发于牙床，这为其在半年后长出第一颗牙齿提供了可能性。婴幼儿在萌发出首颗乳牙后，新的牙齿可能会每隔 1 个或者 2 个月出现。婴幼儿的出牙数量可以通过"月龄减去 4 或 6"的公式计算。婴幼儿的乳牙并非随意生长的，而是按照一定的次序萌发的。首先萌发的是下面正中间的两颗牙，其次对应到上面正中间的两颗牙，再次上面的侧切牙，最后是下面的侧切牙（如图 4-5 所示）。到 2.5 岁时，婴幼儿平均有 20 颗牙齿（Ranly，1998）。成人应当特别关注婴幼儿牙齿的发育情况，且注意以下两点。①婴幼儿乳牙的萌出时间会受到遗传、环境等因素的影响。大部分婴幼儿的第一颗乳牙约在其 6 月龄时长出，但这并不表明所有婴幼儿一定在 6 月龄时萌发第一颗牙齿。因此，不同婴幼儿的乳牙萌发时间有差别是很正常的现象。另外，出牙早晚有性别差异，一般女孩略早于男孩。②虽然婴幼儿的乳牙萌发时间各有不同，但牙齿和骨骼正常发育的婴幼儿在 1 岁左右肯定会萌发第一颗牙齿。如果婴幼儿已经 1 岁左右，仍没有出牙迹象，则需要及时咨询医生。

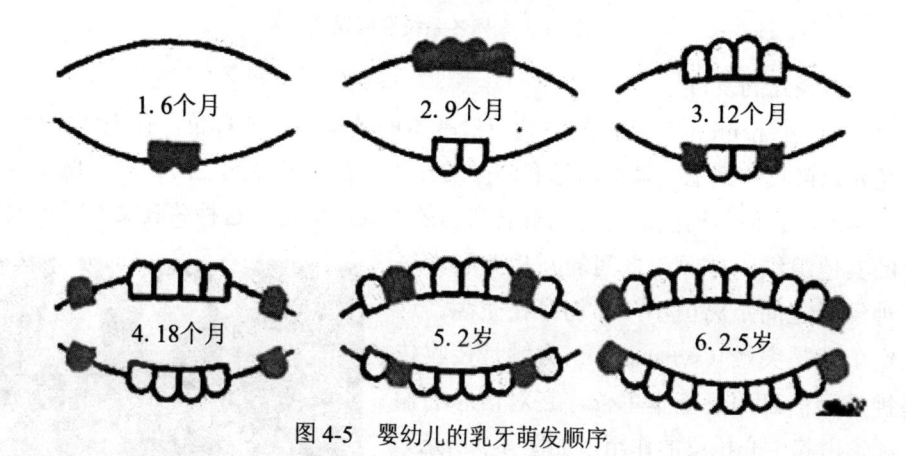

图 4-5 婴幼儿的乳牙萌发顺序

（三）脑发育的敏感期

婴幼儿的不同器官组织的发育速率是不平衡的，如图 4-6 所示，淋巴系统从婴幼儿期到整个童年期都在以惊人的速度发育，因为在婴幼儿期，身体对疾病的抵抗能力弱，需要淋巴系统的保护，随着身体各个系统和器官的不断成熟，身体抵抗疾病的能力不断增强，淋巴系统发展逐渐变缓；婴幼儿的生殖系统在整个童年时期都发育很缓慢，到青春期之后才快速发育；而神经系统在婴幼儿期的发育最为迅速，达到成熟的水平也是最快的。

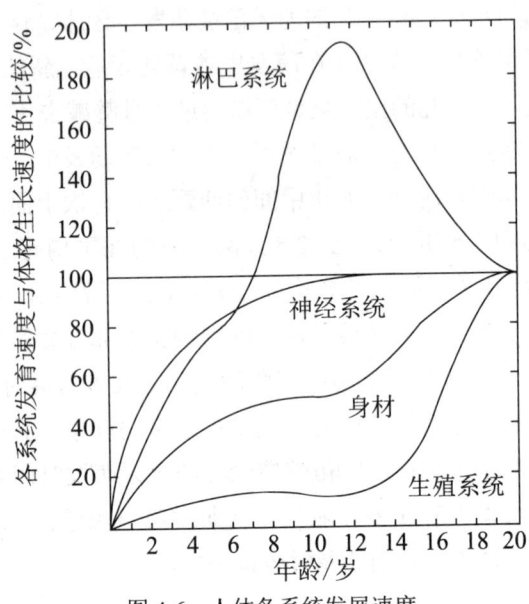

图 4-6 人体各系统发展速度

1. 神经元的发育

神经元（neurons）是神经系统中最基本的结构和功能单位。在人体大脑中，神经元起接收、识记、输送信息和刺激的作用。每个神经元之间并不是孤立存在的，相反，它们与周围的神经元有着密切的关联。但是，这种关联又不同于人体内的其他组织，神经元之间的互相关联指每个神经元之间距离虽小，却仍存在空隙。这些空隙就是突触（synapses）。突触是接收传递神经元信息的最基本单位，它对信息的输入和输出起中介桥梁的作用，如图 4-7 所示。

从总体上来看，大脑的发育就是神经元发育并形成精细交流系统的过程。在婴幼儿出生前，神经元在胚胎中最初形成的神经管里面发育。在母亲怀孕半年左右，胎儿大脑中的神经元几乎已经全部生长并完

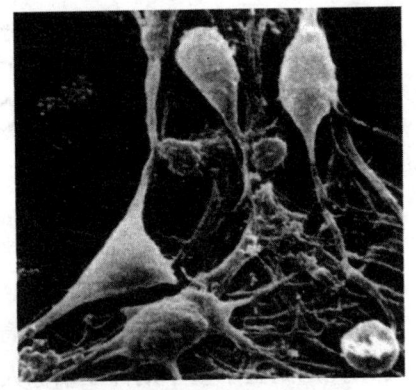

图 4-7 神经元和连接的纤维

成转换。神经元生成之后就开始分化，与相邻的神经元纤维产生突触。处于学步期的婴幼儿的神经元分化速度突增，这使得神经纤维和突触的数量迅速增加（Huttenlocher，1994）。当突触形成以后，它周围的神经元将会死亡，死亡比例在 20%~80%，而具体的死亡数量与脑区有关（Stiles，2000）。在婴幼儿出生之前，在神经管里面产生的神经元数量已经远远超过大脑实际所需要的数量。

  外界刺激对神经元的产生和延续起关键作用。外界环境的刺激可以给新生长的神经元提供信息，从而促使新突触的不断生长，使原有的信息接收传递系统不断精细化，为大脑处理更加复杂的信息提供可能。但当神经元刚接触到外界环境刺激之时，突触的数量会因迅速增加而产生突触过多的现象，这是个体头脑中神经元突触形成的顶峰期（Mix et al.，2002）。在这个阶段，对婴幼儿头脑施加恰当的刺激具有重要意义，可以促进婴幼儿脑神经的发育，从而促进其智力水平和认知水平的提升。这些大批量产生的突触并非每一个都能起到输送信息和刺激的作用。因此，最终留存下来的突触只有那些真正为婴幼儿头脑发育提供养分和交流功能的突触，这些突触可以为婴幼儿提供成长过程中必需的认知、社交和活动能力，而那些很少受到刺激的突触则会逐渐消失。有学者调查得出，在个体发育过程中，大约会有 1/3 的神经元突触逐渐消失，最终的突触数量会逐渐稳定，不再快速突增（Webb et al.，2001）。当神经元和突触过多时，大脑通过细胞死亡和突触剪除的方式，去掉多余的连接，形成成熟的大脑，这个过程受到遗传和儿童经验的影响，最终形成相互连接的各个区域，每个区域都有独特的功能（Johnston et al.，2001），如图 4-8 所示。

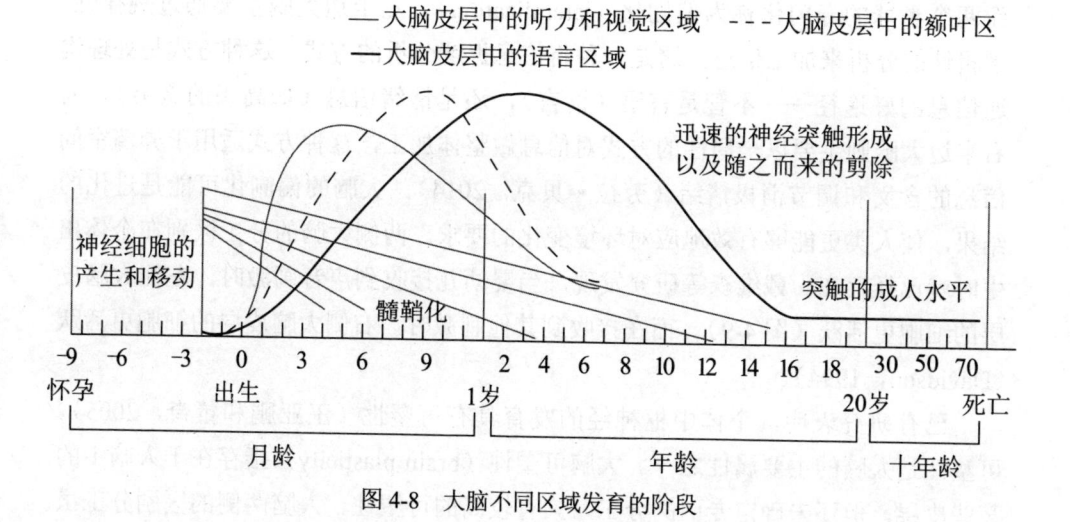

图 4-8 大脑不同区域发育的阶段

在个体 2 岁前，他们大脑中的神经元数量增加速度较快，尤其集中于大脑中的各类感官区域。每个区域的突触数量都会经历激增到逐渐减少的过程，在这一过程中，神经元也在不断更新，接受刺激的神经元会不断向更高阶层发展，而较少接受刺激的神经元则会逐渐被替代。正是这一过程使得个体有能力进行各种思维和头脑活动。需注意，大脑中不同区域的突触数量变化也是不同的。额叶区是最晚达到成年的突触联系水平的区域之一——在青春中期到晚期。髓鞘化在最初两年的速度非常快，然后在儿童中期减慢下来，在青春期又会增加，图 4-8 中不同的曲线表示，不同脑区髓鞘化的时间进程不同。例如，语言区的神经纤维在很长的时间中继续髓鞘化，特别是额叶区域，髓鞘化的时间长于视觉和听觉区（Thompson and Nelson，2001）。

2. 脑皮层的发育

大脑皮层包围着大脑，它是最大和最复杂的大脑结构，占脑重的 85%，而且，大脑皮层是大脑发育中最后一个停止的部分，是人类智力发展的基础。个体大脑皮层的发育与个体成长中形成的各种能力是相对应的。有研究显示，在婴幼儿出生的第一年间，其头脑中视听觉皮层的神经细胞比较活跃。此时正是婴幼儿视听觉发展的关键期（Johnson，2005）。皮层中最后发展的区域之一是额叶，负责思考——特别是意识、冲动抑制和通过计划来调节行为。从 2 个月开始，这一区域的活动越来越有效率。额叶中突触的形成和剪除持续多年，在大约青春中期至青春晚期达到成年水平的突触联系。

个体大脑有左侧和右侧之分，左侧大脑和右侧大脑负责的功能是有差异的。而两个半球的专门化称为偏侧化（lateralization）。左半边大脑主要通过规律性、逻辑性的分析来加工信息，这是一种将信息拆解分析的方式。这种方式是处理沟通信息的好途径——不管是言语（语言），还是情绪信息（如高兴的微笑）。而右半边大脑则主要以全局性的方式对信息做整体加工，这种方式适用于弄清空间信息的含义和调节消极情绪（劳拉·贝克，2014）。大脑的偏侧化可能是进化的结果，使人类更能够有效地应对环境变化的要求。两侧大脑的分工区别在个体出生时就已经存在。戴维森等研究发现，当婴幼儿接收到声音刺激时，左侧大脑皮层的细胞更活跃（图 4-9）；而在接收到其他刺激时，右侧大脑皮层的细胞更活跃（Davidson，1994）。

已有研究表明，个体中枢神经的发育具有可塑性（王亚鹏和董奇，2005）。可塑性是人脑的主要属性之一。大脑可塑性（brain plasticity）指存在于人脑中的某些皮层，但还未确定专门的分工，具有较高的可塑性。人脑两侧的区别分工虽然早在个体刚出生的时候就已经存在了,但是大部分大脑区域还是没有完全确定具体的分工。而这些还未确定具体分工的区域比其他区域皮层有更强的学习能力,能够更快地适应新的刺激。当人脑中某些区域受损时,这些还未确定具体分工的区域在一定程度上可以替代那些受损区域。一旦大脑偏侧化形成,如果其中一个区域受到损伤,那这一区域所掌管的能力就不能或不易恢复到以前的正常水平了。虽然说从一开始大脑皮层的专门化过程就按照遗传程序运行了,但是经验在很大程度上会影响着这种预先组织的程序的速度和成败。

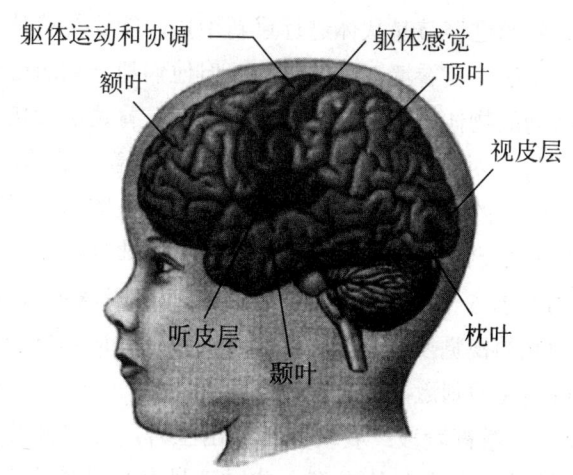

图 4-9　左脑皮层分区

二、婴幼儿的感知觉

(一)视觉

婴幼儿从呱呱坠地之时,其视力就已经开始发育。在一项对新生幼猴的研究中发现,幼猴的视皮层面积与成年猴子相差巨大,大约只占成年猴子的30%。由此推测出哺乳动物的视觉神经细胞在出生之前就已开始发育,但功能并不成熟。哺乳动物的视觉神经需要经过后天的强化训练和环境刺激才能逐渐发育完善。同时,有研究表明,个体在生命早期所处的视觉环境对个体自身的视觉能力发展有重要影响。0~3岁是视觉发育的一个非常重要阶段,在这个年龄段内,婴幼儿头脑中的视觉皮层具有可塑性。有研究表明,个体视觉发展的关键期起始于出生日,且能够延续到1岁左右。因此,在关注婴幼儿感知觉发育时,应特别注重其视力的发展。

1. 视觉敏度

视觉敏度（visual acuity）是个体能够准确识别出物体细节差异或是能清楚看到离自身较远事物的能力。成人的视觉敏度随着与所注视事物的距离而产生变化，但对于新生儿来说，由于其视觉细胞还未发育完全，因此，他们的视觉敏度是固定不变的，不会随着物体的远近而改变。研究者在对婴幼儿进行视觉刺激测试时发现，婴幼儿最远能够看见 20 英尺（1 英尺 =0.3048 m）处的物体，而成年人却可以看见 600 英尺外的物体（Courage and Adams，1990）。新生儿还没有视觉线索，无法认识到通过调节晶状体进行重新聚焦，能够看清楚近处或者远处的物体。虽然婴幼儿无法完全看清远处的事物，但他们却一直通过自己的视觉努力探索，尝试追随移动的物体。婴幼儿的视觉系统的发育速度较快，在短短 3 个月的时间就可以获得视觉对焦的能力。其视觉敏度会随着年龄的增加而不断提高，出生半年左右，婴幼儿的视觉敏度已能达到健康成年人的 1/5。到出生两年左右，婴幼儿的视觉敏度水平已接近成人（Slater，2001）。此外，婴幼儿眼睛扫描和跟踪移动物体的能力在前 6 个月有所提高，因为他们的眼球运动得到了自主控制。研究者认为，婴幼儿的视觉发展分为六大阶段，照护者应当配合婴幼儿视觉发展的各个阶段，提供适宜的刺激，促进视敏度发展。

- 第一阶段——模糊阶段：婴幼儿还未出生时，听觉就已经开始发展；一出生后，触觉能力也开始发育。此时，只有视觉能力发展还不够完善，使得新生儿双眼无法对焦。因此，对于新生儿来说，周围的环境就是一张张模糊的马赛克。其视觉能力只有经过后天的训练和强化，才能打通视觉通路，促进视觉能力发展。

- 第二阶段——区别明暗、黑白及轮廓阶段：虽然婴幼儿的视觉对焦能力差，但模糊的画面不影响他们感受周围的光线。刚出生不到 1 个月的婴幼儿就能通过活动颈部寻找光线，两个月的婴幼儿会对色彩对比强烈、高亮度图案感兴趣。这个阶段中，婴幼儿不仅能够区分周围环境中光线的明暗，还更喜欢复杂的图案。班克斯和同事（Banks and Ginsburg，1985）发现，出生 21 天左右的婴幼儿倾向于更长久的注视间隔较大的黑白格子，而出生 56 天以后的婴幼儿则更倾向于长久注视间隔更小的格子。如图 4-10 所示，下端两个棋盘图案则是在出生不久的新生儿视网膜中的成像。此时，他们的视觉细胞还未发育成熟，还不具备区别复杂图像的能力。但在婴幼儿 2 个月时，他们对复杂图案的认知更加深刻，对复杂图案的对比度更敏感，因此，2 月龄的婴幼儿愿意花更多的时间看小的棋盘格。

- 第三阶段——辨认细节及色彩阶段：出生半年左右的婴幼儿能够越来越清晰地观察物体的形状、颜色、大小等特征。虽然此时的婴幼儿还不能准确识别出具体的颜色，但他们已经能够意识到颜色有区别。而且，此时的婴幼儿已经能够越来越清楚地看见事物的轮廓和内部细节。

两个复杂程度不同的棋盘

新生儿眼中的棋盘形象

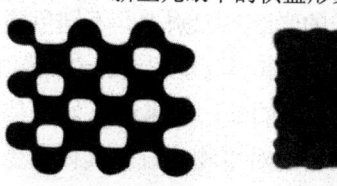

图 4-10　复杂性不同的棋盘图在出生几周婴幼儿眼里的样子

- 第四阶段——深度知觉逐步提升阶段：深度知觉又名为立体知觉、距离知觉，这是对客体的距离远近、立体感的感知能力。在新生儿眼中，世界是一幅平面画像，随着视觉能力的成熟，他们视网膜中的影像才会逐渐变成立体的景象。深度知觉具有明显的个体差异性，不同婴幼儿开始发展深度知觉的时间有很大差异。虽然起始时间不同，但深度知觉形成的时间在健康发育的婴幼儿出生后 1 年左右。深度知觉对个体视觉中立体感、方向感的形成有重要作用，如果婴幼儿的深度知觉没有正常发育，则会影响其他视觉方面的发展。
- 第五阶段——分辨相似物的异同阶段：12 月龄的婴幼儿已经能够辨别不同事物的异同，且随着视觉能力的训练和视觉经验的积累，他们能够辨别出不同事物之间更微小的差别。这种辨别事物之间区别的视觉能力是能够通过训练提升的。因此，当婴幼儿展现出区别事物异同的能力时，照护者可以开始给婴幼儿呈现不同图案的图片，引导婴幼儿找出两张图片的异同。通过视觉训练，可以逐步提高婴幼儿的视觉精细水平，使其能更好地发现不同物体之间存在的差别和联系，有助于其日后的学习和发展。与个体的其他方面发展不同，视觉辨别能力并非由遗传决定，这种能力主要通过后天的训练和强化而逐渐习得增强，因此，照护者要关注婴幼儿的视觉辨别能力。

- 第六阶段——文字识别阶段：对于1～3岁的婴幼儿来说，"认字"是他们视觉学习的关键。由于1～3岁的婴幼儿各个方面还未发育完全，文字符号在他们眼中仅仅代表着不同的图画，此阶段的婴幼儿还无法掌握文字符号背后所隐含的意义。因此，这个时期的"认字"并非指能够像成人一样识别出文字的含义，而是能够辨认出不同文字符号之间存在的差别。在这个阶段中，引导婴幼儿辨别文字符号异同的目的在于激发婴幼儿对文字符号的兴趣，为日后养成良好的学习习惯打下基础，而并不是要求婴幼儿超前学习文字。

2. 颜色视觉

颜色视觉指个体对不同波长的光线的识别力。不同色彩在人的心理上会产生冷、暖区别（周垚，2017），颜色视觉不仅能引起个体感知的相应反应，还会影响个体的心理和思维活动。0～3岁的婴幼儿思维正处于具体形象思维和直觉行动思维阶段，在这一阶段，他们通过对事物的直观具体感受认知事物，颜色这种视觉冲击必然引起幼儿的兴趣。婴幼儿在出生后不久就具备了颜色视觉能力，我国学者冯晓梅通过习惯化方式观察婴幼儿的颜色视觉能力，结果发现，在被调查的12位婴幼儿中，有3/4的婴幼儿在出生后几小时内就能准确辨别出红色和灰色。这一结果表明，出生14天左右的婴幼儿的颜色视觉能力已经开始发育。许多研究涉及婴幼儿的三色视觉发展。但伯恩斯坦（Bornstein，1975）的实验研究证明，2个月大的婴幼儿只有二色视觉，即能够分辨红色和绿色，泰勒等（Peeles and Teller，1975）通过观察实验后得出，出生满60天的婴幼儿已经可以以白色为背景色，从中识别出红色、黄色、蓝色等比较鲜艳且明显的颜色，但还无法区分黄绿色等两种颜色混合而成的混合色。因此，泰勒提出，2月龄的婴幼儿还没有形成三色视觉。通过综合大部分学者的调查可以得出，三色视觉能力是成人视觉完全正常发育的特征，婴幼儿还不具备这样的能力。但出生120天左右的婴幼儿已经能够辨认出基本光谱中的各种单个色彩，这也从侧面映射出此年龄阶段的婴幼儿的单色视觉即将达到成人的视力水平。

李忠忱从婴幼儿出生11个月起，开始研究其颜色视觉能力的变化，研究得出，11月龄的婴幼儿只能正确识别出红色、绿色、蓝色、黄色这四种颜色；而到13个月时，婴幼儿能够识别出蓝色、黑色、白色；到16个月，婴幼儿已经有能力表达出不同颜色的名称，但不一定准确；直到18个月左右，才能准确地表达不同颜色的名称。这个过程体现出婴幼儿对颜色的识别要经过认出颜色→表达名称→准确说出颜色名称三个阶段。恰当地对婴幼儿进行颜色视觉训练能够有效提高婴幼儿识别色彩的能力（李忠忱，1988；孟昭兰，1997）。

3. 视觉偏好

视觉偏好现象是一种正常的生理现象，每个个体都会出现这种现象。婴幼儿视觉偏好的产生基于他们能清楚看见的事物，因为能够看清，所以婴幼儿更喜欢注视这类清晰的刺激物。这种行为对婴幼儿头脑中的视力皮层和视觉能力的发展起到积极作用，在视觉偏爱现象的驱使下，个体会努力在所处环境中搜寻自己能看清、感兴趣的客体，这个搜索的过程就是锻炼视觉能力的过程。个体对物体的搜寻越频繁，其视觉神经发育得会越成熟。

研究者发现，婴幼儿偏爱人的面孔，出生约90天左右的婴幼儿对人脸五官的画像感兴趣，他们不仅乐于注视正常的人脸五官画面，同时还喜欢注视位置相反的人脸五官画面。这个行为体现出此阶段婴幼儿对人脸的不同特征感兴趣，包括人脸的大小、五官位置、不同的肤色等特征。丹妮米勒和斯蒂芬斯（Dannemiller and Stephens，1988）的研究发现，3个月大的婴幼儿看人脸图片的时间比看这张人脸图的负图像花的时间要长。婴幼儿并不是天生就具有识别人脸的能力，而是在视知觉的发展中有序发展的。在婴幼儿3个月大时，他们就具有区分不同面孔特征的能力。巴雷拉和毛雷尔（Barrera and Maurer，1981）的调查得出，婴幼儿对陌生人面孔的区分不仅局限于差距较大的陌生人面孔，当出示相似的面孔时，婴幼儿也能准确做出辨别。同时，3月龄的婴幼儿能够识别自己母亲的照片，而且愿意花更多的时间注视自己母亲的照片。奎因等（Quinn，2002）研究了出生120天左右的婴幼儿对不同性别的人脸的偏好，结果表明，婴幼儿对女性面孔更感兴趣，表现为注视时间更长。在男性面孔和女性面孔同时出现时，大部分婴幼儿最先注视的是女性面孔。但是研究者把被试换成由男性抚养的婴幼儿时，则出现了与上一实验结果相反的情况。综上得知，婴幼儿可以对面孔的信息进行分类，这种能力对他们日后的社会性发展具有关键作用，例如，出生半年左右的婴幼儿会出现认生现象，即婴幼儿与陌生人靠近时，婴幼儿头脑中缺乏陌生人面孔的画面，婴幼儿可能会出现哭闹的现象。

视觉偏好可以提高个体的认知水平。认知心理学家认为，婴幼儿通过感知觉探索周围环境，从而认识不同的事物。而这种探索中很重要的一个环节就是视觉探索，个体对周围事物的感知大部分来源于视觉观察。个体在视觉探索中会表现出对不同事物的视觉偏好现象，这使得他们能够将对外界的混沌认知逐渐转变为清晰的环境知觉。视觉偏好可以提高个体的社会性。婴幼儿在成长过程中会遇见许多陌生的人脸面孔，随着认知和心理的成熟，出生半年左右的婴幼儿会对熟悉的面孔萌发喜爱的倾向，即喜欢熟悉面孔的接近。而不熟悉的人接近婴幼儿时，可能会引发其哭闹和反抗的行为。在所有熟悉面孔中，婴幼儿尤其偏爱母亲的面孔，随着年龄的增长，婴幼儿会明显表现出对母亲的依恋。这种对待他人的区别态度表明婴幼儿的社会性得到了发展，这种社会性的发展是基于婴幼儿对人脸面孔的认知形成的，而在这个认知过程中，视觉偏爱起着关键作用。因此，伴随着婴幼儿一出生就存在的视觉偏爱能够很好地促进婴幼儿日后的社会技能发展。

4. 婴幼儿视力检测方法

当下心理学界普遍认为，0～3岁是婴幼儿视力发展的关键期（周纯和施明光，2005），人们越来越意识到，适时评估婴幼儿视力水平是诊断婴幼儿视力是否发育正常的关键（郑海华等，2003）。但由于婴幼儿各方面发展的特殊性，他们不能很好地配合适用于成人的视力检查，且婴幼儿的语言能力发展不成熟，在与视力检测医生或者父母交流的时候存在困难。因此，要解决这个难题，就必须创设一系列适合各个年龄层级的测验方法，以下将主要介绍当下适合婴幼儿视力检测的方法。

当前常用的针对婴幼儿视力测量的方法有两种，分别是视动性眼球震颤法（optokinetic nystagmus，OKN）和优先注视法（preferential looking，PL）。未满3岁的婴幼儿无法用语言恰当地表述自己的视力问题，因此，针对此阶段婴幼儿的视力检查不应当用主观表达的方式来进行，必须采用更加客观的方式进行检查。

1）视动性眼球震颤法

视动性眼球震颤属于生理性诱发眼震（张连山和薛善益，1981）。当婴幼儿受到视觉刺激时，其眼球会不自觉地追随这个刺激转动，这种转动的速度是不确定的。婴幼儿眼球在转动的同时，还可能以不均衡的速度再次扫视受到的视觉刺激。国外有学者在20世纪50年代就针对新生儿的视觉运动进行了研究，他们在研究中采用的方法就是视动性眼球震颤法。该方法是一种客观视力检查方法（宋钰等，2020），观察者首先将印有黑白颜色条纹的小鼓置于婴幼儿面前，从小鼓开始转动起观察婴幼儿的眼球运动。在刚开始时，婴幼儿的眼球会随着小鼓转动的方向一起转动，但在后来某个时段，婴幼儿的眼球会突然向相反的方向转动，这称为矫正性逆向转动（correction of reverse rotation）。这种连续不断的正向或逆向的眼球转动促使了视动性眼球震颤的出现。在观察刚起步时，小鼓上的条纹间隔较宽，随着被观察者视动性眼球震颤的形成，需要观察者将小鼓上条纹的距离慢慢减小。这种方法能够使 3/4 及以上的婴幼儿都产生视动性眼球震颤现象，通过小鼓的最小条纹距离可以判断被观察者的视力。

2）优先注视法

在 20 世纪就有学者提出，婴幼儿倾向于对彩色、复杂的图案感兴趣，他们能更长时间地注视有图案和色彩的视觉标志（李欣茹，1989）。婴幼儿对图案和色彩的注视不需要其他的刺激就能自发出现，优先注视法就是利用婴幼儿视觉的这种偏好而创设的。优先注视法包括强制优先注视法（forced preferential looking, FPL）、强化优先注视法（operant preferential looking, OPL）和 Teller 视力卡法（TAC）。

利用强制优先注视法测量婴幼儿视力需要三位成年人的辅助。在环境布置上，首先在房间正中放置一大块灰色纸板，分别在这个纸板两侧切开圆形的孔，用来展示观察用视觉标志。其次，两边的圆孔分别展示不同的视觉标志，一侧展示黑白条纹，另一侧展示灰色标志，用作对照，两侧的视觉标志不定时随机变动，最后在纸板中间开一个小洞作为窥孔。开始观测时，需要一位成年人抱着婴幼儿坐在纸板正前方，另一位成年人在纸板后侧通过窥孔观察婴幼儿的注视行为。第三位成年人主要负责调整视觉标志，根据婴幼儿的测试结果调整、选择视觉标志，并记录最终结果。视觉标志的调整要遵循一定的顺序，刚开始的时候，黑白条纹较宽，随着测验的深入，要逐渐呈现距离更窄的条纹图案。最终，依据婴幼儿能够注视到的最窄的条纹距离推算其视力水平。

OPL 是在 FPL 的基础上改进发展而来的，主要区别在于 OPL 基于强化原理检查婴幼儿视力，即在视觉标志出现的同时，展示婴幼儿喜欢的玩具或事物，或者在婴幼儿正确注视视觉标志的同时，给予奖励来强化，使得婴幼儿不排斥这种视力检测方式，让检测更好地进行，从而提高结果的准确性。与 FPL 相比，OPL 检测方式的客观性更高，因为 OPL 在正式开始测验前，要先对接受测验的婴幼儿进行特殊训练，使其习惯此种测验方式。当婴幼儿熟悉掌握这种测验方式时，才开始正式检测。

传统的优先注视法缺乏标准的检测流程，而且要准备特定的场地、材料，耗费大量的人力、时间资源，因此，这种方法的适用范围很小，极大地限制了不同地区检查婴幼儿视力的能力。学者泰勒为了普及婴幼儿视力的检测方式，将 PL 中的视觉标志替换成方便携带且成本较低的卡片，在卡片上印上不同间距的黑白条纹，同样能起到检测视力的作用。

（二）听觉

在出生前，胎儿就开始利用自己的听觉系统收听外界的声音。在母体内，25周左右的胎儿已经具备对听到的声音刺激做出反应的能力。新生儿具备听觉能力，能够对一些声音做出反应，正在哭泣的新生儿听到自己哭泣的声音后，会很快停止哭泣，好像认出这个熟悉的哭声（Dondi et al., 1999）。虽然婴幼儿已经能够对某些声音展现出反馈行为，但其听觉阈限较高，与成人相比，其对声音刺激的接收能力不高，但其听觉阈限会随着年龄增长逐渐达到成年人的水平。

研究发现，婴幼儿会像成人那样根据听觉的方位进行视觉定位，在出生时就已经具备这种能力，研究者对出生几秒的新生儿进行声音定位的实验，在新生儿的左边或者右边放置一个声源，新生儿能够将头转向声源的那一边（Wertheimer, 1961）。在另外一项研究中，把 6～8 个月大的婴幼儿放在黑暗的房间，将一些发声的物体分别放在他们可以触及和不能触及的地方，婴幼儿可以将自己的身体向发声的方向移动，并且还会努力去抓住自己可以触及的发声物体（Clifton el al., 1991）。随着年龄的增长，婴幼儿的定位能力变得越来越精确，并且，1 岁大的婴幼儿的听觉定位能力就可以达到成人水平。

婴幼儿从出生时就表现出了很强的语音听觉能力，对语音的刺激十分敏感，不仅能够辨别语音，而且还表现出对语音的偏好，研究发现，与非言语刺激相比，婴幼儿更加偏爱言语刺激（Vouloumanos and Werker, 2004）。还有学者研究了婴幼儿的听觉偏爱现象。研究发现，当婴幼儿接收到母亲的声音刺激时，他们会更快速地吮吸奶嘴。而接收到其他女性的声音刺激时，则不会有这种反应。出现这种现象的原因可能在于胎儿还在母体内时经常接收到来自母亲的声音刺激。

在 1 岁以前，婴幼儿都在为学习语言做准备。新生儿能够区分人类语言里几乎所有的发音，而且喜欢听母语。在倾听周围声音刺激的同时，婴幼儿会特别关注某些存在特殊意义的音节。有研究表明，出生 150 天的婴幼儿已经表现出对母语里的逻辑重音做出特别的反应。在出生半年至一年间，婴幼儿能够识别出母语当中不常见的发音，并在头脑中删去这些发音的信息。随着语言经验的不断累积，他们开始对更长的语块产生兴趣。在 9 月龄左右，婴幼儿已经具备再认熟悉词语的能力，并能察觉到用词语作为基本单位的语句，从而清晰地听出复杂的小短句和有一定长度的句子。

（三）触觉

触觉是婴幼儿认识世界主要的手段。研究表明，触觉早在母亲子宫里就得到发展了，胎儿在第49天的时候就有触觉反应，也有研究者认为，婴幼儿天生的无条件反射，如抓握反射、吸吮反射等，也都是触觉的反应。还有研究提到，在4～5个月的时候，胎儿就已经初步建立了触觉反应。

在婴幼儿时期，个体对外界的触觉探索主要发生在口腔部位和肢体部位。研究者（P. Rochat，1983）对1～4月龄婴幼儿的口腔触觉做了实验，结果表明，出生30天后的婴幼儿具有通过口腔触觉区分乳头不同硬度的能力，出生120天后的婴幼儿可以通过口触来分辨乳头的形状和硬度。也有研究者对三岁半婴幼儿的口腔触觉进行了研究，发现他们能够分辨物体的形状和质地，对熟悉物体的吸吮速度下降，产生习惯化现象，而对新物体的吸吮速度和力度增加，产生去习惯化现象。这表明，婴幼儿已经能够通过他们的口腔触觉区分物体（庞丽娟和李辉，1993）。婴幼儿利用口腔触觉探索周围环境和事物的行为体现在某个时段内，在这一阶段，他们喜欢用嘴咬、舔自己看见或者拿在手上的物体。有些婴幼儿还会咬自己的四肢部位，但是因为控制力度的能力不足，可能出现咬合用力过度而使自己感到疼痛的情况。这种行为是婴幼儿在口腔敏感时期出现的正常现象，他们在这种行为中可以形成对周遭事物和自身的认知。因此，当婴幼儿出现这种现象时，照护者不应该强硬地阻止，而是要在保证安全的情况下，允许婴幼儿进行口腔探索。在婴幼儿出生的第一年内，这种口腔探索行为的出现频率很高。但口腔探索行为会随着个体四肢能力的发育逐步让位于手部的探索。一岁以后的婴幼儿更倾向于用手来触摸感知各种物体。这种从口腔探索到肢体探索的过渡也印证了皮亚杰所提出的观点：个体早期的认知能力发育离不开触觉、视觉和手部的探索。

婴幼儿在离开母体时，其手部的触觉能力就已经开始发育。婴幼儿在用手心触碰到物体时，就会自觉进行手部收缩的动作，并紧紧抓住这个物体，这就是常见的抓握反应。部分学者（Streri et al.，2000）采用习惯化法和去习惯化的方法对婴幼儿通过手的触觉认识物体的能力进行研究，结果发现，在出生后16个小时的婴幼儿，即使在物体被遮挡的情况下，也能辨识出两个物体之间的形状的差异。

三、婴幼儿的动作

（一）粗大动作的发展

粗大动作（gross motor）也称为"大肌肉"，指身体的躯干、四肢做移动或姿势改变的动作，如抬头、翻身、坐立等。粗大动作的发展指儿童在环境中对自己身体的控制，它的最终目标是获得独立和有意志的运动。大肌肉动作的发展暗示着个体头脑的发育逐渐完全。由于个体的各种活动都必须受到脑细胞的指挥才能延续，因此，动作的发展能够映射脑神经的发育。在妊娠期，原始反射发育，并在出生后持续几个月，随着中枢神经系统的成熟，反射被抑制，使得婴幼儿能够做出有目的的动作，为婴幼儿获得特定技能奠定基础。

婴幼儿动作发展的顺序是：先会抬头，后会翻身，再会坐、爬，最后才会走路。对了解婴幼儿动作和动作机能形成的大致年龄（常模年龄）做出较大贡献的是心理学家格塞尔和雪利（M. M. Shirley）的研究（图4-11）。

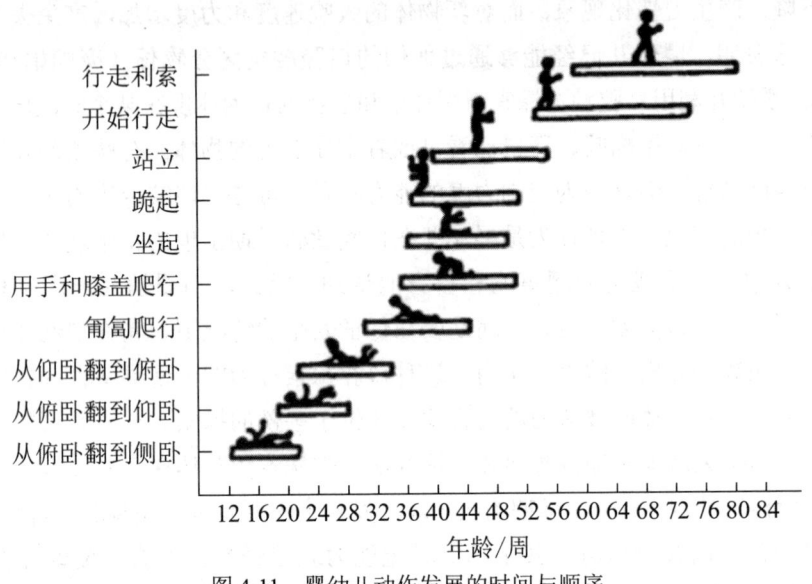

图 4-11 婴幼儿动作发展的时间与顺序

1. 头部动作

头部动作是婴幼儿最早发展、完成也比较快的动作。婴幼儿在 1 个月左右能够在俯卧时转头和抬头。在 2 个月左右，能够将头抬至 45°；当婴幼儿坐着时，头部会上下摆动；婴幼儿被直立抱起时，头部会往下掉，还不能自主控制头部运动。4 个月左右，婴幼儿被拉着坐时，头部不会往后倒。5 个月左右，能够较好地控制自己的头颈部动作，俯卧时能将头抬至 90°。7 个月左右，婴幼儿仰卧时能抬头。

2. 翻身

婴幼儿在出生 90 天左右，其四肢的力量在不断增强，四肢控制力也在逐渐提高。这首先体现在他们能努力挺起胸部，并用手臂支撑保持抬起姿势。接下来一个月，婴幼儿会慢慢地掌握翻身的技能，可以从俯卧位转向仰卧位。5～7个月的婴幼儿可以俯卧、仰卧来回翻身。10个月时，婴幼儿能从平躺状态坐起。

3. 坐

4个月左右的婴幼儿能够扶着坐起，需要借助外部的力量控制自己的身体。5个月时，能用双手支撑躯干坐起，扶住婴幼儿的腰部可使其坐直，但是身体会有些摇晃。6个月左右，婴幼儿能够坐在有靠背的椅子上，能够用一只手支撑身体，略微前倾，呈拱背样，但是时间比较短，这是独坐的最早阶段。7个月时，能够不依靠外部支持平稳地坐着。9个月时，可以扭转身体拿到侧后方的物体而不倒。12个月左右的婴幼儿能够自己从站到坐。

4. 爬行

婴幼儿的爬行分为腹部着地爬行和手膝着地爬行两种，这是最早的位移动作。爬行动作在婴幼儿7个月左右就会出现，此时，婴幼儿主要借助腿部力量爬行。8个月时，婴幼儿能够用手和膝盖支撑身体匍匐爬行，这种爬行特点是中间低，两侧高，即在爬行过程中，腹部会碰到地板，主要通过手部和腹部发力来爬行。10个月时，婴幼儿在爬行中能够更熟练地运用四肢的力量，能够做到手臂和腿部交替向前爬行。到12个月左右，婴幼儿能够用双手和双脚支撑身体向前爬行。在18个月时，能够爬下楼梯。

5. 站立

婴幼儿在9个月时，大概学会了站立，10个月时，能够一只手扶着站立，11个月时，腿部力量还不能支撑身体的重量，婴幼儿只能够站立几秒钟。12个月时，站姿端正，双臂高挑，双腿张开。16个月时，能够单脚站立，但是需要外部轻微的支撑。30个月左右，婴幼儿能够双脚站立在平衡木上。

6. 行走

爬行不是行走的先决条件，婴幼儿在迈出第一步之前，必须掌握拉着站起来的技能。婴幼儿在9个月左右学会了站立，10个月时能够被牵着走路，11个月时能够单手扶着物体行走，12个月左右，婴幼儿开始能够独立行走，这时，婴幼儿的步子很小，步态比较宽，略蜷曲，断断续续，13个月左右，能够昂首阔步地往前走，15个月至17个月，能蹲着玩，能捡地上的东西不摔倒，18个月到24个月，会倒退着走，24个月左右，步子比较平稳，步态比较窄，但仍需要眼的协调，24个月到30个月能双脚交替上下楼梯，到36个月左右，步态就会达到成人模式，走路时，手臂与腿相对摆动（同步步态）。类似地，在走路之后不久，跑步就开始发展，开始时，双腿僵硬，到18个月时，就转变为一种协调良好的运动，包括方向和速度的快速变化。四肢独立使用成功后，可同时使用双臂或双腿。在 24 个月时，孩子可以踢球，用两只脚跳离地板，并抛出一个大的球。

（二）精细动作的发展

精细动作（fine motor）主要指手的动作，也称为小肌肉动作，指个体主要凭借手及手指等部位的小肌肉或小肌肉群运动，在感知觉、注意力等心理活动的配合下完成特定任务的能力。它对个体适应生存及实现自身发展具有重要意义。

1. 手的抓握

人类先天的抓握反射为婴幼儿控制物体提供了基础，与此同时，婴幼儿还表现出抓取物体的取向。婴幼儿在 6 个月时，手指活动开始分化，正式的抓握动作才开始发展，在 3 个月以前，婴幼儿的手基本都是握的状态，4～5 个月的婴幼儿的手是张开的状态，通常用整个手去抓取物体，无目的性，与此同时，能够通过嘴巴将物体换到另一只手上。6 个月左右，婴幼儿仍然不会使用手指去抓取物体，但是能够直接将物体从一只手换到另一只手上。8 个月时，能够将物体从容器中拿出。10 个月时，能够从瓶中倒出小球。18 个月左右，婴幼儿能够将物体叠加在一起。28 个月左右，手和手指的动作相当协调，能够用手一页一页地翻书。36 个月左右，能够用剪刀笨拙地从一边剪至另一边。

2. 手眼协调

个体精细动作的发育主要体现在手部动作的发展。手部动作的发展主要在于手眼协调能力的提升，即个体能够有序地协调眼部动作和手部动作，能够抓住看见的事物，从而提高手部动作的精确性。出生半年内的婴幼儿还处于无条件反射的阶段，这时候，他们手部的抓握行为并没有明确的目标和方向，抓到什么就是什么，手指之间也不能够分开行动，看得见但抓不准物体。出生半年后，婴幼儿的手眼协调能力开始萌发。

3. 涂鸦绘画

绘画是用笔进行的活动，通过手臂和手肘的运动来调整握笔的姿势和位置，逐渐发展到用手指控制笔的运动。婴幼儿的发展大约要经历以下几个阶段。

无序涂鸦（1.5～2 岁）：这个阶段的婴幼儿还不能很好地控制自己的双手，主要用手指在纸上点画。线性涂鸦（2～2.5 岁）：手逐渐能控制画笔的运动，手眼协调的能力逐渐让婴幼儿掌控自己的行动，画出重复的、有方向的线条，已经能够通过反复的画线练习来加强婴幼儿的协调和控制。圆形涂鸦（2.5～3 岁）：这是比较高级的涂鸦水平，在涂鸦时，婴幼儿尝试画出封闭的圆形，用圆来表示所有事物。

(三)动作发展与客体知觉

客体知觉是对主体以外的一切物体或人的知觉,主要通过视觉、听觉、触觉、嗅觉等实现。婴幼儿的客体知觉的发展和动作的发展是紧密相关的,著名心理学家威廉·詹姆斯(James, 1890)认为,生理和动作技能的发展为婴幼儿探索世界提供了必要的基础。皮亚杰提出,处于感知运动阶段的婴幼儿主要利用感知觉和动作获得外部的动作经验,从而获得对环境的认知。出生120天的婴幼儿会逐渐注意到自己以外的事物,随着年龄的增长,他们的行为开始具有目的性,对周围的世界有强烈的好奇心,为了探索而行动起来,逐渐学会了爬、站、坐和跑等,他们动作的发展促进了客体知觉的发展。斯佩尔克(E. S. Spelke, 1985)认为,婴幼儿接触和探索世界的方式可以让他们了解自己对世界的感知。在婴幼儿阶段,婴幼儿的手部动作逐渐发展,五指逐渐分化,他们通过手对物体的抓握去感知客体的存在,了解物体的形状、软硬等特性,并将其同其他物体区分。同时,相关研究也表明,婴幼儿的共同注意行为会受到爬行状况的影响(曾琦等,1999),不同的爬行行为会影响婴幼儿对外部环境的探索活动。习惯腹部贴地爬行的婴幼儿较少探索外界环境,而手脚交互爬行的婴幼儿则更频繁地探索外界环境。其原因可能是腹部贴地爬行需要婴幼儿倾注更多的注意和力量,使得他们在爬行中过多关注爬行的动作,难以分散出其他注意力来探索外部环境。随着爬行能力的发展,婴幼儿逐渐获得探索外部世界的主动性,这一变化增加了婴幼儿认识客体的机会,促进客体知觉的发展。也有研究表明,知觉发育的早晚和与外界环境的接触密切相关,而动作的发展使婴幼儿所吸收的信息越来越丰富,逐渐掌控自己的身体和周围的环境,认识环境中的客体。

深度知觉指个体具有的能够准确判断某个物体离自身距离远近的能力。研究婴幼儿深度知觉发展最著名的实验是由沃克和吉布森(Walk and Gibson, 1961)设计的视崖实验。如图4-12所示,研究人员把由黑白格子组成的图案平铺在玻璃板的某侧表面,而另一张图案则放置在另一侧玻璃板的下面,通过这种摆放图案的方式给婴幼儿造成"悬崖"的错觉。实验开始时,将4~6个月的婴幼儿放置在一侧玻璃板

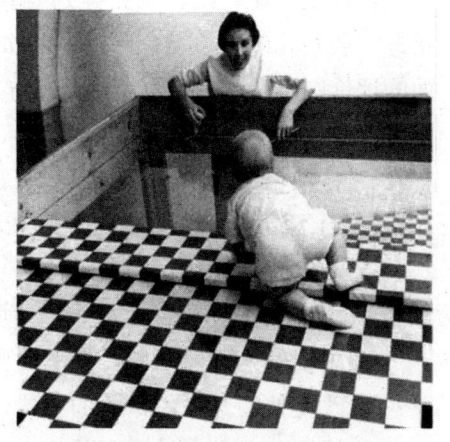

图4-12 视觉悬崖实验示意图

上，由婴幼儿的母亲在"悬崖"的另一边鼓励婴幼儿爬过悬崖。该实验的目的是验证不同月龄的婴幼儿是否有勇气越过悬崖。通过实验发现，能越过视觉错觉中的悬崖爬向母亲的婴幼儿仅仅占所有接受实验婴幼儿数量的10%，90%的婴幼儿在爬到"悬崖"边缘时会出现哭闹或者往相反方向爬行的行为。

坎波斯等认为，运动经验是回避反应发展的一个关键因素（Campos et al., 1978），雷德尔等（Rader et al., 1980）也在研究中发现，早期爬行的婴幼儿都越过了视觉悬崖，而较晚爬行的婴幼儿都避开了悬崖。雷德尔等的研究表明，同月龄的孩子中，爬行年龄越早的婴幼儿越能顺利通过视觉悬崖。同时，爬行经验越多的婴幼儿越能准确判断物体的深度，年龄大的婴幼儿比年龄小的婴幼儿有更好的识别能力，也有利于视觉体验，刚学会爬行的婴幼儿不会回避视觉悬崖。而学会爬行半年后，由于婴幼儿爬行经验的累积，他们会表现出对视觉悬崖的恐惧，这表明，深度知觉能力会随着爬行经验不断发展。还有研究显示，照护者可以通过鼓励婴幼儿的爬行行为提升其深度知觉能力。

第二节　婴幼儿身体发展评价

一、婴幼儿身体发展的评价范畴

婴幼儿身体发展评价的范畴主要涵盖以下几方面：一是身高、体重、头围、胸围、听力、视力等生长发育方面的指标；二是感知觉方面的评价指标；三是粗大动作（走、跑、跳、攀登等）、精细动作（画、剪、折等）等方面的动作发展指标。婴幼儿的生长发育评价主要靠体格健康检查测定，而动作，即自我照顾方面的评价则可以通过观察、测查等方式评定。

- 生长发育评价范畴涉及身高、体重、头围、胸围等方面，要求婴幼儿的各项指数均在该年龄组的正常范围内；身体各器官生理功能正常，并处于不断发育的过程中；身体无病无疵，食欲好、睡眠好、精力充沛；有一定的抗病能力，较少生病，对环境的变化有一定的适应能力。
- 感知觉评价范畴涉及开始环境中区分、处理和回应感官刺激的能力，要求婴幼儿能够用感官探索周围的环境；利用感官从环境中接收到的信息改变他们互动和探索的方式；学习利用感知到的感官信息决定如何与环境互动；以一种更有效的方式处理感官信息，并在与环境互动时使用这些信息，以修改行为。
- 动作发展评价范畴涉及粗大动作及精细动作两方面，要求婴幼儿能及时做出身体的基本动作（如抬头、翻身、坐姿、爬行、站立、行走、奔跑等），可以不断提高各种基本运动技能；有强健的肌肉，流畅、准确、灵敏、协调的肢体动作；有好的手眼协调能力；身体大运动和手指精细运动的发育水平均在正常范围。其中，精细运动主要指手、脚等小肌肉运动。粗大运动指四肢的主要肌肉运动，包括爬行、踢腿、行走、奔跑、投掷等。

二、婴幼儿身体发展的指标体系

（一）生长发育评价指标

生长发育的形态指标指身体及其各部位的形态上可以测量的各种量度（如长、宽、周长及质量等）。最重要和最常用的形态指标是身高和体重。除此以外，代表长度的有坐高、手长、足长、上肢长、下肢长；代表横径的有肩宽、骨盆宽、胸廓横径、胸廓前后径；代表周径的有头围、胸围、上臂围、大腿围、小腿围；代表营养状况的有皮褶厚度等。

1. 体重

体重指人体各器官、组织及体液的总重量。常用杠杆式体重秤或电子体重计测量。体重易于测量，结果也比较准确，与身高相结合，可用来评价机体的营养状况和体型特点。根据《第五次儿童体格发育调查结果》，国家卫生健康委员会妇幼健康服务司研究组织相关专家制定了《中国7岁以下儿童生长发育参照标准》。正常足月新生儿的出生体重平均为3 kg左右，出生后3个月的体重是出生时的2倍，0～6个月，平均每月增加0.7～0.8 kg，7～12个月的增长量减少，平均每月0.25 kg。满1岁时，体重是出生时的3倍，1岁以后，体重增加的速度开始逐渐减慢，平均每月增长150～200 g。满2岁时达4倍，如表4-4所示。儿童的体重可用以下公式估算。

- 1岁以内：1～6个月　体重（kg）= 出生体重 + 月龄 × 0.6（kg）
　　　　　　7～12个月　体重（kg）= 出生体重 + 月龄 × 0.5（kg）
- 1～10岁：体重（kg）= 年龄 × 2+8（或7）（kg）

表 4-4 不同性别婴幼儿的月龄与体重增长对照表

月　　龄	体重（kg）（男）	体重（kg）（女）
1	3.09～6.33	2.98～6.05
3	4.69～9.37	4.40～8.71
5	5.66～11.15	5.33～10.38
10	6.86～13.34	6.53～12.52
12	7.21～14.00	6.87～13.15
18	8.13～15.75	7.79～14.90
24	9.06～17.54	8.70～16.77
30	9.86～19.13	9.48～18.47
36	10.61～20.64	10.23～20.10

2. 身高

身高指人体站立时颅顶到脚跟的垂直高度，主要反映人体下肢长骨和中轴骨骼的生长情况。常用立柱式身高计测量。刚出生的婴幼儿的身长平均为 50 cm，0～1 岁是他们身高增长最快的阶段，出生 0～6 个月时，平均每月增长 2.5 cm，出生 6～12 个月时，平均每月增长 1.5 cm，全年共增长 25 cm。出生一年后，他们的身高大约是刚出生时的 1.5 倍，即 75 cm。第二年的增长速度减慢，平均每年增长 10 cm，2 岁时，身长约为 85 cm，如表 4-5 所示。2～12 岁后，儿童身长（cm）= 年龄 ×5+75（cm）。若身高超过标准 10% 或不足 10%，则存在异常。

表 4-5　0～3 岁不同性别婴幼儿的月龄与身高增长对照表

月　　龄	身高（cm）（男）	身高（cm）（女）
1	48.7～61.2	47.9～59.9
3	55.3～69.0	54.2～67.5
5	59.9～73.9	58.6～72.1
10	66.4～82.1	64.9～80.5
12	68.6～85.0	67.2～83.4
18	73.6～92.4	72.8～91.0
24	78.3～99.5	77.8～98.0
30	82.4～105.0	81.4～103.8
36	86.3～109.4	85.4～108.1

3. 头围和胸围

头围指经眉弓上方、枕后结节绕头一周的长度，是反映脑发育的重要指标，常用卷尺测量。婴幼儿刚出生时，头围约为成人头围的 65%，当他们成长到 10 岁时，他们的头围就已经达到成人头围的 95% 以上。刚出生婴幼儿的头围平均为 34 cm，当他们成长到 1 岁时，为 45 cm，2 岁时，为 47 cm，3 岁时，平均为 48 cm，以后变化很少。因此，对头围的监测在出生后前两年尤为重要。

胸围是在肩胛骨下沿乳头下缘绕胸 1 周的长度。它反映婴幼儿身体形态及呼吸器官的发育状况，常用卷尺对其进行测量。新生儿的平均胸围为 32 cm，比头围小 1～2 cm，当他们成长到 1 岁左右，胸围就会和头围的大小大致相等，等 1 岁过后，他们的胸围超过头围，如表 4-6 所示。

表 4-6 婴幼儿的月龄与头围、胸围增长对照表

月　　龄	头围（cm）	胸围（cm）
3	38.90～39.70	38.90～39.80
6	42.10～43.00	42.10～43.00
12	44.85～45.90	44.75～45.90
14	45.60～46.62	45.62～46.80
16	45.93～47.00	46.16～47.33
18	46.20～47.40	46.70～47.80
33	47.88～48.95	49.45～50.54

（二）感知觉发展评价指标

婴幼儿的感知觉包括视觉、听觉、触觉、客体知觉等，对于婴幼儿感知觉的评价标准主要是衡量他们在环境中区分、处理和回应感官刺激的能力，具体评价标准见表 4-7。婴幼儿在 0～9 个月时，开始有意识地用自己的感官去探索生活的环境，例如：在听到巨大的声响时，会受到惊吓；用自己的手触摸物体或者进行一些口腔的探索；可以模仿自己听到的声音；视觉范围不断扩大；可以辨认自己熟悉的物体等。在 7～18 个月时，婴幼儿可以通过自己感官收集到的信息改变自己探索环境的方式，具体表现如下：开始动手操作材料；对特定感官活动的偏好或者厌恶，如产生视觉偏好；逐渐意识到环境中的障碍，如能够绕过桌子去捡球；根据自己视觉看到的路面不平整状态，及时调整自己的移动方式。在 16～24 个月时，婴幼儿能够继续利用自己获得的感官信息与环境互动，具体表

现为喜欢身体游戏，玩水和沙盘，认识到哪些情况需要谨慎处理、调整方法，以适应环境。到 21~36 个月时，婴幼儿已经能够用比较有效的方式处理感官信息，并及时修正自己的行为。具体表现为：在绘画时，能模仿成人画线圈；或者在游戏中调整接近未知事物的方式，并依据环境采取相应的行动。

表 4-7 婴幼儿感知觉发展评价指标

月 龄	发 展 概 述	婴幼儿表现
0~9	婴幼儿开始用他们的感官去探索和意识到他们所处的环境	• 对环境变化做出反应，例如，当听到巨大的噪声时受到惊吓，转向光线。 • 通过感官探索物体，如用嘴巴触摸物体。 • 尝试模仿环境中听到的声音。 • 视觉范围可以延伸到几英尺，这反而使我们可以从远处看到颜色和物体。 • 体验被触摸的感觉，并环顾四周，以确定触摸的来源，如人或物体。 • 能够识别熟悉的物体，并开始表现出对某些玩具的偏爱
7~18	婴幼儿开始利用从环境中接收到的感官信息改变他们互动和探索的方式	• 开始操作材料，如捣碎游戏面团、挤压手指食物。 • 开始表现出对特定感官活动的偏好或厌恶，如将手从不熟悉的物体或不愉快的纹理上拿开。 • 能够意识到环境中的障碍，如爬过桌子去捡球。 • 根据路面调整行走方式，如小心地穿过砾石
16~24	幼儿继续学习利用感知到的感官信息决定如何与环境互动	• 玩水和沙盘；通过倾倒、挖掘和填充进行探索。 • 喜欢身体游戏，如摔跤、挠痒痒等。 • 认识到需要谨慎处理的情况，如带着一杯水或盘子里的食物慢慢走。 • 调整方法，以适应环境，如改变音量，以调整噪声水平的环境
21~36	幼儿开始以一种更有效的方式处理感官信息，并在与环境互动时使用这些信息修改行为	• 上色时模仿熟悉的成年人画线或圈。 • 调整接近未知事物的方式，如对一块黏土施加更大压力。 • 在实际环境和游戏中，当拿着一个脆弱的物体时，感知并采取相应的行动，如拿着一个假的茶杯时小心地走路

（三）动作发展评价指标

1. **粗大动作发展评价指标**

粗大动作主要指手臂和腿部的大肌肉动作，大肌肉包括爬行、踢、走、跑和投掷等。婴幼儿粗大动作的评价标准是为了衡量婴幼儿展示力量、协调和控制使用大肌肉的能力。如表4-8所示，0～9个月左右婴幼儿开始有目的地协调并使用运动所需的大肌肉，具体表现为：把头转向声音和景象来源处以回应；逐渐有可以支撑住自己头部的能力；更好地控制手脚动作；会翻身；趴着时先学会抬头，然后抬胸，用前臂支撑自己，进而用直臂，俯卧时抬起头；开始获得平衡，如坐着时支撑时有时无；快速移动身体，试图从一点移动到另一点。7～18个月期间，婴幼儿的移动能力得到发展，能够有目的地从一个地方移动到另一个地方，并达到有限的控制和协调，具体表现为：婴幼儿能够利用手和膝盖移动坐的位置；能够从一个点爬到另一个点；能够抓着家具走动，例如，婴幼儿抓着栏杆在床周围走动；当处于无支撑的站立姿势时，能短暂地保持平衡；能够独立行动；在没有支撑的情况下站起来。一般说来，1岁过后，绝大多数婴幼儿学会了独立行走，需注意，婴幼儿虽然发展了独立行走的能力，但他们的行走动作还不平衡协调。从生理发展的成熟度来看，行走动作与神经系统的成熟，头部、躯体与四肢的比例及身体平衡控制能力的发展，肢体肌肉的强壮程度，手眼协调能力，等等，密切相关，与成人相比，婴幼儿在这些方面的能力还有很大的不足。为了维持独立行走时的身体平衡，婴幼儿的行走动作有以下特点：步子小而快，脚趾向外张开，全脚掌着地，而不是像成人那样只是脚趾和脚跟着地，手臂抬到较高的位置摆动，行走中，两腿分开的程度较大，腿抬得很高，膝盖弯曲厉害，脚重重着地，着地时，前腿膝关节弯曲，脚尖先着地。从上肢和躯体动作来看，躯干从臀部处向前倾，手臂在肘部弯曲，并且正好处于稍高于腰的地方，手臂紧张，处于高度防备状态。

表4-8 婴幼儿粗大动作发展评价指标

月　　龄	发 展 概 述	婴幼儿表现
0～9	开始有目的地协调并移动身体所需的大肌肉	● 把头转向声音和景象来源处以回应。 ● 逐渐有可以支撑住自己头部的能力。 ● 更好地控制手脚动作。 ● 会翻身。 ● 趴着时先学会抬头，然后抬胸，用前臂支撑自己，进而用直臂。 ● 俯卧时抬起头。 ● 开始获得平衡，如坐着时支撑时有时无。 ● 快速移动身体，试图从一点移动到另一点

续表

月　龄	发展概述	婴幼儿表现
7～18	有目的地从一个地方移动到另一个地方，并达到有限的控制和协调	• 用手和膝盖移动到坐的位置。 • 从一个点爬到另一个点。 • 抓着家具走动，例如，婴幼儿抓着栏杆在床周围走动。 • 当处于无支撑的站立姿势时，能短暂地保持平衡。 • 独立行动。 • 在没有支撑的情况下站起来
16～24	对动作有了更多的控制，并开始探索通过不同的方式移动身体	• 试图攀爬物体，如家具、台阶等简单的攀爬结构。 • 牵着大人的手上楼梯。 • 倒着爬下楼梯。 • 踢球并试图接球
21～36	随着不同类型肌肉的协调能力的不断发展，开始掌握更复杂的动作	• 可以很安全地跑步前行。 • 可以稳定地蹲在地上休息或者玩东西，然后不用手站起。 • 可以踢动大球。 • 在有支撑的情况下单脚站立，保持短暂的平衡。 • 双脚踩在台阶上上下楼梯。 • 双脚站在平衡木上。 • 投球。 • 踮起脚尖走路，倒着走路，跑

　　有10%的婴幼儿在出生18个月左右后，就可以协调身体运动与音乐节奏之间的关系，身体伴随音乐运动，看起来有点像和着音乐节奏的"舞蹈"。同时，婴幼儿的活动范围进一步扩大，主动探究环境的愿望进一步得到增强。在16～24个月期间，婴幼儿对自身的动作有了更强的控制，并开始探索通过不同的方式移动身体，具体表现为：试图攀爬物体，如家具、台阶等简单的攀爬结构；能够牵着大人的手上楼梯，倒着爬下楼梯；在21～36个月期间，随着不同类型肌肉协调能力的不断发展，婴幼儿开始掌握更复杂的动作，具体表现为：可以很安全地跑步前行；可以稳定地蹲在地上休息或者玩东西，然后不借助手部力量站起；可以踢动大球；在有支撑的情况下单脚站立，保持短暂的平衡；双脚踩在台阶上上下楼梯；双脚站在平衡木上；投球；等等。

2. 精细动作发展评价指标

　　婴幼儿精细动作的评价标准是为了衡量婴幼儿协调小肌肉，以移动和控制物体的能力。手部的精细动作能力对婴幼儿适应生存和实现自身发展具有重要意义，具体评价标准参见表4-9。0～9个月的婴幼儿已经掌握了抓握这个最基本的精细动作，他们能在放松的状态下张开双手，并可借用外力双手交换物品或是将物品从容器中拿出。7～18个月的婴幼儿开始控制小肌肉，有目的地操纵物体，具体表现为：捡起物体；用拇指和其他手指抓取，如用拇指和食指拿起一张纸；两只手各拿一个物体，然后把它们放在一起，可以用双手各拿一块砖，然后把它们合在一起；用整个手抓住笔或蜡笔，然后留下任意的轨迹；有目的地使用手，如翻板书、把东西扔进桶里。随着身体运动能力的发展，1岁以后的婴幼儿逐渐学会控制自己的身体。16～24个月的婴幼儿开始协调使用小肌肉进行动作，操作各种各样的物体，具体表现为：使用简单的工具，如用铲子挖沙子或水、用蜡笔涂鸦；绘画时开始模仿线条和圆圈；以更有效的方式控制对象的放置。随着精细动作能力的发展，1岁以后，婴幼儿逐渐能够同时摆弄几个玩具，能够按社会约定俗成的方法来使用物品，而不像过去那样用咬、敲打等方式对待所有的东西。21～36个月的婴幼儿能够更加有效地协调小肌肉，以不同的方式操纵各种各样的物体、玩具和材料，具体表现为：开始使用更复杂的手部动作，如独立使用餐具、堆叠积木；翻动书本，有时一次可以翻几页；可以抓紧并使用瓶子去泼水，使用锤子、书本和记号工具；有意向地涂鸦，并开始自己画圆圈和线；能够用剪刀将纸从一边剪至另一边。

表4-9 婴幼儿精细动作发展评价指标

月　　龄	发 展 概 述	婴幼儿表现
0～9	开始伸手去拿、抓住和移动物体	● 在放松的状态下张开双手。 ● 伸手去抓物体。 ● 抓取、握住、摇动物体。 ● 通过嘴巴将物体从一只手换到另一只手。 ● 将物体从一只手转移到另一只手。 ● 将物体从容器中拿出
7～18	开始控制小肌肉，有目的地操纵物体	● 捡起物体。 ● 使用拇指和其他手指抓取，如用拇指和食指拿起一张纸。 ● 两只手各拿一个物体，然后把它们放在一起，可以用双手各拿一块砖，然后把它们合在一起。 ● 用整个手抓住笔或蜡笔，然后留下任意的轨迹。 ● 有目的地使用手，如翻板书、把东西扔进桶里

续表

月　　龄	发 展 概 述	婴幼儿表现
16～24	开始协调使用小肌肉进行动作，操作各种各样的物体	• 使用简单的工具，例如：用铲子挖沙子或水，用蜡笔涂鸦。 • 绘画时开始模仿线条和圆圈。 • 以更有效的方式控制对象的放置，如以一个更有序的方式堆木块
21～36	有效地协调小肌肉，以不同的方式操纵各种各样的物体、玩具和材料	• 开始使用更复杂的手部动作，如独立使用餐具、堆叠积木。 • 翻动书本，有时一次可以翻几页。 • 可以抓紧并使用瓶子去泼水，使用锤子、书本和记号工具。 • 有意向地涂鸦，并开始自己画圆圈和线。 • 能够用剪刀从一边剪至另一边

三、评价婴幼儿身体发展的意义与指导要点

（一）评价婴幼儿身体发展的意义

1. 评价婴幼儿生长发育的意义

通过生长发育评价可以及时发现婴幼儿发育成长中的问题，进行及时的保健及治疗，从而促进婴幼儿正常、健康地成长和发展。例如：儿童的身高、体重发育远落后于正常儿童，那么就需要监护人增强意识，及时对其进行检查评估，做到及时发现问题，从而进一步进行干预和治疗。

2. 评价婴幼儿动作感知觉的意义

通过动作及感知觉的发展评价，可以帮助我们更好地了解婴幼儿的心理发展水平。心理是脑对客观现实的反映，是比较隐蔽、不易被观察到的现象。由于婴幼儿的语言发展还不完善，我们只能通过观察其动作了解其心理的发展。与此同时，通过动作及感知觉评价可以促进正常发育中的婴幼儿进一步发展。依据评价结果，为婴幼儿制订符合其自身特点的相关发展训练计划等。通过促进婴幼儿动作及感知觉的发展，进一步促进其智力等综合方面的健康发展。

（二）促进婴幼儿身体发展的要点

1. 促进婴幼儿感知觉发展的要点

• 0～9个月，当婴幼儿开始使用他们的感官去探索和意识到他们所处的环

境时，照护者可以从以下几个方面提供帮助指导：为婴幼儿提供一个可以观察和探索的环境；把镜子和有吸引力的玩具放在婴幼儿的视线范围内，如婴儿床上方的手机；通过唱歌和操纵玩具与婴幼儿互动；提供包含不同颜色、声音、纹理的对象和体验，如音乐盒、会发光的玩具、不同纹理的书等。

- 7～18个月，当婴幼儿开始利用从环境中接收到的感官信息来改变他们互动和探索的方式时，照护者可以从以下几方面提供帮助指导：为婴幼儿提供体验感官物体的机会；观察婴幼儿对物体和经历的反应，以便记下婴幼儿喜欢什么；让婴幼儿接触不同的纹理、气味、声音和景象。

- 16～24个月，当婴幼儿继续学习利用感知到的感官信息来决定如何与环境互动时，照护者可以从以下几方面提供帮助和指导：为婴幼儿提供体验感官游戏的机会，如玩面团、水、沙子；在玩耍时跟随婴幼儿的引导；一定要谨慎对待婴幼儿，因为他们需要一些时间才能参与进来；参与一些鼓励使用不同声音和动作的活动，如读一本既需要低声，又需要大声说话的书。

- 21～36个月，当婴幼儿开始以一种更有效的方式处理感官信息，并在与环境互动时使用这些信息来修改行为时，照护者可以从以下几方面提供帮助和指导：花时间和婴幼儿在一起；一起画画、上色；鼓励婴幼儿讨论其在感官游戏时的感觉，如，"你手上的手指画感觉如何？"让婴幼儿在学习的过程中自由探索，享受其中的乐趣，例如，婴幼儿用手指画画脸，开心地尖叫。

2. 促进婴幼儿粗大动作发展的指导要点

- 0～9个月，当婴幼儿开始有目的地移动身体所需的大肌肉时，照护者可以从以下几方面提供帮助指导。当婴幼儿清醒和有意识时，为其提供充足的俯卧时间。在室内或室外给婴幼儿准备尽可能大的区域，使其可以移动、翻滚、伸展和探索。在婴幼儿练习掌握一项新技能时，及时给予支持，例如，当孩子正在练习坐着保持平衡时，让他的手臂向两侧伸展。提供一些通过触摸可使其运动或者发出声音的材料，以激发孩子用手和腿进行探索。在放置物品时，要让婴幼儿看得见，但又摸不着，以此鼓励孩子活动，在此过程中，仔细观察孩子的暗示，以防婴幼儿受挫。

- 7～18个月，当婴幼儿能够有目的地从一个地方移动到另一个地方，并达到有限的控制和协调时，照护者可以从以下几方面提供帮助指导。为婴幼儿的活动创造一个安全的环境。将新的物体放在婴幼儿摸不到的地方，鼓励孩子移动。当婴幼儿开始尝试新技能时，表现出热情和自豪来鼓励他们。与婴幼儿玩互动游戏，如来回滚动球等。在婴幼儿掌握新技能时，给予支持和鼓励，例如，轻轻抱住正准备迈出第一步的孩子，为婴幼儿提供身体上的支持等。提供矮的器材，让孩子可以拉着站起来、拖拽或者走路，确保他们是安全的，但是不要限制他们的探索。提供隧道、斜坡和矮的台阶，以激发学步期儿童，让他们感觉到挑战。在室内和室外提供手推式玩具和脚蹬三轮车。

- 16～24个月，当婴幼儿对动作有了更多的控制，并开始探索通过不同的方式移动身体时，照护者可以从以下几方面提供帮助指导。为婴幼儿提供在户外奔跑、攀爬和跳跃的机会。为婴幼儿提供安全的攀爬场所，并全程监护，以防其摔倒和受伤。使用运动游戏促进婴幼儿平衡，如跳跃和奔跑。和婴幼儿一起做一些可以锻炼大肌肉的游戏，例如：和婴幼儿一起滚球，做一些简单的障碍练习，等等。

- 21～36个月，随着不同类型肌肉的协调能力的不断发展，当婴幼儿开始掌握更复杂的动作时，照护者可以从以下几方面提供帮助指导。加入婴幼儿的跳跃和奔跑的户外游戏，参与一些与投球相关的活动。为婴幼儿提供安全的攀爬结构和其他材料，如三轮车和低平衡木。通过舞蹈动作鼓励婴幼儿以不同的方式移动身体。与婴幼儿讨论他们的运动，帮助他们探索运动的新方法，如蠕动，滑动，像蛇一样在地上卷起来快速移动，踮脚尖走路，等等。鼓励婴幼儿进行调节身体张力的活动，例如拉伸、伸展、弯曲、扭转和翻转。注意婴幼儿的安全，防止他们过度拉伤自己。

3. 促进婴幼儿精细动作发展的指导要点

- 0～9个月，当婴幼儿开始伸手去拿、抓住和移动物体时，照护者可以从以下几方面提供帮助指导。有策略地把物品放在婴幼儿能够触碰到的地方。为婴幼儿提供抓住玩具和其他小物体的机会。模拟使用对象的不同方式，例如，把两个物体碰撞在一起，摇动一个铃铛，堆木块，等等。提供可以用来吮吸、拉、挤压和拿着的物体，帮助婴幼儿在精细运动能力方面得到发展。

- 7～18个月，当婴幼儿开始控制小肌肉有目的地操纵物体时，照护者可以从以下几方面提供帮助指导。为婴幼儿提供艺术材料，如蜡笔和纸，让婴幼儿在上面涂鸦。允许婴幼儿自己探索书籍。为婴幼儿提供可以抓握的食物，如小球等。鼓励婴幼儿参与手指游戏，如"剪刀石头布"。为婴幼儿提供不同材质的书籍和玩具、布艺玩具、水上游戏等，供其探索。提供激励婴幼儿手拿和控制东西的材料，例如，可以按动的按钮或者拍打才能打开的书。

- 16～24个月，当婴幼儿开始协调使用小肌肉进行动作，操作各种各样的物体时，照护者可以从以下几方面提供帮助指导。让婴幼儿有机会用蜡笔或粉笔在人行道上涂鸦。鼓励孩子尝试撕纸、挤泡泡包装纸。为婴幼儿提供贴纸、滚筒和模子，让他们在面粉、黏土或者沙子里使用。帮助婴幼儿发现舒适地抓住、握住和使用他们所希望使用东西的方式，比如，在家庭角落使用锤子、刷子或者茶壶。
- 21～36个月，当婴幼儿能够有效地协调小肌肉，以不同的方式操纵各种各样的物体、玩具和材料时，照护者可以从以下几方面提供帮助指导。通过日常活动示范如何使用书写和进食用具等，为婴幼儿提供可以促进精细运动发展的经验和对象，例如：串线操作，玩面团，使用塑料镊子拿起物体、钉板；让婴幼儿自己穿衣服，在此过程中，照护者应有耐心，必要时提供指导，以减少婴幼儿挫败感。让婴幼儿尝试更复杂的拼图，如有更多碎片的拼图等。

第五章

婴幼儿认知发展和评价

  婴幼儿的认知发展主要包括记忆、思维与问题解决、认知品质等。本章第一节重点阐述皮亚杰的认知发生发展理论及婴幼儿在以上三个方面的发展特征；第二节侧重介绍婴幼儿认知发展各个维度的评价指标及其指导要点。

第一节　婴幼儿认知发展特征

一、认知发生发展理论

在婴幼儿认知发展领域，皮亚杰作出了杰出的贡献。虽然他的理论在近年来受到许多挑战，成为有关领域争论的热点之一，但仍然是目前用以分析、研究婴幼儿思维、智力和认知的具体发展过程的重要工具。皮亚杰将儿童认知发展分为四个阶段：感知运动阶段（0～2岁）、前运算阶段（2～7岁）、具体运算阶段（7～11岁）、形式运算阶段（11岁至成年）。学者们对皮亚杰的认知发展阶段理论有以下认识。第一，认知发展具有阶段性，其内在结构会依据新的刺激和变化而不断重组。第二，认知发育的不同阶段都存在比较平稳的认知框架，这个认知框架会影响该阶段各种行为和心理认知的发展。需注意，每个儿童的认知发展都会受到环境、教育、文化及主体的动机等各种因素的影响，因此，不同儿童的认知发展阶段具有独特性，即儿童每个阶段的发展年龄可能会提前，也可能会延后，但各个阶段的发展顺序一定不变。第三，虽然具体到个体的角度，以上各阶段的年龄区间可能会发生变化，但每个个体的认知发展一定会经过以上四个阶段，即任何个体都无法逾越某一阶段而到达下一阶段。第四，以上认知发展的四个阶段并非毫无交集，而是交叉发展的。在皮亚杰后期的理论中，他不再把儿童认知发展看成是通过多个阶段直线前进的过程，而是看作螺旋式上升的过程。在这个过程中，一个水平上分化的形式和内容会在更高的水平上得到重构、改组或综合。本节对婴幼儿的认知发展的阐述主要涉及前两个阶段的发展特点，即感知运动阶段和前运算阶段初期。

1. **感知运动阶段**（sensorimotor stage，0～2岁）

在感知运动阶段，婴幼儿协调感觉输入与运动能力，形成了一些低级的行为图式，认知能力也逐渐得到发展。皮亚杰将感知运动阶段细分为以下六个子阶段，详细阐述了婴幼儿由反射性机体到反应性机体，从消极本能练习到积极学习的认知转化过程。

- 本能行为再现阶段（0～1个月）：即婴幼儿积极练习各种反射性行为的阶段，婴幼儿在出生之后，会无意识地不断重复处于母体内就有的行为，以适应环境，这些无意识不断重复的行为就称为无条件反射行为，遗传是决定婴幼儿表现出各种无条件反射行为的重要因素。皮亚杰提出，婴幼儿通过同化、顺应的方式适应环境，最终达到与外界的平衡状态。首先，婴幼儿不断重复出现的反射行为是同化的最初阶段，即"再次同化"。其次，随着婴幼儿不断积累各类生活经验，他们能够从无条件反射阶段逐渐过渡到区别反射阶段。这表现在婴幼儿能够辨别不同客体存在的差异，并对这些有差异的客体带来的刺激做出差别反应。这种区别反射的能力在皮亚杰的认知发展说中被称作"认识同化"。最后，婴幼儿常表现出的无条件反射会发生迁移和泛化。迁移（transfer learning）指在某种情境中获得的经验和技能能够影响个体在其他情境中的表现。泛化（generalization）指个体起初只对某种刺激做出反应，但随着刺激增多，个体可能会对与原本刺激相似的刺激也做出反应。如婴幼儿的吸吮活动发生迁移时，婴幼儿除了在喝奶时会表现出吮吸行为，在其他时候也可能表现出吮吸行为，最后可能演变为吮吸任何碰到他嘴边的物体。这种同化被皮亚杰命名为"泛化同化"。婴幼儿在经历了"再次同化""认识同化"和"泛化同化"三个反射阶段后，会逐渐形成新习惯，其认知发展也进入了新的阶段。

- 习惯动作和知觉形成阶段（1～4个月）：也称为初级循环反应阶段，婴幼儿基于各种先天反射行为，通过接收学习新的刺激，能够联系各个独立的行为，并不断重复，使之形成新习惯。4个月以内的婴幼儿做出的动作并没有特别的目的，他们只是为了动作而动作，且此阶段婴幼儿的关注点全在自己做出的动作上，他们并不在意外界环境等刺激的变化。由于视、听等知觉及跨感觉协调能力的发展，这个阶段的婴幼儿还形成了新的同化图式：他们去看、去听，并试图抓握触及其手掌的物体，出现了"前够物行为"。这时，环境在婴幼儿发展中的作用不断增强，环境成为其生活经验的必不可缺的条件。

- 目的性动作阶段（4～8个月）：也称为一级循环反应阶段。在此阶段，婴幼儿的注意力集中在对物体的操作上，他们开始有意识地操纵物体和改变环境，以重复体验令人愉快的动作，经常用手触摸、摆弄周围的物体，例如，摇动玩具，听其发出的声音。这样通过动作与动作的结果造成的影响使主客体之间发生了循环的练习，最后出现了为达到目的而行使的动作。

- 行为目的性与手段性协同发展阶段（9～12个月）：也称作二级反应协调阶段。婴幼儿做出更复杂的目标导向行为，能够区分不同的目的应该采取的不同方法。1岁左右的婴幼儿在发出动作的时候，已经能够将手段与目的相分离。处于这个年龄阶段的婴幼儿发出动作的目的性更强，他们主要是为了通过发出动作而达到某些目的。而且，他们能根据不同的情境选择合适的手段，以达到目的。例如，当玩具离婴幼儿比较近时，他会直接伸手去拿，当玩具离婴幼儿比较远时，他会爬过去拿。皮亚杰认为，在这一阶段，婴幼儿获得了客体永久性的初步概念，即儿童意识到，即便物体不在视野范围内，物体也还是存在的。在9个月之前，把玩具藏起来后，儿童会认为这个玩具不存在了，也不会去寻找玩具，但在9个月之后，儿童会在玩具被藏起来后开始寻找玩具。

- 感知动作智慧阶段（12～18个月）：即三级循环反应阶段。这一时期，婴幼儿不再只重复那些喜欢的活动，而喜欢探索新的行为，参与到新活动中。在探索新活动的过程中，他们能够不断试验新动作，并达到探索的目的。此阶段的婴幼儿如果对某个动作感兴趣，那么，他们将不再像之前一样不断重复这个动作，而是会试着简单地改变这个动作，使之成为实现目的最有效的手段。

- 智慧综合阶段（18～24个月）：处于智慧综合阶段的婴幼儿思维能力发展较快，这个阶段也是婴幼儿认知向前运算阶段过渡的基础。与感知动作智慧阶段相比，此阶段的婴幼儿最终形成了对外部世界的心理表征能力，并不完全需要通过动作表征来实现目的。能够不完全利用动作解决问题意味着幼儿的认知发展即将进入新层次。

2. **前运算阶段**（preoperational stage，2～7岁）

运算（operations）指内部的智力或操作。婴幼儿在感知运动阶段获得的感觉运动行为模式已经内化为心理表征（representation），开始用语言或较为抽象的符号来代表经历过的事物。但是这个阶段的儿童用表征形式认知客体的能力仍然受到单一方向的限制，即"不可逆性"。同时，处于这个阶段的儿童的认知具有"自我中心"特点。

- **不可逆性**

这个阶段的儿童在认知事物的某一方面时，往往忽略其他方面，思维具有刻板性。与认知刻板性等特点相联系，幼儿尚未解决"守恒问题"。为此，皮亚杰设计了一系列守恒实验（图5-1）。例如，在液体守恒实验中，向儿童展现两个装有等量液体的相同玻璃杯，在儿童知道两个杯子里的液体是等量的之后，实验者将其中一个杯子里的液体全部倒入旁边一个较高、较细的杯子里，再问儿童："新杯子里的液体和原先杯子里的液体相比,哪个比较多?哪个比较少?还是一样多?"多数3～4岁的儿童认为新杯子里的液体多一些。5～6岁的儿童属于守恒问题的转折阶段,他们似乎意识到需要比较两个维度,但他们同时比较两个维度还有困难。皮亚杰认为,儿童一般在8岁左右开始能理解守恒问题,这时,儿童能意识到,一个维度的变化总是伴随着另一个维度的改变。

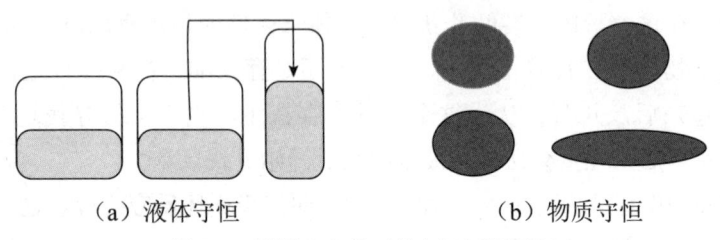

(a)液体守恒　　　　　　(b)物质守恒

图5-1　测量儿童的两种守恒问题图解

- **自我中心性**

以自我为中心是2～3岁婴幼儿认知发展中一个突出的特点,婴幼儿的认知自我中心性会持续到上小学的年龄。自我中心性又称自我主义,指婴幼儿无法区分自我和他人,即只会从自己的立场和观点去认识事物,而不能从客观的、别人的立场和观点认识事物。更具体地说,它是一种无法从客观现实中厘清主观模式的能力,一种无法准确假设或理解除自己观点之外的任何观点的能力。皮亚杰设计了一个著名的实验——三座山实验(图5-2),实验材料是一个包括三座高低、大小和颜色各不相同的假山模型。皮亚杰让儿童坐在桌子的一边,桌子上放着假山模型,把一个娃娃放在儿童对面的位置,然后问这个儿童:"娃娃看到了什么?"儿童难以回答这个问题。接着,皮亚杰给儿童展示了不同角度拍摄的三座山的照片,让其从这些照片中挑出娃娃看到的那张照片,结果发现,儿童无法完成这个任务,他们只能从自己的角度来描述"三山"的形态。由此,皮亚杰以这个实验来证明特定年龄段的儿童思维具有"自我中心"的特点。

图5-2　三座山实验

二、婴幼儿的记忆

记忆是对过去经验的反映，是一种较为复杂的认知过程。记忆主要包括信息的获取、保持、再认或回忆三个基本环节。记忆对学习的意义不言而喻，它能帮助婴幼儿适应周围环境。关于婴幼儿什么时候开始有记忆是一个仍有争议的问题。研究者认为，婴幼儿表现出的经典性条件反射行为是记忆发生的重要标志，最早的记忆是出生后十几天以内出现的再认母亲的喂奶动作的条件反射。

（一）习惯化和去习惯化

习惯化和去习惯化是心理学家研究婴幼儿早期记忆常见的研究范式。学者范茨（Fantz，1963）使用视觉配对比较程序研究新生儿的记忆，反复显示同一刺激的单一图片后，婴幼儿注视刺激物的时间变少，被认为是产生习惯化，当注视的时间达到最初注视时间的50%时，就会引入一张新的刺激物图片，此时，婴幼儿注视的时间变长，即去习惯化。后来有研究者对视觉配对比较程序做出一点改变，在熟悉阶段，原始刺激物在屏幕的左右两边反复出现，直到参与者的观察时间明显减少，然后通过将原始刺激与新刺激配对来测试识别，并测量新旧刺激的观察时间的差异。如果婴幼儿在测试期间观察时间的分布不同于偶然预期，就可以推断婴幼儿对两个刺激物进行了区分，即对熟悉的刺激物进行了识别，如图5-3所示。

阶段	左侧屏幕	右侧屏幕
熟悉阶段1	 松鼠	 松鼠
熟悉阶段2	 松鼠	 松鼠
熟悉阶段3	 松鼠	 松鼠
熟悉阶段4	 松鼠	 松鼠
继续推进熟悉阶段	…	…
测验	 松鼠	 猫头鹰

图 5-3 视觉配对比较程序示意图

范茨发现，随着时间的推移，婴幼儿也会从新异偏好转向熟悉偏好，婴幼儿在熟悉刺激不久后，倾向于看新的刺激，而在较长的延迟后，则更喜欢看熟悉的刺激，这一现象也受到婴幼儿的年龄、接受的任务和刺激的类型的影响。例如：在一项研究中，婴幼儿先对一个视觉模式（婴幼儿照片）形成了习惯化，然后由于新刺激物（秃顶男人照片）的出现而反应恢复，这一过程说明婴幼儿记住了第一个刺激物，并把第二个刺激物看作与第一个刺激物不同的新刺激（如图5-4所示），接着让婴幼儿看幼儿的图片，直到他的注视减少。在测试阶段，再次给婴幼儿看幼儿图片，但这次同时给他看秃顶男人的图片。(a) 如果测试阶段发生在习惯化阶段之后不久（几分钟、几个小时或几天，这取决于婴幼儿的年龄），则那些记得幼儿面孔并且能够把他与成人的面孔区分开来的婴幼儿就会表现出新异偏好——他们会偏好新异刺激。(b) 当测试阶段延迟了几周或几个月，那些能够记得幼儿面孔的婴幼儿又表现出熟悉偏好——他们喜欢看曾经见过的幼儿图片，而不是不熟悉的成人图片。

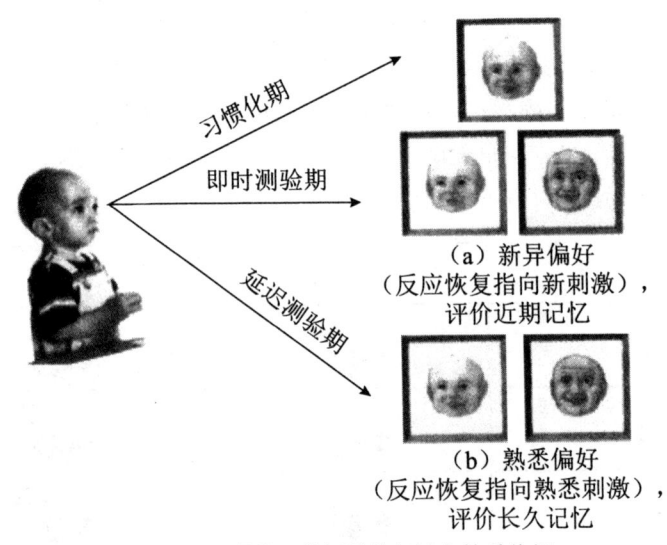

图 5-4　婴幼儿从新异偏好转向熟悉偏好

（二）识记与保持

婴幼儿的记忆能力发展较早，他们对信息的保持和识记有特殊的天赋。在费根（Fagan，1963）的一项研究中，实验者给 5 个月大的婴幼儿看一张汽车的照片，只需要看两分钟，过半个月后，该婴幼儿仍然能认出，照片上的图案就是半个月之前见过的图案。21～29 个月的婴幼儿能够成功地再现 8 个月前的动作；6.5

个月的婴幼儿学会了伸手去触摸黑暗当中发出声音的物体，整整两年以后，当一些婴幼儿置身于同样的情境当中时，依然能够伸手触摸物体，表现出对先前经历的记忆。与成人相比，婴幼儿的记忆保持时间较短。但在整个婴幼儿阶段，记忆保持能力持续发展，婴幼儿的记忆能力在出生后2年内迅速发展，记忆保持时间在出生后的18个月内不断延长。除此之外，婴幼儿对任何特定经验中多种信息进行编码的能力也逐步提高，且随着认知能力的发展，他们对周边环境中精细和复杂的特征变得越来越敏感，对周围环境中各类特征的识记越来越明晰。

诺威·科利尔（Collier，1999）利用脚踢—车动实验研究婴幼儿记忆的保持，他们使用两个非语言任务（图5-5）：2～6个月的婴幼儿的移动任务和6～18个月的婴幼儿的火车任务。在移动任务中，婴幼儿通过在移动钩和一个脚踝之间的丝带踢动婴幼儿床，使之移动，在脚踝带连接到移动装置之前，婴幼儿最初踢的速度可以作为基准线，并与他们随后的识别测试中脚踢的速度做比较，此时，婴幼儿再次被放在移动装置下面，而脚踝丝带被断开，如果他们认出了移动装置，那么，他们就会以高于基准线的速度踢动；否则，他们就不会踢动。

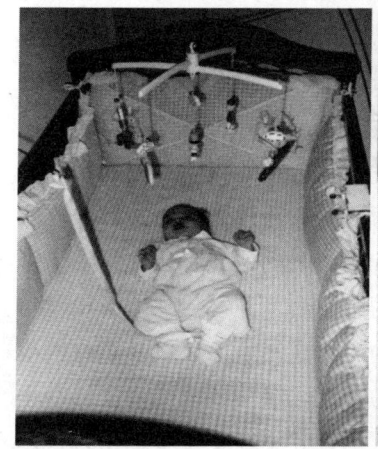

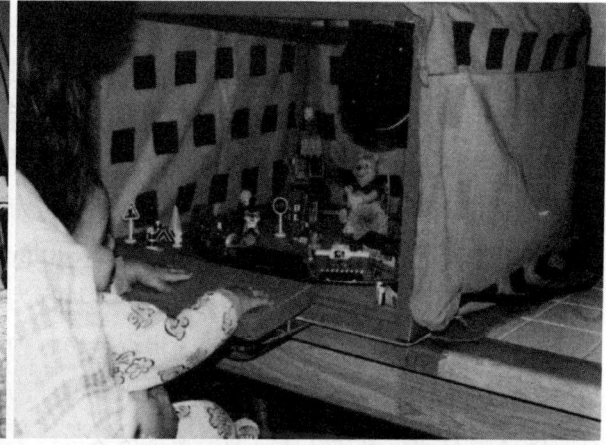

图5-5 脚踢—车动实验

在火车任务中，婴幼儿在训练阶段学习按压杠杆可以移动火车，同样，基准线指当杆子被停用时，测试保留率；识别火车的婴幼儿的反应高于基准线。2～18个月的婴幼儿在移动或训练任务当中接受连续两天的相同训练，并在一系列不同的延迟后进行测试，他们表现出同样的反应，但是，他们的保留时间却随着年龄的增长呈直线上升，如图5-6所示。实心圆圈表示在移动任务上的保持，空心圆圈表示在火车任务上的保持。

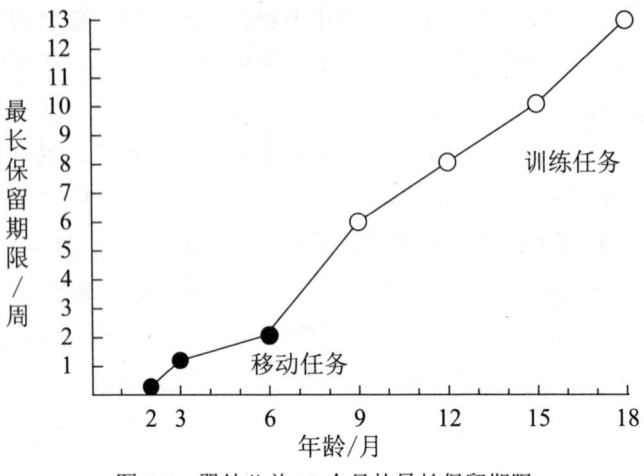

图 5-6　婴幼儿前 18 个月的最长保留期限

(三) 再认与回忆

新生儿对事物的再认比较粗糙，只能再认出事物的大致轮廓。随着年岁的增长，婴幼儿的再认能力会逐步提高，再认行为也更加深刻，对之前接受过的刺激，他们会产生曾经认识过该刺激的念头，并能回忆起更多关于这个客体的其他特征。著名心理学家皮亚杰认为，婴幼儿在出生后 18 个月内处于感觉运动阶段，对信息只能再认，而不具有回忆的能力。有研究者反驳这种观点，原因是 8 个月大的婴幼儿有能力寻找被藏起来的物品，他们认为，婴幼儿只有能够回忆，才能准确找到物品。此外，有关延迟模仿（deferred imitation）的研究也为此观点提供了佐证。延迟模仿指个体通过感官接受到某种行为刺激后，并不会立即出现模仿行为，而要经过一段时间之后，才会出现模仿行为。研究发现，仅仅 9 个月的婴幼儿就有模仿一天前接受到的某种行为刺激的能力。延迟模仿要求个体能够对不久前接收到的行为信号进行回忆，如果仅仅是再认，则并不能支持个体出现延迟模仿的行为。

在婴幼儿记忆的研究当中，有个一直"困惑"大家的问题，那就是婴幼儿期遗忘。婴幼儿期遗忘也被称为幼年健忘（childhood amnesia），指 3 岁以前的婴幼儿的记忆不能够永远保持，以至于人们在成年后，对 3 岁前的经历几乎不能回忆起来。有研究指出，婴幼儿期的这种遗忘现象受到神经系统发育的影响，婴幼儿期记忆不能够保持很长的时间是因为婴幼儿大脑皮层的额叶尚未发育成熟。但是也有相关的推测表明：大一些的儿童和成人经常使用言语手段存储信息，而婴幼儿和学步儿的记忆加工主要是非言语的，这种信息存储的不相容可能阻止了他们的经验长时间保持,其中,在6个月至12个月之后,学前儿童不能把他们关于这一游戏的非言语记忆翻译为语言,即使他们的语言水平已经有了惊人的进步。在记忆发展最初的几年,婴幼儿的记忆严重依赖于非语言技巧,其中包括利用视觉影像和动作进行记忆,随着语言能力的发展,幼儿开始用单词谈论此时此刻,只有在3岁以后,幼儿才经常用言语表征他们过去的经验。

近几年,有关婴幼儿期遗忘的研究主要从神经机制、认知机制和社会互动机制三个方面展开。从神经生理学的视角来看,情节记忆所对应的脑活动区是海马,海马结构在2~3岁时尚不成熟,这致使个体的婴幼儿期记忆缺失、自传体记忆尚未形成;从认知发展的角度来看,婴幼儿期记忆缺失是由于个体成长中认知结构的改变而导致婴幼儿期的记忆经验与成年期的认知图式不相适应的结果,自传体记忆则是随儿童自我认知能力的发展而逐步形成的;社会互动机制则认为,婴幼儿在与父母及其他成人的社会交往中,从最先形成的手势语开始,逐渐形成不同的存储、表征、加工、提取方式,自传体记忆也因此得到发展(劳拉·贝克,2014)。总而言之,婴幼儿期遗忘的下降似乎代表了一种变化,生物和社会经验都会对它产生影响。

三、婴幼儿的思维

(一)客体永久性

客体永久性(object permanence)概念最初由皮亚杰指出,指当某个客体被拿出或者遮挡住,使得婴幼儿看不见、摸不着时,他们也能知道该客体并非消失不见。而在此之前,婴幼儿往往认为,不在眼前的事物等同于不存在,并且不会再去寻找。婴幼儿获得客体永久性表明其已经获得了有关客体存在的稳定内部认知,它标志着婴幼儿思维发展迈上一个新台阶,是婴幼儿后来一切认知活动发展的基础。

婴幼儿在出生10个月左右获得了客体永久性的概念,但此时,婴幼儿对客体永久性的认识并不全面,会发生A非B搜索错误:如果婴幼儿多次在隐藏位置A找到同一个物体,然后婴幼儿看到这个物体被移到第二个位置B,但是他们还是会去隐藏位置A搜索。因此,当物体在婴幼儿眼前被移动和隐藏时,他们还没有物体持续存在的清晰印象。皮亚杰提出,这种搜索错误是不可避免的,婴幼儿在这种搜索过程中的主要目的并不是迅速找到被藏起来的物品,而是在不断重复之前的动作,以获得感知觉乐趣。皮亚杰用A非B搜索任务证明,婴幼儿在思维发展的第四阶段时，对客体永久性的认识是脆弱的、不稳定的。

后继研究者对皮亚杰的观点提出了异议，他们认为皮亚杰低估了婴幼儿的客体知识，导致皮亚杰低估的首要原因是方法上的问题。皮亚杰的 A 非 B 搜索任务是要求婴幼儿进行主动的搜索行为，如伸手移开遮蔽物、推开或绕到屏幕后面等。而有研究表明，并不需要婴幼儿进行主动的探索行为，只需要研究者依据研究目的恰当地改变实验环境条件，就可以让婴幼儿对物体所处的准确位置做出反应。这类研究说明婴幼儿在搜索物品 B 之前已经知道 B 在何处，婴幼儿没有第一时间搜索 B 的原因可能是他们缺乏准确有效的搜索程序，或是受到无条件反射行为的影响。因此，A 非 B 搜索错误并不能说明 2～3 岁婴幼儿没有对客体位置的准确认知。贝拉吉恩采用反预料法的程序考察婴幼儿的客体永久性认识（Baillargeon，1998）。该实验研究设置了实验组与控制组，实验组是有箱子的，控制组则无箱子。在实验组中进行了以下程序（图 5-7）。首先，实验者让被试者注视如事件（a）中所示的事件，一个屏幕能像吊桥一样旋转 180°。其次，重复多次该事件，婴幼儿对该事件习惯化。最后，在习惯化阶段后，处于实验条件下的婴幼儿在交替实验中看到了不可能和可能的测试事件。①不可能事件，实验者将箱子放在婴幼儿清晰可见的地方，位于屏幕旋转的必经之路。当屏幕旋转到最高处时，婴幼儿将看不到箱子。当屏幕旋转到箱子的位置时，由于实验者已经将箱子偷偷移走，因此，屏幕将继续旋转到 180°的位置，这时，婴幼儿面临的实验条件为不可能事件，如事件（b）。②可能事件，屏幕旋转到箱子的位置会停下来（由于被箱子挡住了，理应如此），如事件（c）。对照条件下与实验条件下，婴幼儿的习惯化事件（a′）、180°事件（b′）和 112°事件（c′）相同，只是没有箱子。从表面来看，可能事件比不可能事件更新颖，因为婴幼儿看到屏幕的 180°旋转类似于习惯化条件，而在可能事件中，婴幼儿只看到了习惯化事件中的一段，但对于具有客体永久性认识的婴幼儿来说，不可能事件更新颖，因为这时，一个固体似乎能够"穿过"另一个固体。

结果表明，大约四个半月的婴幼儿（甚至一些三个多月的婴幼儿）观察不可能事件的时间比观察可能事件的时间长，说明他们对不可能事件去习惯化，这表明他们似乎意识到箱子作为一个物体在被屏幕遮挡后仍然存在；他们似乎也意识到屏幕不能"穿越"箱子，因此，他们预测屏幕应该停在箱子的位置，而对不可能事件中屏幕并没有停下而感到惊奇。而对照条件下的婴幼儿看 180°事件（b′）和 112°事件（c′）的时间相同。实验的结果对皮亚杰提出的关于客体永久性出现的年龄及客体永久性出现的过程提出了质疑。

测试事件

不可能事件　　　　　　180°事件

（a）　　　　　　　　（a'）
实验组　　　　　　　　控制组
（有箱子）　　　　　　（无箱子）

习惯化事件

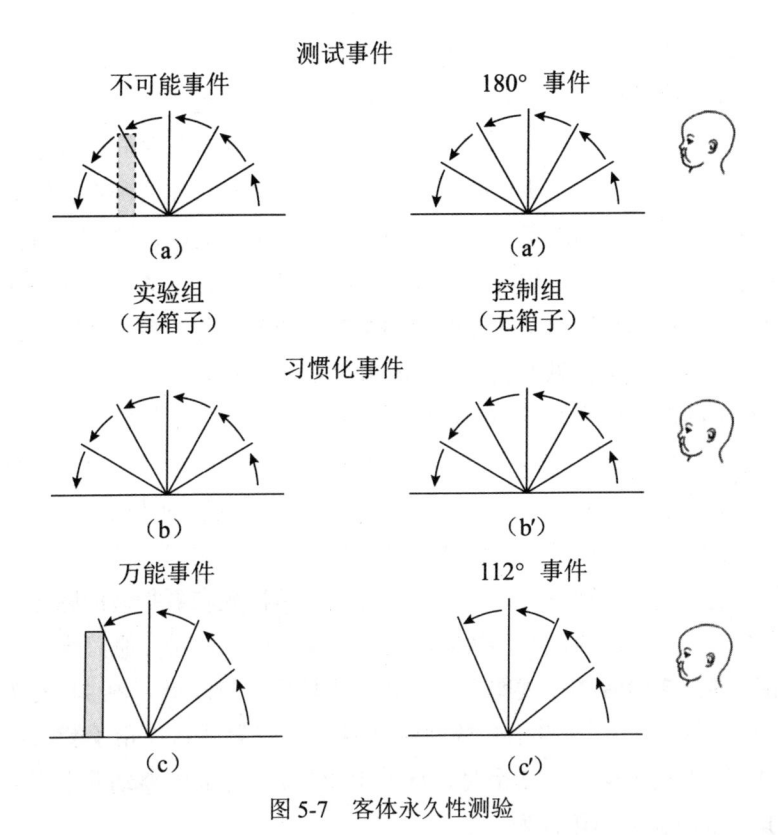

（b）　　　　　　　　（b'）

万能事件　　　　　　112°事件

（c）　　　　　　　　（c'）

图 5-7　客体永久性测验

（二）延迟模仿

延迟模仿指婴幼儿对于某个行为或活动的模仿可能不会立刻发生，而是会过一段时间后突然进行模仿。如一个 18 个月的小女孩在看到一个小伙伴推搡的行为后，第二天自己也学着在家里对他人进行推搡，这表明婴幼儿头脑中开始形成最初的表象。

观察和模仿是婴幼儿获得新行为的重要途径，一些研究者采用实验法考察不同年龄婴幼儿的延迟模仿能力。巴尔（Barr，1996）对 6~24 个月大婴幼儿的延迟模仿能力开展实验研究，该实验研究设置了实验组（演示组）与控制组。每次实验开始前，实验者都会与婴幼儿互动约 5 分钟。实验主要分为两个阶段：演示阶段和测试阶段。在实验的过程中，婴幼儿被放在看护者的膝盖上。实验中用到的材料是两个玩偶，一个玩偶是淡粉色的兔子，另一个是一只浅灰色的老鼠。两个玩偶都有 30 cm 高，由柔软的毛皮制成，在每个玩偶的右手上放置一个可拆卸的毡手套（8 cm×9 cm），手套是粉色或灰色的，选择的手套颜色与兔子和老鼠的颜色相匹配。在实验组中，将一个大铃铛固定在手套的内部；在控制组中，将大铃铛固定在玩偶的背后。在演示阶段，研究者在实验组中进行了以下程序：实验者跪在看护者的脚边，将玩偶放在自己的右手上，并将玩偶放在与婴幼儿的眼睛同一水平的位置，位于婴幼儿摸不到的地方，持续 10 s 左右，直到婴幼儿看向玩偶后，实验者从玩偶的右手上取下手套，摇了 3 下里面的铃铛，然后再把手套放在玩偶的右手上，这个过程一共重复了 3 次。对照条件下的婴幼儿与演示条件下的婴幼儿接触玩偶和实验者的时间相同，在对照条件下，铃铛被固定在玩偶的身体后面，在婴幼儿看不见的地方，实验者将玩偶放在婴幼儿面前，使其无法触及，持续约 10 s，直到婴幼儿朝向玩偶后，实验者摇了 3 下玩偶，摇响玩偶背部的铃铛，这个过程一共重复了 3 次，即没有对控制组的婴幼儿示范目标行为（取下手套、摇晃手套、放回手套）。测试阶段在演示阶段后的 24 h（±2 h）进行，实验组（演示组）和控制组的婴幼儿测试过程相同，都用婴幼儿在前一天看到的同一个玩偶进行测试，但是铃铛不在了。婴幼儿再次坐在看护者的膝盖上，玩偶被放在婴幼儿触手可及的地方，从婴幼儿第一次接触玩偶起，他们被给予 90 s 的时间接触玩偶。实验者在测试期间观察婴幼儿是否存在以下三种目标行为：①取下手套；②摇晃手套；③将手套放回玩偶身上（或尝试将连指手套放回玩偶身上）。结果表明（图 5-8），12 个月、18 个月和 24 个月大的婴幼儿在观察演示行为后 24 h 出现明显的模仿行为。

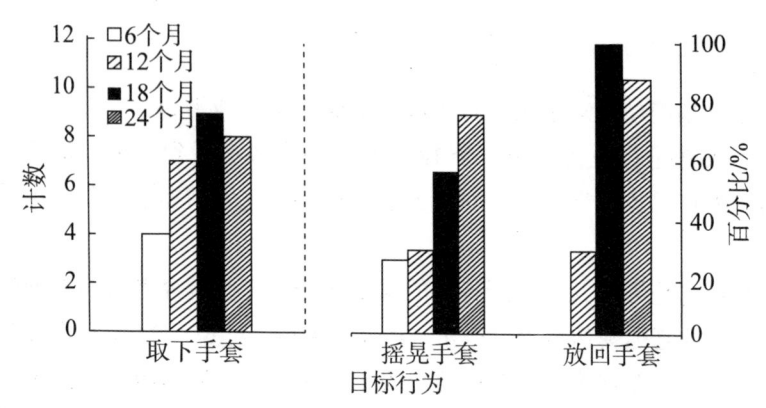

图 5-8 不同年龄婴幼儿的平均模仿分数

延迟模仿能力和婴幼儿的表征能力发展是相辅相成的。婴幼儿的内在表征能力发展的首要标志就是延迟模仿行为的出现。同时，延迟模仿行为的出现能够保证婴幼儿的内部表征系统（心理符号系统）顺畅发展。这种心理符号（内部表象）实质上就是一种内化的模仿，它可以经过保持后在某一情境下获得再现。延迟模仿能力能够支持婴幼儿识记并保存外界的刺激和信号，从而积累多种语言和表征素材（思维内容），最终推动婴幼儿思维认知向具体形象性思维和抽象逻辑性思维发展。延迟模仿在婴幼儿18～24个月时首次出现，延迟模仿、语言和客体持久性的共同发展反映了婴幼儿使用和操纵符号能力的阶段性变化，而在这一阶段之前，皮亚杰假定婴幼儿没有储存信息所必需的认知结构。后来的研究者认为皮亚杰低估了婴幼儿的模仿能力，特别是婴幼儿可能尤为擅长使用模仿作为学习机制，如巴尔和海利（R. Barr and H. Hayne，1996）研究发现，12～18个月大的婴幼儿通过观察，每天能学习1～2种新行为。延迟模仿能力要求婴幼儿在没有进行事先练习的情况下，延迟一段时间后模仿并再现行为。

（三）目标定向行为

目标定向行为（goal-directed actions）是感知运动阶段的另一个成就。婴幼儿开始对动作和做动作的结果进行区分，从而运用一系列动作实现某一个目的，例如，婴幼儿拉动桌布，以取得桌布另一端的玩具。当婴幼儿想达到某一目的而又缺乏现成的方法（手段）时，就产生了"问题"，而个体思维过程就是发现问题和解决问题的过程，大部分针对婴幼儿思维发展的研究的主要关注点在于研究婴幼儿的问题解决能力。问题解决行为有三个重要且必不可少的指标：具有明确的目的指向性；缺乏（或不知道）现成的达到目的的方法（手段）；需要主体进行系列的思维活动。皮亚杰（Piaget，1953）、布鲁纳（J. S. Bruner，1973）等研究者认为，婴幼儿的问题解决目的性表现为，婴幼儿为了达到某一目的而从相似的方法中选择一种，并坚持下去，在这个过程中，婴幼儿会不断更正错误，直至达到目的。布鲁纳认为，婴幼儿的这种目的性在问题解决的过程中使婴幼儿在达到目的后自动停止更进一步的探索活动，而当出现错误时，婴幼儿会由此认识到它与原定目标之间的差距，从而修正随后的行为。后有研究者进一步指出，当婴幼儿可通过多种手段达到某一目的时，其所选择的手段是特别重要的，如果一个人始终选择有助于实现目标的行动，那么就可以推断这些行动是为了达到目标而预先计划好的，有人通过拿起勺子的任务来研究婴幼儿解决问题和计划的能力（McCarty，1999）（图5-9）。

该研究对9个月、14个月和19个月

图5-9 从婴幼儿的角度看放在支架上的勺子

大的婴幼儿进行了测试。在任务测试时，提供给婴幼儿一个装有食物的勺子，勺子的手柄指向左边或右边。因为手柄在左右侧交替的频率相等，因此无须担心个人的用手偏好。研究者在研究过程中观察到了以下情况：婴幼儿抓握勺子的可能方式有三种（图5-10），采取图5-10（b）和图5-10（c）的握法表明婴幼儿缺乏计划性，只有图5-10（a）显示的握法是正确的，也是最有效的。研究者发现，9个月大的婴幼儿坚持首先使用偏好的手来拿起勺子，当勺子处于困难的方位时，婴幼儿采取如图5-10（b）和图5-10（c）的握法，结果导致婴幼儿把勺子的末端伸进嘴里，而婴幼儿很快就意识到这么做吃不到食物，经过几次努力，终于把一些食物放进了嘴巴里。通过抓握不同朝向的勺子进食的简单任务，能够研究婴幼儿的问题解决方案，尽管每个孩子都有获得食物的动机，能够拿起勺子并最终吃到食物，但有许多方法可以实现这一目标，成功的解决策略揭示了婴幼儿意识到了关于勺子握法的问题，对错误握法的纠正表明了他们对问题的评估。

(a) 握住勺子正中心，且勺头朝向自己 　　(b) 握住勺头，且勺柄朝向自己 　　(c) 握住勺子正中心，且勺柄朝向自己

图5-10　婴幼儿抓握勺子的三种方式

（四）假想/象征游戏

假想游戏也是婴幼儿利用心理表征的一个重要特征，婴幼儿通过假想游戏锻炼新的表征方式，从而接纳吸收新的表征图式。婴幼儿的假想游戏与其想象的发展密不可分。婴幼儿的想象萌芽于1.5～2岁，在此阶段，婴幼儿主要通过动作和语言表达想象。作为想象能力的萌芽，表象迁移现象大约出现在1岁8个月的婴幼儿身上，此时，婴幼儿的想象发展仅仅停留在简易迁移阶段。一方面，他们主要依靠事物外表的相似性把事物的形象联系在一起，例如，把圆圆的饼干想象成太阳等；另一方面，他们也常把日常生活中的行为和表象迁移到游戏中，例如，喂玩具娃娃吃饭、哄玩具娃娃睡觉等。这些想象出来的活动没有经过大量的加工程序，和婴幼儿所持有的记忆十分相似，他们只是将自己的记忆图式迁移到新的情境中。想象一旦产生，便迅速地发展起来，大约在2岁，婴幼儿的想象就进入了表象替代阶段，具体表现为：用想象替代缺乏的游戏材料，例如，在"娃娃家"

中，想要喂玩具娃娃吃饭时，没有勺子和碗，婴幼儿会用手比画动作进行替代，用自己的动作想象正在进行喂玩具娃娃的活动；依靠想象变换物体的功能，进入2岁以后，婴幼儿的活动能力和语言能力得到进一步增强，为想象的进一步发展打下了基础，2岁以后的婴幼儿开始通过想象为同样的物体赋予不同的功能，如一根木棍，先当枪用，后又当马骑；开始进行象征游戏，两岁半左右的婴幼儿开始进行象征性游戏，它具有"好像"和"假装"的特征，如将一个物体代替另一个物体，或将一个无生命的物体看作是一个有生命的物体，即以物代物或以人代人。婴幼儿在游戏的过程中会不断重复发出某种动作，同时伴随着语言能力和思维能力的逐步发育，他们的游戏开始出现大量的代替性内容，这就是象征性游戏的开始。这类游戏的情节会根据婴幼儿的需要而千变万化，一个小角落，几个简单的物体，孩子们就能进入广阔的幻想世界。

婴幼儿的假想游戏有以下几个特征。第一，假想游戏和真实生活脱离。在早期的假想游戏中，婴幼儿只是使用现实存在的实物，例如：自己扮演爸爸或妈妈，把玩偶当成自己的宝宝来照顾。他们的假想活动主要是模仿成人，很少变化。此时的婴幼儿不会将某个他们所熟知的，且在他们的认知中有固定作用的物品用来替代其他物品。2岁左右的婴幼儿可以利用各种玩具代替他们心中所想的事物，尽管这个玩具和所想事物的真实模样相差甚远。随着他们思维能力的发展，之后的假想游戏不需要依据现实世界的表象，能自如地开展，如萨米假想的控制塔（Striano et al., 2001）。第二，游戏的自我中心性减弱。在最初的假想游戏中，假想是针对个体自身的假想，如婴幼儿喜欢假装自己喂自己吃饭。后来，婴幼儿会将假装行为运用在其他客体身上，如喂其他玩偶吃饭。2岁以后，他们把自己从游戏中摆脱出来，用其他客体代替自己做行为的发出者，例如：让一个玩偶喂另一个玩偶吃饭。第三，游戏包含了更复杂的组合图式，在婴幼儿2～3岁时，他们的假想游戏逐渐演变为能够和他人一起假装不同个体的行为，这种游戏也被称为社会剧游戏，在这种游戏中，婴幼儿能够逐渐组合不同图式，使得他们假想游戏中的图式复杂程度不断提高（Lhaight and Miller, 1994）。

（五）分类和推理

1. 分类能力

分类是一种十分重要的认知活动，目前，关于婴幼儿分类能力的研究已取得许多研究成果。大多数研究者认为，分类依赖于大脑中的概念或心理表征，这些概念或表征概括总结了世界上各个类别成分之间存在的属性、特征和结构。0～3

岁婴幼儿的分类能力主要表现为两个方面：对图形的辨识和对物体的区分。研究发现，将挂在床上方的各种图形和系在婴幼儿腿上的绳子连接起来，让3个月大的婴幼儿通过系在腿上的绳子拉动有条形图案的玩具卡片。结果发现，在看到一样的条形图案时，婴幼儿能够拉动绳子。但是如果将原有的条形图案换成人脸、方格等其他图案，婴幼儿就不会拉动绳子。这个结果表明，3个月左右的婴幼儿具有辨识不同类别图案的能力，从而可以对这些图案进行归类（Hayne et al.，1987）。有的研究者运用习惯化的研究方法对婴幼儿的分类能力进行研究。实验方法为给婴幼儿提供一些物品的图案，这些物品是属于同种类别的，如馒头、面包、米饭等，这些图案将会一直呈现给婴幼儿，直到他们完全熟悉为止。随后再向婴幼儿呈现非同类（新异）物体（如椅子）的图像。若是婴幼儿对后者的关注时间更长，那么就可以认为婴幼儿已经对先前熟悉的样例形成了类别表征；反之，就可以认为婴幼儿没有在先前熟悉过的图像样例经验基础上形成类别表征。还有研究者通过序列接触任务范式观察分析婴幼儿的分类能力，婴幼儿同时被给予两个类别的多个物体（通常为每个类别四个），并鼓励婴幼儿在固定的时间内玩它们，同时记录下他们的触摸行为。系统地触摸同一类别的物体被解释为提供分类的证据，该程序可用于研究10个月大的婴幼儿的分类。研究者发现，婴幼儿的分类是灵活的（Horst et al.，2005），对分类任务的变化具有高度敏感性，例如，有研究者探讨了不同样本的出现顺序对幼儿分类能力的影响，该研究向两组（低差异组与高差异组）10个月大的婴幼儿呈现一系列的图片，在低差异组中，呈现顺序缩小了连续样本之间的感知差异；在高差异组中，呈现的顺序使连续样本之间的差异最大化。在测试中，只有被呈现高差异图示顺序的婴幼儿才能可靠地表现出分类能力。因此，分类对象呈现的顺序会影响婴幼儿的分类表现。

几十年来，认知（神经）科学和人工智能领域的研究人员一直对最基本，也是最具挑战性的婴幼儿面孔视觉分类感兴趣（Kalanit et al.，2018）。研究者通过脑电图记录了婴幼儿人脸视觉分类的大脑反应，并探究了婴幼儿面孔识别的神经生理学基础。近几年的研究还发现，4个月大的婴幼儿已经能够对类似面部的刺激进行分类，同时表明婴幼儿知觉的发展整合了各种感官的信息，以进行有效的类别获取，婴幼儿早期成熟的系统（如嗅觉）推动了后期发展系统（如视觉）的类别获取（Rekow et al.，2021）。

2. 推理能力

- 相似性推理

相似性推理指当婴幼儿接收到新事物的刺激或信号时，能够用某些事物的相似属性对这个新的刺激或信号进行分析推理。在一项研究中，向 3 岁婴幼儿呈现 4 块积木，实验者将其中 2 块积木称为"按钮"，将另外 2 块积木称为"非按钮"。在婴幼儿的注视下，实验者将 1 个"按钮"放在机器上，机器马上变亮并播放出歌曲。然后要求婴幼儿指出另一个能启动机器的积木。结果发现，3 岁及一些 2 岁的婴幼儿能预测只有"按钮"才能使机器变亮，因为他们会选择看起来是"按钮"的那块积木。

- 类比性推理

类比性推理指婴幼儿在推理两个事物时，会根据这两类事物中的相似程度来推断这两个事物是否相同。研究发现，婴幼儿有非常简单的类比推理行为。该研究对 10～13 个月婴幼儿的类比推理能力进行了实验（图 5-11），在实验中，婴幼儿需要排除障碍，以获得无法直接拿到的玩具，想要拿到这个玩具，婴幼儿必须完成以下几个步骤：首先，将挡在面前的盒子拿开；其次，拉动铺在地上的布条，通过拉动布条拿到布条上的绳子；最后，用力将绳子向自己的方向拉，从而拿到玩具。该实验要求婴幼儿在变化情境的情况下也能完成拿到玩具的目标，比如，改变盒子的大小、颜色等。实验者首先给婴幼儿示范如何可以拿到玩具，如果婴幼儿也能够通过类比得到玩具，则说明婴幼儿已经具备了类比性推理能力。在实验者演示完问题（a）的解决办法后，婴幼儿能以更有效的方法解决问题（b）和问题（c），即使问题（b）和问题（c）在表面特征的各个方面都不同于问题（a）。研究结果表明，1 岁的婴幼儿已经具备了类比推理能力，通过类比推理能力解决问题可能是 1 岁婴幼儿的主要成就之一（Z. Chen et al., 1997）。

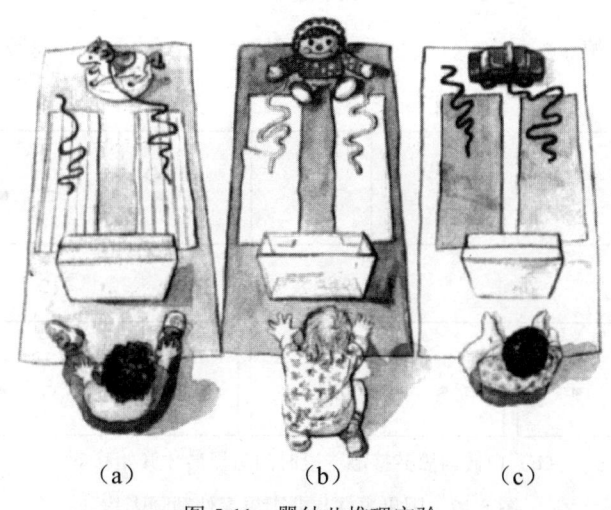

（a）　　　　　（b）　　　　　（c）

图 5-11　婴幼儿推理实验

- **因果推理**

因果推理使婴幼儿能够理性地看待各种现象，并进行预测性的推理和解释。例如，使用动画影片使两组 6 个月的婴幼儿分别对两个事件习惯化：一个事件为一块白砖自左向右移动至黑砖处停下，而黑砖向右移动（即白砖引起黑砖移动的因果性事件）；另一个事件为一块白砖自左向右移动至黑砖处，白砖与黑砖接触一段时间后，黑砖才开始移动（非因果性事件）。然后实验者把原来的动画影片倒过来放映，以检验两组婴幼儿的去习惯化（图 5-12）。第一组婴幼儿在原来的动画影片中看到的是因果性事件（白砖引起黑砖移动），因此在反转的动画影片中看到的是因果方向的反向，结果发现这组婴幼儿比另一组婴幼儿表现出较大的去习惯化。对这种倒转因果关系的兴趣提高表明婴幼儿已经意识到了事件的因果关系。

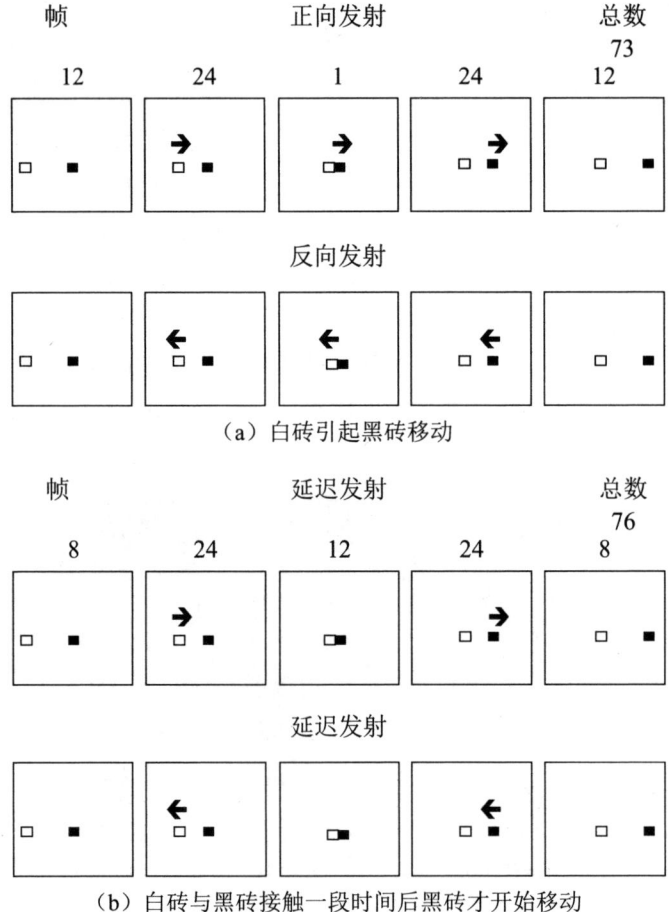

图 5-12　因果事件与非因果事件动画影片

四、婴幼儿认知品质

（一）好奇心与主动性

婴幼儿的身体是他们体验的中心。从一开始，他们就通过所有的感官探索世界，利用触觉、视觉、听觉、味觉、嗅觉和运动了解世界。随着婴幼儿对广阔的世界越来越了解，他们开始伸手去抓物体，然后开始爬行、站立和行走。一旦儿童能够独立行动，任何可触及的东西都成为他们探索的对象，学习的机会成倍增加。他们天生就有探索周围世界的动机，会调查和接触周围的物体和人，并且在这个过程中收集知识，即使最小的孩子也能积极地选择和决定，对周围的事件做出反应，并向自己的父母和家庭成员或者同龄人传达他们自己的想法和感受，先通过声音、手势和面部表情，再通过语言。当婴幼儿们能够操作和选择材料，自由地使用他们的整个身体和所有的感官时，学习就开始了。即使是最小的婴幼儿也需要通过移动他们的头，挥动他们的胳膊和腿，与材料和人接触，用他们的整个身体探索他们周围的环境。

有一些研究者专门对婴幼儿发展过程中表现出来的好奇心进行了研究。在婴幼儿出生的几天和几个月里，婴幼儿的注意力被吸引到具有物理属性的物体上，如明亮的颜色、声音、运动、社会刺激、新奇的物体等，也就是婴幼儿会将注意力放在以前很少或没有接触过的物体上。婴幼儿的主动学习是他们通过以下方式探索世界的过程：观察（盯着他们的手）、倾听、触摸（抚摸手臂或瓶子）、伸手、抓握、用嘴说话、放手、移动身体（踢、转、爬、行走）、嗅、尝及让周围的物体发生变化（把东西放进或拿出盒子、叠积木、滚球）。当我们提供吸引婴幼儿感觉运动发展并鼓励解决问题的材料时，婴幼儿会更积极地参与活动。此外，当婴幼儿对材料感到成功时，他们会想要重复他们的动作；通过重复，婴幼儿们积累了他们的知识。婴幼儿探索、使用和操作材料的方式越多，学习就越多。婴幼儿选择去看谁，看什么，伸手拿什么，他们知道自己什么时候累了或饿了，对于初学走路的婴幼儿来说，选择开启了一个全新的世界，让他们按照自己的方式探索和研究，按照自己的节奏学习。

（二）坚持与专注

婴幼儿的坚持与专注主要表现在他们能在某个认知活动中表现出想要持续投入活动的倾向。婴幼儿的坚持与专注主要表现在对周围世界的观察、注意及保持注意，并且逐渐能够长时间的专注等。新生儿就已经有非条件反射，当他们听到说话声时，可能就会停下正在进行的动作，这种非条件反射属于生理性的。6～12个月婴幼儿的能力逐渐增强，专注时间增长，会说话以后，专注力开始受意识的支配，到1岁以后，专注性与语言联系起来。对此，有人提出表扬性的语言对婴幼儿活动持久性的影响始于发展的早期：婴幼儿在12个月时因其努力而获得的表扬，能够影响他们9年后的后续学业成就（Gunderson et al.，2013）；3个月婴幼儿的专注持久性受到父母表扬性语言的影响比较小，而到18个月，其受父母表扬性语言的影响就非常明显，父母在婴幼儿活动的过程中经常给予持续的表扬语言，会促进婴幼儿的持续性专注和理解力（Lucca et al.，2019）。

当婴幼儿遇到具有挑战性的、比较困难的任务时，婴幼儿会更长时间地参与任务。当成人努力并取得成功时，婴幼儿会认为任务很困难，但他们坚信努力是值得的，从而增加了尝试的时间，并保持较低的挫败感。然而，当成年人努力而失败时，婴幼儿会认为这个任务是不可解决的，花费的精力总是很少，会表现出更大的挫败感。这些结果表明，婴幼儿在决定是否坚持时，他们会考虑他们的努力是否值得，他们会平衡预期的成功概率和努力的成本。在观察到侵犯行为后，婴幼儿探索物体的时间更长，对相关属性的了解也更多。重要的是，婴幼儿战略性地探索物体，分配他们的努力来明确引起事件的机制（例如：因身体失去支持而摔倒）。也有研究发现通过运用行为编码的方式探究了两个问题：婴幼儿在探索和模仿两种行为上如何分配时间和婴幼儿的探索行为是否具有持久性，结果显示，婴幼儿在活动中会优先选择探索，并且会在探索行为中坚持，使用多样性探索策略的婴幼儿的坚持性更高（Radovanovic et al.，2021）。

（三）自信与冒险精神

冒险精神是婴幼儿在参与认知活动的过程中体现出的品质，富有自信心与冒险精神的幼儿乐意积极主动地探索新事物，在活动中遇到困难时，不会立马退缩，而是想办法战胜困难。在婴幼儿发展的早期阶段，婴幼儿可能会通过自己的方式获得周围人的认可，他们需要持续的关注，这种关注对他们的个人需求是敏感的。婴幼儿在引导和塑造他们的学习及与看护者的亲密互动中发挥着积极的作用，他们以许多不同的方式（凝视、移动、哭泣、微笑）表达他们的需求，并提供关于他们希望照护者如何与他们互动的明确信息，这是一种主动、自信的表现（Trevarthen et al.，2000）。

同时，婴幼儿也需要照护者对他们发出的各种信号保持敏感和反应，以满足他们对被照顾和互动的需求。也有研究发现，婴幼儿在运动当中，不断地增强自身的自信心，同时也享受运动本身的体验和随之而来的独立感，但是随着时间的推移，他们逐渐能够承担身体上和情感上离开照护者保护的"风险"，在冒险需要休息时返回这个安全的基地（Carson et al.，2017）。有研究者发现婴幼儿出现冒险行为，愿意去探索发现，这种行为倾向跟相关的旺盛气质有关。具有旺盛气质的婴幼儿也有冲动、对奖励敏感、无畏和冒险的特征，随着年龄的增长，他们逐渐表现出自信和外向的特点及拥有比较少的行为控制，成年以后会拥有较高的社交技能（Caspi et al.，2003）。

第二节　婴幼儿认知发展评价

一、婴幼儿认知发展的评价范畴

婴幼儿的认知发展不仅是评价个体心理发展的有效指标，同时也能侧面反映出婴幼儿大脑思维的发育水平。婴幼儿的认知发展评价指对婴幼儿的智力及其他心理能力的发展水平的评价，具体涉及婴幼儿记忆、思维、认知品质等。

- 记忆评价范畴主要涉及对婴幼儿获得、保持、再认和回忆过去经验的能力的评价。婴幼儿的早期经验有助于其了解基本概念和类别，从而进一步理解周围的世界。婴幼儿开始通过日常与环境和成人的互动形成记忆，他们早期的记忆体现在对人、客体和动作的熟悉，其记忆发展的重要标志是掌握客体永恒性，即使人和物体不在视线范围内，也能够记住其仍然存在。
- 思维评价范畴主要涉及婴幼儿通过符号来表现对概念、经验和思想的理解的能力。婴幼儿通过观察、互动和探索来了解物体、动作和人，他们通过所有感官获取信息，从而建立对周围世界的基本理解。早期象征思维出现的标志是婴幼儿具有用图像和象征进行思考的能力，即通过形象、语言、手势或游戏来表现具体的物体。本节将婴幼儿的思维发展评价范畴划分为以下两个方面：一方面是心理表征，包括象征性思维和问题解决两个部分；另一方面是分类和推理能力。
- 认知品质即学习品质，指能够反映婴幼儿自己通过各种方式进行户外认知学习的倾向、态度、习惯和风格等，主要强调婴幼儿学习认知过程。即不仅指婴幼儿需要掌握的能力，还重视婴幼儿如何通过自己的努力去获取和掌握多种技能的过程。婴幼儿认知品质评价范畴主要涉及好奇心与主动性、坚持与专注性、自信与冒险精神等方面。

二、婴幼儿认知发展的评价指标

(一) 记忆发展评价指标

记忆发展评价范畴主要涉及对婴幼儿获得、保持、再认和回忆过去经验的能力的评价。在婴幼儿早期阶段，他们会熟悉人、客体和动作。例如，婴幼儿会把头转向熟悉的声音，做出某些在日常活动中预期特定模式的行为，比如拿着一个瓶子，或当他们看到勺子时张开嘴巴。当婴幼儿具备了客体永恒性后，在人或物体不在视线范围内时，他们也有能力记住其仍然存在。掌握物体永恒性能够让婴幼儿意识到照护者已经离开了房间，并有能力找到隐藏物体。婴幼儿会进一步从预测物体的功能（如期待拨浪鼓会发出声音）发展到预测一天的日常活动。例如，婴幼儿可能会在听到照护者说"点心时间到了"后走到椅子前。与此同时，婴幼儿还表现出对不在身边的人或物体的意识，例如，婴幼儿在被其他人（如保姆、老师等）照顾时，可能会被问及他们的父母或他们的兄弟姐妹。大约在24个月时，婴幼儿开始具备记忆一系列事件的能力。例如，托育中心的婴幼儿可能会记得调暗灯光、躺在小床上、听故事等系列事件的顺序。在36个月大的时候，婴幼儿可以在与他人交流或玩角色扮演游戏的时候展示出更复杂的记忆模式，随着不断发展，他们保持长期记忆的能力也会提高（表5-1）。

表5-1 婴幼儿记忆发展评价指标

月　　龄	发展概述	婴幼儿表现
0～9	开始从经历中形成记忆，并对某些事件的模式进行预测	● 转向熟悉的声音、物体。 ● 预知熟悉的事情，如伸手去拿瓶子、放进嘴里。 ● 找到一个部分隐藏的对象。 ● 即使对象和人不实际存在，记住其仍然存在。例如，当父母离开房间时，环顾四周寻找父母
7～18	记得熟悉的人、动作、地点和物体	● 发现隐藏的物品，如在看到照护者藏起玩具后掀起毯子。 ● 表现出对不在场的、熟悉的成年人的意识，如在被其他人照顾时，一整天都要找爸爸妈妈。 ● 在常规的位置搜索物体，如在书架上找到他们最喜欢的书。 ● 预测他或她接下来要做的事情，如在音乐活动后坐下来吃早餐

续表

月　　龄	发展概述	婴幼儿表现
16～24	在熟悉的活动中认识并预测一系列的步骤	• 在熟悉的日常事务中记住几个步骤，并在很少或没有提示的情况下完成这些事情。 • 回忆过去的一个事件，如一位特殊的访客或者一个朋友的生日聚会。 • 搜索不同位置的物体
21～36	预测经历和活动中的步骤，并理解事件的顺序；也可记住和回忆过去的事件，并将过去的经验转化为新的经验	• 与成人分享在托育中心发生的事情。 • 在不被提醒接下来要做什么的情况下独立完成日常工作。 • 将过去的知识转化为新的经验，如回忆看牙医的经历，并在游戏过程中向同伴讲述和表演经历的每一步

（二）思维发展评价指标

1. 心理表征评价指标

● **象征性思维评价指标**

象征性思维评价范畴主要涉及婴幼儿通过符号来表现对概念、经验和思想的理解能力。在婴儿时期，婴儿利用不同感官探索世界，到8个月大的时候，婴幼儿发展出客体永恒性——他们意识到，即使客体和人不再被看到或听到，也依然存在，这就是为什么当照护者离开房间时，婴幼儿会哭，以及为什么婴幼儿会在毯子下面寻找玩具。象征性思维的发展离不开婴幼儿对客体永恒性的掌握。7～18个月的婴幼儿从探索物体过渡到学习如何以想要的方式玩物体；在这个阶段的末尾，婴幼儿开始用一个物体来代表另一个物体。他们会在房间里推着玩具车，或者把玩具电话举到耳边假装打电话等。16～24个月时期，婴幼儿开始在日常生活中给物体贴上标签，用更复杂的社会互动，通过参与想象游戏理解周围的世界。21～36个月期间，婴幼儿能够利用象征性的标签和思考能力参与日益复杂的社会互动、探索和游戏，并利用这些技能重新创造经验，解决问题，探索关系和角色（表5-2）。

表 5-2　婴幼儿象征性思维发展评价指标

月　　龄	发展概述	婴幼儿表现
0～9	通过符号来表现对概念、经验和思想的理解	• 使用感官来探索物体，如视觉、触觉。 • 与照护者和环境互动

续表

月　　龄	发展概述	婴幼儿表现
0~9	通过符号来表现对概念、经验和思想的理解	• 物理操作物体，如扭转玩具、摔落物品。 • 定位被部分隐藏的对象
7~18	从探索物体过渡到学习如何以想要的方式玩物体；在这个年龄段的末尾，婴幼儿开始用一个物体来代表另一个物体	• 获得客体永恒性。 • 模仿成年人的动作，例如，在观察一个成年人完成动作后，用拨浪鼓敲锣打鼓。 • 进行简单的扮演游戏，例如，用一个假茶杯假装喝茶，假装用玩具奶瓶喂娃娃，用玩具积木当电话，假装和妈妈说话。 • 能认出照片中熟悉的人/物体
16~24	开始在日常生活中给物体贴上标签时，标志着象征性思维的开始；用更复杂的社会互动参与想象游戏，以理解周围的世界	• 用一个替代物表示另一样物品，比如，将餐巾纸当婴儿的尿布。 • 发现隐藏在近处的物体。 • 用熟悉的物体和经验进行扮演游戏，如把娃娃放在婴儿车里，然后推婴儿车。 • 指出或命名他/她的画，例如，指出涂鸦并说"妈妈和爸爸"。 • 向熟悉的物体/人传递某一标签，如当看到四条腿的动物时会说"狗"
21~36	利用象征性的标签和思考能力来参与日益复杂的社会互动、探索和游戏，并利用这些技能重新创造经验，解决问题，探索关系和角色	• 在假想游戏中分配角色给同伴。 • 在参与游戏时建立顺序，如开始、中间和结束。 • 对身边不存在的人或物体进行描述，例如，说"我妈妈有蓝色的眼睛"。 • 将情感和语言投射到动物上，如，"马很悲伤"。 • 在游戏中扮演不同的成人角色，并使用适当的言谈举止，例如，假装自己是老师，用更成人的声音说话，同时假装给学生读书等

- **问题解决能力评价指标**

问题解决评价指对婴幼儿尝试利用各种策略完成任务，克服障碍，并找到解决方法的能力的评价。通过培养人际关系、积极探索和社会互动，婴幼儿建立了问题解决能力的基础。在婴儿期，婴儿了解到他们的行为会对他人产生影响。例如，他们会通过哭泣向照护者发出饥饿的信号，请求照护者喂养他们。照护者对婴幼儿尝试沟通的反应教会了婴幼儿解决问题的最早形式。当他们知道自身有能力通过某些行为来解决问题时，婴幼儿就会进一步发现他们的行为也会对物体产生影响。例如，当婴幼儿注意到玩具发出的声音时，他们可能会不断地敲打玩具。这种行为是有意的和有目的的。随着年龄的增长，婴幼儿会尝试用不同的方法来解决问题，如用不同的方法移动拼图，以正确放置它们。在 36 个月大的时候，婴幼儿能够减少他们在解决问题时尝试和错误的次数（表 5-3）。

表 5-3　婴幼儿问题解决发展评价指标

月　　龄	发 展 概 述	婴幼儿表现
0~9	通过积极的探索和社会互动建立解决问题的基础	● 专注于通过声音、哭泣、手势和面部表情引起照护者的注意。 ● 喜欢重复动作，例如，在照护者或兄弟姐妹捡起玩具后，继续把它从高脚椅上丢下来。 ● 通过语言/非语言线索，如指、伸手、发声等传达对援助的需求
7~18	开始发现某些行动能解决遇到的挑战和障碍；认识到让照护者协助应对问题	● 一遍又一遍地重复动作，以弄清楚一个物体是如何运行的。 ● 开始认识到某些行为会引起某些反应，例如，大笑和微笑通常会引起成年人同样的反应。 ● 尝试通过各种各样的策略达到简单的目标，例如，拉玩具火车的绳子，让它离自己更近，或者爬着去捡一个滚走的球
16~24	通过使用物体和模仿，问题解决能力增强；扮演更自主的角色，但在大多数情况下，他们会向照护者求助	● 通过模仿照护者的行为完成一项任务，例如，试图转动门把手。 ● 通过积极的探索、游戏，和试错法，提高识别和解决问题的能力，例如，以不同的角度尝试插入一个形状模块。 ● 用环境中的物体来解决问题，例如，使用一个桶将大量的书籍移到房间的另一边。 ● 利用沟通解决问题，例如，在一个艺术活动中，胶水用完了，然后向照护者示意要更多
21~36	变得越来越自主，会尝试先自己克服障碍，或者在照护者的有限支持下克服障碍	● 在需要时向照护者寻求帮助。 ● 开始解决问题时少一些错误。 ● 拒绝帮助，例如，请求帮助，但随后又推开一只手。 ● 在完成任务时表现出自豪感。 ● 在解决问题时，使用越来越精细的技能，例如，不用成年人帮忙，自己用餐巾清理溢出来的东西

2. 分类和推理能力发展评价指标

分类和推理能力评价指对婴幼儿运用已有知识和以往经验，通过反复尝试来理解和影响他们周围世界的能力的评价。婴幼儿通过模仿、因果和试错来发展他们的分类和推理能力，并通过与照护者的日常互动来学习这些能力。在婴幼儿早期,他们就会发现自己的行为举止对其他人和物体的行为举止有影响。例如,婴幼儿哭泣是为了表达需求,而他们的照护者则是为了满足这些需求。一旦他们能够抓住和操纵物体,他们就会通过模仿来与物体互动。例如,婴幼儿可能会在观察到他们的照护者执行相同的动作后立即敲打玩具鼓。他们通过一遍又一遍地重复相同的动作来了解事件的因果关系,从而产生相同的结果。例如,他们反复从高处扔下一个物体,让他们的照护者把它捡起来,并听到它落下时发出的声音。在婴幼儿2岁时,他们的分类和推理能力会随着他们通过反复尝试解决问题的行为而逐渐提升。他们对某些行为对物体和其他人影响的模式和关系有了更好的理解,并开始以不同的方式使用这些模式。例如,婴幼儿可能会使用不同的方式移动物体,起初,他们可能会用手,然后尝试使用身体的其他部分,如脚或头。在24个月大的时候,婴幼儿知道选择性的行为会以不同的方式影响不同的对象和人。他们理解物体的预期功能,在36个月大的时候,婴幼儿能够更有效地理解事件的因果关系,更好地进行分类和推理(表5-4)。

表5-4 婴幼儿分类和推理能力发展评价指标

月　　龄	发 展 概 述	婴幼儿表现
0~9	开始建立意识,并用简单的行动来影响环境中的物体和人	● 通过使用非语言和语言交流从照护者那里获得反应,例如:咕咕地叫、伸手、大笑。 ● 在不同的物体上重复类似的动作,例如,用和拨浪鼓相同的方式摇晃填充物体,以听到响声。 ● 寻找并发现掉落的物体
7~18	结合特定的动作对人和物体产生影响,并以不同的方式与人和物体互动,以发现会发生什么	● 按预期使用物品,例如,假装从玩具瓶中喝牛奶。 ● 尝试以不同的方式移动一个物体,看看会发生什么,例如,一开始轻轻地滚动一个球,然后会发现很难看到它会移动得有多快和多远。 ● 使用不同的动作达到预期的效果,例如,用积木建造塔,然后用手将其击倒,重复该活动,并用自己的头使塔翻滚。 ● 模仿成年人的肢体语言和简单动作,例如,把手放在臀部或假装扫桌子上的面包屑
16~24	理解有目的和有选择的行为会如何影响不同的物体和人,开始根据重复动作和经验将物体和想法联系起来	● 一遍又一遍地重复动作,以产生预期效果,例如,倒出桶里的东西,然后再往桶里装满物品。 ● 开始预测简单和熟悉的动作的后果,例如,知道按动灯的开关可打开或关闭灯。 ● 了解物体的功能,如拖把用于清洁地板。 ● 开始理解某些行为与特定环境有关,例如,在托育机构的行为与在家中的行为不同

续表

月　　龄	发 展 概 述	婴幼儿表现
21～36	开始表现出根据共同特征对物体进行分类的能力，并开始将简单概念的知识应用到新的情境中。对因果关系有了更好的理解，能够通过预测并选择特定的行动来达到预期的结果，开始运用过去的经验和知识形成自己的想法	● 在命名时识别物体和人的特征，如颜色。 ● 开始将物体排成一行，如一个接一个地排列玩具车。 ● 在游戏中使用符号表示，例如，抓起毛刷，将其用作电话。 ● 有目的地排列类似的对象，例如，将塑料块分为红色组、蓝色组和黄色组。 ● 识别类别，即使是代表不同类型的对象，也能指出图片中的所有动物。 ● 识别动作和物体，可以概括意义，例如，看到有人打开伞，可以将其归因于可能正在下雨。 ● 预测一系列事件接下来会发生什么。 ● 将过去的经验应用于新情况。 ● 在某些情况下表达因果关系，例如，"我摔倒了，现在我有一个小伤口"

（三）认知品质（学习品质）评价指标

1. 好奇心与主动性评价指标

好奇心和主动性主要体现在婴幼儿对了解他们周遭世界所表现出的兴趣和渴望。婴幼儿天生对周围的人和物有一种自然的兴趣和探索欲，他们利用感官探索世界，利用感官不断发展的技能理解他们所看到的、听到的、品尝到的、闻到的和触摸到的东西。安全关系的建立能满足婴幼儿安全感的需要，从而进一步激发他们的好奇心。当婴幼儿能够坐起来时，他们对自己所处的世界有了崭新的看法。动作技能的发展使他们可以环顾四周，伸手去拿东西等，从而满足好奇心。随着语言能力的发展，婴幼儿能够表达他们的喜好，并可以使用简单的词语来发起、参与和维持社会互动，以了解周遭世界。在 36 个月大的时候，婴幼儿会在互动中提问。他们对一切都很好奇，需要了解世界是如何运作的。婴幼儿也会对同龄人越来越感兴趣，越来越具有好奇心，并进一步拓宽视野（表 5-5）。

表 5-5　婴幼儿好奇心和主动性发展评价指标

月　　龄	发 展 概 述	婴幼儿表现
0～9	通过探索和社会互动来发现世界；对新的事物、人和经历有特殊的兴趣	● 观察环境和人，视线追踪玩具从一个点移动到另一个点。 ● 对他/她表示出兴趣，例如，盯着他/她的手、把脚放进嘴里。 ● 积极探索在环境中发现的新对象，如触摸、拍、咬。 ● 尝试与他人互动，例如，微笑、向照护者伸出手

续表

月　　龄	发展概述	婴幼儿表现
7～18	具有一定的身体控制能力，可以以一种更有目的和更有意义的方式探索和发起互动	● 通过操作和转动物体来展示对新出现的物体的兴趣。 ● 用新的方式使用熟悉的物体，例如，把一个玩具篮子放在头上。 ● 通过爬行或步行走向一项新的活动。 ● 开始显示对物体/材料的偏好，例如，选择要读的书。 ● 让熟悉的成年人参与有意义的互动，例如，指向最喜欢的玩具，拿一本书来读
16～24	对包括同龄人和成年人在内的新的经历和活动变得越来越好奇；开始寻求与他人互动	● 表现出对新活动的兴趣，并愿意尝试新体验。 ● 积极探索新环境，例如，在不熟悉的家庭或教室里走向一个玩具架子。 ● 发起与他人的游戏，如祖父母、兄弟姐妹或老师。 ● 用不同的方法使用材料和物体
21～36	通过参与新奇的体验展示主动性；通过观察、交流和探究理解这些经历	● 观察其他玩耍的孩子。 ● 享受完成简单目标的乐趣，例如，完成谜题、吹泡泡。 ● 与他人互动时间问题，例如，"为什么""什么""如何"。 ● 参与更广泛的体验，如户外运动、艺术活动

2. 坚持与专注性发展评价指标

坚持与专注性发展评价指对婴幼儿所表现出的持续参与体验的能力的评价。婴幼儿利用感官探索和社会互动来了解他们的世界。虽然婴幼儿有能力长时间关注物体或人，但早期经验的累积有助于其坚持与专注性能力的培养。在婴幼儿早期，他们通过简单的观察对周遭的世界产生了最初的兴趣。他们专注于面部、高对比度模式、声音，最终关注于特定的物体。随着年龄的增长，婴幼儿开始运用身体探索环境。他们用手扭转、摇动和移动物体，在重复他们喜欢的动作中找到快乐，例如，摇拨浪鼓或敲玩具鼓，参与到这些体验中可以促进婴幼儿注意力的发展。12个月后，婴幼儿会越来越专注于完成简单的任务。例如，他们可能在很短的一段时间内专注于将对象放入一个桶中，然后将它们倒出来，一遍又一遍地重复整个过程。婴幼儿对目标的完成开始变得执着，他们没有语言或自我调节能力来控制自己的情绪，当他们遇到挑战，或在遇到挫折时，会通过情绪、动作等表现出来。照护者应在这个过程中支持他们，鼓励他们不断尝试，同时帮助他们解决问题。虽然婴幼儿的坚持与专注性能力在增强，但他们仍然很容易分心（表5-6）。

表 5-6 婴幼儿坚持与专注性发展评价指标

月　　龄	发 展 概 述	婴幼儿表现
0～9	观察、探索、参与并与周围的世界互动	• 与照护者建立并保持眼神交流。 • 关注声音、人和物体。 • 一遍又一遍地重复有趣的动作。 • 通过非语言动作表达喜好，如转头、踢脚
7～18	在与人交往、探索物体和完成任务时变得更加执著；虽然他们保持注意力的能力增强了，但仍然很容易被环境中的其他物体和事件分散注意力	• 参与来回互动，比如，和大人玩躲猫猫游戏。 • 一遍又一遍地重复活动，例如，成功地插入所有形状分类器的碎片，把它们倒出来，然后重新开始。 • 开始尝试在协助下进行自主活动，如喂食、梳理毛发。 • 表达偏好，例如，当看到某个东西时，手势指向另一物体，并说"不"
16～24	提高专注于目标导向任务的能力	• 长时间关注活动。 • 在尝试完成任务时投入更长的时间，例如，将拼图拼合在一起。 • 重复他/她喜欢的经历，例如，在读完他/她最喜欢的书后说"更多"。 • 表现出对活动的偏好，例如，与照护者一起阅读、玩沙盘，喜欢与特定照护者坐在一起
21～36	可以花更长的时间来完成任务，坚持完成越来越困难的任务的能力也会提高，可以参加多个活动	• 根据自己的喜好做出选择，有时与成年人的选择相反，如"不喝牛奶，要果汁"。 • 尝试用越来越多的时间去尝试困难的任务。 • 练习一项活动多次，以掌握它，即使出现挫折。 • 对独立完成日常工作表现出兴趣，例如，拉上拉链、穿上鞋子

3. 自信与冒险发展评价指标

自信心和冒险心品质主要指婴幼儿乐于参加新体验，并自信地去参与冒险。婴幼儿从出生就有很强的学习能力，他们会积极通过自己的方式来获得周围人的认可，在初期主要通过一些肢体动作向照护者表达自己的需求，在具备冒险的特征时，会进行一些简单的冒险。随着经验的积累，开始不断地尝试探索自己所处的环境，在身体和情感上开始脱离照护者，自己开始去冒险探索感兴趣的事物，并且从事的事务也逐渐复杂。婴幼儿正是在不断的冒险和尝试下不断增强自信心，越来越乐意掌握新的技能，这份自信使婴幼儿认为自己能够去完成更多的新任务，到 36 个月时，婴幼儿已经有强烈的冒险意图，并且试图独立完成任务（表 5-7）。

表 5-7　婴幼儿自信与冒险发展评价指标

月　　龄	发展概述	婴幼儿表现
0～9	通过与照护者的日常互动，孩子们开始建立自信。这些互动形成了特殊的关系，反过来又为孩子们冒险和尝试新体验建立了"安全基础"	• 哭泣和/或使用肢体语言发出信号，以满足需求，如转移视线、拱背。 • 急切地探索新事物，如尖叫/挤压玩具。 • 使用不同的方法完成一个简单的任务，如伸手、踢、发声。 • 尝试自己掌握新技能，同时"检查"熟悉的成人，例如，朝一个新的事物爬行移动，同时转向看护者寻求安慰，然后爬走
7～18	当孩子们在一种安全的关系中探索他们的环境时，他们开始利用他们正在发展的自信从事简单的冒险行为	• 开始冒很大的险，不顾危险，例如，从沙发上猛冲下来去拿东西。 • 在游戏和互动时变得更加有意识和自信，如抓、推、扔。 • 使用试错法来解决一个问题，例如，尝试不同的角度将一个形状放入形状分类器
16～24	孩子们在具有安全关系的环境中增加他们的信心，并开始从事更复杂的任务和寻求新的局面	• 玩和探索远离依恋的身影；继续"签到"，以获得安慰，例如，在房间的另一边玩，向照护者看一眼，然后重新投入到游戏中。 • 向熟悉的人寻求帮助和安慰。 • 表现出对能力和成就的信心，例如，在完成一个目标（比如，完成一个简单的谜题）时欢呼或鼓掌。 • 在仔细观察后加入一个新的活动
21～36	在照护者的支持下，孩子们利用他们的自信开始承担身体上的风险之外的情感风险	• 尝试独立解决社会冲突，而不是自动向照护者求助，例如，试图取回被同伴拿走的物品。 • 在新任务中表现出解决问题时的渴望和决心，例如，推开照护者的手，拒绝帮助，直到他准备好请求帮助

三、评价婴幼儿认知发展的意义与指导要点

（一）评价婴幼儿认知发展的意义

　　0～3岁时期，婴幼儿的大脑、认知、智力的发展速度是十分惊人的。婴幼儿在0～3岁期间所吸收、学习到的东西多于他们一生中的任何时间段。婴幼儿的认知发展指婴幼儿的智力及其他心理能力的发展，如记忆、推理、解决问题和思考，婴幼儿认知发展评价具体涉及婴幼儿记忆、空间关系、象征性思维、认知品质等。

　　对婴幼儿认知发展的评价有助于了解、发现婴幼儿个体认知发展的特征及水

平，从而进一步明确婴幼儿的认知发展需要。与此同时，通过对婴幼儿记忆、象征性思维、空间关系、认知品质等方面发展的客观评价，有利于对婴幼儿整体的发展状况做出更加准确的评估，并针对不同婴幼儿个体的发展状况、发展水平提供更加有效、更为科学的指导方案。除此之外，认知发展评价有利于及早发现问题儿童、障碍儿童等，从而能够更及时地对此类儿童进行干预和治疗。

（二）促进婴幼儿认知发展的指导要点

1. 促进婴幼儿记忆发展的指导要点

- 0～9个月期间，婴幼儿开始从经历中形成记忆，并对某些事件的模式进行预测。照护者可以从以下方面提供帮助指导：提供有趣的和适合年龄的玩具和物体，以供婴幼儿探索，经常与婴幼儿互动。把玩具藏在毯子下面，等待婴幼儿的反应，与婴幼儿玩躲猫猫类的游戏。
- 7～18个月期间，婴幼儿能够记得熟悉的人、动作、地点和物体。照护者可以从以下方面提供帮助指导：和婴幼儿一起玩，提供各种各样的物品让婴幼儿探索。可以将一日习惯制成图片卡片，这样，婴幼儿就能开始理解他的一天将包括什么。玩一些简单的游戏，比如，在附近藏一个玩具。当婴幼儿请求别人帮忙时，要体贴地回应他，例如："我知道你想玩玩具，吃完饭我就陪你一起玩。"
- 16～24个月期间，婴幼儿能够在熟悉的活动中认识并预测一系列的步骤。照护者可以从以下方面提供帮助指导：与婴幼儿进行有关过去经历的对话。在日常生活中有变化时，及时告诉他，例如："我们今天要去看望外婆，所以中午睡觉的时间要晚一点。"当婴幼儿阅读一个熟悉的故事时，问问他认为接下来会发生什么。
- 21～36个月期间，婴幼儿能够预测经历和活动中的步骤，并理解事件的顺序；也可以记住和回忆过去的事件，并将过去的经验转化为新的经验。照护者可以从以下方面提供帮助指导：听他讲故事，以开放式的方式问问题。在游戏过程中进行时间排序，例如："先戴上帽子，然后去茶会，喝完茶，最后回家。"和他一起阅读一个故事，并问他是否记得在某个地方发生了什么。鼓励婴幼儿围绕他所画的图画编一个故事。

2. 促进婴幼儿思维发展的指导要点

（1）促进婴幼儿心理表征发展的指导要点

- 0～9个月期间，婴幼儿主要通过符号来表现对概念、经验和思想的理解。照护者可以从以下方面提供帮助指导：创造能吸引婴幼儿兴趣的情境，且定期更换探索材料。全天与婴幼儿互动和社交，例如，在换尿布和喂奶的时候与婴幼儿进行有趣的交流。在玩耍时跟随他的引导，为他提供各种颜色、纹理、声音和气味的玩具和体验。

- 7~18个月期间，婴幼儿开始从探索物体过渡到学习如何以想要的方式玩物体；在这个阶段的末尾，婴幼儿开始用一个物体来代表另一个物体。照护者可以从以下方面提供帮助指导：当婴幼儿演示他发现的物体的新用途时，热情地回应，经常和他一起玩，模仿婴幼儿玩耍的过程，例如，把一个模拟的电话放在耳朵旁边，给婴幼儿在周围环境中发现的物体和人命名。

- 16~24个月期间，婴幼儿开始在日常生活中给物体贴上标签时，标志着其象征性思维的开始。此时的婴幼儿能够用更复杂的社会互动参与想象游戏，以理解周围的世界。照护者可以从以下方面提供帮助指导：与婴幼儿玩耍，描述他的游戏，例如，"你要带宝宝去商店散步吗？"纠正他试图表达的含义的词语和句子，例如当婴幼儿指着一张婴儿的照片说"是，宝宝"时。当婴幼儿分享成就时，鼓励和表扬他。

- 21~36个月期间，婴幼儿能够利用象征性的标签和思考能力参与日益复杂的社会互动、探索和游戏，并利用这些技能重新创造经验，解决问题，探索关系和角色。照护者可以从以下方面提供帮助指导：在假想游戏中与婴幼儿互动，并跟随他的思维。在和婴幼儿游戏的时候问一些开放式的问题，以扩展他的思维和语言。持续为婴幼儿描述动作、物体和经历，鼓励婴幼儿以创造性的方式使用物品，例如，当需要使用围裙时，引导婴幼儿用毯子当围裙。

(2) 促进婴幼儿问题解决发展的指导要点

- 0~9个月期间，婴幼儿通过积极的探索和社会互动建立解决问题的基础。照护者可以从以下方面提供帮助指导：及时周到地对婴幼儿想要引起注意的行为做出回应。提供有趣的和适合年龄的玩具和对象，供其探索，经常与婴幼儿进行互动。

- 7~18个月期间，婴幼儿开始发现某些行动可解决遇到的挑战和障碍，认识到让照护者协助应对问题。照护者可以从以下方面提供帮助指导：示范如何用不同的方法做事，并鼓励孩子做同样的事情，例如，用一个塑料桶当鼓。温柔地引导婴幼儿去发现和探索，同时允许婴幼儿有足够独立的机会去尝试新事物,对婴幼儿的各种尝试迅速做出回应。
- 16～24个月期间,通过使用物体和模仿,婴幼儿的问题解决能力增强;扮演更自主的角色,但在大多数情况下,他们会向照护者求助。照护者可以从以下方面提供帮助指导:认可并赞扬婴幼儿为解决问题而做出的努力。在帮助孩子解决问题的同时进行叙述,例如,"让我们试着把拼图这样转一下"。为婴幼儿提供各种解决问题的机会,注意问题难度,同时关注婴幼儿的情绪,尽量减少婴幼儿变得沮丧的可能性,并积极回应婴幼儿的尝试和努力。
- 21～36个月期间,婴幼儿变得越来越自主,会先尝试自己克服障碍,或者在照护者的有限支持下克服障碍。照护者可以从以下方面提供帮助指导:听从婴幼儿的引导,在协助完成任务时注意婴幼儿的暗示,分享婴幼儿的快乐和成功。通过游戏和叙述的方式为婴幼儿提供解决问题的技巧,为婴幼儿提供一段不受打扰的时间,以从事活动,在婴幼儿需要指导的时候给予帮助。

(3) 促进婴幼儿分类和推理能力发展的指导要点
- 0～9个月期间,婴幼儿开始建立意识,并用简单的行动来影响环境中的物体和人。照护者可以从以下方面提供帮助指导:参与婴幼儿发起的社交活动;提供易于操作的有趣玩具,如可以挤压、摇晃、嘎嘎作响的玩具;与婴幼儿玩轮流游戏(如偷看游戏)。
- 7～18个月期间,婴幼儿能够结合特定的动作对人和物体产生影响,并以不同的方式与人和物体互动,观察会发生什么。照护者可以从以下方面提供帮助指导:让婴幼儿探索各种玩具;讲述孩子的游戏——"看你滚球滚得多用力";允许婴幼儿在一定的支持下自由尝试新事物;演示和解释物体和/或人之间的关系。
- 16～24个月期间,婴幼儿能够理解有目的和有选择的行为会如何影响不同的物体和人,开始根据重复动作和经验将物体和想法联系起来。照护者可以从以下方面提供帮助指导:为婴幼儿提供证明因果关系的经验,如在执行特定动作后会发出声音的物体;展示并解释日常互动中物品的用途;讲述日常互动中发现的排序,例如:"首先,我们将托盘装满水,然后,我们将玩具放进去"。
- 21～36个月期间,婴幼儿开始表现出根据共同特征对物体进行分类的能力,并开始将简单概念的知识应用到新的情境中。在这个阶段,婴幼儿对因果关系有了更好的理解，能够预测并选择特定的行动来达到预期的结果，开始运用过去的经验和知识形成自己的想法。照护者可以从以下方面提供帮助指导：提供相同形状和颜色的不同材料和物体，如积木块；与婴幼儿玩简单的配对游戏，适当为婴幼儿提供指导；通过介绍使用熟悉物品的新方法，拓展婴幼儿的游戏；创建一个简单的游戏，让婴幼儿可以尝试按两个或三个属性对对象进行排序；利用故事和日常对话，让婴幼儿预测并记录下接下来会发生什么；利用婴幼儿过去的经历来联系新的经历，例如，用粉笔在人行道上乱写，而不是用蜡笔和纸；在日常互动中讨论和体验因果关系，例如，在戏水玩具中添加食用色素，并向婴幼儿展示发生了什么。

3. 促进婴幼儿认知品质（学习品质）发展的指导要点

（1）促进婴幼儿好奇心与主动性发展的指导要点

- 0～9个月期间，婴幼儿通过和社会互动来探索世界；对新的事物、人和经历有特殊的兴趣。照护者可以从以下方面提供帮助指导：为婴幼儿提供一个丰富的成长环境，创造机会让婴幼儿探索他周围的世界，和婴幼儿谈论正在发生的事情。提供各种感官材料，如包含不同纹理的书籍，可以摇动或嘎嘎作响的玩具。对婴幼儿的互动做出及时、有效的回应。

- 7～18个月期间，婴幼儿具有一定的身体控制能力，可以以一种更有目的和意义的方式探索和发起互动。照护者可以从以下方面提供帮助指导：提供一个让婴幼儿可以选择他想玩的活动或玩具的环境，并提供可以多种方式使用的材料和对象。鼓励婴幼儿做一些有意义的事，如读一本最喜欢的书或听一首最喜欢的歌。

- 16～24个月期间，婴幼儿对包括同龄人和成年人在内的新的经历和活动变得越来越好奇，开始寻求与他人互动。照护者可以从以下方面提供帮助指导：全天为婴幼儿提供不同的游戏和活动选择；鼓励但不强迫婴幼儿参加新的活动，积极与婴幼儿互动；鼓励婴幼儿注意其他孩子在做什么，如"丁丁和琳琳正在用他们的玩具面团做包子"。

- 21～36个月期间，婴幼儿通过参与新奇的活动来展示主动性，通过观察、交流和探究来理解这些经历。照护者可以从以下方面提供帮助指导：鼓励婴幼儿尝试新事物或承担合理的风险；对婴幼儿的情绪保持敏感，并在需要时提供支持；与婴幼儿进行对话和交流，清楚、诚实地回答他们的问题；通过介绍书籍和其他活动来培养婴幼儿的兴趣。

（2）促进婴幼儿坚持与专注性发展的指导要点
- 0~9个月期间，婴幼儿观察、探索、参与，并与周围的世界互动。照护者可以从以下方面提供帮助指导：经常和婴幼儿一起玩，在不过度刺激婴幼儿的情况下，给婴幼儿提供恰当的玩具，对婴幼儿的沟通努力给予充分的认可和回应。
- 7~18个月期间，婴幼儿更加乐意同他人交流，探索新活动，发现并解决问题；和前期相比，在此阶段，婴幼儿的注意持续时间延长，但注意的广度仍未发展，容易受到其他事物的干扰。照护者可以从以下方面提供帮助指导：分享婴幼儿的成就，在完成任务的过程中鼓励婴幼儿；每天和婴幼儿一起做游戏，在参与游戏时跟随婴幼儿的脚步；当婴幼儿表现出自己的兴趣时，允许婴幼儿进行自主的活动，并提供帮助；及时回应婴幼儿表现出的倾向，如"我知道你现在想看书，但是我们应该先吃饭"。
- 16~24个月期间，婴幼儿专注于目标导向任务的能力得到提高。照护者可以从以下方面提供帮助指导：为婴幼儿提供有不同操作方法的物体，让婴幼儿能够独立探索，如拼图、积木等；真诚地表达对婴幼儿成功的喜悦，如果婴幼儿在玩耍时感到沮丧，要给予及时的支持和指导，如果婴幼儿需要帮助，则需及时回应，了解婴幼儿最喜欢的活动，并提供会让婴幼儿感兴趣的玩具和材料。
- 21~36个月期间，婴幼儿可以花更长的时间来完成任务，在坚持完成越来越困难的任务的同时，婴幼儿的能力也会提高，使其逐渐可以参加多个活动。照护者可以从以下方面提供帮助指导：给婴幼儿自由选择一天中独立活动时间的权利，即在这个独立活动时间内，成人不能打扰婴幼儿的活动；通过增加互动频率拓宽婴幼儿注意的广度；在考虑每个婴幼儿不同能力的基础上，努力给予婴幼儿适当的支持，辅助婴幼儿解决复杂的问题；让婴幼儿承担一些责任，做一些力所能及的事情，如在吃零食的时候把杯子拿出来，或者为同伴扶门。

（3）促进婴幼儿自信和冒险发展的指导要点
- 0~9个月期间，婴幼儿开始与照护者进行互动，发出一些信号来满足自己的需求，开始尝试和体验冒险。照护者可以从以下几个方面进行指导：给予婴幼儿足够的关心和照顾，让婴幼儿体会到爱的环境，从而提升自信；给婴幼儿提供适合这个年龄段玩的玩具和游戏；当婴幼儿从事一项新的活动时，使用非语言和语言线索来给予婴幼儿鼓励和支持，如微笑、点头、鼓掌等。
- 7～18个月期间，婴幼儿开始以自信为基础进行简单的冒险行为，在游戏活动中会变得更加自信。照护者可以从以下方面进行指导：为婴幼儿提供一个有趣和安全的探索环境，保持警惕并在需要时进行干预，以确保婴幼儿的安全；及时认识到婴幼儿需要时间来适应新的技能，例如，婴幼儿可能会突然被自身的能力扩展吓到，鼓励婴幼儿尝试新的技能。
- 16～24个月期间，婴幼儿开始从事更加复杂的冒险任务，在安全的环境当中，自信不断地增强。照护者可以从以下方面提供指导：在婴幼儿玩耍时，与婴幼儿在一起，使用安抚性的线索来鼓励孩子探索，如微笑、点头和鼓掌；提供具有挑战性但不会使婴幼儿产生挫败感的材料和活动，如大方块、简单的谜题；及时感知婴幼儿的情绪，要认识到婴幼儿可能需要一些时间来进行新的体验，让婴幼儿观察，直到他准备好参与新的体验。
- 21～36个月期间，婴幼儿在照护者的支持下，以自身的自信为基础开始承担身体风险以外的情感风险，照护者可以从以下方面提供指导：确认婴幼儿的情绪，如"我看到你的玩具被拿走了，你很难过"；在日常的互动中树立体贴和礼貌的行为榜样；为婴幼儿提供独立解决问题的机会，只有当婴幼儿表现出沮丧和/或寻求帮助时才进行干预。

第六章

婴幼儿言语发展和评价

言语属于心理现象，指人运用音节、词等语言材料，根据语言规则，进行思想、情感交流的心理过程。本章聚焦婴幼儿语言发展领域的发展与评价，在第一节主要介绍婴幼儿言语发展特征，包括言语发展的理论、前言语阶段的语音觉知、发音准备及早期交流技巧等发展及言语阶段语义的发展特点和语用能力发展。第二节则主要介绍了婴幼儿言语发展评价指标的范畴和评价意义，具体包括婴幼儿社会性交流语言、接受性交流语言和表达性交流语言等方面。

第一节　婴幼儿言语发展特征

一、言语发展基本理论

婴幼儿在出生后的数个月内就可以张嘴说话，在仅仅数年的时间里就掌握了基本的口语能力，这一直是多个时代以来有关学者所探讨研究的热门话题。不同的语言习得学说对早期言语发展的各个方面和特点有着不同的理论阐述，这些差异也极大地影响了婴幼儿口语研究的方式与结果。

（一）模仿说

模仿说也称社会学习理论，是以榜样模仿来解释婴幼儿语言获得及其发展的机制。模仿指个体自觉或不自觉地重复他人行为的过程，婴幼儿学习语言的途径大多是对社会语言模式的观察和模仿，社会语言模式对婴幼儿在无强化条件下的语言学习起着重要作用。如果没有对这种社会语言模式的学习，婴幼儿将难以习得词汇和语法。

模仿说包括传统的机械性模仿说和选择性模仿说。早期行为主义学者秉持机械性模仿说的结论，美国心理学家奥尔波特（Allport，1924）最早提出后天环境学习是婴幼儿习得并维持基本语言习惯的主要因素，这种学习是一系列"刺激—反应"（stimulus-response，S-R）的结果。这个观点在20世纪20—50年代十分流行。但有学者（Chomsky，1959）公开批判早期行为主义的语言观，并提出婴幼儿是以主动、创造的方式与特点来学习语言的观点之后，就陆续有学者批驳传统模仿说的语言观。例如，有学者提出，婴幼儿并不模仿与其现有的语法结构水平相差较大的语言，也能说出之前从未听过的语言范式或是不符合大众认可的语法结构的新句子。总之，传统的机械性模仿说忽视了婴幼儿语言模仿的选择性、婴幼儿语言的创造性和主动性，这一观点失之偏颇。

基于对传统的机械性模仿说的批驳，有学者（Whitehurst，1975；Vasta，1975）提出了"选择性模仿"的概念。虽然选择性模仿说不赞成传统的机械性模仿说提出的语言学习观，但选择性模仿说没有从根本上否定模仿在婴幼儿语言学习过程中的重要性。持有选择性模仿说观点的学者认为，婴幼儿是在有选择、有创造性地主动模仿成人的语言，而非机械地模仿。婴幼儿在模仿成人语言的过程中会习得普遍基本的语言框架，并能随着年龄增长，将适合语境的新词填充到这个语言框架当中，或是把已有的语言框架重新组合成新框架。例如，"红红的××"可以说成"红红的苹果"（郭庆，2021）。与传统的机械模仿说相比，选择性模仿说提出了两个新观点。第一，在婴幼儿时期，个体在语言学习方面主要扮演的是语言模仿者的角色，其模仿形式和模仿时间并不固定。在语言形式上，婴幼儿可以在同一时间模仿多个成人说出的不同的语言范式；在时间上，婴幼儿对成人语言的模仿具有延时性，即婴幼儿并不一定立刻模仿成人说出的某个句子，可能在一段时间过后，婴幼儿能突然说出不久前成人说过的某个语句。第二，刻意的训练和强化不是婴幼儿在语言学习中出现选择性模仿行为的重要条件，婴幼儿出现这种行为的必要条件是要有能接触到真实语言环境的机会。

但模仿说也存在不足之处。首先，它无法明确婴幼儿语言短时间内迅速发展的原因。众所周知，学习语言要经历一系列复杂的过程，而"复杂"则意味着需要付出大量时间。但婴幼儿却能在短短一年，甚至是数月内迅速掌握大部分语言技巧，这一现象似乎与常理相悖，无论是传统的机械性模仿说，还是选择性模仿说，都无法明确解释其中的因果关系。因为模仿说认为婴幼儿的语言完全是通过模仿习得的，那么就需要婴幼儿在开口说话之前能够自觉或不自觉地记忆曾经听过的词汇、语句，这不符合婴幼儿发展实际。由此可见，婴幼儿并非完全通过模仿来掌握词汇、语句。其次，婴幼儿在成长过程中会以滚雪球的方式积累语言经验，而当这些语言经验积累到一定程度后，其对他人语言的模仿行为频率会逐渐降低，自创句子出现率则会越来越高。最后，只有成人说出的词语与婴幼儿大脑和语言器官的成熟及认知发展水平相应，才能被婴幼儿模仿（许政援和郭小朝，1992）。

（二）强化说

强化说是行为主义学派提出的观点，学者斯金纳（Skinner，1948）丰富发展了强化说的内涵，使其成为风靡一时的理论。强化说提出的语言观是对前人关于婴幼儿语言学习观点的完善，具有十分重要的意义。这一理论用操作性条件反射（instrumental learning）和强化（reinforcement）来解释个体的语言习得。斯金纳在分析个体语言行为过程中提出了语言功能（linguistic function）和语言形式（linguistic form）两个概念。在对语言行为的分析中，功能和形式是相辅相成的，就像分析任何行为一样。在所有的行为关系中，无论是非语言关系还是语言关系，功能和形式都互相需要（Vargas，2013）。他认为，要预测复杂有机体的行为，既要涉及有机体外部存在的刺激和信息，还要结合有机体的内部结构以及它处理输入和输出信息的方式进行综合考虑。在没有神经生理学证据的情况下，有关有机体复杂行为的推论显然是基于对其行为和外部事件的观察，这将对个体的语言行为或任何其他行为的研究产生重要影响（Chomsky，1959）。

斯金纳提出，语言的学习是 S-R 的连锁和结合，即个体在做出某种行为之后，会受到环境或教育的强化作用，从而促进语言能力的发展。所有语言行为都是某个或某些特殊事件影响之后的结果。环境是个体语言发展中的一个重要因素，如果旧的语言环境发生变化，那么已有的语言形式也会跟着改变，并会出现适应新环境的语言形式。也正是语言环境的不断变化解释了人类语言形式的多样性（Vargas，2013）。婴幼儿要学会说话，就必须了解适合每种语言反应的情境，使个体的语言行为受到环境的控制。强化在 S-R 联结中起到关键作用，斯金纳认为，强化是婴幼儿学习语言和语言反应继续发生的必要条件，对语言行为的形成和巩固至关重要。"环境的控制"也属于婴幼儿语言学习的一种强化，这种强化能使得婴幼儿的语言逐渐变得得体、有效。斯金纳特别强调，在强化理论中，个体语言的学习是一种选择性强化，即强化符合当下语法规则的语言反应，对不符合当下普遍认可的语法规则的语言反应则不给予强化。

斯金纳进一步提出了"强化依随"（strengthen the compliance）的概念，并利用这个概念解释各种行为（包括语言行为）的形成。"强化依随"指行为依随于外部强化而变化，可分为必然性依随与人为性依随。必然性依随指强化是某一反应的必然结果。人为性依随指强化是由他人控制的结果。个体所体验到的强化依随大部分都是人为性依随，成人大都是通过人为性依随来影响婴幼儿对行为的学习，其中也包括语言行为。强化依随作用在个体语言习得中扮演着重要角色，婴幼儿能够学会说话的实质是对外界各类环境（包括自然环境和社会环境）中的新奇刺激（包括语言刺激和非语言刺激）的反应。由于婴幼儿拥有的经验刺激较少，因此，他们很容易对新刺激产生兴趣，并积极地对新刺激做出语言反应，从而提高他们的发声兴趣。当然，婴幼儿做出的语言反应并不全都符合当下中文语言体系中的用语规则。因此，在得到外界正向肯定后，符合用语规则的语言反应将会继续保持，而不符合用语规则的语言反应由于得不到正向回应，出现频率会逐渐降低，直至消失。例如，婴幼儿在牙牙学语阶段会发出各种咿咿呀呀的无目的语音，一旦其中某些声音接近成人谈话的声音时，成人就会做出积极反应，给予强化，这些声音在婴幼儿日后发声中便会占据优势。

强化依随主要有两个特点。首先，在强化依随程序中，个体最初受到强化的是某个偶然发生的、无目的的行为或者动作，如婴幼儿发出"妈妈"的声音，就会得到照护者的回应、抚摸等，这让婴幼儿感到舒适和安全。因此，当婴幼儿有需求时，会继续发出"妈妈"的声音，想让自己的各种需求得到解决。其次，强化依随是一种渐进式强化（progressive reinforcement），即强化依随效应是由浅入深、逐步发挥作用的。如果想让婴幼儿学会某个句式，则并不需要等他能完整说出整个句子后才给予强化；当婴幼儿能说出某个接近或者相似的句子时，就可以进行强化，之后再对更接近的句子进行强化。在这样一次次循序渐进的强化中，婴幼儿最终能够准确学会这个完整的句子。

从 20 世纪 60 年代起，强化说越来越受到研究者的批判。强化说理论虽然力图归纳出幼儿语言获得的过程，但这个理论仍然存在缺陷：第一，斯金纳在对人脑语言机制进行研究时提出，语言也是一种行为，这种行为与老鼠在条件反射下拨动实验棒的行为如出一辙（罗立胜和刘延，2004）。因此，强化说提出的许多概念来自对动物的研究，这些概念不能完全推广到人类语言行为当中。第二，强化说只能说明强化会加速学习，但不能证明新的语言形式是通过强化习得的，且婴幼儿语言发展的速度惊人，仅仅通过强化理论无法解释婴幼儿在短时间内语言能力迅速发展的原因。第三，强化无法让婴幼儿明确区分出自己所说出的语言是否符合大众认可的语法规范，即使婴幼儿所说的语言语法不正确，也可以通过强化习得，这无法解释婴幼儿语言最终向成人语言转化的原因。总之，强化说过分强调外在因素对语言发展的影响，忽视了婴幼儿自身在学习语言和语言活动当中的主体性地位。

（三）转换生成说

乔姆斯基（Chomsky）是结构主义方法论的支持者。他在研究中发现，在传统的语法理论中，词语的分配和替换过程存在局限，因此，20 世纪 50 年代后期，在《句法结构》一书中，乔姆斯基提出转换生成说（transformation-generative grammar），意图弥补传统语法理论的不足，这一全新的语言发展理论也被称为"先天语言能力理论"（innate energy theory）。在这本书中，乔姆斯基对当时大多数学者认可的斯金纳语言行为中的结构主义和行为主义心理学观点进行了深刻批判。

首先是对于结构主义语言学（structural linguistics）的批判。在婴幼儿语言习得问题上，结构主义赞同英国哲学家的"白板说"。"白板说"认为个体心灵的原始状态是一块白板，个体想要获得知识经验就必须向外界学习。也正因为婴幼儿的原始状态是一块白板,所以,照护者可以按照自己的想法将婴幼儿塑造成自己想要的模样。由此,结构主义者认为,婴幼儿学习语言主要通过对外界语言的模仿和记忆,最终使语言成为一种习惯。但乔姆斯基并不赞同,他提出了两个理由来反驳结构主义的观点:第一,动物通过反复训练后并不能学会人类的语言;第二,供婴幼儿模仿的句子数量是有限的,但婴幼儿却能说出之前从未听过的许多句子。在语言研究目的上,结构主义者提出语言研究的目的是从外层角度规整分类人类社会现存的语言现象。乔姆斯基对这个目的提出了质疑,他认为语言研究不应该立足于外层,而应致力于探索内在的语言能力。

其次,乔姆斯基反驳了行为主义心理学,提出人类的语言机制不同于动物的语言机制,语言结构能够反映出个体的内在思维,并由个体的内在思维所决定。这一观点是对行为主义心理学和经验主义心理学的驳斥,一度震惊美国语言学和心理学界,从此使得语言学成为心理学研究的一个分支,对世界语言学、心理学说的发展产生了广泛影响。

根据乔姆斯基的观点,人类基本的语法关系(grammatical relation)和句法结构(syntactic structure)储存在各自的大脑中,婴幼儿一出生就能掌握基本的语法关系和句法结构,且这一现象是普遍存在的。这就是他提出的"天赋假说",即假设人脑中有一种先天的语言获得机制(language acquisition device,LAD),这个机制是人类语言的普遍语法和对语言材料进行操作的程序的总和。正是这种"语言学习机器"给婴幼儿提供了适合他们学习语言的条件和信息。婴幼儿生来就有特殊的天赋,这种天赋不仅仅在于婴幼儿有学习语言的普遍倾向和潜质,还在于婴幼儿在出生时就能感受到世界的本质,并能具体地感知语言的本质。基于"天赋假说",他进一步提出婴幼儿天生所具有的语言能力是普遍的,而非针对某种特定的语言。从这个观点我们可以推测出,如果婴幼儿具有学习任意语言的倾向,那么世界上各种不同的语言背后也许存在相同或相似的语法规则,这就是乔姆斯基所说的语言共性(linguistic universals)。

乔姆斯基的生成语法理论能够很好地解释差异巨大的语言体系中存在的语言共性现象。生成语法是个体在利用语言表达的时候自发分配语法结构的规则系统。无论是从学习者,还是从语言系统的角度来说,这种规则系统都是普遍存在的,即任何一个婴幼儿都能够学习并掌握生成语法,且生成语法存在于各个国家的任一语言中。这体现了不同语言中特有的语法和共性语法能够和谐统一,也照应了语言共性。生成语法的目的在于阐明表达者掌握了哪些知识或信息,而并非关注表达者所述的具体内容(Chomsky,1965)。

基于生成语法理论，乔姆斯基得出了婴幼儿语言学习的规律和过程：每个个体生来就拥有语言能力，这种能力来源且存在于个体内部的语言学习机制，即 LAD。LAD 属于一种特殊的心智能力，它规定了人类不同语言中的共性语法。个体学习语言的程序与个体生理发育的过程是平行共进的，而个体后天获得的语言经验对其语言能力的发展仅仅起到诱饵和补充的作用。婴幼儿学习语言规则系统的顺序是先提出语言规则的假设，然后将输入的语言和假设做比较，接着评估和选择彼此相符的假设，摒弃与材料不符的假设，最终逐渐形成语言规则系统。

20世纪60年代，转换生成说风靡一时，该理论不仅波及语言学界，还涉及哲学、心理学界等，改变了认为婴幼儿学习语言是被动的传统观点，强调婴幼儿的内在因素在语言学习当中的重要作用。同时还为社会步入信息时代提供了值得借鉴的思路。但转换生成说只重视个体学习语言的主动性和内在因素，完全忽视了语言环境、语言经验及他人语言的影响，因此，到20世纪70年代，受到许多研究者的批判。

（四）认知发展说

语言的认知发展说的代表人物为皮亚杰和维果斯基。两位学者从不同角度详细论述了语言和认知发展的关系及互相作用，补充、完善了已有的语言学说内容，是人类语言发展研究中里程碑式的理论。与其他语言发展学说相比，认知发展说能更完整、更全面地解释幼儿的语言习得现象。通过认知发展说，我们能够了解儿童语言习得遵循的认知发展规律，即语言发展各个方面都呈现出从具体到抽象、由简单到复杂的发展规律。

1. 皮亚杰

皮亚杰提出个体认知发展的阶段性特点，并将其划分为四个阶段，即感知运动阶段、前运算阶段、具体运算阶段、形式运算阶段。儿童的发展阶段是循序渐进的，每一阶段都是后一阶段发展的基础。但由于个体差异的影响，同年龄儿童的发展阶段并不一定相同，这也能解释为何处于同一阶段的幼儿语言发展水平存在差异。皮亚杰以认知结构的视角作为切入点，通过研究个体认知结构的发展顺序、特点，推出个体语言发展的规律。感知运动阶段（出生至2岁）的婴幼儿主要通过自身感知觉来获得动作经验，通过这些动作经验获得对世界的初步认知，此时的婴幼儿还无法准确地用概念给事物命名。语言是符号功能的一种，大约在感知运动阶段后期产生。个体的认知结构是语言能力发展的基础，语言结构会随着认知结构的发展而发展。处于前运算阶段（2~7岁）的儿童会频繁地借助表象符号（语言符号与象征符号）来代替外界事物（李卓，2007）。2～3岁的婴幼儿能够用简短的词语或句子给概念或者事物命名，但是对于词语的理解并不完整，无法很好地掌握概念的普遍性。

皮亚杰认为，婴幼儿产生语言的认知前提条件是掌握语言的符号功能，语言同延迟性模仿（delayed imitation）、象征性游戏（symbolic play）、心理表象（mental representation）等符号功能相同，都出现在感知运动阶段后期。婴幼儿刚开始用语言发声时，会将某个事物的"名称"当作它不可分割的部分。随后，婴幼儿语言知觉能力不断发展，婴幼儿能够用语词呈现并非即时发生在眼前的事物，并能够将作为符号的语词和具体事物区分，这个时候就产生了语言。语言表征能力（verbal representation）是婴幼儿时期语言发展的结果，掌握语言表征能力使婴幼儿自如使用词语进行描述、交流成为可能，同时也对婴幼儿心理上其他方面的发展产生积极影响。婴幼儿的各类语言，无论是无声语言，还是有声语言，都在一定程度上映射出其思维的发展和思考的内容。而婴幼儿头脑中所掌握的知识和内容则来自感知经验，即通过各种感官与外界互动得来的经验、信息。

以皮亚杰为代表的认知发展学派认为，人类语言是在主体与客体的相互作用过程中产生的，是先天遗传和后天环境相互作用的结果。个体的语言学习不是被动地学习，而是主动地探索学习。皮亚杰所指的被动学习意味着受到强化后对外界刺激做出机械反应，主动地探索学习则指个体主动与外界互动，并获得语言经验。在主客体相互作用的过程中，个体的适应能力扮演着重要角色，也正是个体的适应能力促成了婴幼儿语言能力的发展。皮亚杰认为，在婴幼儿阶段，个体掌握的知识和信息来自自身做出的各种动作。婴幼儿的学习主要通过与周围环境互动达到一种"适应"的状态，婴幼儿正是在这种互动中逐步积累语言经验，推动自身语言能力的发展。

2. 维果斯基

20世纪30年代初，维果斯基深入研究并分析了婴幼儿语言发展的特点，并对婴幼儿语言的产生和发展做出了全新的论述（Vygotsky，1986）。大部分学者倾向于把语言看成人类的一种能力，认为语言能力随着人类生理的发展而发展（潘绍典，2000）。但维果斯基提出，语言能力本质上是一种社会产物，它是在人类进行交际活动的过程中形成的。他进一步在语言问题上提出了以下观点。

首先，在一定历史条件下，人类共同活动是个体语言发展的基础。婴幼儿各项生理机制未发育成熟，对照护者的依赖性极高，能与照护者之间进行最早的社会互动。维果斯基在观察婴幼儿的社会互动后发现：如果有婴幼儿发出咿咿呀呀的叫声，周围相似年龄的婴幼儿听见后也可能会发出咿咿呀呀的声音；婴幼儿在发出叫声的时候，如果有陌生人靠近，那么婴幼儿就不会继续喊叫；到出生后2～3个月，婴幼儿会出现社会性微笑，此时，婴幼儿利用声音进行定位的能力得到了极大提高，当听见有人在谈话时，婴幼儿能主动将头和肢体朝向谈话者；3个月大的婴幼儿能用声音和微笑欢迎走近他的人，这表明婴幼儿已表现出与他人交往的意愿。正是由于婴幼儿与照护者生活在共同的环境中，因此婴幼儿与照护者的社会互动是其语言发展的最早的阶段。

其次，个体语言的产生并非某天突然发生的，而要经历一个相当漫长的积累过程。婴幼儿语言的发展要经历不同的阶段，前一阶段是后一阶段的基础，在每个阶段中，语言能力的发展是逐渐递进的。当婴幼儿有社会性交往需要却又无法用清晰的语言表达时，他们会创造出一些"语言替代品"（如手势、表情等），这些替代品在语言学当中被称为副语言（paralanguage）。通过这些替代品来进行社会性交往，这是婴幼儿语言发展的第一个准备阶段。第二个语言发展准备阶段是从幼儿1岁末开始到2岁的自主语言时期，1岁末到2岁的婴幼儿已经收获了大量的语言经验，他们有能力利用这些语言经验自己创造句子。婴幼儿在积累语言的过程中不断汇总新的语言经验，因此，他们对成人语言中的语调、语音、语词、语句的含义已经能够做出自己的理解，当然，这些理解并不完全符合标准的语言逻辑。

最后，维果斯基还研究了思维和语言的关系。维果斯基提出，个体的智力发展是语言能力发展的必要条件，语言发展离不开智力的发育。同时，个体的语言发展又能反作用于思维能力，语言能力越好，其思维水平也越高。正如他在著作当中所说："个体的语言能力是思维能力发展的垫脚石。"而语言能力若是发展较慢，那么个体的思维能力也会受到影响。在婴幼儿早期，语言能力和思维能力是以平行线的方式各自发育的；3岁左右婴幼儿的语言发展和思维发展基线会出现重合，即语言和思维交叉发展。

二、前言语阶段

言语属于心理现象，指人运用语言材料（language materials）和语言规则（language rules）进行思想、情感交流的心理过程。言语能力的发展不是一蹴而就的，需要在不断积累语言经验的基础上循序渐进地发展。婴幼儿在完整掌握适用的语法规则和语词之前，必须经历一段时间的准备期，这个时期也称为"前言语阶段（pre-linguistic stage）"。在前言语阶段，婴幼儿的言语知觉能力、发音能力和语言的交流能力逐渐发展，出现了咿呀学语（babble）、非语言性声音（nonverbal sounds）与姿态交流（gesture communication）等现象。咿呀学语即婴幼儿发出类似模仿成人某些语词的音节声；非语言性声音即婴幼儿的哭、喊、叫等声音，这些声音并不具有特殊的语言意义；姿态交流即前言语阶段的婴幼儿已经能够利用简单的姿势或者手势来与照护者进行交流（图6-1）。

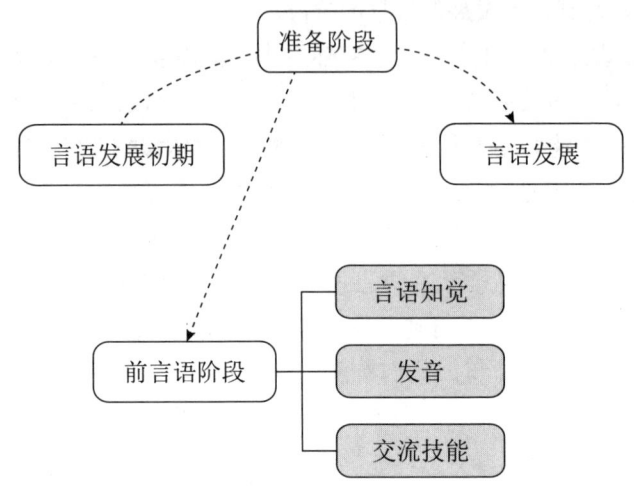

图 6-1 婴幼儿前言语阶段的语言发展框架

（一）言语知觉能力的发生

言语感知是大脑对经由听觉器官传导而来的声波进行识别的过程。听者由感知系统接受刺激后，先进行初步的分析，再找出声音的音位学特性，进行编码、整合，完成识别的过程（彭聃龄，1991）。婴幼儿在出生前就能注意来自外界的语言模式和音调（Morris，2013），当怀孕的母亲播放胎教音乐时，能够感觉到肚子里的宝宝在活动，这一现象就是婴幼儿在母体内就能进行语音感知的证明。婴幼儿出生后，再次播放他们在母体内听过的音乐或声音，婴幼儿会对这些熟悉的声音刺激给予反应，这也表明未出生的婴幼儿就能进行语音感知。研究表明：刚出生的婴幼儿对母语存在感知偏好，即能区分母语和其他语言发音中的细微差别；6～12个月的婴幼儿对语音的普遍感知能力逐渐演变为对母语的特异性感知。这意味着此时，婴幼儿区分非母语语音的能力逐渐下降，而对母语语音的感知能力不断提高（宋新燕和孟祥芝，2012）。

语音范畴性知觉在婴幼儿前言语发展期具有重要作用。语音范畴性知觉的发展是个体语音感知能力发展中的一个重要方面。语音范畴性知觉指语音刺激被知觉为数量有限的范畴，个体对同一范畴内的差异难以区分，对不同范畴内的差异则感受明显（席洁等，2009）。有学者采用"高振幅吸范式"对婴幼儿语音范畴性知觉进行了实验（Eimas et al.，1971）（见图6-2）。实验目的为比较两种情况下婴幼儿对发声起始时间（voice onset time，VOT）固定差值分离的两种合成语音的辨别能力。一种情况是两种刺激位于成人音位边界的相反两侧；另一种情况是两种刺激来自同一音位范畴。该实验的对象是1~4个月大的婴幼儿，每个年龄段选择8人，被随机分配到两种情况下，选择10人被分配到对照组中。实验是在一个声音衰减的房间里进行的。婴幼儿躺在躺椅上，并且由一个弹性手臂握着婴幼儿嘴里含着的安抚奶嘴。压力传感器会逐渐给奶嘴内部加压，然后把信号发送到电脑中。

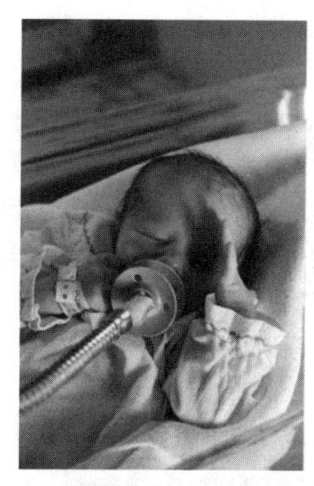

图6-2 高振幅吸范式实验中的婴幼儿

"鉴于有强有力的证据表明，声音差异具有普遍的、可能是由生物学决定的产生模式，我们应该假设，可能存在一种互补知觉的过程。"（Eimas et al.，1971）。当婴幼儿感知到两种刺激之间的差异时，他们通常会在刺激改变后的几分钟内对这种新鲜感做出反应，如增加吮吸的次数。当刺激来自不同的成人音位类别时，婴幼儿注意到更多的语音差异。当刺激来自同一音位类别时，较小的婴幼儿和较大的婴幼儿对新鲜刺激的反应略有不同。实验得出了以下结论：婴幼儿会以一种范畴性知觉的方式区分语音中的停顿、元音和辅音。由于婴幼儿本身缺乏语言经验，因此，这种语言的范畴性知觉模式可能是天生的。艾玛斯等人的实验研究进一步表明，婴幼儿能够识别所有的语音区分特征，但这种区分是基于声音的物理性特征差异做出的，而不是有组织的声音归类（即语音范畴性知觉）。6个月大的婴幼儿已经开始形成语音范畴性知觉的概念，但和成人的语音范畴性知觉存在明显差异。

在言语发展中，婴幼儿的语音感知能力率先发展，为语音发音能力的成熟奠定基础。婴幼儿要先通过听觉器官接受外界的声音刺激，并在这个过程中不断积累新的语音刺激，为日后的发音做好准备。

（二）发音能力

婴幼儿出生后不久，他们就能发出多种类型的声音，如咕咦等各种语音，这种发音练习在他们日后的语言习得中发挥着重要的积极作用（Oller and Eilers, 1988）。1岁前，婴幼儿会练习各种不同的辅音和元音发音（Hoff, 2014）；到他们过完第一个生日，他们学会用声音指向具体的物体和人类实体（Goldstein and Schwade, 2010）。语音是个体口头语言的物质载体，是由发声器官发出的能够表达一定语言意义的声音。语音发展（phonological development）是个体语言能力发展的重要组成部分，它的发展对研究婴幼儿语言发展具有重要价值，前言语阶段的语音发展包括语音感知能力的发展和语音发音能力的发展。国内外许多学者对婴幼儿的发音发展进行了研究，以下介绍部分学者的研究结果和提出相应的发展阶段的学说。

1. 三阶段论

我国学者张俊仁和朱曼殊根据婴幼儿的发音特点，将婴幼儿语音发展划分为以下三个阶段。

- 第一阶段（0～4个月）：出生后两个月，婴幼儿发出的音大多为单音节的元音。2～4个月的婴幼儿所发出的音仍然以单音节为主，但能够发出更多的辅音，并能将元音和辅音结合起来发音。4个月左右的婴幼儿已经能够发出少量的双音节音。此阶段，婴幼儿语音发展的特点为以单音节的元音为主，后期会发出辅音、元音合并的音。发出的音中只有极少数的双音节，且此时的音还没有任何符号意义。

- 第二阶段（4～10个月）：此阶段的婴幼儿发出的元音、辅音结合元音、双音节音的数量大大增多，同时还学会模仿外界的声音，有与外界交往的意向。这表现在此时的婴幼儿会对着镜子咿咿呀呀地"说话"，即咿呀学语时期。

- 第三阶段（10～13个月）：此时的婴幼儿能够更加准确地模仿成人的声音，例如，成人说"叫妈妈"，婴幼儿就能够发出"ma-ma"的声音。而且此时婴幼儿的发音具有符号意义，婴幼儿已经能够将不同的音和现实世界中的物品或个人对应起来。

吴天敏、许政源等研究借助录音和文字记录的手段对5名婴幼儿进行纵向研究，提出了前言语时期婴幼儿语音发展的三个时期。

- 简单发音期（0～3个月）：婴幼儿一出生就能张嘴发出哭声，哭声是婴幼儿日后学习说话的前提和基础。这个阶段的发音是一种本能行为，没有任何符号意义，天生失聪的婴幼儿也能发出这些声音。出生后一个月内，婴幼儿的哭声中会伴随着"ei""ou"的语音。出生两个月的婴幼儿已经能够发出"ma-ma"的声音。总的来说，此阶段婴幼儿的基本韵母的发音较早，声母发音暂未成熟。

- 重复音节期（4～8个月）：此阶段的发音已经成为婴幼儿和成人进行浅层社会性交流的工具。此时，在婴幼儿发出的音节中，基本韵母的音节数量持续增加，且声母也渐渐出现在所发出的音节当中。此阶段的婴幼儿喜欢连续重复同一音节，如"ba-ba-ba""da-da-da"等，此时的连续音节主要是相同音节的重复发声。因为婴幼儿的发音增多，且其中有些音节与词音很相似，因此婴幼儿能够发出近似词音，如"ma-ma"。这个特点给成人将词语和物品或个人联系起来的机会，当成人说"灯"时，有些6个月大的婴幼儿就会转头看向电灯。

- 学话萌芽期（9～12个月）：这一阶段，婴幼儿所发出的音中明显增加了不同音节的连续发音，音调也开始多样化，听起来仿佛是在说话。当然，这些"话"仍然是没有意义的，但为婴幼儿进一步学习说话做了发音上的准备。此阶段，婴幼儿的近似词的发音也增多了，且进入了模仿发音的阶段。同时，在成人的有意引导下，婴幼儿已经可以将一定的"音"与特定的物品或个人联系起来，即为某些"音"赋予意义。如成人问："灯灯在哪儿？"婴幼儿能够用手指向特定的电灯。但此时的联系是很局限的，不具有概括性，婴幼儿在指电灯的时候只会指向特定的电灯，而不会看向其他电灯。同样，此时的婴幼儿也能够用一定的声音表达一定的意思，例如，当东西掉到地上时，婴幼儿会发出"ei"这样表示惊讶的声音。虽然此时的声音对近1岁的婴幼儿来说已经起到了初步的交际作用，但还只是有限的具体联系，婴幼儿并未真正掌握词，可以说是处在掌握词和用语言进行交际的萌芽阶段。

2. 四阶段论

学者金颖若和盘晓愚采用随讲随记的方式记录了一名女婴从39日龄到13月龄的语音发展情况，并据此划分阶段，归纳特点。

- 第一阶段（39日龄～2月龄）：此阶段，婴幼儿的发音器官暂未发育成熟，因此，发音时表现得很吃力，发出的语音声音较小，持续时间短。此时，发音多以单元音为主，同时会出现某些"标志音"，即发音频率较高的语段。发音的声调多为平调，其次是降调。

- 第二阶段（2月龄~4月龄）：此阶段的婴幼儿发音更加"轻松"，能在各种姿态和情绪下顺利发音，且发音时间比上个阶段延长，音节、音段的种类更加丰富。当成人与此阶段的婴幼儿对话时，婴幼儿能够咿咿呀呀地进行回应。此时的声调也是以平调为主，其次是降调，同时还出现了升降调，但降升调和升调不常见。

- 第三阶段（4月龄~10月龄）：此阶段的婴幼儿"说话"频率明显提高，一整天都喜欢咿咿呀呀地自言自语。但在一天之内说出的语音种类并不丰富，同一语段内，重复音节的数量较多。

- 第四阶段（10月龄~13月龄）：处于发音的"停滞期"，虽然此时的多音节语段中会出现新的不同音节的组合，但所发出的语音种类并没有明显增多。

3. 相互平行的阶段

- 发音准备期。发音准备期又可以划分为三个小阶段：第一阶段，简单发音阶段（1~3个月），此时的婴幼儿发音是一种本能，并没有实际意义，发出的音多为解决本能需求的哭闹声，此时，婴幼儿最常发出的音节为"ei""on""d""a"等；第二阶段，连续音节阶段（4~8个月），此阶段的婴幼儿已经形成了对各种刺激的条件反射，此时，在发出简单音节的基础上，婴幼儿能够发出两个连续的音节，如"ba-ba""ma-ma""ge-ge"等；第三阶段，学话萌芽阶段（9~12个月），此阶段也被称作牙牙学语阶段，婴幼儿能够用连续的音节表达一个具体的事物，如说凳凳、狗狗等。

- 听词阶段。听词阶段又可以划分为以下三个小阶段：第一阶段，从婴幼儿刚出生到七八个月左右，此时的婴幼儿语音范畴性知觉逐步发展，随着婴幼儿长大，其对细微语音的差别辨认能力逐渐下降，但其对语音表现出的"偏爱"明显提高；第二阶段，8~9个月的婴幼儿能够将听到的词语和具体事物相联系，使得词语依托于不同的情境或者表情；第三阶段，11个月左右的婴幼儿已经能够听懂大部分日常词语的含义，词语在此阶段婴幼儿语言发展中已经成为独立的信号。

- 理解词阶段。1岁左右的婴幼儿能够理解的词汇量大大增加，但能开口说出的词汇量较少。此时，成人应该多利用强化等方式，帮助此阶段的幼儿建立词语和对应事物之间的联系，鼓励幼儿多开口表达。

综上研究，婴幼儿语音发音的特点为：元音的出现早于辅音，单音节发音早于双音节发音。到 4 个月左右，婴幼儿喜欢重复发同一种音节，且表现出音节、音素数量大量增加的现象。随着年龄进一步增长，婴幼儿能发出的音节越来越复杂，种类也越来越丰富。婴幼儿在 6～9 个月大的时候，他们发声的质量发生了变化，开始牙牙学语。牙牙学语被认为是早期语言发展的一个重要里程碑，因为牙牙学语中发出的声音和运动之间是相互对应的，这是语言习得的关键技能（Iversen and Feigen，2004）。

（三）前言语交流技能

前言语阶段的交流技能指前言语时期，婴幼儿交流沟通的能力。需注意，前言语阶段的交流技能并不单指婴幼儿能够用声音表达需求，还指婴幼儿能够关注到周围的人、事、环境刺激，并利用眼神、手势、表情等非口语的形式回应这些刺激，从而与外界交流。周兢等研究者将婴幼儿前言语阶段交流能力的发展划分为产生交际倾向阶段（0～4 个月）、学习交际"规则"阶段（4～10 个月）和扩展交际功能阶段（10～18 个月）。

- 产生交际倾向阶段（0～4 个月）：婴幼儿的前语言交际从一出生就开始了，在第一个阶段中，婴幼儿主要通过哭声表达自己的生理需求，哭是前语言交际的第一步，此阶段，婴幼儿通过哭就能让成人帮忙解决大部分问题。
- 学习交际"规则"阶段（4～10 个月）：婴幼儿能够和成人进行基本的"谈话"，且这种"谈话"具有轮流的性质，即成人说一句，婴幼儿发出几个音；成人再说一句，婴幼儿再发出几个音，从而使对话延续下去，此阶段的婴幼儿还学会用不同的语调来表达自己的需求。
- 扩展交际功能阶段（10～18 个月）：婴幼儿基本获得了语言交际的各种技能，他们能够通过语言或者非语言的方式有效地表达自己的需求，并得到满足。

婴幼儿前言语交流技能的发展以婴幼儿沟通动机（communication motivation）、模仿技能（imitation skills）、共同注意（joint attention）三个方面的发展为前提。沟通动机指个体主动表达要与周围的环境或人建立联系、进行交流的意愿。例如：当婴幼儿来到新的环境中时，会对新环境产生好奇；当遇见陌生人时，有想要打招呼的倾向；等等。沟通动机是个体建立、维系一切社会关系的前提，良好的沟通动机能够使婴幼儿保持对周围人、事、物的好奇与兴趣，促使婴幼儿主动与周围环境进行交互，也是婴幼儿学习语言和其他一切能力的基本前提。模仿技能指在更有经验的人的示范下，先观看他人行为，然后自己也跟着做的技能。模仿是婴幼儿社会学习的一种重要形式，在婴幼儿社会化过程中起着重要的作用；婴幼儿的模仿主要是声音模仿和动作模仿。声音模仿对婴幼儿语言能力发展至关重要，是婴幼儿学习语音和词语的前提。发育正常的婴幼儿能够在不断模仿成人发音模式的过程中逐步发展自身的言语表达能力，丰富语言表达的形式。共同注意指个体在与他人的交往中，能够理解并吸纳他人有意或无意发出的各种信号（语言、目光、姿态、动作），判断出他人的注意点，并及时调整自己的关注点，使自己的关注点与他人相同。通过共同注意，婴幼儿能够更好地理解他人的想法，意识到他人的关注点在何处。这有利于让婴幼儿学会利用各种感官发出信号，调整他人的关注点，使其与自身的注意点相同。

亲子交往与婴幼儿前言语阶段语言交流能力的提升密切相关，婴幼儿前言语阶段的交流能力是在成人和婴幼儿与物体共同互动的社会环境中提升起来的，例如，成人在陪同婴幼儿玩耍时分享玩具（Bakeman and Adamson，1984）。随着时间的推移，婴幼儿和母亲共同分享、观察物体的特定行为会得到发展，但这些行为与早期言语发展的关系尚未得到充分的论证。学者（Newland et al.，2001）提出，母婴一起玩玩具与婴幼儿语言的发展有三个方面的联系。首先，在婴幼儿 1~2 岁期间，母亲和婴幼儿玩的玩具变得复杂、广泛，且游戏间的交流变得更有效、互惠和口语化（Messinger and Fogel，1998）。这种时间上的巧合表明了社交游戏和新兴语言之间的联系。其次，母亲和婴幼儿一同玩玩具能为二者注意相同的物体提供适宜的言语环境，在这个温馨的环境中，婴幼儿更敢于表达自己的想法，有利于其语言交流能力的发展。最后，在这种共同关注的环境下，母亲常常使用简单的手势和婴幼儿交流，并鼓励婴幼儿也使用语言和手势与她互动，这也能促进婴幼儿言语交流能力的发展（Newland et al.，2001）。

近几年，相关神经认知科学的研究表明，在人脑中，手势和语言功能区存在共享的神经基质，手势和语言在个体各个阶段的发展中会相互影响。沟通姿势（communication position）是个体发展较早、被研究较多的非口语沟通的一种方式。处于前言语阶段的婴幼儿常用手势表达自己的想法，从而与他人进行沟通。早在 20 世纪，英国哲学家奥斯汀（Austin，1957）就提出了"言语行为"（verbal behavior）概念，他提出交际的基础不在于说出完整的句子或者词语，而在于通过行为来表达。贝茨等人以"言语行为"理论为依据，发现手势是婴幼儿早期表达意图的行为,也是前语言阶段婴幼儿进行交际的一种方式。发展心理学家托马塞洛(Tomasello,2010)发现人类婴幼儿在还不会说话时,就已经会以手指物,引导别人注意不同的物品,以便进行各种复杂的社会意图的沟通。在前语言阶段,婴幼儿的手势主要包括命令式手势(imperative gestures)、分享式手势(sharing gestures)、告知式手势(informative gestures)。托马塞洛认为婴幼儿较早出现命令的交际意图,在3个月时他们会用哭声来"命令"大人帮助他们做事,这是早期命令式手势的来源。9~12个月的婴幼儿开始和成人一起关注物体,形成了共同注意的基础,这时,婴幼儿出现了分享式手势。婴幼儿的告知式手势大约在12~14个月时出现。而对于婴幼儿来说,手势除了能够起到与他人沟通交流的作用外,还能够使婴幼儿在与环境的互动中获得学习机会,进而促进其认知、语言等方面的发展,且在婴幼儿学会说话以后,用手势交际的能力也不会消退,他们反而能用手势来补充自己的发言,使他人能理解自己的意思。

三、婴幼儿的言语

(一)语义的发展

语义(semantic)通常与词汇、词组、句子的意义有关,是言语发展中的一个重要组成要素。婴幼儿对语义的理解经历了理解词或句子表示的基本语义、理解语言在特定情境中的实际意义、理解句子中各个词语的含义三个阶段。语义能力的发展是一个长期且复杂的过程,它贯穿于个体的一生。

1. 词义的发展

词语是组成一句话的基本单位,词义的发展是评价语言能力的重要指标之一。词义的发展应从以下五个角度分析。

- 词汇量增加

一般来说,婴幼儿在一岁后开始能说出第一批词,此时,语言是婴幼儿最主要的交流工具。学会说一个词必须要能识别一个相应的概念和语言单元,并建立这两者之间的联系。婴幼儿最初的词汇量增速较缓,1.5~2岁后,婴幼儿能使用的词汇迅速增加。表6-1为我国台湾学者华台雨根据研究绘制的婴幼儿词汇量增长趋势,可以看出,2~3岁是婴幼儿词汇学习的关键期。

表6-1 婴幼儿词汇量增长表 （单位：个）

年　　龄	婴幼儿的数目	每个婴幼儿所掌握的平均字数	最少字数	最多字数
1岁	10	8.9	3	24
2岁	20	528	115	1127
3岁	8	1407	681	2282

- 词类范围扩大

在0~3岁婴幼儿的词汇量当中，不同类型的词语占比也有很大差别。关于婴幼儿词类的研究表明，婴幼儿先掌握的是实词，其中，首先大量掌握的是名词，其次是动词，最后是形容词。其他的实词，如副词、代词、数词，以及其他的虚词，如连词、介词、助词、语气词等，掌握较晚，所以，它们在婴幼儿掌握词汇中所占比例也较小。对于婴幼儿已经掌握的词来说，其使用的次数也并不相同。

- 词义理解正确性提高

婴幼儿早期使用词汇的一个特点是词义的使用不准确。婴幼儿会将词汇使用的范围扩大，比如将所有会飞的动物都称为"小鸟"。此外，还可能出现将词汇的使用范围缩小的现象，例如，婴幼儿所说的妈妈只能指代自己的妈妈。其原因在于婴幼儿对某类事物的基本属性尚未达到适当的抽象概括水平。词汇使用范围变化的现象集中出现在2~3岁婴幼儿群体中。3岁以后，随着孩子积累的知识和语言经验越来越丰富，其思维的抽象概括能力逐步发展，他们对日常常见词汇的理解会逐渐完善，上述现象的出现频率会逐步降低。

- 词义理解逐渐丰富和加深

随着生活经验的丰富与思维的发展，婴幼儿对词义的理解趋向丰富和深刻化。如"小猫"一词，对于3岁以内的婴幼儿来说，"小猫"只表明这是一只四条腿的动物，而对3岁后的儿童来说，提到"小猫"，除了表明这是一只动物外，还表示小猫和人的关系、小猫的习性等内涵。词义丰富的同时，婴幼儿使用多种词语的频率也在提高，特别是1.5岁后的婴幼儿，其表现更加明显。此时，他们既理解又会运用的积极性词汇在增多，而只理解却不会正确使用的消极性词汇也在增多，因此会出现乱用或者乱造词的现象，比如，把"一个人"说成"一只人"。总的来说，婴幼儿在刚接触到某个词语的时候，对这个词语所表示的准确含义并不明确，而随着生活经验的积累和大脑、发音器官的发育，婴幼儿对词汇的使用会越来越准确。

- 词语切分能力增强

在婴幼儿学习语言过程中，很重要的一个任务就是建立自己的词语库。这是一项困难的工作，因为婴幼儿听到的语言大多是成人说出的完整句子，或是好几个连在一起的词语，而不是单个出现的词语。词汇是声音和意义的集合体，婴幼儿要想学会并掌握一个词语，首先要在他人的一连串发音当中辨别出这个词语。其次，他们必须知道这个声音片段是与某个意义相关联的。也就是说，婴幼儿要想掌握词汇，就必须能在连续发音当中听出这个词语的音节，并赋予其含义，这就是词语切分（word segmentation）。最后，利用词语切分识别出词汇。婴幼儿要能将这个新出现的语音片段与之前所听过的进行对比，从而判断他们所听到的是一个新词，还是一个已知词的新示例。周兢等学者对婴幼儿的词语切分能力进行了研究，发现婴幼儿的口头语言的词语切分能力和书面语言的词语切分能力并不同步。3岁左右，婴幼儿的词语切分能力主要以口头语言的切分为主。

2. 句子结构的发展

大约在1.5岁时，当掌握了一定数量的词汇后，婴幼儿就能将两个词组合起来组成"句子"，这是婴幼儿语言发展中的一大里程碑。有学者（Flusberg et al., 2009）以促进婴幼儿发展为出发点，通过观察研究提出婴幼儿语言的一个发展框架，确定了婴幼儿表达性语言习得的5个关键阶段。

- 语前交流期（preverbal communication）（6～12个月）：这个阶段的婴幼儿主要通过发声（咿呀学语）和手势进行语言交流。
- 首个语词期（first words）（12～18个月）：这个阶段的婴幼儿能使用非模仿性的单个字词来指代某个物体，或用象征性的方式来交流事件，包括那些不在当前背景下的物体和事件。还能在不同的环境中与不同的人使用语言进行交流，以达到不同目的。
- 单词组合期（word combinations）（18～30个月）：这一阶段，婴幼儿的各种词类（名词、动词、介词等）的词汇量迅速增加，他们能够创造性地组合不同类词，以指代对象和事件。
- 简单词句期（sentences）（30～48个月）：这一阶段的婴幼儿词汇量足以满足日常交际的需要，能将单词组合成短小的句子。他们能够在不同的环境中与熟悉或不熟悉的人用简单的词句进行交流。
- 复杂语言期（complex language）（48个月后）：3岁左右的婴幼儿已经掌握大量丰富的词汇，他们可以在不同的话语语境中使用复杂的语法结构，比如，使用各类从句、句子补语等来交流，这些话题包括抽象的或假设性的想法。

按照婴幼儿所讲语句结构的完整复杂性，口语句子结构的发展可以分为不完整句、完整句和复合句（图6-3）。

- 不完整句阶段（1～2岁）：不完整句阶段包括单词句和双词句两个子阶段。处于单词句阶段（holophrastic period）（1～1.5岁）的婴幼儿说出的句子往往是由单个词语组成的。虽然此阶段的婴幼儿还无法完整说出一个句子，但他们的语言理解能力却在不断发展。这体现在他们能够用简单的词语来表示某些具有特定含义的词汇；双词句阶段（pairs words period）（1.5～2岁）的婴幼儿能够用两个及以上的词语数量组合成句。例如，孩子说"宝宝睡"，意思是"宝宝正在睡觉"。双词句阶段婴幼儿的表达能力高于单词句阶段，且所指含义更加清晰。但双词句的表现形式具有中断性、不连贯的特点，类似发电报所使用的语句，因此又称"电报句（pairs words sentence）"。这时，婴幼儿主要使用名词、动词、形容词等实词，而具有语法功能的虚词，如连词、介词等，则使用较少。

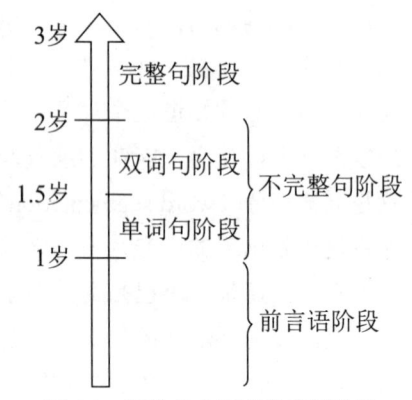

图6-3 婴幼儿言语表达发展阶段

- 完整句阶段（2～3岁）：2～3岁时，婴幼儿能够利用合乎现有语法的完整句更准确地表达自己的想法。句法结构完整的单句包括没有修饰语和有修饰语两种。

- 复合句阶段（3岁以后）：指由两个或两个以上的意思相关联比较密切的单句结合起来而构成的句子。主要有联合复合句和主从复合句两种。婴幼儿在2岁左右能够说出极少数的复合句，在4～5岁时，复合句发展较快。此阶段是儿童口语能力基本发展成熟的重要阶段。此时，儿童在掌握语音、词汇、语法和口语表达能力方面都有迅速发展，为入学后学习书面语言打下了基础。

（二）语用的发展

语用（pragmatic）指交谈双方根据语言意图和语言环境有效使用语言工具的一系列技能，听者要能够利用听觉、视觉器官，从语言和动作中推断出说者的意图，判断信息的可靠性和明确性，并能及时做出反馈；说话者要能够利用不同的语言艺术，和听者达到共同注意的情境，让听者理解自己所表达的内容，说服听者与自己达成共识。随着婴幼儿认知和语言能力及社会交往能力的发展，语言交流逐渐成为婴幼儿与外界沟通的有效工具，在利用语言交流的过程中，婴幼儿的语用技能也在不断完善。

婴幼儿语用技能的发展意味着其掌握了一个新的语言工具，这将为他们进行社会交往、理解世界、分享经验、表达乐趣和需要提供机会。瑞士心理学家皮亚杰着重研究了儿童的语言，提出了自我中心语言和社会化语言的观点。自我中心语言指说话者只关注自己的观点，即说话者在说话时立足于自己的角度，不考虑听众，也不在意对方是否在听自己说话。婴幼儿处于自我中心语言阶段，他们常常做出自言自语的行为。社会化语言则包括适应性告知、批评和嘲笑、命令请求和威胁、问题与回答四类，这类语言在 3 岁之后的儿童身上表现得比较明显。

- 无意义字词的重复

婴幼儿为了体验说话时发音器官或是心理上的愉悦而重复某些音节或字词，婴幼儿在说这些字词时，并不是为了某些目的，也没有固定的听众。

- 独白

婴幼儿自言自语，似乎将自己脑子里思考的过程原原本本地说出来，并不对任何人说话。

- 双人或集体独白

旁人在的情况下，婴幼儿之间会相互说话，但是，这时的交流并没有传递信息或者思想的作用。说话的婴幼儿并不在意他人是否加入自己的谈话，也不在意他人是否能理解自己所说的话，甚至会忽视他人想要加入谈话的倾向，这一现象在 3 岁婴幼儿身上表现得最为明显。

- 话轮规则的掌握

在婴幼儿语用技能的发展过程中，掌握话轮规则为婴幼儿能否与他人顺利的谈话奠定了基础。话轮（turn）指说话人从开始说话到结束说话的一整个过程。从一方的话轮开始转换到另一方的话轮结束称作话轮转换（turn taking）。已有研究表明，8～9 个月的婴幼儿已经比较熟悉话轮系统，特别是在与成人进行的双人对话当中，如和母亲进行的一来一回的对话。但研究也发现同时期的婴幼儿在与同龄人交流时，对话轮规则的掌握程度略低于与成人谈话时的水平，要达到与成人谈话时的话轮规则掌握水平，需要到婴幼儿 3 岁左右才能实现。

- **维持会话**

除了掌握话轮规则，会话也是婴幼儿语言技能发展的重要部分。有学者追踪记录了4个婴幼儿在19～38个月期间与成人的对话。结果发现：19～23个月的婴幼儿会话占话语比例为21%；35～38个月的婴幼儿会话占话语比例为46%。但在这个阶段中所观察到的相关话语并不是真的表明与说话人相关的话，2～5岁儿童说出的大部分相关话语是建立在模仿的基础上的，并非原创话语。重复和模仿是婴幼儿维持会话的主要手段。

第二节　婴幼儿言语发展评价

一、婴幼儿言语发展的评价范畴

婴幼儿言语发展的评价范畴主要涉及婴幼儿接受性交流（receptive communication）语言发展评价、婴幼儿表达性交流（expressive communication）语言发展评价、婴幼儿社会性交流（social communication）语言发展评价三个方面。学习语言和交流对于各个文化背景下的婴幼儿来说都是十分重要的，不同文化背景下的婴幼儿都能够通过与他人建立有意义的联结来提升自身的语言能力和交流技能。婴幼儿期是其语言学习发展的关键期，婴幼儿能够在与照护者的互动中通过听、说、动作等方式吸收语言经验。因此通过以上三个方面的语言发展评价，成人能够更好地了解婴幼儿语言发展阶段，并对其进行针对性的指导，从而为婴幼儿成长过程中语言的学习打下良好基础。

- 婴幼儿接受性交流语言发展评价指对不同时期的婴幼儿对于语言的理解程度的评价。成人世界一直存在这样的误解：孩子不会说话等于孩子听不懂他人说话。事实上，婴幼儿能够理解的语言往往比他们所能表达出的语言多得多。有研究表明，婴幼儿对于语言的理解能力不仅局限于有声语言，他们对于无声语言，如肢体语言和面部表情，也表现出惊人的理解能力。随着年龄的增长，婴幼儿能够理解越来越多的词语、句子，其接受性交流语言能力也逐渐提高。婴幼儿接受性交流语言能力的发展在其成长过程中至关重要，这不仅能够培养其日后良好倾听的品质，还会影响到其日后社会性交流语言能力的发展。因此，对于婴幼儿接受性交流语言发展进行评价具有十分重要的意义。
- 婴幼儿表达性交流语言发展评价指对婴幼儿在与他人的交谈当中能够利用各种语言和非语言的方式来表达自己的需求、想法和感受的能力的评价。从出生开始,婴幼儿就会通过哭声表达自己的感受。在成长过程中,婴幼儿表达性交流语言能力发展越来越迅速,从一开始的只能通过哭喊来表达到能够利用简单的词语来表达自己的想法,再到能够合并多个词语组合成一个句子来表达想法。在三种语言发展当中,表达性交流语言能最直接地体现婴幼儿语言发展能力,也是其进行社会性交流的基础。
- 婴幼儿社会性交流语言发展评价指对婴幼儿表现出的与他人沟通交流的倾向和维持与他人沟通交流的能力的评价。观察婴幼儿与环境或他人的社会互动可以发现其社会性交流语言的发展阶段与特点,这些社会互动包括社会性微笑、肢体动作和简单的词语。婴幼儿社会性交流语言发展的一个重要标志在于社会性微笑的出现,这是婴幼儿产生的第一个明确指向其社会性发展的标志。在婴幼儿成长初期,他们主要通过表情、哭闹声来表达与他人交流的意愿。随着年龄的增长,婴幼儿积累的语言经验越来越丰富,他们可以通过说简单的词语或是配合手势动作和面部表情来与他人进行社会性交流。

二、婴幼儿言语发展的评价指标

(一)接受性交流语言发展评价指标

婴幼儿具有理解语言和非语言交流的能力,接受性交流语言能力能显示婴幼儿对于语言的理解程度。在婴幼儿出生的第一年,他们主要以聆听周围的声音为主。新生儿能够区分出差别十分细微的声音以及不同语言之间的差异,而这些差别是成年人无法识别的。但是婴幼儿到 6 个月大时主要关注于辨别自己的第一语言和声音模式,因此他们的听觉变得更加适合收听母语,从而失去了辨别其他语言之间微小差别的能力。尽管如此,婴幼儿仍能展现出强大的语言理解力,此时他们所理解的语言往往比他们所表达出的语言多得多。1 岁左右的婴幼儿能够理解已知情境下的熟悉的要求。例如,当照护者说"再见"时,10 个月大的婴幼儿就能够挥动手臂表示道别。随着婴幼儿的逐渐长大,他们能理解更多复杂的要求,包括多个步骤的指令。接近 2 岁的婴幼儿能够理解约 50 个词语,到 3 岁左右，婴幼儿理解词语的数量扩大到 1000 个。因此，接受性交流语言的发展对于婴幼儿成长来说具有十分重要的意义，因为这种理解并翻译语言的能力会影响到婴幼儿能否学会顺利地与他人进行社会性交流（表 6-2）。

表 6-2　婴幼儿接受性交流语言发展评价指标

月　　龄	发 展 概 述	婴幼儿表现
0～9	开始利用声音和肢体动作来回应语言或者非语言的交流	● 能对周围环境中的声响做出回应。例如，当听见巨大声响时会哭泣，喜欢转向自己熟悉的声音处，等等 ● 当听到比较舒缓或者熟悉的声音以及获得生理上的安慰时能够冷静下来。例如，拥抱婴幼儿或者在其背后轻拍等行为都能使其冷静 ● 当有人叫到自己名字时，会转向熟悉的人并且盯着对方看 ● 能够回应不同的姿势。例如，当熟悉的人向自己挥手时，婴幼儿同样会向对方挥手打招呼
7～18	开始理解不同行为和声音的意思并做出回应	● 加入到照护者所关注的事物当中。例如，能够和别人一起看相同的物品或者因为他人所指向的东西而转移自己的视线 ● 当他人利用相关的手势进行要求时，婴幼儿能够服从简单的、包含一个步骤的指令 ● 能够对熟悉的词语做出合适的反应。例如，当听到"很大"这个词语时，婴幼儿能够利用手臂比画出"大"的动作 ● 能够理解 100 个左右与自身经验和文化背景相关的词语
16～24	开始表现出对词语的意义、面部表情、手势姿势和图画的更深层次的理解	● 能够识别并且展现出对于熟悉的图画、人物和物品的理解。例如，当他人指向母亲时，能够发出"妈妈"的声音 ● 理解简单的要求和问题，在帮助下能够理解并遵循包含两个步骤的指令 ● 通过合适的反应展现出对于熟悉的词语和句子的理解。例如，当听到自己的乳名时，能够乖乖坐在椅子上等待 ● 在要求下能够准确地指向不同的身体部位 ● 能理解不同的人称代词并做出回应，如"我、你、他"
21～36	通过利用词语、动作和符号来扩充自身对于不同语境内容的综合理解能力	● 在熟悉的环境中能够更多地说出不同物体和人物的名称 ● 能够理解不同词语合成的句子的表达，并能遵从包含多个步骤的指令 ● 通过利用声音、面部表情和肢体动作进行回应而展现出对某个故事的理解，如大笑、眨眼或拍手 ● 能理解包含介词的简单句子或指令，如把杯子放在水池里 ● 当加入既有同龄人又有成人的谈话中时，能够利用语言或者非语言的方式来回应评论和问题

（二）表达性交流语言发展评价指标

婴幼儿在社交中具有利用语言和非语言的方式来表达自己想法的能力。表达性交流语言指婴幼儿在与他人的交谈过程中能够利用各种语言和非语言的方式来表达自己的需求、想法和感受。自出生开始，婴幼儿就开始与外界进行交流，如通过哭泣、凝视和肢体语言进行交流。在4个月大左右，婴幼儿学会用有声语言交流，此时他们擅长制造一些额外的声音来吸引他人注意。9～12个月的婴幼儿开始出现目的性交谈的现象，他们会将手势和语言相结合来表明自己对哪些物体和人物感兴趣。成长到2岁大的婴幼儿首次出现将词语和词语相结合来交流的现象，这种首次出现的合并式词语通常由两个简单音节组成，如"爸爸"。婴幼儿到3岁时，他们已经具备创造简短句子的能力，会利用这些简短的句子来表达观点、提出问题，并加入他人的谈话中（表6-3）。

表6-3 婴幼儿表达性交流语言发展评价指标

月　龄	发 展 概 述	婴幼儿表现
0～9	开始尝试利用声音与其他各种方式进行交流，以此来展现出对环境的兴趣，并能通过交流对周围环境施加一定的影响	• 通过哭闹来表达饥饿、疼痛或痛苦 • 利用微笑或其他面部表情发起社会性交流和接触 • 喃喃自语并利用各种声响发出声音，如发出双唇音"p""b""m" • 结合不同种类的呢喃声进行发声 • 开始学会指向周围环境中的物品
7～18	从咿呀学语到发出不同的声音，再逐渐发展到说出第一个词语。在这个阶段末期，随着语词库的建立，咿呀学语出现的频率逐渐减少	• 利用母语来发出咿呀学语的声音 • 能说出比较长的咿呀学语的句子 • 会利用非语言交流的方式来表达想法。例如，通过挥手表示道别或通过发出"想要更多"的信号而获得更多食物 • 说出第一个词语，这些词语主要与熟悉的物体或人物相关，如"妈妈""瓶子" • 能为周围环境中熟悉的物品命名 • 通过说出一个词语来传递信息，如说出"牛奶"就意味着"我想喝牛奶"
16～24	能用两个词组成的词组来交流，并继续扩展词汇量，语言能力进一步提高	• 在说话时更多利用词语来表达，而更少用手势来表达 • 喜欢重复听到过多次的词语 • 词汇量大约达到80个 • 开始出现电报句，这是由一些词语和简单的短句组成的，有些词语在电报句中会被遗漏而未说出来。例如，"宝宝睡"意思是"宝宝正在睡觉"

续表

月　　龄	发展概述	婴幼儿表现
21～36	能针对当下某个主题进行交流，并开始将不同的词语结合成句子，以此来表达自己的想法和需求	• 能说出三个词语组成的短句，如"我要球" • 开始学会使用代词和介词，如"他拿走了我的玩具""在桌子上" • 出现语言使用错误的现象，这意味着婴幼儿正在努力理解复杂的语法规则 • 在交谈中使用形容词，如"蓝色的小汽车" • 能说出简单的句子，如"我想要那个黄色的杯子" • 词汇量超过 300 个

（三）社会性交流语言发展评价指标

婴幼儿天生就具有社会性交流的能力。社会性交流指婴幼儿表现出的与他人沟通交流的倾向和维持与他人沟通交流的能力。婴幼儿与照护者之间的社会互动在其一出生时就产生了，他们可以通过声音、哭闹和身体语言来表达自己的需要，而照护者则会回应婴幼儿发出的社会信号，从而满足婴幼儿表达的需求。正是这看似简单的互动行为，为日后婴幼儿在社会性交流当中学习如何与他人对话提供了模型。2 个月左右的婴幼儿会出现社会性微笑，这意味着婴幼儿的社会性交流能力进入到一个更高的水平。因为社会性微笑标志着婴幼儿即将进入一个十分密集的社交阶段，这个时期的婴幼儿通常被称为"社交幼儿"。此时，婴幼儿能够利用他们的社会性微笑、眼神接触以及面部表情与照护者进行交流。随着年龄的增长，婴幼儿能够利用词语或者其他信号来表达自己的想法，从而参与到与照护者之间简短的对话当中。到 3 岁左右，婴幼儿就能够主动提出问题，利用重复语句的方式来维持和扩展与他人的对话，并拥有主动发起对话的能力（表 6-4）。

表 6-4　婴幼儿社会性交流语言发展评价指标

月　　龄	发展概述	婴幼儿表现
0～9	通过语言或者非语言的方式努力加入他人的谈话与互动当中	• 利用声音、哭闹、面部表情和肢体语言来传达需要 • 尝试与照护者进行形式简单的交谈，如轻声细语地呢喃和目不转睛地盯着照护者看 • 利用微笑与其他面部表情同照护者互动 • 试图加入与他人的互动交流当中，如咿呀学语或者和照护者玩捉迷藏游戏

续表

月　　龄	发展概述	婴幼儿表现
7～18	能够自然而然加入与熟人的对话，同时在交流当中展现出简单的对话交谈的技巧	● 通过轻声呢喃和点头示意与他人进行交流、回应 ● 表现出对于熟悉的声音或者词语的理解，如当照护者提到自己名字时会盯着照护者看 ● 能够利用"是"或者"不是"对他人做简短的回应，同时还能使用声音、词语或者手势来回答简单的问题 ● 使用面部表情、手势或者声音与他人互动 ● 利用词语或者手势加入到与他人的简短谈话当中
16～24	能够使用大量词汇和动作语言进行交流，进行复杂社会互动的能力极大提升，还能更好地理解在交流当中来回对话的规则	● 利用语言或非语言的交流方式加入到与熟人之间简短的来回对话当中。例如，每次照护者完成一个婴幼儿喜欢的行为之后，婴幼儿通过与照护者说话或者发出"想要更多"的信号来表达满意 ● 利用简单的词语和行为来发起并加入社会互动当中 ● 将手势、声音与对一个熟悉物体的评论相联系。例如，当照护者拥抱了一个玩偶并且对玩偶说"嗨，宝贝"之后发出哭声 ● 能关注在短时间内进行交流的个体 ● 表现出对于来回谈话的规则的理解。例如，能够提出和回答简单的问题
21～36	利用来回谈话的模式来维持与他人的社会性交流，这种交流建立在表达自己观点与传达自己想法的基础上	● 口头回答成人的提问或评论 ● 基于不同的谈话背景和文化提出正式的请求或做出回应 ● 利用重复语句的方式来维持交流，并能从熟人那里获得回应 ● 当与他人进行社会性交流时，能在交谈中表达自己的想法 ● 利用简单的问题来发起和扩展谈话。例如，提问"是谁？""是什么？""为什么？" ● 提出有意义的观点或想法来发起或者加入他人的谈话。例如，向照护者指出自己最喜欢的美术作品或者玩具来发起谈话

三、评价婴幼儿言语发展的意义与指导要点

（一）评价婴幼儿言语发展的意义

对于婴幼儿言语发展的评价是婴幼儿发展评价体系当中一个重要组成部分。语言是人们用来日常交流的重要工具，是传达思想和了解他人的最直接的途径。

语言能力是人类智能结构中最基础、最重要的一项能力,是婴幼儿日后其他能力发展和成熟的先决条件。婴幼儿在学会说话之前,主要通过哭闹、动作、表情来表达自己的想法,而这些想法常常因为不恰当的表达方式而被成人忽略。自婴幼儿学会说第一个词语之后,他们就能通过口头语言来表达自己的想法,这样的方式更准确也更高效。因此,正确地对婴幼儿言语发展进行评价,能让照护者意识到婴幼儿言语发展的重要性,并为成人提供合适的指导方式,帮助婴幼儿语言能力正常发展,为婴幼儿日后成为具有社会性交往能力的人奠定基础。

(二)婴幼儿语言发展的指导要点

1. 针对婴幼儿接受性交流语言发展的指导要点
- 0~9个月期间,婴幼儿能够利用声音和肢体动作来进行交流,在交流中既能回应有声语言,也能回应无声语言。照护者可以从以下几个方面对婴幼儿提供帮助指导:告知婴幼儿接下来即将发生的事情。例如,告诉婴幼儿"我准备带你去换一件围兜"。以礼貌的方式,不间断地回应婴幼儿发出的各类语言信号。在与婴幼儿进行的有声语言和无声语言的交流当中,告知婴幼儿周围环境中常见的人物和物体的名称。
- 7~18个月期间,婴幼儿开始学会理解有意义的动作和声音。照护者可以从以下几个方面对婴幼儿提供帮助指导:多花些时间陪伴婴幼儿进行一些有意义的活动。比如,进行亲子共读或者陪婴幼儿一起玩玩具。和婴幼儿一起玩"指一指"的游戏。比如,给婴幼儿下达"杯子在哪里?用手指一指"这样的要求,让婴幼儿正确地指出照护者所说的物体。给婴幼儿唱有本国文化底蕴的童谣,并鼓励他们一起跟着唱。比如,一起唱《小红帽》。经常与婴幼儿一起给他们所熟悉的物体命名。比如,鼓励婴幼儿说出熟悉的家庭成员、喜欢的玩具和书本的名字。
- 16~24个月期间,婴幼儿除了能理解动作和声音之外,还能够理解简单的词语、面部表情、手势和图片表达的意义。照护者可以从以下几个方面对婴幼儿提供帮助指导:更频繁地鼓励婴幼儿说出他所熟悉的环境里的物体名称,当照护者给婴幼儿介绍新的人或者物时,可以利用信号语言或者命名的方式进行。要求婴幼儿完成某项活动时可以利用手势辅助。例如,照护者可以一边指着玩具汽车和玩具收纳篮,一边说"把这个玩具汽车放回收纳篮里"。在与婴幼儿互动的过程中适当对其提问。例如,照护者在与婴幼儿看图片的时候可以询问"你能指出图片里的小猫咪吗？"在活动中对婴幼儿发出简单的指令，并要求其遵循，还可以利用书本或者图片发起与婴幼儿的社会互动。

- 21～36个月期间，婴幼儿能够更深刻地理解大量的词语、行为和符号。照护者可以从以下几个方面对婴幼儿提供帮助指导：要求婴幼儿能够理解并遵循包含两个步骤的指令。例如，对婴幼儿说"请你把水池里的水杯拿出来，然后把小手洗干净"。经常与孩子一起看书，并适当提问他们这本书讲了什么故事或是接下来可能会发生什么故事。询问孩子最喜欢的玩具和朋友，并有意识地教给他们一些表达方式来扩展他们的回答。

2. 针对婴幼儿表达性交流语言发展的指导要点

- 0～9个月期间，婴幼儿能够利用声音和其他各种交流方式来表达自己感兴趣的事物，并通过语言对周围环境施加影响。照护者可以从以下几个方面对婴幼儿提供帮助指导：与婴幼儿进行简单的来回对话。例如，当婴幼儿发出噪声时，照护者可以用"这样太吵啦"来回应。重复婴幼儿发出的牙牙学语的声音，并鼓励婴幼儿发出更多牙牙学语的声音。营造一个充满语言信号的环境，经常与婴幼儿说一说今天发生了哪些事。让婴幼儿经常听见自己的母语，并鼓励让孩子在母语环境中使用熟悉的词语。

- 7～18个月期间，婴幼儿能够说出简单的词语，并能不断丰富自己的词汇量。照护者可以从以下几个方面对婴幼儿提供帮助指导：意识到婴幼儿想要交流的意图并积极回应婴幼儿。扩展婴幼儿说出的简单词语，如"你说牛奶，你是想喝牛奶对吗？"当婴幼儿使用新的词语来表达意愿时，照护者要表现出对于婴幼儿的欣赏和赞扬。经常与婴幼儿交流，并利用书本和词语让婴幼儿感受家庭文化。向婴幼儿讲述在一天当中会发生的事情，如吃午餐。

- 16～24个月期间，婴幼儿的词汇量不断扩展，此阶段的婴幼儿能够说出包含几个词语的简单句子。照护者可以从以下几个方面对婴幼儿提供帮助指导：与婴幼儿就某个有意义的主题发起谈话。当婴幼儿想要表达观点时，照护者应当给予鼓励，并认真倾听婴幼儿说了什么。照护者应当理解婴幼儿所说的电报句并扩展这个句子，如"睡觉？是的，你想睡觉了对吗？"

- 21～36个月期间，婴幼儿组词成句的能力不断提高，能够用更长的句子来表达自己的想法和要求。照护者可以从以下几个方面对婴幼儿提供帮助指导：当婴幼儿正在说话时，可以模仿婴幼儿说出的句子，但不要纠正。例如，当婴幼儿说出"工作了去妈妈"，照护者可以模仿说出"是的，妈妈去工作了"。在与婴幼儿交流的时候多说一些简单的句子。允许婴幼儿通过歌谣和词语节奏来表达想法。扩展婴幼儿未完全说完的话。例如，当婴幼儿说"他哭了"时，照护者可以补充说出"是的，他哭了，也许他肚子饿了，所以他哭了"。

3. 针对婴幼儿社会性交流语言发展的指导要点

- 0～9个月期间，婴幼儿社会性交流语言的能力体现在其参与并维持与他人有声或无声交流的过程中。照护者可以从以下几个方面对婴幼儿提供帮助指导：告知婴幼儿某件事情发展的始末。例如，详细地和婴幼儿说一说今天从早到晚都发生了哪些事。仔细观察婴幼儿发出的非语言信号并且耐心回应这些信号。给婴幼儿提供免打扰的游戏时间。意识到婴幼儿产生的交流倾向，并友好回应他。

- 7～18个月期间，婴幼儿能够熟练地与比较熟悉的人之间进行对话，同时也学会了进行简单对话的技巧。照护者可以从以下几个方面对婴幼儿提供帮助指导：告诉婴幼儿周围环境中不同物体的名称。使用那些经常出现在婴幼儿周围环境中的词语。耐心并友好地回应婴幼儿想要交流的意图。例如：当婴幼儿举起手臂并微笑的时候，照护者可以靠近婴幼儿给出回应；当婴幼儿正在微笑和拍手的时候，照护者可以点头回应。给婴幼儿提供同其他婴幼儿或者成人交流的机会。

- 16～24个月期间，婴幼儿掌握了更多的词语和动作，他们能够进行更复杂的交流，同时对于交流规则和交流方式的理解也更加深刻了。照护者可以从以下几个方面对婴幼儿提供帮助指导：主动参与婴幼儿发起的对话，在对话当中服从婴幼儿的指令。通过语言描述婴幼儿正在进行的游戏。例如，告诉婴幼儿"这辆车你推得太快啦"。倾听并回应婴幼儿正在表达的事物，每天都与婴幼儿模拟真实的来回对话。

- 21～36个月期间，婴幼儿能更熟练地与他人进行来回对话。照护者可以从以下几个方面对婴幼儿提供帮助指导：每天都与婴幼儿进行对话，采用适宜的来回对话的方式。在交谈当中认真倾听婴幼儿的表达，并服从婴幼儿的指令。选择对婴幼儿有意义的谈话主题，与婴幼儿进行交流。利用开放式问题回应婴幼儿的话。

第七章

婴幼儿情绪与社会性发展和评价

婴幼儿情绪和社会性发展包括社会性心理的发展和早期社会关系的建立。本章第一节涵盖了婴幼儿的情绪、气质、人际交往以及自我意识等方面的发生发展规律与特点。第二节主要从婴幼儿情绪与社会性发展评价范畴、指标体系以及评价婴幼儿情绪与社会性发展的意义与指导要点进行阐述。其中,评价指标主要包括了婴幼儿的情绪发展(情绪表达、同理心)、人际交往(依恋关系、同伴关系)、自我意识(自我概念、自我控制)等方面的内容。

第一节　婴幼儿情绪与社会性发展特征

一、婴幼儿的情绪

（一）情绪的发生

人类的基本情绪在婴幼儿成长的过程中占据着非常关键的地位。婴幼儿出生后第一周，最早出现的情绪是"痛苦""厌恶""快乐"和"兴趣"。婴幼儿出生1～2天后，他们就因受到机体生理刺激，做出相应的正负两种情绪反应，如"痛苦"和"厌恶"的负面情绪以及"快乐"的正面情绪。而出生后4～7天，婴幼儿会在受到光、声刺激后表现出兴趣。

婴幼儿出生1～4个月，开始产生"气愤""伤心""恐惧""害怕"的负面情绪。这些负面情绪最早产生于1～4个月的婴幼儿身上。引起"气愤""伤心"的主要刺激源是痛感的产生。而身体的"悬空"，使他们初次尝到"恐惧"的滋味。

婴幼儿出生6～9个月，开始产生"惊讶""好奇""害羞"的情绪。"新异性"是引起这些情绪的刺激源。当婴幼儿突然出现在陌生环境或看到不熟悉的物体时，婴幼儿就会出现"惊奇"的情绪；而当婴幼儿在自己早已熟悉的人际环境中，突然遇见不认识的人时，便会表露出"害羞"的情绪。

1岁以后，婴幼儿能够出现"尴尬""骄傲""妒忌""愧疚"等情绪。而这些情绪恰好与自我的意识紧密相连，称为自我意识情绪。2岁以后，婴幼儿自我意识情绪开始产生，也就是一种对自我的情绪情感体验。18～24个月的婴幼儿开始会表现出不好意思或者害羞，此时，他们会用低头、低眼睛、用手捂住脸来表达。在这个阶段的婴幼儿还会体现骄傲的情绪，但到3岁左右才能表现嫉妒和愧疚之情。

（二）情绪的发展

1. 社会性微笑

从出现社会性微笑起，婴幼儿的情绪就逐渐向社会性过渡。虽然婴幼儿从出生时起就会微笑，但婴幼儿最初表现的是反射性微笑，这会在婴幼儿的睡觉时、困倦时发生，或在身体舒适时发生。同时，轻轻触摸婴幼儿的脸蛋，或者朝其温柔地发声也可以使其出现这种反射性微笑的表情。

鲍尔比等（Melges and Bowlby，1969）学者观察了婴幼儿的微笑表情，发现婴幼儿的微笑表情会经历以下三个发展过程。

- 内源性微笑（0～5周）：此阶段的婴幼儿会自发表现出微笑的神情，这种表情发源于个体内部，因此称为内源性微笑。出生35天左右的婴幼儿还不具有稳定的神经系统活动，因此新生儿在没有外部刺激的情形中可以产生内源性微笑，在其微笑的时候，新生儿的双眼周边的肌肉会呈现缩紧的状态，面部的其他部位依旧是松弛的模样。婴幼儿在睡眠状态中出现这种微笑的情形较多，是自发的笑或反射性的笑。
- 无选择的社会性微笑（5周到4个月）：无选择的社会性微笑也称外源性微笑。虽然在此时期的婴幼儿尚不会辨别哪些是对他有特别意义的人，但是成人的声音和面庞可以引起注意，从而引发其微笑。外源性微笑为婴幼儿和他人交流提供了可能，提高了婴幼儿与外界互动的频率。需注意，从出生后150天算起，婴幼儿的微笑表情只有在看到其他人脸上的微笑表情时才会出现。
- 有选择的社会性微笑（4个月以后）：出生4个月以后的婴幼儿会出现有选择性的社会性微笑。由于婴幼儿对人认知的能力逐渐增长，他们可以辨认出哪些是身边常见的脸庞及陌生人的面容，且可以对此产生不一样的反应。这个时期的婴幼儿对熟悉的人会大胆地微笑，而对其他人却带着警惕，不会随便展露笑容。

发展心理学家认为，微笑可以通过强化而加以改变。如果婴幼儿笑了以后，成人尤其是其照护者立即给以强化，如及时地报以微笑或与婴幼儿讲话，那么接受强化的婴幼儿就能比不受强化的婴幼儿发出更多微笑。

2. 情绪的社会性参照

当婴幼儿处在不熟悉的环境时，他们常常从成人的脸庞上寻找表情信号，继而采用相应的行动与反应来表现自己的情绪。这种参照充分体现了情绪的信号功能及人际交往作用，它涵盖了婴幼儿对他人情绪表情的区分及如何根据这些情绪信息来调整自身的行动。

情绪的社会性参照对婴幼儿来说，是一种极为烦琐的心理活动和心理能力，不是随意能获得的。婴幼儿的情绪社会性参照基本在婴幼儿7～8个月时才出现。由于婴幼儿在这个时期能够开始活动，有相对的活动场所，接触事物更广，因此面临陌生、不熟悉的环境或事物的概率大大提高。每当婴幼儿遇到不能确定的情绪时，他需要通过母亲的表情来理解、评价情绪，并且来确定自身的反应。比如，当8～10个月的婴幼儿面对不熟悉的人靠近时，婴幼儿会认真观察母亲的面容，婴幼儿的怯生行为和反应会受到母亲对陌生人的情绪反应的影响。当母亲表现出正面的、热情友好的态度时，婴幼儿较少呈现怯生状态，基本不会哭泣；而当母亲表现出负向的、紧张担心的情绪反应时，多数婴幼儿会大声哭泣、产生害怕、恐惧等强烈反应。在一个实验中，让妈妈将12个月的婴幼儿放在"视崖"平地一端，妈妈站在婴幼儿对面、悬崖一端，且妈妈旁边放着一个婴幼儿喜欢的玩具。当婴幼儿倾向于拿到玩具，爬到视崖中间部分"断崖"位置时，婴幼儿根据以往的爬行经验产生的深度知觉能力使其出现犹豫的现象，不知是否该爬过去。这时，婴幼儿往往抬头观看母亲的脸庞，以探寻帮助确定情境、行为的信息。结果表明，婴幼儿的行为与母亲的情绪表情有很大的一致性，婴幼儿是否继续爬到母亲身边取得玩具，在很大程度上取决于母亲的情绪表现。当母亲呈现微笑面孔和肯定、鼓励的面部表情时，在参与实验的20名1岁婴幼儿中，有15名跨过崖壁，爬向母亲，取到玩具；而当母亲显示恐惧面孔和害怕、威吓的面部表情时，没有一个婴幼儿爬过崖壁（图7-1）。

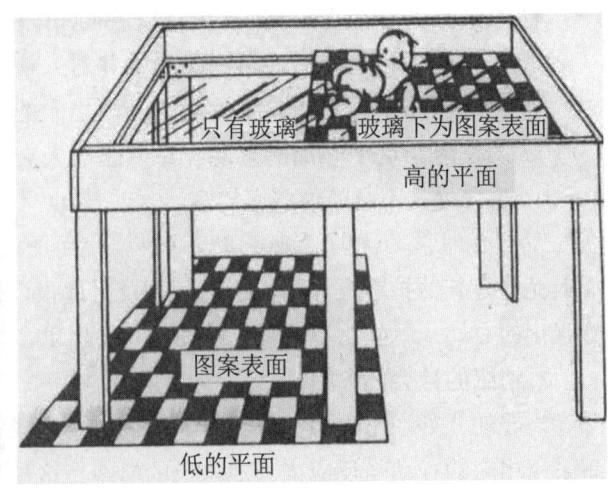

图7-1 视觉悬崖图片

对于出生半年至一年半的婴幼儿来说，他们的语言等各方面的社交水平还不够高，发育也不成熟，因此情绪的社会性参照在此阶段的发育中能产生很重要的影响，可以使婴幼儿主动参考成人的情绪表情，减少接触许多危险的环境及危险的物体的概率。同时，婴幼儿通过对成年人表达自己的情绪情感，共享一样的情绪体验，能够充实婴幼儿内心的情感，增强亲子关系。需注意，要尽可能避免消极的社会性参照，由于消极的参照条件也可能对婴幼儿有重要的影响，从而引发婴幼儿消极的行为及情绪情感体验，形成负向、胆怯的性格，限制婴幼儿的自由探索和行动，影响其智力的发展。

3. 移情与同理心

纽约大学的心理学教授霍夫曼认为：从婴幼儿降生开始，就存在着些许的移情心理（Hoffman，1977）。相关研究指出同情心是婴幼儿最早展露的情感之一。把一个新生儿和另一个哭闹的新生儿放到一起，有极大的可能是两人一起大哭。这说明婴幼儿开始真正关怀同伴，还是单纯因为被另一个婴幼儿的哭闹声所打扰？有研究指出：给婴幼儿播放其他婴幼儿哭闹的录音，会出现预料的情形，即引发婴幼儿的哭泣。但是，如果给婴幼儿听他自己大哭的声音，这些婴幼儿往往不会开始哭泣。由此，霍夫曼提出个体移情发展的三阶段论，并认为人生的前三年是个体移情发展最为迅速的时期（Hoffman，1976）。

- **自我中心移情阶段（0～1岁）**：在这个阶段的婴幼儿尚不能完全了解自我和他人的区别，因此，每当看见他人难过时，通常不能够辨别到底是自己还是他人处在难过或困苦中，此时的婴幼儿会表现出综合的悲伤反应。6个月时，婴幼儿往往不会主动地对别人的哭做出反应和行动，而是先表露出悲伤的情绪，然后再哭泣；9～12个月的婴幼儿发现其他的婴幼儿受伤、哭泣时，也会做出相应的反应，同时还会寻求母亲的安慰。由此可见，处于此月龄的婴幼儿能发现其他人呈现出的难过的神情，但无法准确辨别拥有这种难过神情的人是否真的心情低落。这使得他们在看到这种难过神情之后，自己也会感到难过。

- **准自我中心移情阶段（1～2岁）**：在这个阶段的婴幼儿能够开始辨别自身与别人的忧伤和痛苦，但在这个阶段的婴幼儿尚未完全地辨别自身与他人内部状态的区别，依旧时常混淆自身的悲伤和他人悲伤。由此可见，这个阶段的个体行为依旧以"自我中心"为主，换言之，婴幼儿开始会尝试安慰哭泣的同伴。在表面上尝试用自己的行动来减轻他人难过的情绪，但实际上是为了减轻自身的痛苦。

- **认知移情阶段（2～3岁开始）**：此阶段的婴幼儿具有区分自我和他人情绪的能力。并且这种能力会随着时间的增加而慢慢提高，这表现在当婴幼儿看到他人有难过神情时，会展现出想找办法来解决的倾向。因此，在助人行为方面，这个阶段的婴幼儿比年幼的婴幼儿更清楚地表现了其对他人的情感及需求的理解。

二、婴幼儿的气质

个体心理活动是展现气质的途径，有研究指出，婴幼儿在出生几周后，气质就存在明显的区别。鉴于气质在婴幼儿的社会性发展过程中占据着十分关键的地位，越来越多发展心理学家和行为科学学者都对婴幼儿的气质展开了研究。

（一）婴幼儿气质的内容结构

1. 传统四种类型说

关于气质的学说历史悠久，传统四种类型说源于古希腊，至今依然被人们广泛应用。这四种类型为：多血质、胆汁质、黏液质和抑郁质，如表7-1所示。

表7-1　不同气质类型对应的特点

气质类型	表现
多血质	感受性弱，易兴奋，平衡度高。具有朝气、热情、活泼、爱交际等优点；具有易变化、粗心、见异思迁等缺点
胆汁质	感受性弱，主动性强，易兴奋。情感和动作发生迅速，但不够机敏灵巧，行事时带有刻板思维
黏液质	感受性低，耐受性高，外部表现少；情绪稳定，反应速度较慢
抑郁质	神经类型属于弱型，情绪发生较慢，但思考体验深刻持久。为人谨慎，思考透彻，做决定时比较犹豫

2. 巴甫洛夫的神经活动说

巴甫洛夫研究指出，人类的神经系统由三种特性组成，分别为存在强度、平衡性和灵活性（Pavlov，1923）。这些特性并不会主动展现出来，而会在形成条件反射刺激或是产生变化时才展现出来。由于个体存在差异性，并非所有个体的神经系统都有相同的特性，不同个体所具有的这三个特征会有不同的表现。普遍表现为以下几种类型：第一种，存在强度强、平衡性和灵活性高，这种神经类型被称为"活泼型"，具有这种神经类型的个体能够迅速接收外界刺激，并通过条件反射做出反应，动作灵活敏捷；第二种，具有存在强度强、平衡性高但灵活性较低的特点，即"安静型"，具有这种神经类型的个体也能迅速接收外界刺激，形成条件反射，但是做出反应的时间较慢，不善于改变，动作比较缓慢；第三种，具有存在强度强但平衡性低的特点，即"兴奋型"，具有这种神经类型的个体很容易对不同事物产生兴趣，行事比较兴奋，容易激动发脾气，但难以抑制这些情绪；第四种，具有存在强度弱的特点，这种神经类型被称为"弱型"，具有这种神经类型的个体对事物的感受能力较强，无法承受强度较大的刺激，胆小。通过这些典型表现可以得出，个体的神经类型是其气质生理机制的表现，即个体的气质是受到神经系统类型影响的一种心理特征，如表 7-2 所示。

表 7-2　不同气质个体的心理表现

神 经 类 型	气 质 类 型	心 理 表 现
强、平衡、灵活	多血质	活泼、灵活、好交际
强、平衡、惰性	黏液质	安静、迟缓、好交际
强、不平衡	胆汁质	反应快、易冲动、难约束
弱	抑郁质	敏感、畏缩、孤僻

3. 托马斯切斯三类型说

托马斯（Thomas，1977）和切斯（Chess，1982）进行了持续 30 多年关于气质的追踪研究，筛选出九个神经生理活动的指标（见表7-3），并根据婴幼儿在这九个指标上的表现，把气质归为容易型、迟缓型、困难型。这三种气质类型只包括托马斯等研究中样本的大部分，还有不能被归入其中任何一种气质类型，而具有这三种气质类型中的两种或三种特点，可归属为交叉型。

表 7-3　托马斯和切斯划分婴幼儿气质的九个指标

名　　称	表　　现
活动度（activity level）	个体在睡觉、吃饭、游戏等领域中表现出的活动量
生理节律性（rhythmicity）	婴幼儿饮食、睡眠、排便等生理机能活动是否有一定的规律性
靠近与逃避（approach/withdrawal）	个体会积极接受新刺激或是逃避新刺激
适应性（adaptability）	婴幼儿对新环境的适应或改变的反应情况
反应强度（reaction intensity）	个体反应外界的刺激需要花费的精力
反应阈限（responsiveness threshold）	引起可辨明反应所需要刺激的最低强度
心境的性质（quality of mood）	开心、快乐与伤心、难过哪种情绪出现频率高
注意的分散性（distractibility）	外部刺激（声音、玩具等）干扰正在活动的有效性
注意广度和坚持性（attention span and persistence）	专注开展某个行为所耗费的时间，以及能否长期专注某活动

- **容易型气质**

容易型气质婴幼儿在饮食、睡眠等生理机能活动上比较有规律，情绪保持愉悦，喜欢游戏，积极回应他人发起的互动，适应新刺激和新环境的能力较强。

- **迟缓型气质**

迟缓型气质婴幼儿在平时活动中比较安静，容易产生退缩行为，对新事物适应缓慢，较难适应外部条件改变，尤其是面对有竞争的事情容易出现不适等。但与其他婴幼儿相比，又表现出较少的非常消极或非常积极的反应和情绪，即反应强度较低。

- **困难型气质**

困难型气质婴幼儿通常存在敌意，时常哭闹，烦躁不安，缺乏日常生活中需要保持的良好习惯，没有养成规律，对新刺激和新事物的接受度比较低，不能够较好地适应环境的变化。

4. 卡根的抑制-非抑制说

卡根通过对婴幼儿长期追踪观察后发现：婴幼儿所具有的气质类型中，唯一不受年龄增长影响的内容是"抑制-非抑制性"，这从侧面体现出"抑制-非抑制性"大概率属于婴幼儿气质的本质内容（Keagan，1987）。基于此，卡根将婴幼儿的气质类型分为抑制型与非抑制型。

- **抑制型气质**

此类婴幼儿面对陌生情境时，会表现出敏感、拘谨，产生退缩行为并停止他们正在进行的活动，躲回到母亲身边或离开陌生的环境。抑制型婴幼儿主要的特性是：拘谨、克制、谦虚与礼让。

- **非抑制型气质**

这类婴幼儿在开展某种活动时，不会受到陌生人靠近的影响，反而积极与陌生人亲近互动。因此，这类婴幼儿的主要特性正好与抑制型婴幼儿相反，即开朗大方、洒脱、自如，但急躁。

5. 巴斯的活动特性说

巴斯和普罗敏以婴幼儿表现出的不同行为为基础，将婴幼儿的气质类型分为情绪型、活动型、社交型、冲动型（Buss and Plomin，1984）。

- **情绪型气质**

情绪型气质婴幼儿跟其他类型的婴幼儿相比较，容易对细致的厌恶型刺激表现出情绪，并且短时间难以平静下来。这类婴幼儿的恐惧水平会随着愤怒水平的增高而降低。有相当数量的情绪型婴幼儿经常表现出害怕的情绪，但不会表露出悲伤和愤怒的情绪；而也有部分情绪型婴幼儿会表现发怒的情绪，与此同时，基本不会表露出恐惧和难过的情绪。

- **活动型气质**

这类婴幼儿往往是在探索外部世界以及做大肌肉动作，他们比较喜欢做运动性强的动作。这一类型的婴幼儿中有一部分婴幼儿会比较骄横，常与他人发生矛盾；而另一部分婴幼儿往往喜欢做刺激性强并且有利于开发大脑的、温和没有攻击性的游戏。相较于其他类型的婴幼儿，活动型气质婴幼儿在与他人相处时，更容易引起冲突，从而引发成人介入游戏，或限制，或干预其行为。

- **社交型气质**

顾名思义，社交型气质婴幼儿喜欢社交，即喜欢与不同的人交往，讨厌一个人独处，在社会交往中表现得最为积极向上。社交型婴幼儿希望得到家庭成员，甚至是所有人的接纳。需注意，他们过于积极的态度有可能会遭受拒绝，使其面临挫折，这无疑会对婴幼儿的发展起到阻碍作用。

- **冲动型气质**

这类婴幼儿不论在什么样的活动、场景或者是事件中，都比较冲动，难以控制自己的情绪，与此同时，这种情绪也比较容易转移、改变或者消失。总而言之，这类婴幼儿的行动与情绪都表现出不稳定、冲动、多变的特点。

（二）婴幼儿气质的发展特点

关于婴幼儿气质发展的研究，长久以来，不同研究者对气质的特性都有各自的描述，综合已有的研究，可以发现，婴幼儿气质的发展具有以下几个特点。

1. **遗传性**

研究发现，气质与人的神经系统有紧密的关联，据此，有研究者指出：相较于其他的心理现象，气质与遗传的联系更为密切。格赛尔通过对双生子的研究指出，同卵双胞胎的气质相比于异卵双胞胎的气质更相近，即便将同卵双胞胎与异卵双胞胎放在两种不同的环境（包含生活环境与教育环境）下培养，其气质特点基本保持不变，无太大变化。

2. **相对稳定性**

气质与性格、能力等其他心理特征相比，发展速度较为平稳，更具有稳定性（Gesell，1954）。通过对双生子的追踪研究指出，双生子气质发展几乎一致，而且在成长过程中气质的变化较小（Buss and Plomin，1975）。通过采用家长报告的调查指出，气质的显著特征之一就是其发展的连续性，1～12个月婴幼儿的气质呈现稳定的持续上升的状态。

3. 具有一定的可变性

即便有大量的研究表明，婴幼儿的气质具有稳定性，但是，由于婴幼儿的心理活动与神经系统均处于迅速发展变化的时期，具有高度的可塑性。在不同的环境以及不同的教育下，气质在一定程度上可以发生改变。这在已有的研究中已被证实。此外，卡根（Keagan，1987）等人在其研究中也指出：20 个月时，具有非抑制型气质的婴幼儿改变不大，具有抑制型气质的婴幼儿降低抑制性的概率超过一半。还有研究表明，相较于静心乖巧气质的婴幼儿，秉持着易急躁气质的婴幼儿日后反而具有更高的抑制性。由此可见，环境及教育对婴幼儿的气质有较明显的影响。

（三）父母养育与婴幼儿气质的拟合优度模型

心理学家托马斯和切斯（Thomas and Chess，1970）通过拟合优度模型来阐明婴幼儿生来具有的气质特性是以何种方式与周围环境结合并对个体的发展产生影响的。该观点强调对儿童气质的抚养环境，鼓励更具有适应性的环境；且家长的养育方法是否遵循婴幼儿所具有的气质类型是影响其形成不同气质的关键因素。该理论模型可以解释为何那些适应困难的儿童，在日后存在适应不良的高风险。这类婴幼儿在出生之后，往往不能受到父母细心的照料，父母对于他们的需求没有做到很好的察觉与满足，与此同时父母往往用动怒的、惩罚性的规定命令儿童，受到儿童反抗又不服从的回应。此类家长的教养方式不同于婴幼儿气质类型的现象，被称为"拟合劣化"。相类似的情况还包括，母亲想给孩子建立一种秩序，但婴幼儿缺乏这种秩序感，从而造成母子之间的诸多矛盾冲突。与之相对的是，当家长主动热情地加入到婴幼儿的游戏中时，能够更好地引导婴幼儿学会如何调节自己的情绪。

通过拟合优度模型，我们不难发现，个体的气质是无法用好坏来衡量的，每个人都会有独特的气质类型。在婴幼儿成长早期，父母所提供的教养环境对婴幼儿气质的发展至关重要。作为父母，理解孩子、为孩子的成长提供适宜的环境和支持，是促进儿童长远发展的不可缺少的宝贵动力。

三、婴幼儿的亲子依恋

（一）依恋理论

鲍尔比（Bowlby，1951）是研究人类依恋的早期工作者。他认为依恋

（attachment）是对特定人物强烈而深刻的情感联结。当婴幼儿与特定的人存在稳定而安全的依恋关系时，依恋对象既能够支持儿童自由地探索世界，也能为受伤的儿童带去抚慰。关于依恋的相关理论从不同角度阐释了依恋的产生，尽管这些理论并不能完全解释依恋的产生，但都有其重要意义。

1. 精神分析学派

此派别最早的研究者从动物父母及其幼崽之间的联结理解依恋，认为父母为幼崽提供食物和其他必要生理需要的能力是依恋产生的基础。例如，精神分析学派的弗洛伊德指出，口腔期的婴幼儿通过吮吸等活动获得满足，母亲则通过母乳喂养满足婴幼儿此时的需要。因此，口腔期是儿童形成对母亲依恋的生命最初阶段。精神分析理论强调了婴幼儿与早期养育者的互动对其依恋产生与发展的重要性。

2. 学习理论学派

学习理论认为，当喂养满足了婴幼儿的基本生理需要时，会引发其积极的情绪反应，增进养育者对婴幼儿的喜爱，继续提供令婴幼儿感到舒适的刺激。当婴幼儿将舒适的感觉与养育者的存在联系在一起时，养育者本身对于婴幼儿有了区别于他人的次级强化物的地位，依恋因此产生。然而，仅仅只是对食物等的生理需要无法解释依恋的形成。心理学家哈洛（Harlow，1958）进行了恒河猴实验，实验中有一只冰冷的但提供食物的铁丝做的铁猴子，和一只没有食物但柔软温暖的用布做成的布猴子（图 7-2）。实验结果表明，幼猴更多时间都在抱着布猴子，铁猴子只是食物的来源。哈洛指出，与温暖的布猴子接触可以给幼猴提供安慰。

图 7-2 哈洛的恒河猴试验

3. 认知发展学派

认知发展学说秉持着这样的观点，即婴幼儿形成依恋的前提是其认知水平已经发展到足够的程度，比如必须具备识别记忆能力和获得客体永久性。前者指婴幼儿具有区分特定人物和其他普通个体的能力；后者则意味着婴幼儿不会认为依恋对象离开视野就不存在了。

4. 习性学理论

动物习性学家洛伦茨（Lorenz，1965）研究得出，新生幼鹅会模仿并尾随看见的第一个移动物体，这种倾向被称为印刻（imprinting）。受洛伦茨的启发，鲍尔比提出，婴幼儿依恋的产生源于人类的进化（Bowlby，1969）。因为依恋可以保证婴幼儿安全存活和发展的能力，由此可见依恋关系的建立可以有利于这一物种的存活。婴幼儿的脸部特征和反射反应，如吸吮反射和抓握反射等，有利于从其他人那里获得积极的注意，从而促进其社会依恋。除此之外，养育者和婴幼儿日常同步性互动对依恋的形成十分重要。随着父母能够越来越准确地理解婴幼儿发出的信号，吸引和维持其注意，婴幼儿也慢慢了解自己父母，知道如何吸引其注意力，安全依恋逐渐发展。然而，许多父母和婴幼儿之间无法形成同步性的互动，导致了不安全依恋的发展。

5. 蓄杯理论

有学者（Cohen and Lampe，2011）就依恋关系提出"蓄杯理论"。孩子内心有一个需要不断蓄水的杯子。当孩子情绪低落、身体疲惫的时候，就需要有人安抚和照顾，这时他的水杯就空了，需要重新蓄水。而孩子的依恋对象（父母、祖父母等）就是大蓄水池，孩子每一次探险都从蓄水池出发，而后返回蓄水池休息和储水。随着孩子年龄的增长，他们的探险范围越来越大。情绪的波动可能会让孩子的杯子洒出一些水，日常生活里的不安、挫折和创伤，可能让杯子几乎变空。当孩子杯子将空时，不同父母的回应方式不同。安全型依恋孩子的照护者随时都会把杯子蓄满。如果父母对孩子打骂、严加处罚，会使孩子的杯子空得更快；如果大人用不予理睬或者虐待的方式对待孩子，会将孩子的杯子打碎。安全型依恋的孩子，总能让杯子保持蓄满状态，他们只需要想想照顾自己的大人，就能把杯子蓄满；也可以从同伴和兴趣中，甚至在掌握新知识的过程中，自己蓄满杯子。但杯子永远装不满，或者杯子被打碎且没有修复的孩子可能总是一脸的冷漠，或变得非常忧郁，变得充满恶意。回避型依恋的孩子清楚地知道自己需要蓄杯，但明白自己无法得到，所以他们就直接盖上杯盖以免杯中水一滴不剩，但同时别人也难往其中添水。对于反抗型依恋的孩子，杯子将空的感觉会让他们坐立不安，但是他们的急躁只会减少蓄杯的可能性。

（二）依恋的形成和发展

有学者（Schaffer and Emerson，1964）对苏格兰一组婴幼儿进行了历时 18

个月的追踪，研究在不同情境中婴幼儿与特定对象分离时产生的反应。依恋形成的判断依据是婴幼儿是否总是抗拒与某个人分离，婴幼儿依恋的形成和发展要经历以下几个时期。

- 非社会性阶段（0～6周）：此时期的婴幼儿不存在固定的喜好，针对不同类型刺激作出的反应都差不多，且此阶段的婴幼儿不常出现抗拒行为。尽管此时的婴幼儿已经能够辨认母亲的气味和声音，但由于此时婴幼儿仍未区分人际关系中的主客体，婴幼儿还不介意被留在陌生人身边，处于6周龄的婴幼儿已经对某些社会刺激表现出偏好。
- 未分化的依恋阶段（6周到6个月或6周到7个月）：此时期的婴幼儿偏爱社会性刺激，但是没有出现对某种事物的依恋行为。虽然出生半年内的婴幼儿已经展现出有选择的社会性微笑，但只要有人关注都能使婴幼儿保持愉悦的情绪，不过熟悉的养育者能够更有效地安抚婴幼儿。研究表明，出生120天左右的婴幼儿渐渐对熟悉的人和陌生人做出不同反应，但此时陌生人的靠近不会引发婴幼儿的哭闹行为。
- 特定的依恋阶段（7～9个月）：在这个阶段，婴幼儿与某个日常养育者（一般是母亲）形成了最初的真正意义上的依恋，因为7个月后的婴幼儿获得了客体永久性，自此之前婴幼儿难以与那些注视时间短的人或事产生依恋。但从此时开始，他们会在与熟悉的人分开时表现出焦虑、抗拒的情绪。出生半年后的婴幼儿会对陌生人的靠近产生恐惧心理；8月龄的婴幼儿怯生程度越来越高。
- 多重依恋阶段（9～18个月）：刚刚形成依恋关系之时，除去最主要的依恋对象，婴幼儿也可能会对其他某个亲密接触者或养育者产生依恋。处于此阶段后期的婴幼儿至少都有两个以上的依恋对象，如果依恋对象消失不见，婴幼儿会表现出明显的分离焦虑，分离焦虑的出现不仅取决于当前的情境，还取决于婴幼儿的气质。
- 双向关系的形成（18个月到3岁）：施卡福和埃莫森只研究了0～18个月婴幼儿依恋关系的发展，但有学者（Bowlby，1980）认为依恋的形成还会经历第五个阶段。这个阶段的婴幼儿提升了唤起记忆和对可能事件产生未来表征的能力，还提升了应对事件的现在状态与未来表征之间不一致所导致的不安而产生交流性反应的能力。换言之，随着表征能力的提升以及与父母在一起的时间增加，儿童能更好地理解父母要去哪儿、什么时候回来，这都有助于儿童忍受父母的离开，并且开始试着通过请求和说服来改变依恋对象的去留。例如，有些儿童在父母离开之前会要求他们讲个故事。

研究者发现经过这五个阶段的经历，婴幼儿与养育者建立起一种稳定的依恋关系。安全依恋关系中的婴幼儿和其依恋对象能够形成和睦的联结，这种联结为婴幼儿勇敢探索未知提供了有效的情感支撑。在与依恋对象相处的过程中，每个儿童都会根据自己日常需求被回应的速度和方式逐渐形成对自我、他人及其关系的心理图像，即内部工作模式（internal working model），用来产生对人际关系的期望及解释事件。在个体发展过程中，内部心理作用模型成为人格的一个重要部分，指导着婴幼儿未来的亲密关系。

（三）多重依恋

鲍尔比（Bowlby，1980）认为婴幼儿生来倾向于对某一个人形成单一依恋，特别是在焦虑和不开心的时候，婴幼儿通常会选择母亲的安慰。但在9个月之后，婴幼儿能对身边许多亲密接触者形成依恋，不仅是母亲，还会与父亲、兄弟姐妹、祖父母和专业保育人员等，在不感到痛苦的时候，他们接近父母的偏好是一样的。

- 父子依恋：对于很多婴幼儿来说，父亲充当了特殊的玩伴角色。与母亲不同的是，父亲会与婴幼儿一起玩更具刺激性和兴奋性的身体游戏，对儿子尤其如此。通过刺激性和惊险的游戏，父亲帮助婴幼儿做好自信去探索不熟悉的环境的准备。在日本文化中，对于长时间上班无暇照料婴幼儿的父亲而言，游戏是父亲和婴幼儿建立安全型依恋的重要途径。在西方国家，由于女性就业和男女平等的文化价值观的逐渐渗透，在家庭中父亲不再是玩伴，父亲照顾婴幼儿的时间高达母亲的75%，平均每天3.5小时。
- 祖孙依恋：当下大多数婴幼儿都是由爷爷奶奶等祖辈来帮忙教养长大的，因此形成安全的祖孙依恋也是照护者应当关注的重点。

当婴幼儿形成多重依恋关系之后，婴幼儿对不同对象的依恋关系可能不同。鲍尔比认为某个主要的依恋对象对儿童的发展有主导影响，以至于其他养育者的影响可以忽略不计。然而，随着社会经济的变迁，大多数家庭的育儿方式都发生了很大变化。目前对于依恋关系对儿童发展的影响，有些研究者认同母婴依恋对幼儿依恋有主导作用，有些研究者认为不同依恋关系在儿童发展的不同方面各自起着作用。

（四）"陌生情境测验"与依恋类型

发展心理学家安斯沃斯（Ainsworth，1973）及同事发展了由系列阶段性情景构成的"陌生情境测验"（图7-3），用以区分不同强度的母婴依恋类型。实验设置的最关键情景是：与母亲的短暂分离、再会和与陌生人相处。根据出生1～2年内的婴幼儿在不同场景中的活动、与母亲分离再见、对不熟悉的人的态度，依恋的类型被分为以下四种类型，第四种依恋类型为近年来依恋研究的补充。

图7-3 "陌生情境测验"示意图

- **安全型依恋**

这类婴幼儿把母亲视为安全基地。具体来看，在陌生情境中，当母亲在身边时，这类婴幼儿就能够独自地探索环境，偶尔回到母亲的身边。如果发现母亲不见了，这类婴幼儿会表现出难过、着急的情绪，但是当母亲再次出现在他们眼前时，他们不会生母亲的气，而是会马上移动到母亲身边与其亲近。这类婴幼儿会对陌生人表现出一定程度的害怕和戒备，但也会尝试靠近，表现出友好的态度，安全型依恋婴幼儿在实验中超过50%。

- **回避型依恋**

这类婴幼儿并不寻求接近母亲，对母亲的离开也表现得漠不关心。事实上，当依恋对象离开时，这些婴幼儿心理评价的各项标准都展现出此时他们的内心充满了浓浓的悲伤情绪。当母亲再回来时，他们似乎在回避母亲，被抱时会挣扎。他们对陌生人的反应与对妈妈的反应相似。该类婴幼儿在实验中占被试婴幼儿的20%。

- **矛盾型依恋**

矛盾型依恋也称反抗型依恋，当母亲在场时，这类婴幼儿表现出无法离开母亲独自去探索的现象，且不论母亲是否在场，这类婴幼儿总是表现出焦虑的情绪。这种情绪强度会随着母亲的离开而增强。而当母亲回到身边时，他们表现出矛盾的反应，即又展现出想要靠近母亲的倾向，同时会着急地对母亲发脾气。在陌生情境中，这类婴幼儿难以靠近陌生人，待人消极被动。该类婴幼儿在实验中占被试婴幼儿的15%。

- **混乱型依恋**

这类婴幼儿在陌生情境中表现得十分压抑，无法决定接近或回避，或许是这几种依恋类型中安全型最低的一种类型。这类婴幼儿在与母亲重聚时会展现出前后差别的表现。当母亲回来时，他们会靠近母亲但不看她，或最初似乎表现出平静，后来却号啕大哭，表现得十分愤怒和伤心。研究发现，混乱型依恋的婴幼儿在暴露于压力时会表现出矛盾状态。

（五）依恋的影响因素

1. **婴幼儿特征**

气质会制约婴幼儿反应方式和活动水平，进而影响婴幼儿对依恋对象和陌生人的态度和行为。容易照看型气质的婴幼儿，易与母亲亲近，情绪不佳时易接受安慰；难以照看型气质的婴幼儿，不亲近母亲，不易抚慰。此外，早产、分娩并发症、新生儿疾病都会使婴幼儿的养育更困难。

不同婴幼儿的养育难度不同，实质上是不同婴幼儿的养育需要各有差异，如果养育者愿意耐心回应婴幼儿的特殊需要，积极对待婴幼儿，婴幼儿都能顺利对其形成依恋。一项对0～2岁婴幼儿的追踪研究发现，难以照看型气质的婴幼儿的母亲往往是非常焦虑的，到婴幼儿2岁时经常会出现母亲不敏感、婴幼儿不安全的不和谐关系。一般而言，依照孩子特定的气质特征，高敏感的养育者能够及时调整养育方式。

2. **养育态度和方式**

父母的教养态度和方式对依恋形成有影响，且母亲对婴幼儿需要和愿望的敏感性显著影响其依恋形成的类型。敏感的养育指对婴幼儿做出迅速、一致、恰当的反应。敏感型养育在一定程度上能够预测婴幼儿会形成安全型依恋。相反，不恰当的回应都有可能预测婴幼儿的非安全型依恋。父母心智化指父母从精神层面思考自己和婴幼儿行为的能力。心智化程度高的父母更倾向于对婴幼儿采取敏感的养育行为，进而影响婴幼儿依恋安全和社会情感发展。根据科恩（Cohen，2011）的"蓄杯理论"，高敏感的养育者能够及时感知到孩子的杯子将空并为他们续杯，及时回应儿童的需求。有效的亲子联结应当是家长在日常与孩子的生活中持续为孩子续杯，而非一次性加满水杯。

除了及时、恰当地回应，养育者和婴幼儿情绪状态的匹配也十分重要。出生28～63天的婴幼儿会对母亲的脸具有浓厚兴趣，并刻意关注她；出生60～90天的婴幼儿能够理解难度低的事件。3月龄的婴幼儿在注意状态时，开始能够回应母亲对她的笑，并期待得到相匹配的回应。当这种社会期望遭遇冲突时（例如，在实验情境中，当得到父母消极的回应时），2～6个月的婴幼儿的笑容很快就消失，情绪变得低落。总体来看，能和婴幼儿形成安全依恋的母亲具有以下特征（见表7-4）。

表 7-4　安全型依恋婴幼儿的母亲特征

特　征	描　述
敏感	对婴幼儿的信号做出迅速、恰当的反应
积极态度	对婴幼儿表现出积极的关爱
同步性	与婴幼儿建立双向、默契的交往
共同性	在交往中和婴幼儿共同注意一件事
支持	对婴幼儿的活动给予情感支持
刺激	对婴幼儿给予适当刺激，引导婴幼儿的行为

与安全型依恋的婴幼儿相比，回避型依恋的婴幼儿的养育者一般有两种类型：一是以自我为中心的、不回应甚至拒绝婴幼儿的需求；二是没有结合婴幼儿具体情况来确定养育方式的。婴幼儿期形成的依恋关系模式可能改变。尽管婴幼儿形成的对自己和他人的内部工作模式比较稳定，但并不是一成不变的，当母亲经历着抑郁、重病、婚姻危机等时，这些都会显著改变母亲和婴幼儿的互动关系，继而影响母亲与婴幼儿的依恋关系。许多研究表明，为促进婴幼儿多方面的发展，父母需要持续对婴幼儿保持敏感的养育方式。

3. 养育者的依恋关系

养育者的内部心理作用模型可能影响婴幼儿的依恋关系。以母亲作为依恋对象为例，在西方国家做的几个研究发现，对于正视自己的童年经历的母亲，她们的孩子通常形成了安全型依恋。相反，那些否认早期人际关系的意义，或痛苦地回忆童年的母亲，她们的孩子通常形成非安全型依恋。母亲和婴幼儿有着各自的依恋模式。而母亲和婴幼儿之间可见的互动，连接了二者的主观世界。例如，当一个孩子反复寻求母亲的关注，但一直被母亲忽略时，这个特定事件会激活二者主观事件中的主观体验，用特定的视角看待当前正在发生的事件。这个事件可能会激发起母亲与孩子外婆的互动记忆，这可能决定了母亲是如何看待自己孩子的关注需求以及以如何回应的。总的来说，母亲自身的经历会影响其与孩子互动的主观体验，进而影响其与婴幼儿的依恋关系。也有研究表明，母亲产前测量的依恋关系，在一定程度上能够预测子女和他们建立的依恋类型。

（六）依恋对个体后期发展的影响

1. 依恋对认知发展的影响

婴幼儿时期形成依恋关系的安全性与其元认知技巧的关系密切。具有安全型依恋的婴幼儿，一般形成了积极的内部工作模式，能够对人际关系有积极的期望以及通过更积极的态度解释事件。从"安全基地"出发，他们能够大胆独立地探索世界，因此好奇心比较强，学习的自主性比较高。此外，他们在制订行为计划时更可能得到有力的社会情绪支持，能够用内部语言调节自我行为，在解决问题的过程中更可能采用整体策略，且能力水平较高。其他研究表明，他们更倾向于进行更复杂和具有创新性的象征游戏。

2. 依恋对社会性发展的影响

婴幼儿时期形成依恋关系的安全性与其社会适应的关系密切。与形成安全型依恋的婴幼儿相比，非安全型依恋的婴幼儿形成的是对人际关系低期望的内部工作模式，因此他们在遇到问题时倾向于使用个别策略，较难参与到集体活动中。特别是混乱型依恋的孩子进入学校后，在与同伴交往中更可能表现出敌意和攻击行为，从而遭到同伴的排斥，社会适应性较差。而安全型依恋的婴幼儿，对陌生人的适应更快，也更容易对母亲以外的人产生信任感。他们的情绪、情感也更加积极，对同伴的需求和情感更加敏感，因而在同龄人中更具吸引力，被同伴拒绝的可能性较低，更容易形成良好的同伴交往关系。但是有学者称，安全型依恋的婴幼儿不一定比非安全型依恋的婴幼儿发展得好。这是因为婴幼儿期形成的依恋关系模式可能会改变，也可能因为在不同环境中，不同依恋类型的儿童所占比例不同，如果周围婴幼儿多数是同种类型的依恋，那么可能不论是何种非安全型的依恋关系都是适宜的。

四、婴幼儿的同伴关系

同伴一般指有相同的地位，或至少有着相同或相近社会认知能力、行为复杂程度的其他个体。同伴关系是个体心理发展最重要的人际关系之一，与亲子、师生之间形成的垂直关系不同，同伴关系指同伴通过交往、互动，建立和发展起来的一种平等的关系。

（一）同伴交往的发生和发展

出生30天左右的婴幼儿就展现出喜欢注视其他婴幼儿的倾向，出生半年后不同婴幼儿之间会产生简单的互动行为。此时婴幼儿看上去经常有意朝向他们的小伙伴，并对小伙伴发出声音、微笑、递玩具等。大部分都是由一方婴幼儿开始这些社交活动，往往不能得到其他婴幼儿的回应。如果这些活动得到其他婴幼儿的回应，那么婴幼儿之间的相互影响作用就形成了。

12~18个月的婴幼儿开始出现"社交指向行为"。具体来看，婴幼儿开始明确对同伴有所注意并做出各种行为，期望吸引他人的关注，且最后真的能够引发同伴的反应。这些行为包括微笑和大笑、说话、模仿、交换玩具、身体接触、共同游戏等。除此之外，婴幼儿开始有了更复杂的社会性交流，在交流中出现轮流交替的现象。不过，关于这一阶段同伴之间是否存在真正意义上的社会互动尚有争议，因为12~18个月的婴幼儿似乎常常把同伴看作能够控制其反应的玩具。

16~18个月是幼儿社交能力的分水岭。约18个月时，大部分婴幼儿都能与同龄伙伴和谐地交往，这是明显的社会性交往。随着年龄增长，婴幼儿开始彼此模仿，并从中得到极大乐趣，模仿是一种通过接触进行学习的方式。

20~24个月时，婴幼儿语言的发展促进其人际交往。婴幼儿经常向游戏同伴描述自己正在进行的活动（"我摔倒了！""我也是，我摔倒了"），或试图指导玩伴扮演的角色（"你进到玩具室去"）。这种协调的社会性言语有利于婴幼儿认识到自己和同伴都是独立的个体，并且能够能动地协调自己的行动以实现目标；同时有利于婴幼儿扮演互补角色，如婴幼儿"捉人游戏"中的追赶者和被追赶者。约2岁时，比起单独游戏，婴幼儿更倾向于与同伴进行社会性游戏，与母亲的交往明显减少。

2~5岁的儿童，不仅更加乐于人际交往，而且交往对象不再局限于熟悉的人。比起年长儿童，2~3岁的婴幼儿更倾向于向成人寻求身体的亲近。

（二）同伴游戏

有学者（Parten，1932）以社会性水平为基准，将婴幼儿之间的游戏分为独自游戏、旁观游戏、平行游戏、联合游戏和合作游戏，如表 7-5 所示，随着儿童年龄增长，各个阶段占主导的游戏类型不同，游戏的社会性交往程度越来越高。

表 7-5　不同的游戏类型及其行为表现

游戏类型	行为表现
独自游戏	独自玩，大部分时间没有目光接触
旁观游戏	在其他儿童周围徘徊，有目光接触，观看游戏但不打算参加
平行游戏	在一起玩，彼此互不影响彼此活动
联合游戏	分享玩具，交换材料，但每个人都专心于自己的游戏，没有合作
合作游戏	能够合作、实现共同的目标

20 世纪 90 年代，豪斯和马瑟森（Howes and Matheson，1992）对婴幼儿的游戏活动进一步观察得出，游戏复杂水平在很大程度上受年龄影响，会随年龄增长而提高。他们将婴幼儿的游戏划分为以下几个阶段。

- 平行意识游戏阶段（大约 2 个月出现）：偶尔彼此注视。
- 平行游戏阶段（6～12 个月）：进行相似的活动，但彼此没有社会性行为。
- 简单社交假装游戏阶段（12～24 个月）：在进行相似的活动中，开始出现共享玩具，同时游戏中出现微笑等简单的互动行为，在躲猫猫等简单的社交游戏中进行行为角色的互补。
- 互补和互惠游戏阶段（2.5～3 岁）：开展角色扮演游戏，具有角色互补的特点，但并不提前确定游戏中各种角色存在的作用和游戏开展的方式。
- 合作性的社交假装游戏阶段（3 岁以后）：在游戏开始前主动规划游戏内容，提前确定每个角色的作用和名称，会在游戏进行中随时修改内容。

五、婴幼儿的自我意识

（一）婴幼儿"主体我"和"客体我"的分化

美国心理学家詹姆斯（James，1891）在认识论的范畴中提出自我包含认识者和被认识者，自我包括"主体我"（I-self）和"客体我"（me-self），两者统一于个体。

1. 婴幼儿自我认识发展的阶段

哈特在詹姆斯理论的基础上提出了婴幼儿自我认识发展的五个阶段（Hatter，1983）。其中月龄为 5～15 个月婴幼儿处于主体我阶段，月龄为 15～24 个月的婴幼儿处于客体我阶段。

- 无我状态（5～8 个月）：此月龄的婴幼儿喜欢看镜子里的物体。具体表现为会长久关注、想要靠近并与镜像有肢体接触。由于此时婴幼儿处于主体我阶段，因此他们不能分辨自身和其他人的镜像。
- 初步的主体我（9～12 个月）：此月龄的婴幼儿已经意识到自身是行为的发起者，能够在镜子前做不同的动作。
- 发展的主体我（12～15 个月）：此月龄的婴幼儿已经能体会自身发出的动作和镜像画面之间存在联系，且还能区别他人和自己的行为。这说明此时婴幼儿能够区分个体和他人。
- 初步的客体我（15～18 个月）：此时，婴幼儿对自己角色的认知逐渐从主体过渡到客体，且能够更深刻地意识到主体和客体的区别与联系。
- 发展的客体我（18～24 个月）：此时的婴幼儿对自身的独特性有了更清晰的认知，并具有从客体中认知自己的能力。同时，婴幼儿的性别认同开始稳固，开始意识到同其他客观实体一样，自己作为一个客观实体可以被归类成男孩或者女孩。
- 现在自我再认（2～3 岁）：已经掌握自我再认的能力，但局限于"现在的自我"的范围，他们理解不了自我的恒定实体性，感受不到当前与过去事件的关系。例如，让婴幼儿在延迟 2～3 分钟的录像或照片中第一次看到自己头顶上被悄悄放了一个颜色鲜艳的小棍，他们要等到 3.5 岁后才会寻找小棍。
- 扩展自我（3 岁以后）：获得"扩展自我"，知道近期发生在自己身上的事情和自己当前状态有联系。例如，"现在自我再认"阶段实验任务中，一个星期前录像中在他们头顶上的小棍现在不会还在，因为时间过去太久了。

有学者（Lichtenberg，1983）指出，客体我和心理与行为图式协调的能力使得婴幼儿超越了即刻体验阶段，能够"思考"或"想象"他们的人际生活。换言之，18 个月后的婴幼儿不仅拥有分享对人际间世界的认知和体验，还拥有能够在想象或现实中对人际世界认知和体验加以处理的心理机制与操作。此阶段的人际间互动不仅涉及当下的现实，而且能够涉及过去的记忆和完全建立在过去基础上的对未来的期望。父母在生活中对婴幼儿个体的描述和评价以及提供婴幼儿描述发生在自己身上经历的机会，有利于婴幼儿发展自我历史感，产生对自我跨时间稳定性和持续性的认知。例如，父母往往会给婴幼儿一些描述信息（"你还是个小孩子""你真是个聪明的孩子"），或者对婴幼儿的行为做出评价（"聪聪你不应该说谎""姐姐不应该跟弟弟抢玩具"）。又如，父母还和婴幼儿一起聊一些有意思的事。比如说，去游乐园，在这种交流中，婴幼儿一般会问："上周我们去了哪儿？"这些交流让婴幼儿能够将自己的经历按叙述故事的方式组织起来，在回忆这项事件时便因为是发生在"我"身上的，而具有了个人意义。

2. 点红鼻子实验

有学者（Amsterdam，1973）通过"点红鼻子实验"研究婴幼儿的自我再认。趁婴幼儿没有注意时在其鼻尖涂上红点。如果婴幼儿具有自我面孔的图式，就能认出镜子中的自己，也会注意到新出现的红点而去擦鼻子。阿姆斯特丹研究了88名出生2年内的婴幼儿。他观察得出，部分15~17个月的婴幼儿已经表现出自我再认，大部分20~24个月的婴幼儿能够触摸自己的鼻子，这说明他们已经形成了意义性的自我认知。除了"点红鼻子实验"，路易斯（Lewis，1979）还通过让婴幼儿观看录像和相片的方法进一步研究了婴幼儿的自我意识。实验提出婴幼儿通过以镜像与婴幼儿动作、身体特征一致的线索认识自我形象。路易斯和阿姆斯特丹均认为，出生1年以内，婴幼儿无法产生自我感知，还不具备主体我的认识能力。

凯乐比较了集体主义、个体主义，以及个于二者之间的文化下的抚养方式与婴幼儿自我再认（Keller，2004）。研究显示，集体主义文化下的母亲强调依赖，其18~20个月的孩子在点红鼻子实验中自我再认的成功率较低；个体主义文化下的母亲强调自主，其18~20个月的孩子更易自我再认；介于二者之间文化的母亲，其孩子自我再认的成功率也介于二者之间。

（二）婴幼儿自我控制的出现与发展

自我控制是婴幼儿依据不同环境管理和调整自我行为的能力，是自我意识的执行方面。研究表明，婴幼儿逐渐稳定的自我觉知是自我控制发展的基础。除此之外，表征和记忆的能力是自我控制的前提条件。若婴幼儿无法回忆起照护者对自己的要求，就无法据此控制自己的行为。较多学者提出，婴幼儿在出生1~1.5年，其自我控制能力开始逐步发展，他们开始能够猜测养育者的期望，并能遵守其简单的指示。也有研究者认为，这种能力在婴幼儿出生0.5~1年间就已经开始发展，在这一阶段婴幼儿的注意机制也逐渐完善。

1. 对自身动作运动的有意控制的发展

美国神经心理学家莱士利（K. S. Lashley）认为，在由肌肉群执行之前，所有随意（横纹）肌的非反射动作都有一个预先的发动计划。尽管这个发动计划通常在意识之外，我们仍预期自己身体按照计划去动作。当动作在执行前被压制或由于某种原因未能触发，导致与原来计划不符时（例如，拇指没有放进嘴巴而是戳到脸颊上），这个计划的存在立刻能进入意识。婴幼儿出生后1个月，发动计划开始存在，伴随着手口技能、注视能力和吸吮能力的展现。4个月的婴幼儿，开始能够控制手指的位置、手掌的张开程度匹配要抓的物体，能伸手去拿特定大小的物体。在接近物体的途中，婴幼儿调节、控制手的动作与看到的但尚未触碰到的物体大小相适应。除此之外，对自身动作运动的控制还包括有意抑制。研究发现，2~3岁婴幼儿的行为抑制能力较弱，很难对某种信号无动于衷。除此之外，婴幼儿对自身动作的有意控制还包括根据需要调整自己的活动节奏和速度，比起快速进行某种活动，婴幼儿更难做到缓慢地活动。

2. 认知活动中自我控制的发展

美国心理学家卡根（Kagan，1964）设计了"配对类似图案"的实验，用来确定个体在有疑惑的认知状态下会如何对事物做出反应。最后分为急躁型和深思型，急躁型的特点是反应速度快，正确率低，且自我控制能力较弱；深思型的人则相反。此外，通过延迟满足任务可以研究婴幼儿的自我控制。延迟满足实验指让儿童在做一件喜欢的事情前需要等候一段时间，在等待的过程中能够展现儿童的自我控制能力。结果显示，18个月~3岁之间的婴幼儿在做喜欢的事情之前等待的能力逐渐增加，表现出越来越强的自我控制能力。一些婴幼儿已经开始运用延迟满足的策略来延长自己等待的时间以达成更有价值的目的。例如，在等待时转移注意力以及用语言提醒自己等待等。

3. 影响婴幼儿自控制力发展的因素

神经系统的成熟程度。这直接影响婴幼儿自我控制力的形成与发展。具体来看，当婴幼儿大脑皮质中的复杂皮层慢慢发育时，他们的信息整理过程也逐渐复杂，自我调节水平也逐渐提升。2~3岁婴幼儿的行为抑制能力较弱，也很难让婴幼儿停止正在做的有趣的事情，正是因为此时婴幼儿的大脑皮层兴奋机能占优势，行为更具有冲动性。

父母养育方式。父母对婴幼儿的养育模式会对其自我控制力的形成产生或多或少的影响。总的来看，当父母对孩子有所要求和控制时，儿童的自我控制水平一般较高。高反应低要求和低反应低要求的父母养育的儿童很难在情绪和行为上控制自己。但采取不同模式的控制，孩子会呈现不同的自我控制特征。当父母严厉监督孩子不允许有任何违反时，孩子有过度控制的倾向，如盲从和情绪的自我压抑。当父母给孩子限制较小活动范围时，其孩子可能出现退缩或者攻击性行为。当父母对孩子采取体罚时，会降低其服从程度，无法鼓励其自我控制的内化。此外，父母敏感的养育态度也有利于儿童发展自我控制能力，对幼儿适时、适宜而敏感的反应对其的依从和合作有很大影响。

言语指导。言语可以帮助儿童监督和按要求调节自己的情绪和行为，以便达到目标。儿童在从事活动时常常会自言自语。在延迟满足实验中，儿童能够听从父母有效的言语指导，尝试分散注意力，改善行为。年龄为0～3岁的婴幼儿不能通过语言来调节自身行为，无论是自我言语，还是成人言语。直到5岁，儿童才能通过自我言语恰当地调节自我的行为。随着儿童年龄的增长，成人明确具体的语言才逐渐对儿童起指导作用。

第二节　婴幼儿情绪与社会性发展评价

一、婴幼儿情绪与社会性发展的评价范畴

婴幼儿情绪与社会性发展评价范畴主要涉及婴幼儿情绪、情感发展与社会性发展等方面，具体包括婴幼儿的情绪发展（情绪表达、同理心）、人际交往（依恋关系、同伴关系）、自我意识（包括自我概念、自我控制）等方面。其中，婴幼儿与对其重要的人的积极人际交往深刻影响其情绪与社会性的发展，人际交往是儿童情绪和社会性发展的基础。婴幼儿通过与照护者的日常互动进行学习，这些早期的经历有助于他们建立信任、安全感、同情心和同理心，促进婴幼儿与照护者还有其他婴幼儿形成稳定良性的联结，并帮助他们学会识别、表达和管理情绪。

婴幼儿情绪发展评价涉及婴幼儿情绪表达和同理心等方面。在婴幼儿时期，儿童主要通过语言和非语言的方式来表达他们的情绪、情感。婴幼儿情绪表达能力的发展与他们情绪控制能力的发展息息相关，与此同时，婴幼儿情绪表达能力的发展也十分依赖于照护者对其情绪的识别及帮助。婴幼儿同理心评价指对于婴幼儿理解他人感受和分享他人的情感经历的能力的评价。婴幼儿早期并不具备理

解和分享他人感受的能力，随着年龄的增长婴幼儿逐步发展出同理心。在此过程中，婴幼儿主要通过在社会互动的过程中不断观察和学习，从而进一步理解他人的情绪和情感。

婴幼儿人际交往的评价范畴主要涵盖依恋关系和同伴关系等方面。其中，依恋关系指婴幼儿与其主要照护者之间所形成的一种安全、稳定的人际关系，对于婴幼儿而言，照护者在情感上是有回应的并能够始终如一地满足他们的需求。安全的依恋关系是婴幼儿的积极情感，是社会性情感发展的基础。婴幼儿通常会和一个或几个温暖、敏感、有回应、可靠且能满足他们需求的成年人建立起这种特殊的关系。

婴幼儿自我意识评价范畴主要涵盖婴幼儿的自我概念、自我控制等方面。自我概念评价是有关婴幼儿所表现出的对于自己的想法、感受的意识和能力的评价。自我控制评价是对婴幼儿依据不同环境管理和调整自身行为的能力的评价。婴幼儿对行为的自我控制始于照护者对其需要的满足。婴幼儿与照护者之间安全感的建立，帮助婴幼儿通过成人的行为调节和控制他们自身的行为。

二、婴幼儿情绪与社会性发展的评价指标

（一）情绪发展评价指标

1. 情绪表达评价指标

婴幼儿情绪表达评价是对婴幼儿识别和表达情绪的意识和能力的评价。婴幼儿一出生就通过信号和手势向照护者传达他们的感受和需求，6～8周大时出现的社会性微笑往往是照护者注意到的来自婴幼儿的第一个表情。随着年龄的增长，婴幼儿开始用语言和手势来表达他们的感情。在早期，尽管婴幼儿会表达自己的感受，但对自己的感受并不了解。因此，重要的是照护者要及时识别婴幼儿所表达的情感，并提供合适的应对模式，让婴幼儿知道当感受到某种情绪时该如何做出反应。照护者表达和管理情绪的能力影响着婴幼儿的情绪发展，也影响婴幼儿与他人形成社会关系的方式。成人的示范、榜样为婴幼儿提供了必要的支持，帮助婴幼儿识别自己的情感，并让他们知道如何表达自己，同时学习更好地管理他们不断增长的情绪（表7-6）。

表 7-6 婴幼儿情绪表达发展评价指标

月 龄	发 展 概 述	婴幼儿表现
0～9	通过语言和非语言方式来表达各种各样的情感，并在照护者的帮助下开始发展情绪表达	• 使用面部表情和声音来表达需求，如哭泣、微笑、凝视、轻声细语 • 通过声音和手势表达情感，如尖叫、大笑、鼓掌 • 通过肢体语言和声音表现出不适、压力或不开心，如拱背、摇头、哭泣
7～18	开始有意识地表达一些情绪；在照护者的帮助下，可以扩大他们的情绪表达范围	• 有意识地表达想要的东西。例如：推开不需要的物体；当想要被抱着的时候，伸手去抓熟悉的成年人 • 通过哭泣或向照护者寻求安慰来表达恐惧 • 表现出愤怒和沮丧。例如，当玩具被拿走时哭泣 • 认识并向熟悉的人表达情感。例如，拥抱兄弟姐妹
16～24	经历各种各样的情绪（如喜爱、挫折、恐惧、愤怒、悲伤等）；会冲动地表达和行动，但开始从照护者那里学习如何控制情绪表达的技能	• 通过各种各样的身体、声音和面部表情来表达愤怒和沮丧，如发脾气 • 表示骄傲，如微笑、鼓掌，或在完成任务后说"我做到了" • 试图用一个词来描述对熟悉的成年人的感受 • 在探索环境和与他人互动时表达惊奇和喜悦
21～36	开始通过非语言和语言交流来传达和表达复杂情感；开始运用从照护者那里学到的策略来更好地控制情绪	• 试图用词语来描述感觉和情绪 • 在模仿、角色扮演游戏时表现出不同的情绪。例如，假装悲伤时哭，兴奋时跳上跳下 • 开始表达复杂的情绪，如骄傲、尴尬、羞愧和内疚 • 通过玩游戏来表达情感。例如，因为想念照护者而为他们画一幅画，因为害怕在盒子里藏一个"怪物"

2. 同理心评价指标

婴幼儿同理心评价指对于婴幼儿理解他人感受和分享他人情感经历的能力的评价。婴幼儿在生活中观察熟悉的成年人的行为，是早期他们移情能力和行为发展的主要方式。在早期，婴幼儿并不具备感受和理解他人情感的能力，他们主要通过观察照护者的行为和反应来进行内化和学习。因此，对于成年人来说，为婴幼儿创造一个温暖、关怀和爱的环境，并就婴幼儿和他人互动经历的感受进行交流是十分重要的。婴幼儿首先通过简单的观察和对环境的反应来表现出对他人的意识，包括看在一边哭泣的同伴或对着熟悉的成年人微笑。然后，婴幼儿采取有意的行为激发他人某些反应和情绪，并开始识别自己和他人的情绪。3 岁左右时，婴幼儿表现出对他人情感的简单理解，这种对他人感受的理解和认知对于婴幼儿与同伴建立积极的关系至关重要（表 7-7）。

表 7-7　婴幼儿同理心发展评价指标

月　　龄	发 展 概 述	婴幼儿表现
0～9	开始通过观察别人发出的声音并对其做出反应来建立对他人感受的意识；在这个年龄段结束时，意识到他们是独立的个体	• 观察成人和其他婴幼儿 • 听到另一个婴幼儿哭泣时跟着哭泣 • 回应照护者的互动。例如：当照护者微笑时，会微笑；当照护者摇动拨浪鼓时，会朝照护者看 • 表现出分离焦虑的迹象。例如，当照护者离开房间时，会哭泣 • 通过看面部和手势提示，开始分享简单的情绪。例如，重复让别人笑的活动
7～18	开始识别并对不同的面部和情绪表情做出反应；开始理解特定行为引起他人反应和情绪	• 微笑，试图让熟悉的人也微笑 • 在不确定的情况下，把照护者当作社会性参照。例如，看看照护者的脸，寻找如何应对陌生人或新情况的线索 • 通过观察或靠近同伴，对同伴感到不安的行为做出反应 • 与照护者分享积极和消极的情绪，如分享惊讶、喜悦和失望 • 开始对自己的情绪有更强的意识。例如，说"不"或用手势拒绝，开心时尖叫并继续笑
16～24	开始注意到其他孩子表达的不同情绪，并可能开始对这些情绪做出反应	• 模仿照护者的安慰行为。例如，在同伴难过时轻拍或拥抱他 • 能意识到自己的某些情绪。例如，在悲伤时抓住安慰的东西 • 在游戏过程中表现出对不同情绪和感觉的意识。例如，摇动一个娃娃并轻声说"嘘" • 分享和传达他人的简单情感。例如，说"妈妈悲伤""爸爸快乐"
21～36	开始认为其他人有不同于他们自己的感受	• 交流其他孩子可能的感受和原因。例如，一个同伴因为他的玩具被拿走而悲伤 • 对处于困境中的孩子做出反应，试图让他感觉好一些。例如，拥抱正在哭泣的孩子，说一些安慰的话，或者分散他的注意力 • 分享并表现出对同伴感受的情感反应。例如，可能会对一个受伤的孩子表示关心，或对一个高兴的孩子微笑

（二）人际交往评价指标

1. 依恋关系评价指标

依恋关系指婴幼儿与其主要照护者之间所形成的一种安全、稳定的人际关系，对于婴幼儿而言，照护者在情感上有回应，能够始终如一地满足他们的需求。依恋关系首先包括通过及时的、积极的回应来满足孩子的基本需求，如果这些需求一直得到满足，基本的信任就会产生。当婴幼儿开始爬和走时，他们会把他们的依恋对象作为探索环境的安全基础。他们可能会爬行一段时间，停下来，然后爬回他们的依恋对象身边。一旦孩子感到安全，他们就会继续探索环境。依恋关系的一个正常部分是分离焦虑，当孩子和他们的依恋对象身体上产生分离情况时，就会出现分离焦虑。安全型依恋的孩子在分开时会想念他们的照护者，并对于他们的重新出现感到快乐。随着婴幼儿的成长，他们对直接的身体接触的需求会减少；相反，他们会使用其他技能，如语言、眼神交流和手势来保持与他们的附近人的联系。即使掌握了这些新的社交技能，婴幼儿还是坚持追求和依恋对象的肢体接触。安全的依恋关系给孩子提供了自我价值感和自信心，表 7-8 为婴幼儿依恋关系发展评价指标。

表 7-8 婴幼儿依恋关系发展评价指标

月　　龄	发展概述	婴幼儿表现
0～9	与照护者形成安全的依恋关系，照护者在情感上是有反应的，并能够始终如一地满足他们的需求	● 建立、保持眼神交流 ● 对照护者报以微笑和咕咕叫 ● 向熟悉的照护者寻求安慰 ● 模仿熟悉的成年人的手势和声音 ● 表现出对熟悉的成年人的偏好 ● 表现出分离焦虑。例如，当由主要照护者抱着时，不希望被另一个人抱着
7～18	信任照护者并从照护者那里寻求安慰；当身边有依恋对象时，可以自信地探索周围环境	● 区分主要照护者和其他照护者 ● 试图改变分离焦虑发生的情况。例如，在照护者离开房间时跟随他/她 ● 在不确定的情况下将照护者当社会性参照。例如，会瞟一眼照护者的脸，以寻求如何应对陌生的人或新情况的线索 ● 在探索环境时，将关键的成年人作为"安全基地" ● 在陌生人或新环境面前表现出陌生人的焦虑和关注 ● 向熟悉的物品寻求安慰，如毛毯、毛绒玩具 ● 发起并保持与照护者的互动
16～24	开始使用非语言和语言与依恋对象建立或重新建立联系	● 表现出与熟悉的成年人而不是主要照护者之间的情感联系 ● 通过模仿和角色游戏来理解人际关系。例如，用玩具"梳"头发，或喂养和摇动洋娃娃 ● 当身体上远离主要照护者时，自信增强 ● 痛苦时向照护者寻求身体上的亲密 ● 通过挥手、拥抱和哭泣，积极地寻求照护者的情感反应

续表

月　　龄	发展概述	婴幼儿表现
21～36	表现出一种渴望，希望与依恋对象分享他们的感受、反应和经历；身体亲近的需要减少，在痛苦时寻求依恋对象的亲近	● 用眼神和语言来保持联系，而不需要身体上的亲近或接触照护者 ● 发起对双方关系有意义的活动。比如，带一本喜欢的书一起阅读 ● 与熟悉的成年人交流想法、感受和计划 ● 面对挑战时寻求成年人的帮助 ● 在他人的帮助下与依恋对象分离

2. 同伴关系评价指标

对于婴幼儿同伴关系评价主要指对于婴幼儿所表现出的与其他孩子互动的愿望和发展能力的评价（见表7-9）。早期积极的经验和与成年人的关系可以帮助婴幼儿与同龄人建立有意义的、特殊的关系。儿童体验与成年人的互动和行为有助于发展与同龄人积极互动所需的社会和情感技能。婴幼儿逐步发展自我意识，并表现出对其他孩子的兴趣，早期仅仅是通过观察或触摸他们，这种观察和兴趣随之导致模仿和简单的互动，如传递玩具或滚球。大一点的婴幼儿在建立社会联系的过程中会参与更复杂的互动和社会交流。但他们容易冲动行事，难以控制自己的情绪和行为，为此他们开始通过照护者为他们提供的线索和信息学习适当的社会行为。同伴关系在儿童自我概念的发展和共情的出现中也起着重要作用。婴幼儿对于他人感受和观点的了解，影响他们和同伴一起游戏的积极性。随着婴幼儿的成长，他们对同伴在表达感受上有了基本的认识，这种意识最终发展为对他人的感受的一种同理心和行为模式，而这些积极的互动有助于婴幼儿逐步建立自信和自我价值感。

表7-9　婴幼儿同伴关系发展评价指标

月　　龄	发展概述	婴幼儿表现
0～9	开始与周围的环境和人互动，对其他小孩产生了兴趣	● 表现出互动和参与的努力，如眼神交流、甜言蜜语、微笑 ● 观察环境中的其他孩子 ● 对熟悉的和不熟悉的同伴都表现出兴趣 ● 听到另一个孩子哭就哭 ● 伸出手去触摸另一个孩子 ● 试图模仿动作，如敲打玩具

续表

月　龄	发展概述	婴幼儿表现
7～18	开始观察和模仿其他孩子的行为	• 通过靠近另一个孩子表现出对他的兴趣，如向他滚、爬或走 • 模仿另一个孩子的动作，如摇一辆玩具车 • 开始参与平行游戏，与其他孩子更接近，但不尝试互动
16～24	开始寻求与同龄人的互动	• 传达一种想要和伙伴一起玩的愿望 • 在其他孩子面前表现出热情 • 当另一个孩子拿走他/她的东西（如玩具）时表示沮丧 • 开始进行简单的交互互动，如来回滚动球 • 表现出对平行游戏的偏好。例如，和其他玩类似玩具的孩子一起玩，但是很少或没有互动
21～36	通过社会和游戏技能参与和保持与他们的同伴的互动	• 显示对选定同伴的偏好 • 对同伴感到沮丧。例如，如果同伴试图干涉他/她正在做的事情，他会大喊"不"
21～36	通过社会和游戏技能参与和保持与他们的同伴的互动	• 在受到提示时，参与分享 • 在不同的环境下与其他孩子交流。例如，在零食时间与同伴交谈，或递给同伴一本书 • 开始与两个或三个孩子进行更复杂的游戏

（三）自我意识评价指标

1. 自我概念评价指标

自我概念指婴幼儿对自己的想法和感受，自我概念评价是有关婴幼儿所表现出的有关自己的想法、感受的意识和能力的评价（见表7-10）。婴幼儿并非天生就具有认识自己的感觉和想法的能力，他们自我概念的发展依赖于早期与照护者的关系和经历来塑造和影响。婴幼儿逐渐意识到自己是有思想、有情感的独立个体，这一认识对于他们与他人建立积极的关系至关重要，同时也有助于他们对自身的能力树立自信。婴幼儿产生自我概念的第一个标志是从身体上认识到他们与主要照护者是分离的。在生命的最初几个月里，婴幼儿把自己视为主要照护者（通常是母亲）的一部分。大约在5个月时，婴幼儿意识到他们可能是独立的个体，并在接下来的几个月里逐步发展自我意识。大一点的婴幼儿可以对自己的名字做出反应，大约18个月大的婴幼儿表现出自我识别能力，因为他们能够在镜子和照片中认出自己。婴幼儿在此阶段逐步建立自我概念，体现在他们开始具备识别身体部位的能力以及用第一人称指代自己的能力。大约在同一时间，婴幼儿表现出自我认知，他们开始使用诸如"我"和"我的"等词语。

表 7-10　婴幼儿自我概念发展评价指标

月　　龄	发展概述	婴幼儿表现
0～9	早期没有意识到他们是独立的个体，在6～9个月大的时候，开始意识到他们是不同于照护者的人	• 对他人的面孔和声音表现出兴趣 • 探索自己的手和脚 • 能认出自己的名字。例如，当别人在叫他们的名字时，他们会抬起头或把头转向对方 • 认识并偏爱熟悉的成年人和兄弟姐妹。例如，当被别人抱着时，倾向于照护者 • 与他人互动，如模仿动作、玩"躲猫猫" • 开始显示共同注意的开端。例如，指向物体和人 • 表现出分离焦虑。例如，在照护者离开房间时哭泣
7～18	开始对自己的特点更加了解，开始用自己的思想和感情来表达自己	• 通过称呼重要人物的名字来表示对他们的了解，如"爸爸" • 与熟悉的人保持共同的注意力。例如，共同注视和接触物体/人 • 当听到名字时，用声音或手势回应 • 表现出对照镜子的兴趣 • 使用手势和一些单词来表达感情，如说"不" • 使用社会性参照来指导行动，并开始测试极限 • 指着并辨认自己的身体部位。例如，当被问到"你的眼睛在哪里"时，他会指着自己的眼睛
16～24	意识到自己在身体上和情感上都与他人不同；在这一时期，孩子们经常在独立和需要照顾的平衡中挣扎	• 表现出自我意识。例如，在镜子里摸自己的鼻子 • 能够说出自己的名字 • 用手势和语言来指自己 • 通过"我"和"你"等词语来表达对概念的理解和使用 • 在图像和其他媒体中指向自我 • 向熟悉的成年人寻求帮助，但可能开始尝试自主完成任务
21～36	开始识别和讨论与他人和事物的联系；可以识别自己的感受和兴趣，并与他人交流	• 说出家人的名字，并分享他们的故事 • 向熟悉的成年人寻求帮助，但会拒绝帮助 • 融入家庭成员的角色 • 开始对描述身体特征表现出兴趣。例如，说"我有黑色的眼睛" • 表达偏好。例如，说"我想要绿色的杯子" • 表达感情。例如，说"我很难过"，或者生气的时候跺脚 • 开始理解拥有的概念，如"你的""她的""他的"

2. 自我控制评价指标

婴幼儿往往表现出一些冲动或缺少自控能力的行为，这些行为对于该年龄段的婴幼儿而言是十分正常的。儿童的自我控制行为发生在一定文化和社会环境中，文化背景和期望定义儿童行为是否被接受，由照护者及成年人向儿童传达这些期望，并为他们提供行为的指导和支持。婴幼儿向照护者和成人学习规则，并开始根据个人情况调整和控制自己的行为。例如，与在托儿中心或其他环境中的行为相比，婴幼儿可能更能够辨别他们在家中可以表现出的行为。婴幼儿自我控制行为的发生始于照护者对儿童需求的满足。如果照护者始终如一地满足孩子的需求，他们就会对其建立信任。在婴幼儿期，孩子们会在不同的情况下向信任的成年人寻求行为的线索，这被称为社会参照，社会参照可以帮助孩子引导他们的行为。孩子在行动前会密切注意这些成年人的面部暗示。在蹒跚学步时期，婴幼儿继续使用社会参照，但也会使用语言或自我导向式语言来帮助指导他们的行为。虽然婴幼儿正在逐渐发展自我控制的能力，但他们仍然能够识别何时需要共同调节者的辅助，而不是仅仅依靠自己的能力来控制、管理和适应行为（表7-11）。

表7-11 婴幼儿自我控制发展评价指标

月　　龄	发展概述	婴幼儿表现
0～9	对内部和外部状态做出反应，对自己的行为几乎没有或根本没有自控能力；主要依靠照护者来共同控制自己的行为	• 在感到饥饿、疲惫、不舒服或无聊时哭泣 • 使用身体运动来摆脱互动，如转头、转移视线 • 通过身体探索环境，如吮吸、啃咬、撞击等 • 在探索环境时表现出好奇心和有限的克制。例如，伸手去拿大人或其他孩子拿的东西
7～18	使用社会参照来改变他们的一些行为，但仍严重依赖照护者的帮助共同调控行为	• 在不知道界限和限制的情况下探索环境。例如，爬向架子并试图爬上去 • 在新奇和不确定的环境下，观察照护者或其他熟悉的人的提示和肢体语言，做出反应和行为 • 表现出沮丧，如哭泣、咬 • 难以用适宜的方式传递兴奋，如尖叫、跳跃、挤压、咬 • 在两个选项中进行选择。例如"你可以拥有红色的球或蓝色的球" • 不考虑照护者的反应做出被禁止的行为。例如，在触摸禁止的物体之前看着他们的照护者，但依然触摸它
16～24	会表现出对行为有限的自我控制；开始使用更复杂的策略来控制冲动情绪	• 当另一个孩子拿走玩具时，对他说"我的" • 当伸手去拿违禁物品时，向自己说"不" • 开始回应照护者的提示，并改变行为。例如，一旦意识到照护者正在阻止其行为，就不触摸违禁物品

续表

月　龄	发展概述	婴幼儿表现
21~36	在没有成人干预或提示的情况下，对自己的行为表现出有限的控制；了解各种各样的预期行为，并且能做到其中一部分；开始认识到什么时候他们需要照护者来帮助调控行为	• 在日常游戏和互动中增加自我导向式语言的使用（婴幼儿运用自我导向式语言来引导、交流和调节其行为和情绪。虽然这种自我导向的语言可以被别人听到，但它并不适用于其他人） • 在冲动行事之前，对成年人的面部表情、语气做出适当的反应 • 知道自己在调控行为时需要照护者帮助的情况。例如，过马路时握住照护者的手 • 在活动环境和地点发生变化时，如果提前做好准备能够平稳过渡 • 通过非语言和语言交流与照护者进行信息的确认，而不需要近距离接触，如瞥一眼、挥手、指点、说出姓名、问一个问题等 • 表现出对期望的意识。例如，走近并轻轻抚摸其他儿童，等待短暂的时间以寻求回应

三、评价婴幼儿情绪与社会性发展的意义与指导要点

（一）评价婴幼儿情绪与社会性发展的意义

婴幼儿情绪与社会性发展评价覆盖面广，能够为实际情况下婴幼儿的情绪和社会性发展提供参照指标，从而为学前教育界的理论发展贡献依据。除此之外，从家庭角度来看，也有利于家长对婴幼儿情绪与社会性的发展有更加客观的理解，并能够针对婴幼儿情绪与社会性发展特征，结合孩子的实际状况，为孩子制定具有针对性的情绪与社会性发展的具体目标，以促进婴幼儿情绪与社会性的发展。

（二）促进婴幼情绪与社会性发展的指导要点

1. 促进婴幼儿情绪发展的指导要点

（1）促进婴幼儿情绪表达发展的指导要点

• 0~9个月期间，婴幼儿通过语言和非语言方式来表达各种各样的情感，并在照护者的帮助下开始发展自身情绪表达的能力。照护者可以从以下方面提供帮助指导：回应和安慰孩子以满足他们的需求。充当孩子的主要

照护者。例如，当孩子饿了的时候喂他，当孩子累了的时候哄他。描述孩子表达的情绪。例如，说："我能看到你拿到那个玩具时是如此兴奋！"为孩子做出示范利用面部表情来配合情绪。例如，通过睁大眼睛和张大嘴巴来表达惊讶。

- 7～18个月期间，婴幼儿开始有意识地表达一些情绪；在照护者的帮助下，可以扩大他们的情绪表达范围。照护者可以从以下方面提供帮助指导：对孩子表现出的恐惧或痛苦做出反应，及时安抚孩子。通过做面部表情和用单词来定义某种特定情绪，为孩子树立情绪表达的榜样；回应孩子发起的动作和手势，如挥手问好、飞吻、拥抱。
- 16～24个月期间，婴幼儿会经历各种各样的情绪（如喜爱、挫折、恐惧、愤怒、悲伤等），会冲动地表达情绪和行动，但开始从照护者那里学习如何控制情绪表达的技能。照护者可以从以下方面提供帮助指导：用语言来描述情绪，有助于孩子将这种感觉与词语联系起来。密切关注孩子表达的方式，引导婴幼儿用恰当的方式表达不同的感受。识别并认可孩子的情绪。例如，说："从你跳上跳下的样子，我看得出你很兴奋。"
- 21～36个月期间，婴幼儿开始通过非语言和语言交流来传达和表达复杂情感；开始运用从照护者那里学到的策略来更好地控制情绪。照护者可以从以下方面提供帮助指导：经常与孩子讨论感受，并让孩子在感受中体验不同的情绪。认识到孩子在表达情感时可能需要一些帮助，允许孩子们通过其他渠道来表达他们的情感，如艺术、舞蹈、角色游戏。当孩子开始使用语言来描述自己的感受时，也要继续积极观察他的暗示性行为。

（2）促进婴幼儿同理心发展的指导要点

- 0～9个月期间，婴幼儿开始通过观察别人发出的声音并对其做出反应来建立对他人感受的意识；在这个年龄段结束时，婴幼儿能够明白自身是独立的个体。照护者可以从以下方面提供帮助指导：给予情感关怀和一致性的回应。对孩子的声音和哭声做出及时、体贴的回应。用语言描述孩子可能出现的感受，识别孩子的声音和咕咕叫声。为孩子提供看到不同面部表情的机会。例如，使用有其他婴幼儿照片的婴幼儿板书，或在游戏时使用镜子。使用多种方式来表达和分享孩子的感受，如肢体动作、语言、面部表情和声音变化。
- 7～18个月期间，婴幼儿开始识别并对不同的面部和情绪表情做出反应；

开始理解特定行为能够引起他人反应和情绪。照护者可以从以下方面提供帮助指导：对孩子寻求情感回应的尝试做出回应，用面部表情来配合孩子的声调、声音和肢体语言。为孩子做出移情行为的示范和表率，在孩子身边控制自己的情绪。用语言说出孩子所表现出来的情绪并识别出他们的行为。例如，说："从你跺脚的样子，我可以看出你在生气！"对孩子的社交参与和互动的尝试做出真诚的回应。

- 16～24个月期间，婴幼儿开始注意到其他孩子表达的不同情绪，并可能开始对这些情绪做出反应。照护者可以从以下方面提供帮助指导：一天中尽可能多地用语言来对婴幼儿表达感受，引导其尊重个人情感的不同反应。例如，一个孩子在难过的时候不想被拥抱。通过语言描述孩子的感受，帮助孩子识别特定的情绪。通过图片、海报、书籍等方式帮助孩子了解他人的感受。给孩子足够的时间进行扮演游戏和互动，为孩子树立榜样和模范。
- 21～36个月期间，婴幼儿开始认为其他人有不同于他们自己的感受。照护者可以从以下方面提供帮助指导：积极回应孩子对自身感受的描述，并进一步引导孩子继续讨论。例如，讨论为什么孩子会有某些情绪。当孩子对另一个孩子的某些反应很敏感或者有适当的回应时，赞美和表扬他。温柔地引导孩子的游戏，以鼓励他们的同理心。例如，说："迈克尔也饿了，他需要在盘子里装点零食。"

2. 促进婴幼儿人际交往发展的指导要点

（1）促进婴幼儿依恋关系发展的指导要点

- 0～9个月期间，婴幼儿与照护者形成安全的依恋关系，照护者在情感上是有反应的，并能够始终如一地满足他们的需求。照护者可以从以下方面提供帮助指导：对孩子的需求提供及时、迅速、有效的回应；给予拥抱、微笑并积极与孩子互动，明白孩子的各种提示；为孩子提供一个温馨、充满爱的环境，并有值得信赖的成年人陪伴婴幼儿身边，其中特别需要有一名主要照护者持续照顾孩子的需求。
- 7～18个月期间，婴幼儿信任照护者并从照护者那里寻求安慰；当身边有依恋对象时，婴幼儿可以自信地探索周围环境。照护者可以从以下方面提供帮助指导：利用诸如换尿布和喂奶的时间与孩子交谈，为孩子唱歌；在婴幼儿需要安慰时及时安抚孩子，与孩子互动时跟随孩子的引导，明白孩子的提示；和孩子分开时挥手说再见，并通过语言、肢体等方式让孩子明白你会回来的。在婴幼儿保育环境中，一旦主要照护者离开，要及时安抚孩子。当与孩子重聚时，照护者需要给孩子必要的时间重新建立情感连接。

- 16～24个月期间，婴幼儿开始使用非语言和语言的方法与依恋对象建立或重新建立联系。照护者可以从以下方面提供帮助指导：及时识别并安抚孩子的痛苦，当蹒跚学步的婴幼儿表现出某种特定的情绪时，用语言表达他的情绪。例如，说："你不开心了对吗？"为婴幼儿提供充足的游戏时间和与成人互动的机会。为孩子提供身体上和情感上的帮助，特别是在婴幼儿与主要照护者分离后重聚时。对孩子某些试图寻求回应的行为积极做出回应。例如，在孩子飞吻之后回赠一个飞吻。为婴幼儿做出某些适当行为的表率。例如，如何在情境中做出情绪反应，如何与同伴交谈等。

- 21～36个月期间，婴幼儿表现出一种渴望，希望与依恋对象分享他们的感受、反应和经历；他们对身体亲近的需要减少，但仍在痛苦时寻求依恋对象的亲近。照护者可以从以下方面提供帮助指导：对婴幼儿展现出同理心，承认孩子的感受；当孩子分享成就时，真诚地赞美他。识别并回应孩子的语言和非语言交流，当孩子参与对话时积极主动地回应。让孩子做好与照护者离别的准备。例如，挥手告诉他："再见，妈妈会回来的。"

（2）促进婴幼儿同伴关系发展的指导要点

- 0～9个月期间，婴幼儿开始与周围的环境和人互动，并对其他小孩产生了兴趣。照护者可以从以下方面提供帮助指导：用语言和面部表情积极回应孩子的咕咕叫和各种声音，给予拥抱、微笑并与孩子互动，积极地模仿孩子的声音和行为；经常和孩子一起阅读和玩耍，在与孩子一起探索和玩耍时跟随孩子的指引。

- 7～18个月期间，婴幼儿开始观察和模仿其他孩子的行为。照护者可以从以下方面提供帮助指导：为孩子提供游戏和与其他孩子互动的机会；在与孩子玩耍和互动的时候，注意树立积极的榜样；为孩子提供可以和其他小朋友共同完成活动的机会，如唱歌、运动活动或阅读一个故事，提供各种各样的玩具供孩子们探索和玩耍。

- 16～24个月期间，婴幼儿开始寻求和同龄人的互动。照护者可以从以下方面提供帮助指导：对孩子的语言和非语言交流进行识别和回应。创设一段特殊的时间，让两三个孩子和照护者一起读书。认可孩子的分享或安抚行为。例如，一个孩子会在另一个孩子生气时拍拍他，或者当一个孩子把玩具递给另一个孩子的时候，为孩子和他的同伴提供多个相同的玩具以减少孩子们的冲突，当冲突发生时利用分散注意力等方式来缓解。

- 21~36个月期间，婴幼儿通过使社会技能和游戏技能参与保持和同伴的互动。照护者可以从以下方面提供帮助指导：提供可以让两个或更多的孩子同时玩的玩具。提供鼓励分享的活动，同时注意保护婴幼儿的参与积极性，减少婴幼儿感到沮丧的可能性。例如，提供画画等艺术活动，并为参与的孩子提供足够的材料。

3. 促进婴幼儿自我意识发展的指导要点
（1）促进婴幼儿自我概念发展的指导要点

- 0~9个月期间，婴幼儿没有意识到他们是独立的个体，在6~9个月大的时候，他们开始意识到自己是不同于照护者的人。照护者可以从以下方面提供帮助指导：体贴地回应孩子的信号，在交流中使用孩子的名字，为孩子提供镜子让他们看自己。承认孩子发起和参与的尝试。例如，看着孩子指的地方，说出他指的是什么。

- 7~18个月期间，婴幼儿开始对自己的特点有了更多的了解，开始用自己的思想和感情来表达自己。照护者可以从以下方面提供帮助指导：当提到孩子生活中重要的人时使用名字。使用相应的情绪来匹配孩子的感受。例如，使用面部表情和肢体语言来表达孩子发出的相同的情绪。允许孩子表达自己的愿望，为孩子提供一些选择，让他拥有一些控制权。用歌曲和手指游戏帮助孩子识别身体不同部位的名称。

- 16~24个月期间，婴幼儿意识到自己在身体上和情感上都与他人不同；在这一时期，孩子们经常在独立和需要照顾的平衡中挣扎。照护者可以从以下方面提供帮助指导：为孩子表达的情感提供对应的语言；认同他的感受；经常与孩子对话，给孩子提供机会，让他们在有意义的语境中谈论自己；在一天中为孩子提供各种选择的机会。使用转移注意的方法。例如，把一个东西递给一个快要哭的孩子，因为另一个孩子有他想要的东西。

- 21~36个月期间，婴幼儿开始识别和讨论与他人和事物的联系；可以识别自己的感受和兴趣，并与他人交流。照护者可以从以下方面提供帮助指导：倾听并饶有兴趣地回应孩子分享的关于他生活的有价值的信息。

询问孩子在一天内关于朋友的事和最喜欢的事情。认可孩子在分享故事、想法和问题方面所做的努力。例如，及时地、真诚地评论和回答孩子的讲述。在托育中心，老师可以鼓励孩子带一张家人的照片来，把它放在孩子周围。

（2）促进婴幼儿自我控制发展的指导要点

- 0～9个月期间，婴幼儿对内部和外部状态做出反应，但对自己的行为几乎没有或根本没有自控能力，主要依靠照护者来控制自己的行为。照护者可以从以下方面提供帮助指导：在情感上对孩子的需求保持敏感度，为孩子的睡眠、饮食等提供常规性的看护标准。对孩子的各种暗示做出及时、合理的反应。理解孩子时常无法控制自己行为，管理好自己的预期，为孩子积极探索创造安全的环境。

- 7～18个月期间，婴幼儿会使用社会参照来改变他们的部分行为；但仍严重依赖照护者的帮助共同调控行为。照护者可以从以下方面提供帮助指导：在日常生活中对孩子的各种行为做出适当的提示，引导孩子进行非语言和语言交流。例如，对于所说的内容做出适当的面部表情。为孩子的日常活动建立常规。管理自己的期望，理解孩子无法控制自己的行为。为此，可使用转移孩子注意力的方式以避免婴幼儿的情绪性行为。

- 16～24个月期间，婴幼儿会表现出对行为有限的自我控制；开始使用更复杂的策略来控制冲动情绪。照护者可以从以下方面提供帮助指导：为孩子提供明确的限制，并在日常生活中提醒他们；在与孩子互动时表现出一定尊重和思考，鼓励孩子用不同的方式表达自己的感受，如生气时跺脚。

- 21～36个月期间，婴幼儿在没有成人干预或提示的情况下，对自己的行为表现出有限的自我控制；了解各种各样的预期行为，并且能做到其中一部分；开始认识到他们在什么时候需要照护者来帮助调控行为。照护者可以从以下方面提供帮助指导：为孩子提供充足的时间来应对变化，让他们为日常生活变化做好准备。通过说出孩子所做的事情以及为什么来认可和赞扬他们的符合期望的行为。在对婴幼儿设置限制行为后，表现出与限制内容一致的反应。在孩子情绪爆发后达到平静状态时，帮助孩子重新审视行为。例如，对孩子说："我知道你很难过，但记住我们不能打朋友。"

第八章

婴幼儿发展评价信息的获取与运用

　　本章结合具体案例，第一节阐述婴幼儿发展评价信息获取的方法，包括观察法、调查法、心理测验法以及相关的使用设计与实施路径，以获取有价值的信息；第二节从发展性、客观性、全面性和过程性四方面提出了婴幼儿发展评价信息获取和运用应遵循的原则；第三节介绍如何记录与整理婴幼儿发展评价信息以及婴幼儿发展评价信息的个人档案管理，使管理更加高效，有利于发展评价与保教工作的紧密结合；第四节阐明婴幼儿发展评价信息的运用，包括婴幼儿发展信息的解读、诊断，以提出改进措施，提升保教质量，促进婴幼儿的持续健康发展。

第一节　婴幼儿发展评价信息的获取方法

婴幼儿发展评价信息的获取方法指搜集有关婴幼儿典型性行为表现信息的方法。其中包括观察法、调查法、心理测验法等，但是由于 0～3 岁婴幼儿发展的特殊性，每种方法在使用时的侧重点和要求也各有不同，各有优缺点，在确定使用哪种方法时，应考虑使用的方法是否符合婴幼儿的年龄特征。

一、运用观察法获取婴幼儿发展评价信息

观察法指研究者或保教工作者在活动中使用自身的感觉器官以及借助一些辅助工具，对婴幼儿进行有目的、有计划的考察与评价的方法。观察法在婴幼儿发展评价中是一种重要的研究方法，有着悠久的历史，许多教育学家和心理学家都曾使用观察法研究婴幼儿，著名瑞士心理学家皮亚杰就曾通过对自己的儿女和其他的儿童的观察和记录，发现了儿童认知的发展规律。我国教育学家陈鹤琴先生也曾用日记的方式观察他儿子的成长，在观察了 808 天以后，写成了《儿童心理之研究》。

婴幼儿教师在日常的评价活动中也可借助观察法来捕捉婴幼儿的典型性行为，分析婴幼儿各方面的发展状况和早期学习情况。观察法的使用是多种多样的。例如：观察婴幼儿在活动中经常玩什么玩具，喜欢跟哪些婴幼儿一起玩；观察婴幼儿经常交什么样的朋友以及在交往中所表现出来的态度、行为等。通过这样的观察可以帮助了解婴幼儿社会交往的状况。教师、家长与婴幼儿朝夕相处，为此，观察是获取婴幼儿发展评价信息和状况的重要途径之一。观察法能够适用于婴幼儿发展的各个领域，特别是在婴幼儿的情感和社会性发展评价当中起着最重要的作用。

（一）轶事法

轶事法指观察者对婴幼儿在日常生活中表现出来的、具有评价意义的婴幼儿典型行为表现等进行观察记录。轶事法可以不受观察的时间、地点的限制，观察者可以随时记录，多用叙述性的语言，所以也称为"轶事记录法"。观察者在观

察记录的过程中必须确保所叙述事件或者行为表现的真实性，如实地记录婴幼儿的表现行为，不要做任何的个人主观的判断和描述。

使用轶事法需要以一个事件主题为线索，记录的情境内容也应该符合这个主题。记录的内容主要涉及事件发生的时间、场景以及婴幼儿的行为。教师在观察过程中为了不错过任何一个细节，可以使用小卡片简要记录下事件发生时间、地点、婴幼儿行为，在观察结束以后，尽快把内容补充完整，以免遗忘。在时间不充足的情况下，可以先记录重点内容。轶事法能够比较全面地记录和描述婴幼儿的各种典型行为表现。轶事法实例见表 8-1。

表 8-1　轶事法记录表

观察对象：明明 观察时间：3月3日—3月7日 观察内容：入托焦虑 观察者：×××
观察实录：明明时而嘟着小嘴，时而满地打滚号啕大哭，和奶奶难舍难分不断重复着："奶奶早点来接我！早点来接我……"接着是每天上演的"分别礼"——左抱两下、右抱两下，才不情愿地进班级坐下，继续十分伤心地大哭，或是面无表情地、安静地一个人坐着发呆。户外活动他也时常拒绝，有时老师忙不过来，就勉强同意他在班级待着。"我就喜欢在屋里坐着，不喜欢出来。"课间操上他不爱动起来，有些胖乎乎他说运动太累了。明明对自由活动玩滑梯的积极性还是很高的，只是不和小朋友互动，一个人一遍一遍地滑着。进餐时间，有时会看着老师说："我不想吃了！"老师问他为什么，却还是那句："就是不想吃了。" 抗拒次数最多的莫过于午睡了，在进班观察的半个月时间里，明明仅有一天被迫进入寝室和小朋友一同完成了午睡。马老师假装给他奶奶打电话："是不是他不哭就早点来接？"接着说再不睡他的小老虎（枕头）就要送给别人了，这才哭着去睡了，躺下后情绪渐渐平复，完成了午睡。醒来状态还可以，安静地瞪着大眼睛："在奶奶家呆好几天了，我都想妈妈了。"午睡时间他好几次趴在班级桌子上睡着了，但是老师让他进寝室床上睡觉时就抗拒哭起来。 有一天明明表现得不错，入园没哭闹，和老师问好、和奶奶再见，石老师奖励了他小贴纸。喝牛奶第一个喝完去洗杯子，进餐也很顺利，老师把他安排到了正常的小组中去。陈老师说："你是好孩子，淘气才坐第三组。"他害羞地笑着点点头。 因为经常抗拒一日常规活动，和同伴交流极少，有的小朋友会排斥或者模仿老师批评明明的不规范行为。在对明明访谈后得知，他在家也没有午睡的习惯，因为奶奶允许他中午玩玩具。他主动表达："爸爸妈妈不住在一起了。"所以明明害怕睡觉时会梦到奶奶、妈妈和爸爸。"你的好朋友是谁？"他说："奶奶、爷爷。"和他对视的时候，他会主动给我讲在奶奶家的趣事，边回忆边满足地扬起笑脸。下午奶奶一般会提前接他离园，听到"奶奶来了"的他瞬间有了活力，激动地和老师们说"再见"。

轶事法存在一定的局限性。第一，轶事记录带有主观性，不客观。在观察的过程中，教师常常会加入自己的主观判断或者臆测，不能够完整地记录婴幼儿行为发生的背景和过程。有的教师不能区分描述性信息和解释性信息，在给出观察结论的时候，过于笼统，既评价又解释。在观察中，婴幼儿的性格、外貌和背景以及给教师留下的深刻印象等因素都会影响教师观察记录的客观性和真实性，教师有时会不自觉地先入为主，把自己的想法带入到观察记录当中。第二，在每天的日常教学活动中可能会发生很多事情，并非全部发生的事情都有较强的记录价值，如果教师的专业素质不够，不加以思考，会导致其不知道什么行为才具有典型性，最终在记录的时候无从下手，或者随意地记录其中的一个行为。第三，如果教师在记录过程中操作程序不当，也会影响婴幼儿的正常活动，使婴幼儿不能够在自然的状态下表现出真实的行为，最终所获得的记录也只会流于形式，使轶事法失去应有的价值。因此，在使用轶事法时，为了避免局限性，可以采取以下措施。

首先，明确观察目的。在进行观察之前，观察者就应该明确观察的目的是"观察什么方面的什么问题""达到什么目的"。从而使观察有了方向，接着选取合适的观察角度进行观察，了解婴幼儿真实的发展状况，同时反思自身的教学，发现问题并解决问题。教育目标与观察目的的区别在于，教育目标是要让婴幼儿能够学到什么，而观察目的是评价婴幼儿的行为，但二者的终极目的都是促进婴幼儿的健康发展。

其次，善于发现有价值的信息。记录婴幼儿的行为表现，最主要的就是要能够捕捉到能反映婴幼儿所思所想的事件，教师应该根据教育的目的，选取适宜的观察角度观察自然情境中婴幼儿的行为表现，以了解婴幼儿真实的发展状况。其中，婴幼儿的典型性行为是其所处年龄段最容易出现的行为或者问题，这是与教育教学相联系的，需要长期的观察。例如：教师可以观察婴幼儿在日常生活中普遍存在的、相对频繁的行为；婴幼儿在教育活动中注意力的保持时间；在玩玩具时，婴幼儿是否会主动分享及探究；在进餐时间，观察婴幼儿是否挑食、午睡是否可以自己穿衣服等。教师在某一段时间内持续关注，就比较容易获得有价值的教育信息。

再次，明确记录要求。明确轶事记录的格式要求，一般轶事记录分为以下几部分：婴幼儿姓名（年龄）、观察时间、观察目的、观察实录、观察分析和教育措施。记录的过程是客观的，对事件的记录要准确、完整，尽可能避免掺入主观感情色彩或者主观臆测的语言；记录所观察对象的特定行为，而不是教师提前对婴幼儿行为做出判断；分析是对观察实录中婴幼儿行为的解释，不是固有偏见的强加；提出的教育措施是切实可行的。

最后，改进记录方式。很多教师都是经过事后回忆来记录观察到的内容，这样的方式很容易遗漏掉一些重要的信息，并影响观察记录的准确性，导致最终的评价结果也会与现实有一定的偏差。其实教师可以根据不同的情境，采用现场记录与事后回忆相结合的方式。例如，在平时的美术或者手工活动中，教师进行示范指导后，就可以利用空暇时间记录婴幼儿发生的一些行为，采用一些关键词、符号记录即可，这样有利于教师在事后回忆时能够快速并清晰地重现当时的情况，然后再根据现场的简单记录，减小记录的偏差。

教师还可以经常进行研究和集体讨论，互相借鉴使用轶事法的经验教训，解决观察和记录中的问题，有利于促进教师对轶事法的深层次认识。最重要的是，教师通过在观察记录中不断反思、积累、总结经验，从而不断提高观察记录的技巧。

（二）系统观察法

系统观察法指观察者根据评价的需要，预先进行一定的设计，对观察的情境、时间顺序、过程、对象、工具、记录方法等预先做好充分的准备。婴幼儿发展评价信息的获取，主要包括两种形式。

1. 时间抽样观察法

时间抽样观察法是对特定时间内婴幼儿所发生的特定行为进行观察和记录的方法，主要观察预选行为是否出现。时间抽样观察法需要事先规定好观察时间的间隔、观察次数、每次观察多长时间，即事先规定好观察单元的间隔、观察单元的数量和观察单元的区间。

时间抽样观察法是托育机构教师常用的观察方法，教师在搜集婴幼儿发展评价信息时就可以使用。但这种观察方法并不适用于观察婴幼儿所有的行为，因此教师一定要根据观察目的的需要而定。时间抽样观察法不是随机性的，不是遇到什么就观察什么，什么时间方便就什么时候观察，而是一种有准备、有意图、有规划的观察方法。

时间抽样观察法的操作可以从以下几个方面进行。首先，确定"预选行为"。在观察前，评价者要预先选定准备观察的被评价对象的行为。其次，确定观察时段。评价者要根据预选行为的特性、评价的需要以及评价者的实际来确定每次观察单元的区间、观察单元的间隔、观察单元的数量。观察时段的确定要能够保证时间样本的代表性，要能够真实体现婴幼儿的发展状况。最后，准备好记录表格。评价者在正式观察前，要设计好记录表格，如表 8-2 所示。

表 8-2 时间抽样观察法案例：婴幼儿选择游戏活动情况观察表

幼儿姓名：	观察者：				
时间	活动类型				
	绘画	手工	唱歌	结构游戏	角色游戏
8:00					
8:05					
8:10					
8:15					
8:20					
8:25					

从表 8-2 中可以看出，在自由活动时间里，教师每隔 5 分钟观察一次婴幼儿正在进行的活动，对其行为类型进行判断，然后记录在观察表中。教师在连续几天观察和记录后，对记录表进行分析，就能了解婴幼儿选择活动的倾向性以及在活动过程中的坚持性。

时间抽样观察法的经典工具是帕顿/皮亚杰社会性-认知量表，用于对婴幼儿的社会性、认知发展水平进行评价（见表 8-3）。观察者要明确表中各项操作性定义，每个婴幼儿都有一个单独的量表与之相对，即一人一表。在对群体进行观察时，多次扫描，每次观察孩子 15～20 秒，按顺序换人。观察结束后，应根据表单上的记录，分析婴幼儿游戏表现出这些成分的原因，观察结果既可以用于个体水平分析也可以用于群体比较。

表 8-3 时间抽样法案例：帕顿/皮亚杰社会性-认知量表

姓名：	观察时间：			
社会认知	练习性游戏	结构性游戏	象征性游戏	规则游戏
独自游戏				
平行游戏				
群体游戏				

2. 事件抽样观察法

事件抽样观察法是进行抽样观察并记录某种或某类特定事件的方法。事件抽样观察法与时间抽样观察法不同的是它不受时段限制。观察者事先明确评价目的，然后选定某种或某类事件作为观察记录的目标，在婴幼儿日常生活的自然状态下，只要事件一出现，便可以观察记录，而且可以随事件的发展持续观察记录。

事件抽样观察法对于托育机构的教师来说是一种很有用的观察方法。它既可预先计划与准备，以获取较为有代表性的发展评价信息，又可在一定程度上保留行为的连续性与完整性，还可以得到有关的环境与背景资料，以便于进行客观的分析和评价。

事件抽样观察法的操作可以从以下几个方面进行。首先，要根据评价的需要，确定具体的观察事件，即根据评价婴幼儿交往技能的需要，确定出能体现交往技能的争执事件为观察目标。其次，要针对所确定的观察事件，从常理上分析出外显的、可观察的并符合评价需要的具体观察记录项目（争执持续时间长短、在什么情况下产生争执、属于什么性质的争执、争执者的言行、争执带来的结果及影响）。最后，要做好必要的观察准备，如器械、表格等，如表 8-4 所示。

表 8-4　事件抽样观察法案例：婴幼儿自选活动记录表

姓　　名	选择活动内容	持续时间	中止原因	积极程度	备　　注
×××					
×××					
×××					
…					

表 8-5 为一个经典的事件抽样观察法的案例，教师抽取了能够表现婴幼儿特征的行为表现进行记录，使收集的信息更具有价值意义，体现婴幼儿的发展特点。

表 8-5　事件抽样观察法案例："淘气"豆豆

观察对象：豆豆（3岁）
观察日期：5月
观察目的：了解豆豆发生扰其他婴幼儿活动时的情况
观察目标：思考豆豆行为发生的原因并设计有效管理这种行为的适宜活动
观察方法：事件观察抽样法
背景资料：豆豆在家也一样会做一些打扰他人活动的行为
观察者：×××

事件序号	日期和时间	情　境	评　论
1	5月12日上午8:25	排队去户外活动，豆豆站在阳阳身后	豆豆用小手作拳头，像敲小鼓那样捶阳阳的后背，嘴巴里嘟囔着什么。观察者走近他，想看清他想做什么，阳阳看向观察者，像是求助，观察者轻轻拍了一下豆豆的手，告诉他阳阳不喜欢这样
2	5月12日上午10:30	活动结束，观察者放音乐，婴幼儿开始收玩具	豆豆一边把小建的玩具装到筐子里，一边大声喊"收玩具了，收玩具了"。观察者做了个"嘘，安静"的手势告诉他，大家知道收玩具的，如果他再大声喊，大家就听不到音乐声了
3	5月14日上午8:10	早入园时间，家长带孩子入园	豆豆走进园门，没有看到他的家长，于雪妈妈拉着哭了的于雪生气地走进来，问豆豆的家长在哪儿，说豆豆用石子打到了于雪的耳朵。观察者让配班老师打电话，让豆豆的家长来园沟通解决
4	5月14日上午10:55	过渡环节	豆豆用胳膊夹着一个小朋友的脖子，观察者拍豆豆的手分开他们，问他为什么这么做，他说这个小朋友在洗完手以后没有甩手，说他他不听，于是就动手了
5	5月14日中午12:30	午睡环节，睡眠室	孩子们都躺在自己的床上，准备午睡，豆豆用小手敲床，小嘴巴发出嘟嘟的声音。观察者做安静的手势，希望他安静下来

评价者在使用系统观察法时要注意以下几个方面的内容。

首先，实施观察之前要做好准备。观察者应该有明确的观察目的，有了明确的观察目的之后，依据观察目的选择与之有关的行为和重要事实进行记录。除此之外，观察者还需要确定重点观察婴幼儿发展的哪个领域，或者观察哪些行为、此次观察需要多长时间完成、观察的对象是单个还是多个或者全班婴幼儿、使用什么样的记录方法等。

其次，切实做好观察记录。观察者要记录下能够反映婴幼儿典型性行为的事件或者环境，同时由于婴幼儿的心理活动主要表现在行动中，语言表达能力不强，因此就需要教师进行详细、准确的记录，也要注意婴幼儿与成人表达方式的不同，应避免用成人化的语言进行记录，以便于对婴幼儿的发展做出正确合理的判断。

再次，营造自然的观察环境和气氛。观察者不能够对婴幼儿的行为进行干预、限制和评价，并且还要注意不能够让婴幼儿察觉或注意到其观察意图，防止婴幼儿出现紧张或者其他非自然的行为，这样可以保证获取的观察资料真实、可靠。

最后，注意进行多次观察。为了使观察的结果更加真实、可靠，需要对婴幼儿进行多次观察，同时也要对同一行为做出多次的观察，并且要保证观察时间。因婴幼儿的年龄特征和身心发展特点，婴幼儿容易受各种主客观因素和环境的影响，而且在不同的时间、不同的地点和不同条件下表现出不同的特点，婴幼儿所表现出来的行为具有偶然性，这些行为不一定就是婴幼儿做出的最典型的行为。因此，如果把通过一次观察所获取到的信息作为评价的依据，将会影响评价结果的真实性，所以在使用系统观察法时要注意进行多次观察，保证评价的客观真实性。

（三）情境观察法

情境观察法指在教育活动实施的情境下，教育者按照预先设计的观察内容和目标提供专门的活动任务以及材料、物品，创设特定的情境，观察幼儿在此情境当中的特定表现，教育者针对此表现进行记录，从而获得婴幼儿发展的资料。情境观察法的使用在日常的活动情境当中是难以实施的，必须要创设与观察目的相匹配的具体情境。情境观察法能够比较集中、有效地获取婴幼儿特定的表现行为和发展状况材料。教育者一般在课程中使用情境观察法，在课程的基础上再创设一定的情境进行观察。

例如，教师事先准备好破旧图画书上的图片若干张以及白纸、胶水、彩笔、剪刀等物品，然后对婴幼儿说："请把这些旧图画书上的图片剪下来，粘在白纸上，可以在粘好的图片上画上其他内容，用粘好的图片组成一个新的故事，让这些旧图片变成一本新的图画书。"看哪个小朋友的故事编得好，图画书做得好。图画书做好以后，还要把故事讲给老师和小朋友听。在这一情境中，教师可以观察到不同婴幼儿使用工具的能力、绘画能力、想象力、创造力、语言表达能力等多方面的表现。

情境观察法的优点包括以下几个方面：第一，该方法可以在一次活动当中获得大量的信息；第二，该方法可以改变和控制某些条件，这样既可以保证情境的自然和真实性，同时又可以保证观察的效果，使得所观察到的是婴幼儿最真实、最自然的表现；第三，情境观察法实施起来也比较容易，可以经常和托育机构的各种教育活动结合起来使用。

运用情境观察法获取婴幼儿发展评价信息时应注意的问题：首先，明确观察的目的，观察者要围绕所设定的观察目的设计观察情境，需注意，所设计的情境要能够引发婴幼儿表现出评价者要观察的行为。其次，设计的观察情境要切实贴近婴幼儿的日常生活，并且是婴幼儿比较感兴趣的活动，这样婴幼儿才能积极参与进来，表现出最真实的状态，以免让婴幼儿察觉出异样。最后，情境观察法的使用尽量要与日常基础性观察相结合，婴幼儿在某个特定情境中产生的行为不一定就代表婴幼儿在日常生活中的行为，因此也不能凭借一次情境观察就对婴幼儿的发展做出评价。

总之，在婴幼儿发展评价当中，如果有一些婴幼儿发展评价信息在自然状态下无法获取，评价者就可以创设具体的情境和任务，使用情境观察法获取相关信息。

二、运用调查法获取婴幼儿发展评价信息

调查法指研究者运用一定的方法和手段，对研究对象进行有目的、有计划的、周密系统的间接了解和考察，对所收集到的资料进行定性与定量分析的一种研究方法。婴幼儿是一个活动的个体，与周围环境相互作用，而环境又处于不断的变化之中，所以单靠观察去获得评价信息是远远不够的，评价者也应该借助调查手段，向婴幼儿经常接触到的人了解情况，分析婴幼儿的作品等，通过这样的方法间接获取婴幼儿发展的信息。

调查法是获取婴幼儿发展评价信息常用且非常有效的方法之一，评价者可以通过调查法获得婴幼儿的发展评价信息，并对其发展现状和趋势做出客观的描述和预测。为及时准确获取评价信息，评价者常使用的调查法包括问卷调查法、谈话法、作品分析法等。

（一）问卷调查法

问卷调查法属于书面调查的形式，调查者通过制定问卷让调查对象作答，是便于收集资料的一种研究手段。使用问卷调查法受到的限制比较少，自由度更大，并且问卷条目可以涉及婴幼儿发展的各个方面，收集的资料更加全面、完整，并

且可以同时发放给多个调查对象。婴幼儿因为年龄过小,所以调查对象只能是家长或婴幼儿经常接触的其他成人,通过他们的作答来了解幼儿的发展评价信息。

采用问卷调查法,编制问卷是非常关键的一步,要对问卷编制的类型以及在编制问卷时应该注意的问题有深入的了解。在编制问卷时,常用的题型主要有以下几种。

1. 选择式

在命题的后面列出提供的备选选项,让调查对象选择适宜的答案。例如,为了获取婴幼儿同伴关系的发展评价信息,可以运用下面的选择式。

您的孩子在家庭中一般是选择和谁玩?

A. 父母　　　B. 自己一个人玩　　　C. 爷爷奶奶　　　D. 邻居小孩

2. 简答式

简答式没有固定的答案,而是需要调查对象用简短的句子表达个人的观点或者看法。例如,为了进一步了解婴幼儿的兴趣,请家长简答"您孩子在家都怎么玩?喜欢玩什么玩具?"等问题。

3. 判断是非式

给出命题,让调查对象对命题用"√"或者"×"表示个人是否同意此命题观点。例如为了了解婴幼儿自理能力的发展,可以设计以下命题。

请您在下列问题中符合您孩子的实际情况的括号里打"√",不符合的打"×"。

A. 独立吃饭（　　　　）　　　B. 独立穿衣服（　　　　）
C. 自己系鞋带（　　　　）　　　D. 独立收拾玩具（　　　　）

4. 排序式

给出一组词汇或者语句,让调查对象用数字表示这些词汇或者语句的顺序。例如,为了了解婴幼儿感兴趣的内容,可以设计以下排序式。

请将下列活动按照您孩子感兴趣的程度排序。

看电视　　听故事　　唱歌　　搭积木　　看绘本　　玩其他玩具

5. 评分式

评分式是给出某个命题的几个评分标准,让调查对象根据真实情况对评价对象进行评分。例如,为了了解婴幼儿的社会性发展而对婴幼儿的社会交往情况进行调查,可以设计以下评分式。

您认为您的孩子社会交往水平(交朋友情况)可以是（　　　　）分。

5分(很好);4分(好);3分(一般);2分(差);1分(很差)

评价者在编制问卷时应该注意以下几个方面的问题:首先,问题应准确反映主题。问题应该围绕着发展评价的中心设计，力求收集到有价值的信息，同时问卷问题的数量要适中，不能过多或者过少，在编制问卷时既要考虑收集信息，也要考虑到家长的能力和精力。其次，问题表述要清楚。问题的编排要求简洁明了，其中每个问题的排列位置要整齐，顺序要由易到难，由具体到概括，由浅入深，指示语要放在易见之处，使家长容易理解问题。再次，尽量不使用专业性术语。问题要通俗易懂，设计问题时就要考虑到家长的文化水平的高低，不要加入专业性术语，避免家长读不懂问题，或者导致"答非所问"。最后，避免诱导性的问题，被调查者能自愿真实应答。强调设计的问题一定是客观的，不带有任何的暗示或者提示，避免被调查者的答案并不是真实的想法。

（二）谈话法

谈话法是教育者与婴幼儿或者与婴幼儿亲近的人，也就是与家长进行面对面的交谈，从谈话中了解婴幼儿发展评价信息的方法。谈话法可分为直接问答的谈话、选择答案的谈话、自由回答的谈话、自然谈话等。教师在运用谈话法时可采用录音的方式记录资料，也可用图夹文的方式将谈话的内容记录、展示出来，供婴幼儿和教师、家长共同分享。谈话法主要有以下两种形式。

1. 教师与婴幼儿的谈话

谈话活动这种通过口头的外部言语活动能够很好地反映人脑对客观现实的反应情况。但是由于婴幼儿年龄的特殊性，教师可以选择能够与其进行基本交流的婴幼儿作为谈话对象，以便于教师通过与婴幼儿交谈，了解其认识、态度、思想，从而获取婴幼儿的性格、兴趣、能力等心理方面的发展评价信息。晨间、自由活动时间都是教师与婴幼儿谈话的好时机，婴幼儿愿意亲近教师、与教师交谈，教师则可以充分利用这种谈话方式获取婴幼儿心理发展评价信息。

教师与婴幼儿谈话形式主要有个别谈话和团体谈话。个别谈话也就是教师与婴幼儿单独谈话，这种谈话方式对象单一，教师可以针对个体的具体情况设计专门的谈话问题，这样更具有强烈的针对性，易于教师进行信息筛选和信息加工。并且与婴幼儿单独谈话，婴幼儿不易受到外界的干扰或者暗示，表达的都是自己真实的想法，只不过耗时较多。团体谈话一般指教师与若干个婴幼儿进行谈话，因为谈话对象比较多，所以教师马上就可以收集到若干个婴幼儿的信息，效率高于个别谈话。但是正是因为人多，婴幼儿就容易受到同伴的暗示，有时候婴幼儿的语言表达很可能是受到其他婴幼儿的启发和感染，而不是自己真实的表现，从而会影响收集材料的真实性。

2. 教师与家长的谈话

婴幼儿在社会生活中建立了各种各样的交往关系，如同伴关系、亲子关系等。婴幼儿的朋友、亲人都能觉察到婴幼儿在环境中的不同表现，并且在交往中也会对婴幼儿产生看法，他们也是收集婴幼儿发展信息的来源，而获取这些资料的途径就是与之进行谈话，当然首选的谈话对象是家长。

教师与家长的谈话时间选择十分灵活，如在家长接送孩子的时间，也可以约定专门的时间。形式也可以是个别谈话和团体谈话。在进行谈话时，教师要注意谈话对象身份的转换，一切从发展评价的需要出发，时刻把握住谈话的中心点，同时可以根据不同家长的性格特点进行深入浅出的谈话。要让家长深切地感受到教师的出发点是为孩子的发展，是善意的，这样家长才愿意真实、客观地表达自己的看法。

教师与家长进行谈话也要注意谈话技巧，有利于谈话更加高效。评价者可以采取以下三种方法与家长进行谈话：第一，开门见山法，教师直截了当地提出自己的问题让对方回答，如"您的孩子在家会主动找小区其他小朋友一起玩吗？"能直接了解幼儿的同伴关系。第二，迂回谈话法，教师为了了解一个中心问题，就从这个中心问题的各个侧面进行提问，如"您的孩子是经常一个人在家吗？经常和谁一起玩？玩得怎么样？"能从婴幼儿的交往状态和对象来了解其同伴关系。第三，间接法，教师通过提问其他婴幼儿的问题来了解此婴幼儿的情况，如"邻居家的那些孩子们喜欢来找您家孩子玩吗？"一般来说，掌握谈话技巧有利于教师从家长那里获取婴幼儿发展的信息资料，而这些资料的客观真实程度取决于教师怎么高效使用谈话技巧。

（三）作品分析法

作品分析法指通过对婴幼儿的活动产品进行分析，从而获得婴幼儿的发展评价信息，以此评判婴幼儿的个体发展状况。作品分析法在婴幼儿发展评价当中，并不是常用的方法，因为婴幼儿年龄过小，动手具体操作的机会很少，所以呈现作品的数量也是微乎其微。但是只要有作品就可以使用此方法，婴幼儿的作品是婴幼儿各种心理活动的综合产物，只要认真分析其作品，便可以收集到婴幼儿发展的不同方面的信息。

作品可以包括多种形式，如绘画、折纸等美工作品，也包括各种积木搭建的造型，只要涉及婴幼儿在自然状态下进行了一定创作的作品，就可以拿来分析。但是在使用作品分析法的时候，有以下几个需要注意的问题：首先，要注意一定要从发展评价的需要来进行分析，从各个维度进行分析，获取需要的信息。其次，选择作品要选择幼儿在自然状态下创作的作品，这样的作品才足够真实，能自然地反映婴幼儿的心理特点，不要为了进行作品分析刻意去启发指导婴幼儿。最后，作品分析不一定只是在作品呈现以后进行分析，也可以在创作过程中进行，可以通过与婴幼儿交流，观察婴幼儿的动作、表现来获取可靠的信息，作品分析表案例见表 8-6。

表 8-6 作品分析表案例

幼儿姓名	晏 晏	年龄：2 岁 11 个月
绘画时间	9 月 28 日	
	贴图处	
观察记录	今天让婴幼儿绘画两种运动项目，一是做操，二是跳绳。当晏晏把他的作品高高举起的时候，却得到了同伴的笑声。这时我就顺着孩子们的笑声说："晏晏的画画得不清楚，画面也太脏了，根本看不清，是不是没有丫丫的好看？"……丫丫的画再次得到了掌声	
作品分析	晏晏是一个很聪明的孩子，喜欢接触新鲜的事物，脑子反应快，注意力集中的时间很短，喜欢帮助人，喜欢为集体做事，就是平日做自己的事不太细心，做作业、画画啊几笔就完。今天的画和同伴比较之后，再加上老师的评论、孩子的笑声，多多少少也受了点打击，事后我觉得在评价婴幼儿作品的过程中，不要将婴幼儿的作品与其他同伴比较："瞧瞧你画得不如某某小朋友好。"这样只会挫伤孩子的积极性，我们应该把婴幼儿的自身作为重点做"纵向比较"，肯定他的进步。也就是说，在评价婴幼儿的作品时，要看看他是不是比以前进步了（例如，从绘画的态度、创造力等方面综合去评价），幼儿要自己跟自己比。另外，在进行分析绘画时教师应多给予关注，在他遇到困难时帮他一下，帮他学会合理地安排布置画面，懂得合理地运用色彩，并在集体面前对他的作品给予肯定展示，给孩子自信，相信孩子会有进步的	

三、运用心理测验法获取婴幼儿发展评价信息

心理测验法指用一定的测验项目去测婴幼儿,根据测验的结果对被测验对象做出一定的价值判断的方法。心理测验法运用数量化的方法对婴幼儿心理的某个或多个方面的发展进行测定和评价。心理测验法是我们获取婴幼儿发展评价信息的一种便捷的方法,需要根据评价的内容选择恰当的测验项目,以求获得科学客观的结果,再根据结果进行分析判断。

按接受心理测验的人数分类,可以将心理测验分为个别测验和团体测验两种。

（一）个别测验

个别测验指在同一时间内,测验者只对一名对象进行测量,即测验是以一对一的形式进行的,一次测验一个被试。个别测验的优点在于在测试过程中,测试者对受测者的言语和情绪状态有仔细的观察,且有充分的机会和受测者互动,受测者受到外界的干扰和暗示较少,收到的信息更加准确,在必要时测试者可以采取一定的控制措施,即通过消除影响测验的因素,使得测验顺利实施。个别测试的缺点在于花费的时间较多、收集信息较慢,费时费力,而且其程序比较复杂,测试者需要经过严格的专门训练,具有较高的素养才能较好地掌握测试程序,使得测验顺利进行。

（二）团体测验

团体测验指在同一段时间对若干个对象进行测验。即每次测验过程中,由一个或多个测试者对较多的受测者同时实施测验。团体测验的优点在于省时省力,能够在短时间内收集到大量的信息资料,测验程序相对简单。但是团体测验的缺点在于测试者不能对每位受测者的行为反应进行仔细观察,以便于做出切实的控制,所得结果不如个别测验可靠,因此容易产生测量误差；同时由于在有些情况下,需要的测试人员较多,测试人员彼此之间容易受到干扰,从而影响测验的准确性。

在实施心理测验法时还需要注意测验的效度、信度和区分度。信度指实施的测验的可靠程度；效度指测验能够进行有效测量所需要的心理品质的程度；区分度指测验把水平不同的婴幼儿区分开来的程度。效度、信度和区分度决定了研究结论或测量结果是否有效或是否精确可靠,对于评价者通过心理测验从各种评价项目出发,获取各种准确的资料是非常重要的。因此,为了保证心理测验的效

度、信度和区分度，应做好以下三点：第一，编制测试题目要有计划性。在编制测试题目时，应先确立编题计划，这对于提高测验编题的质量具有一定的积极作用。第二，采用多种命题形式测验。命题形式很多，各有优缺点，评价者应在一次测验中采用多种命题形式，以提高测验的信度、效度。第三，进行标准化测验。标准化测验常常用于测验某一规定的婴幼儿集体的发展水平，同时可以通过与常模的对比，计算并确定出被测对象在总体中的位置。

心理测验法是获取婴幼儿发展评价信息的一个重要方法。从心理学的角度来看，心理测验是各种评定学习和其他心理能力的程序中最简便、客观、有效、公正的手段。但是心理测验作为一种研究手段和测量工具尚不完整，心理测验法不是鉴别婴幼儿心理发展水平差异的唯一方法，也不是万能的方法，有其局限性。例如，标准化测验只是粗线条地刻画婴幼儿的心理发展成就，但这种测验局限于测验专家事先确定好的范围，在此范围提供的关于心理发展成就的一般性信息，不能仔细描述关于婴幼儿的能力和学习方式的全貌。总之，无论是在理论上还是在方法上，心理测验都还存在着不少的问题，只有把各种方法综合起来运用，才能对婴幼儿的心理发展水平做出正确的评价。

第二节　婴幼儿发展评价信息获取应遵循的原则

原则反映了人们对客观规律的认识，婴幼儿发展评价信息的获取应遵循的原则就是人们对婴幼儿发展客观规律的认识，也是指导和规范评价信息获取行为的准则。教育学家杜威（J. Dewey）曾说："我们所需要的是儿童整个的身体和整个的心灵来到学校，并以更圆满发展的心灵和甚至更健全的身体离开学校。"婴幼儿发展评价信息的获取，就是对婴幼儿成长发展进行量化的过程。根据婴幼儿发展评价工作的具体特点，评价信息的获取与运用要体现真实性及发展性，体现应有的评价信息获取技术，还应遵循发展性原则、客观性原则、全面性原则和过程性原则。

一、发展性原则

发展性原则指婴幼儿发展评价信息的获取与运用要以不断提升保教质量、促进婴幼儿持续发展为最终目的。目的对人的行为具有导向性，目的是否正确，决定了信息获取与运用工作的实际效益。具体而言，获取婴幼儿发展评价信息的目的不是仅收集婴幼儿的发展评价信息，而是根据不同的发展评价信息，分析诊断保教质量要素，并采取相应的措施提升保教质量，设计个性化的教育方案，促进婴幼儿在原有水平上持续发展，是对婴幼儿的发展进行评价的真正意义所在。

婴幼儿处于人生发展初期，各方面的发展状况尚不能形成定论。所以，评价具有明确的现实意义，评价对婴幼儿的发展具有重要的价值，但早期教育工作者们不能为了评价而评价。《纲要》明确提出："教育评价是促进每一个幼儿发展，提高教育质量的必要手段。"如果不能明确评价的目的，就会使评价活动成为一种浪费人力、物力、财力的工作摆设。所以，教师应该在收集记录与分析评价婴幼儿表现、了解把握婴幼儿现有发展状况的基础上，把评价结果反馈在保教质量上，从而有依据地分析反思教学与活动组织，并采取相应的措施改进保教环节各要素，提升保教质量，优化教师教育行为，促进婴幼儿全面发展。

二、客观性原则

客观性原则指在获取与运用婴幼儿发展的信息时，教育者要采取实事求是的科学态度，选择适当的科学方法，依据相应的客观标准获取婴幼儿发展评价的信息，并且在获取与运用信息的过程中摒弃个人的主观倾向，确保过程和结果的客观性。

客观性原则是由婴幼儿评价所服务的目的决定的。婴幼儿发展评价是根据婴幼儿的保教目标对婴幼儿的发展进行客观价值判断的过程。评价结果主要作用于婴幼儿个体的个性化服务、托育机构及幼儿园托班等保教质量的提高过程中。因此，评价信息的获取应保持较高的真实性和客观性。教师要把握婴幼儿在机构内一日生活的典型表现，把握评价契机。此外，教师也可以根据特定婴幼儿的典型表现，有目的地创设专门的情境来收集记录评价资料、辅助评价。由于婴幼儿受限于自身能力的发展，难以通过问卷等定量测量的方式展示自身真实的发展情况。例如，在专业人员的外部评价中，婴幼儿由于紧张、压力难以表示自身的已有水平。所以对于婴幼儿而言，离开了日常生活学习的情境，婴幼儿发展评价也就失去了自然生态基础。故在收集婴幼儿发展评价的信息时，首先需要保证情境的真实性，让婴幼儿在参与一日生活中通过亲身体验、实际操作，自然表现出自身实际发展水平和能力。因此，客观性原则需要在真实的情境中落实。

此外，落实客观性原则时，要努力做到评价指标体系可靠、评价方法科学全面、评价标准统一客观，尽量减少因为实施主体不同而造成的偏差。另外，家长和婴幼儿自身作为评价主体时，也可以采用客观性原则。家长要注意婴幼儿所处的家庭环境及社会背景，婴幼儿也要增强关注自身机构内外生活的评价意识。在教师的协调支持下，三者协调共进、互相补充、互相验证。

三、全面性原则

全面性原则指婴幼儿发展评价信息的指标与内容要涵盖婴幼儿学习与发展的各个领域；发展评价信息获取的对象要同时包括教师、家长及婴幼儿；发展评价信息获取的方法要注意工具整合，保障评价方法的科学、全面、客观、真实，促进教师、家长、婴幼儿三者共同收集、记录婴幼儿各领域发展的全面表现及评价信息。

坚持全面性原则是由婴幼儿的发展特点和现实需要决定的。婴幼儿时期是人生奠基的重要时期，婴幼儿的发展具有无限的潜能，婴幼儿的培养也侧重了保教结合。所以，教师在教育过程的重要环节——婴幼儿的发展评价中，要善于从生活照料、安全看护、平衡膳食和早期学习活动等具体教育活动情境中多途径、多渠道地收集婴幼儿的典型目标表现行为作为评价证据，并整合从家长、婴幼儿等评价主体处获得的多源信息，以全面了解婴幼儿的表现水平、发展状况，避免对婴幼儿发展水平做片面判断。

四、过程性原则

过程性原则指注重婴幼儿发展评价信息获取与运用过程中的形成性评价，而非追求终结性评价。过程性原则要求教师关注婴幼儿在幼儿园或者托育机构日常生活中各种真实的表现及其与教育目标的差距，及时获取相关的信息，因材施教，在持续评价中促进婴幼儿在原有基础上不断发展。

过程性原则要求教师在获取婴幼儿发展评价信息时需掌握相应的观察方法和评价手段，在综合运用中取长补短。例如，教师在静态评价中更侧重婴幼儿之间的横向比较，动态评价则有利于促进教师对婴幼儿自身发展进行纵向分析。这两种方法各有优缺点：静态评价有利于与客观常模比较从而了解婴幼儿客观发展情况，但不利于掌握婴幼儿个体进步状况；动态评价有利于综合分析婴幼儿发展的个体差异，但不利于明确婴幼儿发展的客观水平。

过程性原则体现在评价数据收集的连续性，即初次收集评价数据后，需要经历一段时间再次进行收集，并且将两次收集数据进行对比。教师日常工作繁忙，评价工作又面向全体婴幼儿，连续收集数据可以弥补信息收集疏忽的不足，而且在两次收集评价内容之间，教师可以增加适当的干预，对比验证评价结果。过程性原则强调把婴幼儿发展评价信息的获取与运用落实在日常生活中，并对其持续发展的过程进行评价。因此，教师要在保教活动组织的过程中持续记录婴幼儿的各种实际表现，收集到更为真实、可靠的婴幼儿发展评价信息，对婴幼儿做出更为客观、科学的价值判断，并调整保教过程中的各教育要素，从而提升保教质量。

第三节　婴幼儿发展评价信息的记录与整理

一、记录婴幼儿发展评价信息的方法

明确获取婴幼儿发展评价信息的基本方法有助于评价者获得有价值的信息，不论使用哪一种方法，都必须对获取的发展评价信息进行记录、整理和运用。本章第一节中介绍了婴幼儿发展评价信息的获取方法，如轶事法、作品分析法等，这些方法都需要使用大段的文字对观察或调查的对象进行描述。本节介绍了几种记录方法，帮助调查者通过记录工具把散杂的、变化的信息进行快速记录与整理，突出婴幼儿发展的重点信息。

（一）语言描述记录

语言描述记录主要分为两种形式。

其一是教师通过使用恰当的关键词和短语的简化手段，第一时间记录婴幼儿的关键动作、语言表述、具体行为等。例如：在运动游戏当中，为了获得婴幼儿"能够双脚连续跳"的典型行为，教师观察到婴幼儿只是一只脚跨过障碍块后，另外一只脚才紧跟着跨越，这时教师就可以记录为"单脚跨越"的关键词；收集婴幼儿的同伴关系时，询问婴幼儿："你的好朋友是谁？平时都喜欢在一起玩什么？"教师就可以简单地记录婴幼儿好朋友的数量和活动名称。

其二是采用日记记录的方式，比较适用于对 1～2 个婴幼儿进行长期的追踪研究。以日记的形式记录婴幼儿生长和发展的信息，主要是针对婴幼儿身上出现的新行为或者新事件进行记录，以便于了解婴幼儿的发展变化。这种发展变化并不是概括性的，而是着重于婴幼儿在某个领域的发展变化。日记记录的主要内容包括：观察对象的年龄、观察时间、地点；观察对象的发展变化，即每次记录的

内容应该有新的变化；观察对象的语言、动作和表情。为了使记录更加客观和真实，观察者要尽量避免引起婴幼儿的注意，不去干涉他们的游戏，尽量减少与幼儿的互动；在记录时间的选择上，可以选择每天进行记录或者隔天记录，但是必须要持续一段时间，观察并不是一次或者几次就可以获得想要的资料，要进行连续的追踪观察，观察者才可能获得婴幼儿在自然状态下的第一手资料，才有利于全方位地了解婴幼儿的持续发展变化。

（二）简笔画记录

在文字速记的同时，有时候教师可以通过简单的"点""线""画"等绘画的要素来描绘婴幼儿的表现、行为以及操作的过程和结果，在第一时间记录重点内容。例如，某托班教师使用"火柴人"代替婴幼儿运动的轨迹，用简笔画来代替婴幼儿作品中的事物，使记录更加快捷和高效。

（三）数字符号记录

这种记录方法是按照预先设定好的数字或者符号对婴幼儿的发展评价信息加以记录，以次数和数量来呈现婴幼儿的发展评价信息。而这种数字符号是教师自己确定的，可以记录婴幼儿与评价相关内容的典型行为出现的次数，可以用"1""正"等方式进行记录。例如，为了了解婴幼儿运动方面的兴趣，教师可以对婴幼儿有关动作发生的频数进行记录，如表8-7所示。

表8-7　婴幼儿动作发展记录表设计案例

姓　名	活　动			
	能抬起头	手可以抓紧	眼睛可以追着转移的物体	听到声音，头会转向声源方向
×××	正正正	正正	正正	正正正
×××	正	正	正	正
×××	正正	正正	正正正	正正
…				

又如，为了了解婴幼儿的兴趣，教师可以在每种玩具的位置都设计一张表格，婴幼儿每次玩这个玩具，就要在其名字的格子里画上一个圈，一周之后，教师可以统计画的圆圈的个数，从圆圈涉及的范围就可以知道婴幼儿的兴趣大概在哪些玩具上，并且还可以知道哪些婴幼儿的兴趣是持续稳定的。此外，教师通过这些圆圈可以清楚地了解哪些玩具是婴幼儿感兴趣的，哪些玩具大家都不喜欢

玩，以此来及时更新玩具种类，如表 8-8 所示。

表 8-8　×××玩具×周记录表设计案例

姓　　名	星 期 一	星 期 二	星 期 三	星 期 四	星 期 五
×××	○				
×××			○		
×××		○		○	
...					

（四）现代化技术手段记录

鉴于记录的常态化，教师要熟悉并掌握现代化的教育技术手段，进行简易快捷的记录，包括使用录像机、照相机、录音笔等。教师在实施日常的教育活动时，用录像机或者手机记录下婴幼儿活动视频，用录音笔和手机记录婴幼儿的活动语言，用照相机拍下反映婴幼儿重要发展评价信息的照片等，用现代化的记录工具记录婴幼儿的行为表现，从而代替文字记录。现代化的技术手段有利于在教师组织教育活动时快速地记录重要信息，同时也保证了所收集信息的完整性。

1. 照片记录

教师可以通过拍摄照片在第一时间记录婴幼儿具体的行为表现。在操作各种物品时，婴幼儿身体的姿态、手上的动作、情绪情感的表现、与人互动的表现都可以通过拍照快速地记录下来。例如，婴幼儿在户外运动中奔跑的时候，教师可拍摄婴幼儿跑的姿态、身影和表情，如果观察的是婴幼儿爬行的过程，就可以重点拍摄爬行的动作、行为和场景。可以将照片当作是教师的"眼睛"，能够快速、清晰地捕捉到婴幼儿的具体行为，快捷方便，教师投入精力少，不影响教师正常的教学安排。

2. 录像记录

录像记录主要涉及评价的关键内容或者婴幼儿的典型行为表现，特别是在复杂情境（如集体活动中），因为个体较多，所以单纯地用其他记录工具就无法全面记录。教师需要关注到全班婴幼儿的表现，同时也要关注到安全问题，已经没有精力再用文字或者各种符号来记录婴幼儿的表现，而且婴幼儿在活动中是不断移动的，表现是动态的，有些行为稍纵即逝，教师如果没有及时反应，就很可能会忽略掉婴幼儿的典型行为。所以教师应该提前规划使用录像的手段来进行记录，事后可以进行反复回放观察。然而录像记录事后回放需要花费较多的时间，增添教师的工作量。所以教师在录制视频时可以寻求班级老师的配合,专门记录能够表现婴幼儿重点行为的环节。

例如:为了了解婴幼儿的兴趣的广泛性,教师可以把婴幼儿挑选玩具的环节录制下来,在视频当中可以看到婴幼儿主要的兴趣都集中在哪些方面;为了了解婴幼儿的同伴关系,教师可以把婴幼儿一起活动、一起交谈互动的场景录制下来,记录婴幼儿在同伴交往中的关键事件。

3. 录音记录

录音记录主要是记录婴幼儿的各种语言表达、歌唱的语音等,记录软件、录音笔以及我们经常使用的微信都有录音的功能。通过录音,可以再现婴幼儿的语言表达,从中观察出婴幼儿的词汇、语音、歌唱等方面的发展水平。教师简易记录能反映婴幼儿目标行为的语音,省时省力,然而事后还原内容需要占用大量的时间,并且在录音时要注意录音设备摆放的位置,如果位置摆放不当,很可能影响音效,最后造成收集信息无效。因此录音记录手段最好精简使用,确定是需要精准的证据支持的内容,才使用录音记录。

(五)综合记录法

综合记录法指将上述的记录方式进行整合,形成综合的记录表。比如,综合记录表需要在行为核验的表格上增加"观察记录""照片"等,以此充实核验婴幼儿的表现行为的证据。再如,在语言描述记录的基础上以辅助照片或者婴幼儿作品来描述婴幼儿的真实行为,以此作为充分证据支持教育者评价的客观性、真实性。因此,可以将各种单一的记录方法进行整合,形成综合信息记录法,如表 8-9 所示。

表 8-9　婴幼儿午睡起床整理观察记录表设计案例

观察日期		观察具体时间		观察者	
观察对象			观察情境		
内容	表现				
	能 ★★★		基本能 ★★		加油 ★
比较快速独立穿衣服					
独立穿鞋					
独立整理好被子					
观察记录、照片					

二、整理婴幼儿发展评价信息的方法

为了掌握婴幼儿的发展状况，一般需要通过使用各种不同的手段或方法对某个方面涉及的项目进行逐一的了解，因此对婴幼儿发展评价信息进行整理是非常有必要的，可以清晰地了解到婴幼儿个体在这方面的发展状况，同时根据此状况进行价值判断。

（一）图示法

图示法指使用常见的统计图直观呈现婴幼儿的发展评价信息，使原本分散的信息更加系统化。教师可以使用常见的条形图、折线图和扇形图，通过制作图标，客观呈现婴幼儿的发展评价信息。

1. 条形图

条形图是以宽度相等的条形高度或长度的差异来显示统计指标数值多少或大小的一种图形。它用于显示一段时间内的数据变化特征，同时也用于显示各项数据之间的比较情况。例如，在了解婴幼儿的兴趣时，可以设计婴幼儿自选玩具记录表，然后在一个月之后把记录表进行集中统计，把各个玩具活动的选择数据统计出来，进行图形的对比，从图形的差异当中可以看出整个班级婴幼儿选择玩具范围的差异性，从而知道班级婴幼儿兴趣的差异性及广泛性。图 8-1 为积木活动月选择的统计图。

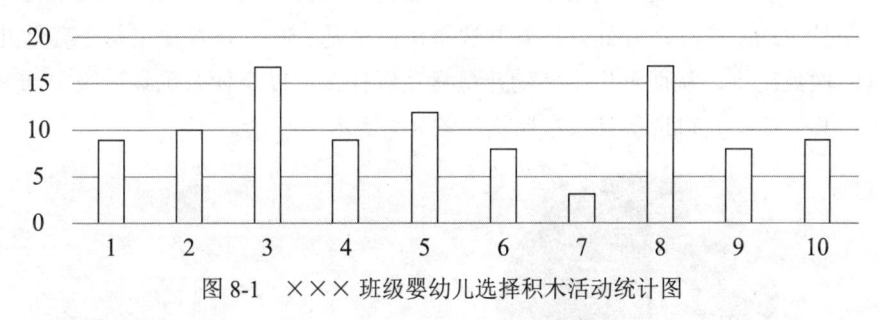

图 8-1　×××班级婴幼儿选择积木活动统计图

注：横坐标为婴幼儿编号，纵坐标为选择次数

从图 8-1 中可以看出，除 7 号婴幼儿对积木不太感兴趣之外，其他婴幼儿对玩具积木都比较感兴趣，尤其是 3 号婴幼儿、5 号婴幼儿和 8 号婴幼儿很喜欢玩积木。我们把其他玩具选择的结果进行对比，便可以知道婴幼儿兴趣选择的范围以及主要集中在哪些方面，有助于教师了解到婴幼儿喜欢哪些玩具、不喜欢哪些玩具，并对此进行及时更换。

2. 折线图

折线图是类别数据沿水平轴均匀分布，所有值数据沿垂直轴均匀分布的线状图形。折线图显示随时间（根据常用比例设置）而变化的连续数据，非常适用于显示在相等时间间隔下数据的趋势，根据波动的趋势来显示个体的发展动态。

如图 8-2 所示，可以清晰地看出婴幼儿注意力保持的稳定状况，婴幼儿的注意力基本保持在 3 分钟以上，大概在 8 分钟的中间水平，教师可以利用此信息，改进教育措施或者提升教育内容，争取在几分钟的时间内牢牢吸引住婴幼儿的兴趣，激发其学习动机。

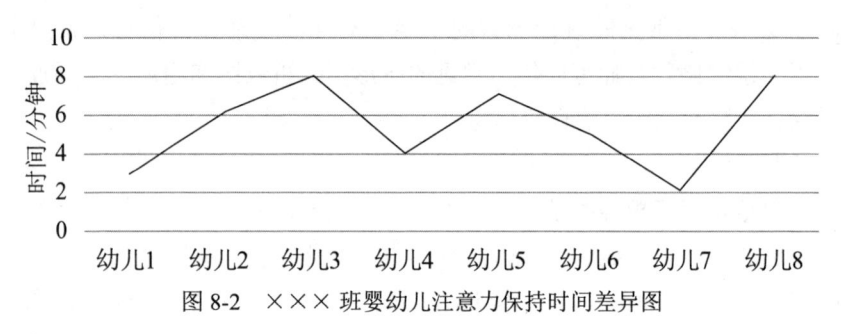

图 8-2 ×××班婴幼儿注意力保持时间差异图

3. 扇形图

扇形图也被称为"饼图"，可以显示事件的百分比，从而了解各个事件的重要性。例如，在了解婴幼儿兴趣的广泛性时，教师可以事先准备幼儿自选玩具记录表，然后以一个月的时间算出每个婴幼儿自选玩具的比例。例如，某个婴幼儿在一个月内选了 5 次洋娃娃，洋娃娃选择比例就是 25%，这样算出每个婴幼儿选玩具的次数比例，从而分析出婴幼儿最喜欢玩什么，以及什么玩具班级中谁最喜欢玩。某位婴幼儿自选玩具次数比例如图 8-3 所示。

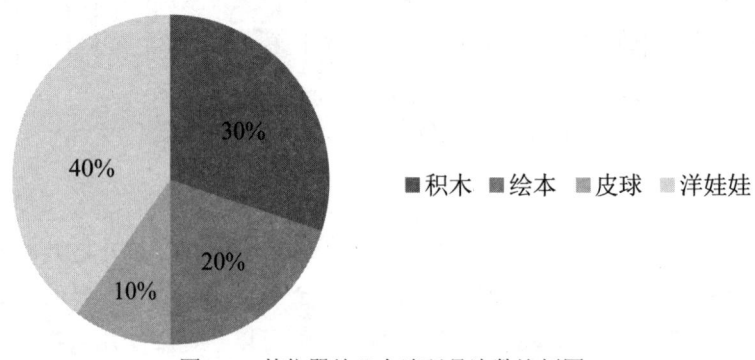

图 8-3 某位婴幼儿自选玩具次数比例图

（二）清单法

清单法就是将通过各种渠道和手段所获取的婴幼儿个体发展的信息加以初步整理，使得原来杂乱的信息更加系统，清晰呈现出婴幼儿的个体发展状况。如表 8-10 所示。

表 8-10　×××婴幼儿动作表现清单　　　　　　　　　　单位：次

周　次	表　现			
	抬　头	翻　身	爬　行	站　立
第一个月	20	15	28	54
第二个月	30	26	49	57
第三个月	40	50	55	65
第四个月	50	54	69	78
…				

表 8-10 将婴幼儿动作发展记录进行整理，便可以看出婴幼儿在这 4 个月当中身体动作的发展情况，从而可以了解到婴幼儿动作的发展程度，以及婴幼儿在哪些方面发展得比较好、哪些方面不足，并对此进行专门的训练。

三、婴幼儿发展评价信息的个人档案管理

在整理好所收集的婴幼儿发展评价信息之后，就需要对婴幼儿发展评价信息进行个人档案管理，把各项能代表其发展状况的信息资料都装进档案袋，每个婴幼儿都有一份记录其发展的档案，档案是评价婴幼儿发展的重要依据，也被称为"档案袋评价法"。虽然档案袋法已经在教育领域使用了多年，但是也没有特别地明确其含义，只有大致的解释。例如，应用到教育上的评定，主要是汇集学生的作品，目的是展示学生的学习进步情况。因此，婴幼儿的档案袋评价就是用档案袋的形式，有计划、有目的地收集婴幼儿的各种信息，并且清晰展示婴幼儿在一个或者多个领域发展的评价方式。这个过程是教师、家长和婴幼儿共同收集资料、分析资料进行评价，能够反映婴幼儿在一定时期内的进步与不足。

（一）婴幼儿档案袋的目的

1. 真实记录信息

档案袋评价法是根据婴幼儿的发展评价指标的标准，由教师、家长和婴幼儿

等多元主体参与的,对婴幼儿的表现和发展状况进行评价的方法。并且档案袋法强调记录的内容是婴幼儿在现实生活中的真实表现和发展,包括婴幼儿的真实作品和事件。例如,婴幼儿突然有一天学会了分享玩具,学会了自己穿衣服。婴幼儿的发展不是一成不变的,而是动态的过程,具有连续性和阶段性,因此是有必要进行持续记录的;婴幼儿的发展也是全面、系统的,只要是能够体现婴幼儿某一个方面的发展的材料,就可以收入档案袋中。

2. **与课程实践相结合**

婴幼儿档案袋记录并没有脱离教学,而是整个教学的一部分。婴幼儿档案袋记录是在教学实践当中建立起来的婴幼儿发展评价的一种方式。收集并记录婴幼儿的发展材料,是教师及时掌握婴幼儿的发展状况、反思自身教育行为、进行新的课程决策的重要步骤。婴幼儿发展评价为课程与教学服务;对婴幼儿的档案记录不仅要注重如何建立,而且更要强调如何利用好它。

无论是预设课程,还是生成课程,在实施的过程中,都可能会根据婴幼儿的学习情况不断进行调整,是一个螺旋式发展过程。在这个过程中,对婴幼儿发展的即时评价便是调整课程的重要依据。婴幼儿的发展评价指对能够表现幼儿发展的典型行为的发展评价信息进行评价,是一种即时的发展评价方式,需要把这一评价方式嵌入课程全过程。因此,婴幼儿档案袋记录是课程发展的生长点,是在婴幼儿发展的基础上积累起来的课程资源,档案袋可以启发新的课程设计。所有婴幼儿的档案是必不可少的课程资料来源,每天利用此档案,教师能够独自或集体批判阅读和反思自身与婴幼儿的生活经历以及正在进行的教学活动。

3. **研究婴幼儿**

一名幼儿教师的日常工作就是了解、研究婴幼儿,而婴幼儿档案袋记录是深入研究婴幼儿的有效方式。当前,如何促进婴幼儿教师的专业发展是学前教育研究的重要课题。然而要促进婴幼儿教师的专业发展,教师首先应该深刻认识到婴幼儿教育到底是什么样的专业,应该需要具备怎样的职业素养。职业的专业化主要指一门职业需要特殊的知识、技能和情感,需要经过系统学习和锻炼才能胜任(姚伟,2012)。婴幼儿教师面对的是年龄较小的教育对象,他们的思维和身体发育尚未健全,所以婴幼儿教师需要掌握特殊的知识技能和情感,主要包括:观察和掌握婴幼儿发展的知识与能力、制定并且实施针对性教育方案的知识与能力、对婴幼儿关爱呵护的情感等。实际上这些能力都和研究婴幼儿联系在一起,教师可以在研究婴幼儿的过程中获得。这些技能虽然可以在职前培训中打下一些基础,也可以在职后培训中得到补充,但是这些知识、技能和情感,是需要在具体的教育实践当中进行积累和提高。建立婴幼儿发展评价信息档案袋的过程，就是深入观察和掌握婴幼儿发展状况、制定和实施针对性教育方案、对婴幼儿倾注关爱等各方面的实质性过程。因此，档案袋是教师对婴幼儿深入研究的体现，这也是实现婴幼儿教师专业发展、提高职业素养的重要途径。

（二）婴幼儿档案袋的内容

婴幼儿档案袋主要由三大部分组成，分别是封面、目录、各版块内容。其中，封面主要包括档案袋题目、幼儿姓名、制作教师及开始时间；目录则是涵盖各版块内容的名称，如"美好时刻""我长大了""我的作品"等名称；版块内容一般是以一个月或者一个学期为时间单位来规划，具体可以包括以下几个方面。

1. 婴幼儿的个人情况介绍

包括婴幼儿自我介绍、自画像等个人情况，这一版块可以起名叫"我的小档案""可爱的我""真实的我"等。其中可以包括"我最亲近的家人""我最喜欢的老师""我的好朋友"等内容，这些内容可以通过文字和照片相结合的形式进行展示。还可以包括"我"最喜欢的玩具、水果、蔬菜、绘本以及与之相对应的"我"最不喜欢的水果、蔬菜和小宝贝的烦恼、小宝贝的伤心事、小宝贝的尴尬时刻等，也就是对小宝贝不喜欢的事情的记录。

2. 有趣的事件、对话

这部分需要家长切实配合教师随机记录婴幼儿身上发生的有趣的事情和有意思的对话。其中，内容和形式要丰富多彩、充实；可以命名为"童言趣事""趣闻逸事"等。

3. 婴幼儿在各种节日活动或者旅游当中具有一定价值的照片

使用这些照片要提前先注明这是什么时间、什么地点或者在什么情境下拍摄的。如果是婴幼儿参与活动的照片，则可以加上家长或者教师的评语，这一版块可以命名为"精彩瞬间""精彩时刻"等。

4. 体现婴幼儿进步的作品或者资料

这可以包括关于婴幼儿思想的变化、身体成熟变化发展的资料，也可以包括婴幼儿所获得的荣誉、艺术作品的展示，它能包括体现婴幼儿成长、发展进步的一切资料。这一版块可以命名为"我长大了""我的足迹"等。

5. 来自教师、父母及好朋友的留言或者寄语

可以命名为"最真挚的爱""爱的传递"。

（三）婴幼儿档案袋资料的收集与存放

档案袋法是一种综合的评价方法，并且档案袋中所收集的婴幼儿发展评价资料总体上来说十分丰富，但也很复杂，这就需要教师参考幼儿发展评价途径表，将婴幼儿档案袋中的资料按照婴幼儿发展评价的领域（健康与体能、习惯与自理、自我与社会性、语言与交流、探究与认知、美感与表现）以及子领域来分类存放，并在档案袋的封面上清晰罗列出档案袋中所收集的评价资料的清单。教师要将婴幼儿各种典型行为表现记录进行整理汇总，并在一阶段或一学期结束后，结合评价指标体系中的总体表现行为以及对每一个表现行为的描述，对婴幼儿的表现、子领域以及大领域的发展状况进行即时、过程性和终结性的评价。

（四）婴幼儿档案袋管理的注意事项

1. 选择恰当的记录工具

在综合分析传统的纸笔记录和音像记录（照片、录音、录像）的基础上，根据现实情境的需要，我们坚持以纸笔记录和照片记录为主，以录音、录像等技术记录为辅。同时婴幼儿档案袋中的各种评价资料应该有的放矢，抓大放小，尽量使记录内容与课程内容相适应。目的是把评价嵌入到课程当中，与课程真正有机结合起来，有利于提高教师工作的效率。婴幼儿档案袋整合了以婴幼儿发展行为表现为核心的评价资料，并且是基于婴幼儿的教育活动、家庭和社会生活进行评价的，运用观察法、作品分析法、调查法等方法收集婴幼儿的各种典型性行为的记录，如语言描述、数字符号、综合记录方法等，使用多元化的记录方法收集了一系列丰富的档案资料。

2. 婴幼儿档案袋避免婴幼儿作品的堆积

教师在收集婴幼儿发展评价信息资料的过程中，常常会选取婴幼儿作品来作为存放资料，导致有的婴幼儿档案袋仅仅是幼儿在某一段时间内、某一个领域中的作品展示，而缺少必要的作品的分析等。例如，那些精美装饰的一页页的婴幼儿学习活动的练习、一幅幅美术活动中的绘画、一张张"六一"或者家长开放日等活动中的照片，都缺乏体现婴幼儿发展评价信息资料当时的情境、婴幼儿的状态以及教师对于作品和婴幼儿发展水平的评价等方面的说明，仅仅是一叠叠孤立的、夹在文件夹里面的"图片"。这种收集资料的呈现方式，过于注重形式而忽视这些进行发展评价核心资料的内容介绍，偏离了婴幼儿档案袋制作的真实目的，是舍本逐末的表现。这一状况是由于婴幼儿教师专业能力不足、职业素养不够,对自身职业角色的定位不清晰。除此之外,婴幼儿教师应该充分认识到婴幼儿的主体性,同时考虑婴幼儿认知等心理发展的特点,其实这在一定程度上也容易使他们在档案袋资料收集过程中过于注重形式而忽视内容。因此,在资料收集过程中,应该注重提高婴幼儿教师自身的专业修养,清晰展示婴幼儿在一个或者多个领域的发展轨迹。这个过程包括教师、家长和婴幼儿共同收集资料、分析资料进行评价,反映婴幼儿在一定时期内的进步与不足。更重要的是,这样可以激发教师在具体行动中积极实践的能力,不断调整资料收集的记录方法,由此弥补教育措施的不足,从而相应采取正确的教育教学方案。

3. 婴幼儿档案袋应作为过程性评价的重要依据

关于婴幼儿发展评价信息的资料涉及多个方面,繁多并且复杂,为了减少工作量,很多教师在筛选婴幼儿资料时,对婴幼儿某个时期内某方面的显著变化或者明显进步的作品,往往会做出迅速的选择。有的教师认为,婴幼儿在一定时期内完成基本教学目标的练习或者作品,就能够体现婴幼儿明显发展,是婴幼儿成长过程中最具有代表性的作品资料,是符合婴幼儿档案袋资料选择的典型性原则,体现了婴幼儿的全面发展。然而,他们忽视了婴幼儿档案袋的核心是过程性评价。婴幼儿档案袋资料作为过程性评价的重要依据,需要体现婴幼儿成长的过程,因此,收集的资料不仅要有婴幼儿在某段时间、某方面已经"发展了"的成果性资料,还要体现代表婴幼儿在该领域"开始发展"的情况以及"正在发展着"的过程性资料。婴幼儿的发展是一个动态变化的过程,但不是直线上升的发展进程,也不是短时间内速成的过程。只有包含"开始发展""正在发展着"以及"发展了"的资料,才是婴幼儿发展过程的真实体现。

关于婴幼儿发展的资料有很多,所以在婴幼儿档案袋资料收集的过程中,教师需要对"发展"进行全面解读和认识,不仅要时刻关注婴幼儿某方面已经发展了的成果,更需要体现"开始发展"的情况资料以及正在发展过程中的典型资料等。制作婴幼儿档案袋的过程就是教师和家长走进婴幼儿世界的过程。婴幼儿教师的第一专业就是了解和研究婴幼儿,熟悉婴幼儿的成长发展,时刻关注婴幼儿的成长变化,适时给予婴幼儿支持和鼓励。

4. 婴幼儿档案袋制作应与教育相结合

在婴幼儿档案袋制作过程中,有部分教师没有意识到教育教学与档案袋的联系,从而将二者割离,即档案袋是档案袋,教学是教学,致使档案袋制作与教育教学毫无关系。婴幼儿档案袋既是一种评价方式,同时也是一种教学工具。它能够使教师开始反思自己教学的不足,进而改进教学的方式和途径,所以制作档案袋的过程也是一种教学过程。

在日常教学活动中，婴幼儿档案袋制作应与教育教学的目标相结合。一方面，教师可以依据教育教学目标收集婴幼儿的发展资料，作为婴幼儿发展的依据，或者反映行为表现与自身纵向比较各方面的变化，或者反映婴幼儿在特定时期的发展变化等。另一方面，教育教学活动目标的制定应基于婴幼儿现实发展水平，教师应把握婴幼儿的发展规律，而这一切都是需要以婴幼儿档案袋的资料为依据。婴幼儿档案袋制作需要教师与家长工作相结合。婴幼儿档案袋应是帮助教师与家长了解婴幼儿发展、认识婴幼儿教育、建立家园联系的有效载体。

第四节　婴幼儿发展评价信息的运用

通过图示法和清单法对所收集的资料进行整理归纳之后，应力求深入挖掘其内涵，做出有针对性的解释，而非简单地呈现结果，教师要利用自身的专业知识，对结果做出专业的解释。在做出解释的基础上，教师可以根据所涉及的命题以及评价的类型，选择恰当的标准，如常模标准、理论标准等，对婴幼儿的发展状况做出价值判断。同时教师要充分利用婴幼儿发展评价的结果并做出反馈，充分发挥婴幼儿发展评价的发展性功能。将结果及时用于反哺教学和班级管理，从而提升整体的保教质量，使婴幼儿实现最大限度的个体发展、全面发展，真正使教育回归到婴幼儿本质。为此，教师要注重以下五个方面。

第一，婴幼儿发展评价并不只是为了追求最后呈现的评价结果，其最终的目的是利用评价的结果反思保教质量存在的问题。我们要利用评价结果来思考和教育教学，使评价结果反哺教育，针对婴幼儿各自的特点和发展水平，投放适宜的材料，制定相应的措施，开展高效的活动，提升保教质量，最终促进婴幼儿的持续进步和发展。因此，教师要根据评价的结果反馈，准确分析造成婴幼儿现有的表现和发展水平背后的各种原因，包括表层原因和深层原因，从而围绕这些原因寻找可以提升保教质量的措施，为保障质量的提升提供有针对性的依据和办法。

第二，提出的措施要有一定的针对性、侧重性。影响婴幼儿表现的保教质量要素，一般都会与教师的安排、设计组织及师幼互动，与家长合作等要素之间紧密联系。因此，为了保证婴幼儿发展评价结果利用的效果，教师在提出保教质量提升措施时，要从各个要素综合考虑，不能够随意忽略和抛弃任何一个要素。

第三，保教质量的提升措施要有一定的顺序和条理。这是因为相关因素对保障质量的影响程度的不同，教师要对保教质量中的各个要素进行有重点的、全面的诊断分析，做到有序、突出重点，但是又不遗漏任何一个方面。提出措施之后再进行排列，从而使措施更具有针对性、可操作性和全面性。同时，由于日常的教育活动内容比较广泛，而且活动形式比较多样，因此，要具体问题具体分析，提升措施越具体，教师就越容易结合自己日常的教育教学活动实施措施。这样更加有利于促进保教质量的提升。

第四，婴幼儿发展评价具有发展性功能，其终极目的就是促进婴幼儿的可持续发展。因此，教师所提出来的保教质量的提升措施要具有持续性，即保教质量提升措施要有稳定性，做到不反复，特别是针对婴幼儿的一些行为习惯的养成。例如，洗手的方法，针对此命题，教师就可以提出比较稳定的、具有巩固性的教育措施。此外，保教质量提升措施还要注意能够促进婴幼儿在各种各样的教育活动当中不断地拓展迁移，使得婴幼儿向更高阶段的表现发展。并且，措施要能以点带面，以促进个体婴幼儿的保教质量的提升转化为针对全体婴幼儿的措施，促进班级婴幼儿整体表现的提高。

第五，在保教质量提升措施提出之后，教师还需要在日常的教育活动当中加以贯彻落实。由于教师本身专业能力受到各种复杂因素的影响，保教质量提升措施实施之后不一定能够产生预期的效果。所以还需要教师对措施的实施进行追踪记录，发现问题，及时改进，使保教质量得到稳固提升。

第九章

婴幼儿发育行为与环境的标准化评价工具

本章选取国内外广泛使用的婴幼儿行为与环境的标准化评价工具，按照量表各项目使用和记录的方式不同，分别介绍观察类评价工具、调查类评价工具和心理测验类评价工具。其中，观察类评价工具与心理测验类评价工具，一般由教师或专业人员充当评定者，对婴幼儿发育行为进行评估；调查类评价工具，一般由家长或抚养人根据量表指导语进行评价，完成婴幼儿发展状况的评估。

第一节 观察类评价工具

众多研究表明环境对于婴幼儿的发展具有深刻且长远的影响，科学评价婴幼儿成长环境质量是早期教育研究者和工作实践者及广大家长面临的重要问题。本节选择了国内外常用的环境观察类评价工具，即婴幼儿家庭环境观察评估表（IT-HOME）、婴幼儿环境评价量表（ITERS）、家庭儿童保育环境评价量表（FCCERS），分别适用于评估婴幼儿活动和交往的主要场所——家庭、托育机构和家庭托育所的环境质量。

一、婴幼儿家庭环境观察评估表

家庭环境观察评估表（home observation for measurement of the environment，HOME）是由贝蒂·考德威尔（B. M. Caldwell）和罗伯特·布莱德利（R. H. Bradley）以布朗芬布伦纳（U. Bronfenbrenner）的生态系统理论为理论基础在20世纪60年代开发的评价工具，他们根据不同年龄段划分了5个版本，涵盖了30～15岁儿童。其中婴幼儿家庭环境观察评估表（the infant/toddler HOME，IT-HOME）旨在测量婴幼儿在家庭环境中可获得的刺激和支持的数量和质量。通过访谈和直接观察相结合，评估员在对个别儿童进行更详细的评估的同时，还可以对整体家庭照养环境进行评估。IT-HOME属于二分量表，该量表易于使用和评分，但无法记录更具体的信息以便做出准确的判断。自编制以来，IT-HOME已在全球各个国家和地区广泛应用，各地研究员倾向于根据当地儿童和家庭的需要及父母在促进儿童发展特定方面的作用修改IT-HOME，使其与本土的观念和实践相适应。

（一）量表结构与内容

IT-HOME的评估主要涉及六大维度，包括反应性、接纳性、组织性、学习材料、卷入性和多样性。接纳性指父母接受孩子不良行为和限制自身的惩罚行为，侧重于父母管教孩子的方式；反应性指父母对孩子的情感和言语反应的程度；组织性指孩子在家庭以外的时间是如何安排的及孩子的个人空间是什么样的；卷入性指父母参与的程度及父母如何与孩子进行互动；多样性主要评估孩子日常接受刺激的数量和范围，特别是如何设计日常社交活动以纳入除母亲以外的人（如父亲、其他家庭成员）等方面；学习材料主要评估有几种类型与孩子的年龄相适应，且有助于其智力发展的玩具和活动可供孩子使用。

（二）信度及效度研究

信度评估主要包括评定者信度、内部一致性信度和重测信度。评估 HOME 的心理测量特性的第一项研究表明，评定者之间有 90% 的一致性，内部一致性从中等到强（0.44～0.89）。在 0～18 个月婴幼儿中，重测信度是中等的。一些研究人员对 IT-HOME 的心理测量特性进行了研究，得出的结论是，评定者之间的一致性从未下降到 0.80 以下，总量表的内部一致性高达 0.80，子量表的内部一致性为 0.30～0.80。1997 年，有研究者制定了常模并得出研究结论，12 个月婴幼儿在两周时间内的重测信度为 0.94。随时间推移，12～24 个月婴幼儿的重测信度为 0.64。有报告显示，16～28 个月婴幼儿的稳定性系数为 0.42，16～40 个月婴幼儿的稳定性系数为 0.40，28～40 个月婴幼儿的稳定性系数为 0.50。

2018 年，首都师范大学卢珊等研究人员招募 164 名月龄在 12～36 个月的幼儿，使用中文版本的 IT-HOME 为研究工具对儿童的家庭环境进行评估，检验工具的信效度。结果显示，在 IT-HOME 评估表的 45 个项目通过率（即在某一项目上获得"是"的家庭的百分比）中，绝大多数题目的通过率相对较高；衡量评定者信度的肯德尔一致性系数为 0.941，具有较好的评定者信度。此外，研究对 IT-HOME 和儿童发展的总分及维度得分进行相关分析以验证外部有效性。其中，对 77 名（33 名男孩和 44 名女孩）月龄为 24 个月的幼儿施测 Bayley-III 的认知和运动的子量表。除卷入性维度之外，各维度和婴幼儿的认知功能、精细动作和粗大动作之间均显著相关（$P<0.05$）。此外，除卷入性维度之外，各维度与总分之间均显著相关，维度间也显著相关（$P<0.001$），卷入性维度仅与总分及多样性维度之间显著相关（$P<0.001$），与其他维度之间均不显著相关。

（三）量表使用和评分系统

1. 评分方式和实施方法

IT-HOME 包括 45 个项目，评估员以半结构化观察和访谈的形式收集数据，其中大约 1/3 的项目需要根据开放式访谈问题进行评分。评估过程需要 60～90 min，评估员在此过程中需最大限度地减少对家庭正常活动的干扰。为了进行调查，父母和孩子必须同时在场，并保持清醒。

IT-HOME 主要根据 6 个子量表及总分进行评价，属于二分量表，即评分者只需勾选"是"或"否"。其中各子量表的评分范围从 0～5 分到 0～11 分不等，总量表评分范围在 0～45 分，分数越高说明该家庭环境越有利于儿童发展。各子量表及总分的分数范围，可根据表 9-1 的标准划分为前 1/4、中 1/2 和后 1/4。一般来说，在分数范围后 1/4 的分数表明家庭环境可能对儿童发展的某些方面构成风险。

表 9-1 婴幼儿家庭环境观察评估表（IT-HOME）评分系统

子量表	范围/分	后1/4/分	中1/2/分	前1/4/分
反应性（responsivity）	0～11	0～6	7～9	10～11
接纳性（acceptance）	0～8	0～4	5～6	7～8
组织性（organization）	0～6	0～3	4～5	6
学习材料（learning materials）	0～9	0～4	5～7	8～9
卷入性（involvement）	0～6	0～2	3～4	5～6
多样性（variety）	0～5	0～1	2～3	4～5
总分/分	0～45	0～25	26～36	37～45

2. 注意事项

通过访谈和直接观察的结合，评定者在对个别儿童进行更详细的评估的同时，还可以对家庭整体照养环境进行评估。在访谈中，评定者要求照护者关注一周中具体某一天的事实。因此，访谈有一定的时间限制，并且评定者能够获得更多关于儿童真实经历的有效信息，而不是被访者的感觉和对情况的主观表述。需注意，虽然强调获得事实信息，但允许受访者在最后表达自己的感受。

尽管 IT-HOME 非常适用于描述儿童家庭环境的主要方面，比其他大多数同类工具应用更广更有效，但我们需要承认，在一个场合中，每次只有一个信息提供者提供信息，可能无法代表一个儿童的全部生活状况。在人类发展研究中，布朗芬布伦纳认为主要影响发展结果的三个因素是人、过程和环境，而这三者相互依存。其基本假设是，发展中的儿童不仅受到家庭内外环境因素的影响，而且受到其个人特征的影响。因此，一个全面的评估需要结合一系列测试来获得信息，这些测试不仅应包括以特定的人为目标（如儿童），而且还应有测查家庭和环境背景，婴幼儿家庭环境观察评估表（IT-HOME）具体观察项目如表 9-2 所示。

表 9-2　婴幼儿家庭环境观察评估表（IT-HOME）观察项目

I. 反应性	23. 照护者有一个紧急医疗/事故处理计划
1. 照护者至少 2 次自发地对孩子发声	24. 孩子有一个专门的地方放玩具和宝物
2. 照护者对孩子的发声或言语做出口头回应	25. 孩子的游戏环境是安全的
3. 照护者在评估期间告诉孩子物体或人的名字	IV. 学习材料
4. 照护者的言语清晰、明确、听得见	26. 肌肉活动的玩具或设备
5. 照护者主动与来访者进行语言交流	27. 用来推或拉的玩具
6. 照护者能自由轻松地交谈	28. 婴幼儿车或学步车、儿童车、滑板车或三轮车
7. 照护者允许孩子进行"脏乱混乱"的游戏	29. 照护者在评估期间提供玩具给孩子玩
8. 照护者至少 2 次自发地表扬孩子	30. 可爱的玩具或角色扮演的玩具
9. 照护者的声音传达出对孩子的积极情感	31. 桌子和椅子、高脚椅、笔
10. 照护者至少抚摸或亲吻孩子 1 次	32. 简单的手眼协调玩具
11. 照护者对评定者关于孩子的赞美做出积极回应	33. 复杂的手眼协调玩具
II. 接纳性	34. 和音乐相关的玩具
12. 照护者不对孩子大喊大叫	V. 卷入性
13. 照护者不对孩子表现出明显的厌烦或敌意	35. 照护者让孩子处于视觉范围内，并且经常看孩子
14. 照护者在评估期间中不打孩子耳光或屁股	36. 照护者在做家务时与孩子交谈
15. 照护者在过去一周内对孩子的体罚行为没有超过 1 次	37. 照护者有意识地鼓励孩子的发展性进步
16. 照护者在评估期间不责骂或批评孩子	38. 照护者安排孩子的游戏时间
17. 探访期间，照护者干扰或限制孩子的次数不超过 3 次	39. 照护者提供玩具，使孩子挑战发展新技能
18. 家里至少有 10 本图书，并能看到	VI. 多样性
19. 家里有宠物	40. 母亲每天提供一些照顾
III. 组织性	41. 照护者每周至少给孩子读 3 次故事
20. 照护者是不超过 3 个经常替代照顾孩子的人	42. 孩子与照护者/其他孩子一起吃饭
21. 每周至少带孩子出去玩 1 次	43. 照护者和孩子每月 1 次左右拜访或接受邻居或朋友的拜访
22. 孩子每周至少有 4 次外出活动	44. 孩子有 3 本或更多属于自己的书

二、托育机构婴幼儿环境评价量表

婴幼儿环境评价量表（infant/toddler environment rating scale third edition，ITERS-3）是于2017年由塞尔玛·哈姆斯（T. Harms）、德比·克莱尔（D. Cryer）、理查·德克利福德（R. M. Clifford）编制出版的。ITERS 系列量表均以布朗芬布伦纳所构建的理论为基础，以过程质量为重点评估内容，是世界范围内应用最广泛、认可度较高的婴幼儿环境评估量表。ITERS 系列量表始终以关注对婴幼儿发展有益的环境为指导原则，有效地将托育机构的环境质量转化成具体可观察的评价指标，为科学合理地评定托育机构的环境质量提供了统一的标准。该系列量表已被用于世界各地的研究和计划改进工作，包括德国、俄罗斯、英国、新加坡等国家和中国香港地区，并已被证明在每个国家和地区都是可靠、有效的，本土化量表调整相对较小。

（一）量表结构与内容

1990年出版的 ITERS 包含34个项目，分为7个子量表。2003年出版的 ITERS-R 是 ITERS 的修订版，在子量表数量不变的情况下项目增添至39个，适用于0～30月龄的婴幼儿。ITERS-3 是以 ITERS-R 为修订基础的第三版量表，ITERS-3 更强调以语言为基础的交往、数学学习，以上方面的评估项目在该量表中得到相应增添。此外，ITERS-3 越发关注保教人员在不同的活动情境中对婴幼儿的语言指导。除此之外，ITERS 系列量表在修订的过程中越来越重视对于质量要素的动态评估，逐步从关注活动材料本身转向对于互动的关注。这一变化具体体现在对于活动子量表的评估上。研究表明，婴幼儿主要是通过与他人及材料互动、探索中学习和发展的。在 ITERS-R 的活动子量表中，评估项目侧重于材料的种类及数量。与 ITERS-R 不同，ITERS-3 的评估项目主要聚焦于保教人员如何使用相关材料来支持和鼓励婴幼儿学习活动，强调在不同情境中材料及保教人员与婴幼儿的互动，ITERS-R 和 ITERS-3 的具体差别见表9-3。

表9-3　ITERS-R 和 ITERS-3 量表的差异

	ITERS-R	ITERS-3
密切关注	可获取材料的数量和质量	较少关注可获取材料本身，更多地关注提供者如何使用这些材料来促进儿童的学习

续表

	ITERS-R	ITERS-3
评分系统	整个量表增加了指标和实例，而不是添加子量表	保留 ITERS-R 的修订，以便更准确地反映项目中观察到的优势和劣势，使这些项目更具包容性和文化敏感性
	对项目中每个质量等级下的指标进行编号，以便在积分表上给出"是""否""不适用"的分数	
	一个项目的最低水平的负面属性的指标已删除，现只在级别 1（不足）是负面指标，在级别 3（最低）、5（良好）和 7（优秀）中，仅列出积极属性的指标	
子量表/项目改动	空间和设施子量表：一些项目被合并以消除冗余	空间和设施子量表：合并项目 2 和项目 3
	个人日常保育子量表： 删除项目 12：保健政策； 删除项目 14：安全政策 研究表明，保健政策和安全政策这两个项目通常被评为高分，因为它们是基于法规的，但对应评估实践的项目（保健措施和安全措施）的评级要低得多，而 ITERS 应该专注于通过观察实践来评估过程质量，因此删除	保留 ITERS-R 的修订
	聆听与交谈子量表： 增添项目 12：帮助婴幼儿理解语言； 增添项目 13：帮助婴幼儿使用语言	聆听与交谈子量表更换成语言和图书子量表： 增添项目 10：鼓励词汇发展； 增添项目 12：鼓励婴幼儿交谈； 增添项目 13：保教人员与婴幼儿使用图书 除现新增项目之外，其他项目较 ITERS-R 表述略有更改
	活动子量表： 增添项目 22：自然/科学； 增添项目 23：使用电视、视频/电脑	活动子量表： 增添项目 21：数学/数字。主要用于评估数学活动材料的种类、使用情况以及保教人员在一日生活中运用数学材料与婴幼儿交流和沟通的情况。除现新增项目之外，其他项目较 ITERS-R 表述略有更改

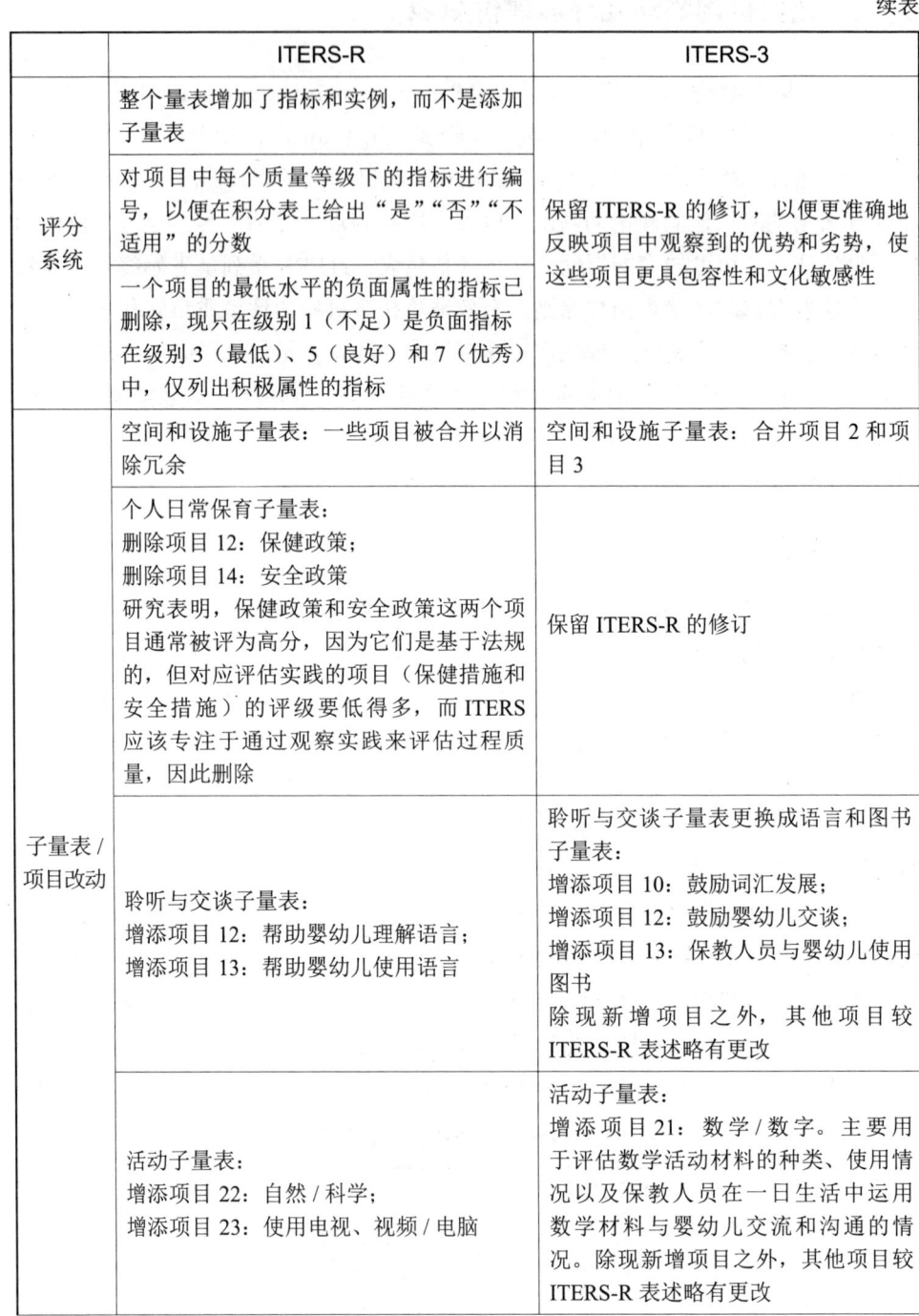

续表

	ITERS-R	ITERS-3
子量表/项目改动	课程结构子量表： 增添项目 30：自由游戏； 增添项目 31：小组游戏活动	保留 ITERS-R 的修订
	家长和保教人员子量表： 增添项目 37：保教人员连续性； 增添项目 38：对员工的监督和评估	删除家长和保教人员子量表： 由于该子量表中的分数差异有限，以及评分完全依赖于保教人员的报告，而不是观察，因此取消家长和员工子量表

ITERS-3 量表共有 33 个项目，包括空间和设施、个人日常保育、语言和图书、活动、互动、课程结构 6 个子量表；空间和设施子量表共 4 个项目，包括室内空间、日常保育和游戏及学习的设施、室内规则、为婴幼儿做的展示；个人日常保育子量表共 4 个项目，包括餐食/点心、更换尿布/如厕、保健措施、安全措施；语言和图书子量表共 6 个项目，包括与婴幼儿交谈、鼓励婴幼儿词汇发展、回应婴幼儿交流、鼓励婴幼儿交谈、保教人员与婴幼儿使用图书、鼓励婴幼儿使用图书；活动子量表共 10 个项目，包括精细动作、艺术、音乐和运动、积木、表演游戏、自然/科学、数学/数字、适当使用屏幕时间、鼓励接受多元文化、粗大运动；互动子量表共 6 个项目，包括监督粗大运动游戏、监督游戏和学习（非粗大运动）、与婴幼儿互动、提供身体温暖/触感、引导婴幼儿的行为、婴幼儿之间的互动；课程结构子量表共 3 个项目，包括一日生活及其衔接、自由游戏、小组游戏活动。

（二）信度及效度研究

信度评估主要包括评定者信度和内部一致性信度。评定者信度指两个独立完成 ITERS-3 的评定者对每个指标的得分完全吻合的比例。在 ITERS-3 的 33 个项目中，现场测试版本的工具总共有 476 个指标。就指标而言，两个评定者对每个班级环境的所有指标进行评分，86.9% 得分完全吻合。对于得分低于 75% 的指标，在实地检查后取消或调整这些指标以提高信度，该量表的最终版本包括 33 个项目中的 457 个指标。就项目而言，以 Cohen's Kappa 检验评定结果的一致性，所有项目的平均加权 Kappa 值为 0.60，范围为 0.38~0.68，项目 3 是唯一得分低于 0.40 的项目，对 6 个低于 0.50 的项目调整以提高信度；以组内相关系数法（intraclass correlation coefficient，ICC）检验评定结果的一致性，在项目层面上，平均系数为 0.83，范围为 0.64～0.92，表示评定结果之间存在一定的相关关系。内部一致性信度评定量表内部所有项目间分数的一致性，该量表的内部一致性水平很高，Cronbach's α 为 0.91，空间和设施子量表得分为 0.76、个人日常保育子量表得分为 0.86、语言和图书子量表得分为 0.94、活动子量表得分为 0.89、互动子量表得分为 0.92、课程结构子量表得分为 0.87。

（三）量表使用和评分系统

1. 评分方式

ITERS-3 的计分表中不仅有项目质量分数，而且每个项目底下均有对应分数 1、3、5、7 的各个指标。项目质量分数为 1 分（不足）到 7 分（优秀），指标评分为是（Y）、否（N）和不适用（NA），NA 只有部分项目有。如果发现该观察结果与该指标相符则勾选 Y，不符合则勾选 N，不适用则勾选 NA。只有某些指标或整个项目在量表中显示"允许不适用"和评分表上显示"不适用"时，才能勾选 NA。

为某一项目打分时，一般要从分数 1（不足）的指标内容开始读并推进，直到得出正确的项目质量分数。如果分数 1 下方的所有指标均勾选 "Y" 时，则评定为 1 分；当 1 下方所有的指标都勾选 "N"，且 3 下方至少一半的指标勾选 "Y"，则评定为 2 分；当 1 下方所有的指标都勾选 "N"，且 3 下方的指标均勾选 "Y"，则评定为 3 分；当 3 下方所有的指标都符合，且 5 下方至少一半的指标勾选 "Y"，则评定为 4 分；当 3 下方所有的指标都符合，且 5 下方的指标均勾选 "Y"，则评定为 5 分；当 5 下方所有的指标都符合，且 7 下方至少一半的指标勾选 "Y"，则评定为 6 分；当 5 下方所有的指标都符合，并且 7 下方的指标均勾选 "Y"，则评定为 7 分。

计算分数时，先将分量表中的每个项目的分数相加，再除以得分项目数，得到分量表分数；先将整个量表的所有项目分数相加，再除以得分的项目数，得到总量表分数。在计算项目得分时，勾选 "NA" 的指标不得分。

2. 注意事项

第一，仔细阅读整个量表，包括项目、说明和问题。为求准确起见，所有的评级必须尽可能依据量表中各项目提供的指标。提供的范例或许与指标的内容不完全相同，但是应与指标的含义相似，可作为指标评分的参考。

第二，分数应根据观察到的或提供者报告的当前情况而定。分数不应以观察者的假设或未来计划为依据。在部分资料没有观察到导致无法评分的情况下，需要通过观察之后的访谈，根据其回答评分。

第三，由于每个指标都可以评量，因此即使该项目内的指标均已勾选并评定得分，仍然可以继续向上评量剩下的指标。无论项目分数如何，所有指标都要打分，以便更全面地了解质量，更清晰地指导质量改进，更全面地了解质量的不同方面如何影响儿童的发展。

第四，出于研究或提升计划的需要，为了获得项目的品质水准以外的信息，即可对项目中所有指标进行评分。若在这种情况下，观察时间会被延长至3.5～4 h，提问时间则会被延长至45 min。经由这种方式获得的额外信息，十分有助于改善特定问题解释研究的结果。

三、家庭托育点保育环境评价量表

家庭儿童保育环境评价量表（family child care environment rating scale third edition，FCCERS-3）由塞尔玛·哈姆斯（T. Harms）、德比·克莱尔（D. Cryer）、理查·德克利福德（R. DeClifford）、诺琳·雅健（N. Yazejian）于2019年共同编制。FCCERS系列量表是评估家庭托儿所（family child care home，FCCH）过程质量的全面、可靠和有效的工具，专注于家庭儿童保育计划中从婴幼儿期到学龄期（出生至12岁）儿童的全部需求，在提高儿童接受的照料和教育经验的质量方面发挥重要作用。

（一）量表结构与内容

最初的家庭日托评级量表（family day care rating scale，FDCRS）包含34个项目，分为7个子量表。每个项目都以7分Likert型量表的形式呈现，均具有4个量级，并配有文字解释。FCCERS-R是对FDCRS的彻底修订，由38个项目组成，同样分为7个子量表。FCCERS-3以FCCERS-R为修订基础，保留了FCCERS-R中的6个子量表，取消了父母和提供者的子量表，因为该子量表的分数差异有限，并且分数依赖于提供者报告，而不是观察结果。

FCCERS-3包含6个子量表，分别是空间和设施、个人日常保育、语言和图书、活动、互动、课程结构，共33个项目。空间和设施子量表共4个项目，包括用于托育服务的室内空间、日常保育、游戏和学习的设施、室内空间保育的规则、为婴幼儿做的展示；个人日常保育子量表共4个项目，包括餐食/点心、更换尿布/如厕、保健措施、安全措施；语言和图书子量表共6个项目，包括与婴幼儿交谈、鼓励词汇发展、回应婴幼儿们的交流、鼓励婴幼儿交谈、保教人员与婴幼儿使用图书、鼓励婴幼儿使用图书；活动子量表共10个项目，包括精细动作、艺术、音乐和运动、积木、表演游戏、自然/科学、数学/数字、适当使用屏幕时间、鼓励接受多元文化、粗大运动；互动子量表共6个项目，包括监督粗大运动游戏、监督游戏和学习（非粗大运动）、与婴幼儿互动、提供身体触感、引导婴幼儿的行为、婴幼儿之间的互动；课程结构子量表共3个项目，包括一日生活及其衔接、自由游戏、小组游戏活动。

（二）信度及效度研究

该量表的信度评估同样主要包括评定者信度和内部一致性信度。评定者信度指两个独立完成FCCERS-3的评定员对每个指标的得分完全吻合的比例或百分比。在FCCERS-3的33个项目中，现场测试版本中共有477个指标。就指标而言，评定员被要求对每个FCCH的所有指标进行评分，平均信度为85.5%。对于得分低于75%的指标，在实地检查后取消或调整这些指标以提高信度。就项目而言，以Cohen's Kappa检验评定结果的一致性，所有项目的平均加权Kappa值为0.64，范围为0.43～0.96，评定者之间的一致性检验符合要求；以ICC检验评定结果的一致性，在项目层面上，平均系数为0.96，范围为0.76～1.0，表示评定结果之间存在一定的相关关系。内部一致性信度评定量表内部所有项目间分数的一致性，该量表的内部一致性水平很高，Cronbach's α为0.97，空间和设施子量表得分为0.74、个人日常保育子量表得分为0.81、语言和图书子量表得分为0.92、活动子量表得分为0.92、互动子量表得分为0.93、课程结构子量表得分为0.88。

（三）量表使用和评分系统

与ITERS-3评分系统类似，FCCERS-3的质量评估方法和评分过程保留FCCERS-R的修订，FCCERS-3的计分表中不仅有项目质量分数，每个项目同时还有对应分数1、3、5、7的各个指标。项目质量分数为1分（不足）到7分（优秀），指标评分为Y、N和NA，NA只有部分项目有。为某一项目打分时，一般要从分数1（不足）的指标内容开始读并推进，直到得出正确的项目质量分数。如果分数1下方的所有指标均勾选"Y"时，则评定为1分。当1下方所有的指标都勾选"N"，且3下方至少一半的指标勾选"Y"，则评定为2分。当1下方所有的指标都勾选"N"，且3下方的指标均勾选"Y"，则评定为3分。当3下方所有的指标都符合，且5下方至少一半的指标勾选"Y"，则评定为4分。当

3下方所有的指标都符合，且5下方的指标均勾选"Y"，则评定为5分。当5下方所有的指标都符合，且7下方至少一半的指标勾选"Y"，则评定为6分。当5下方所有的指标都符合，且7下方的指标均勾选"Y"，则评定为7分。与ITERS-3评分系统一致，FCCERS-3计算分量表得分只需计算得出分量表项目均分即可；计算总量表分数则需计算整个量表所得分数的均分。

第二节 调查类评价工具

本节调查类评价工具均为自评量表。自评量表便捷、可靠，可以帮助家长或保教工作者通过照量表对孩子当前发育行为做出评价，为广大家长、早期教育和儿童保健工作者等理解婴幼儿发育特点提供参考。本节选取了三个调查类评价工具，分别是中国婴幼儿气质量表（CITS和CTTS）、中国婴幼儿情绪及社会性发展量表（CITSEA）、婴幼儿感觉处理能力剖析量表（ITSP）。

一、中国婴幼儿气质量表（CITS和CTTS）

中国儿童气质量表（China children temperament scale，CCTS）是由西安交通大学第二附属医院儿童行为及发育儿科研究室姚凯南教授领衔的相关研究团队，在美国学者编制的气质量表的基础上完成的中国化编制。中国研究团队罗列了4个年龄阶段组的量表，具体包括中国婴儿气质量表（Chinese infant temperament scale，CITS）；中国学步儿气质量表（Chinese toddler temperament scale，CTTS）；中国学龄前儿童气质量表（Chinese preschoolers temperament scale，CPTS）；中国学龄儿气质量表（Chinese school child temperament scale，CSTS）。CCTS作为国内第一套适合测查中国幼儿个性心理发展的量表有着重要意义。该量表提供了不同年龄段儿童气质的测评工具，借助该量表能够更清楚和全面地了解不同儿童的气质特点，根据儿童气质特点，在日常生活和教育中帮助教育者发扬儿童气质中的积极因素，克服消极因素；在临床保健相关工作中为医护工作者正确地提供诊断、干预和治疗方案，从而促进儿童心理行为健康发展。

（一）量表结构与内容

气质指个人心理活动的稳定的动力特性，它主要表现在心理活动的强度、速度、稳定性、灵活性及指向性等方面。该量表依据托马斯和切斯提出的气质维度理论，以九个气质维度及五种气质类型为基础构成儿童气质结构。九个气质维度即活动水平、节律性、趋避性、适应性、反应强度、心境特点、持久性、注意分散和反应阈，并由该九个气质维度的不同组合构成五种不同的气质类型，即平易型、麻烦型、发动缓慢型、中间偏平易型、中间偏麻烦型。以上九个气质不同维度包含于每个量表当中，每一个不同气质维度由不同的项目数构成，项目数量为8～12个不等。

(二) 信度与效度研究

信度代表一个量表的稳定性，效度表明量表各项目是否能够准确反映所测定的基本结构。该系列量表的重测信度、分半信度，结构效度、外部效度均较好，表明中国儿童气质各量表的稳定性高，能较好地代表我国城市儿童的气质特点，并且基本能够反映出我国儿童心理特性随年龄增长而迅速发展的自然趋势。中国婴幼儿气质量表信效度的样本量、重测信度、分半信度、结构效度、外部效度具体见表9-4。

表9-4 中国婴幼儿气质量表信效度

年龄组	样本量/人			重测信度	分半信度	结构效度	外部效度	
	总人数	男	女				准确	较准确
4～8个月	618	314	304	0.85～0.92	0.41～0.91	0.78～0.90	80%	18%
1～3岁	3486	1772	1714	0.84～0.94	0.31～0.73	0.60～0.79	—	—

(三) 量表使用和评分系统

1. 中国常模

全国儿童气质量表标准化协作组针对4个年龄段儿童气质量表的标准化工作分别制定了常模。该系列量表的修订和抽样方法均符合标准化的要求，样本按年龄组分层后采用单纯随机抽样，各年龄组的样本量大，分布基本上是按照全国六大行政区的分配比例，与我国的人口比例接近，男女比例合理，样本的代表性较好。儿童气质量表的常模属均数常模，以均值和标准差表示的九个气质维度的CITS和CTTS的常模剖面图见表9-5和表9-6。在我国，1～3岁不同性别的婴幼儿九个气质特征中已有五个维度有性别差别，故分列出男女童气质量表的剖面图，见表9-7和表9-8。

表 9-5　CITS 九个气质维度我国常模的剖面图

项　　目	维度Ⅰ	维度Ⅱ	维度Ⅲ	维度Ⅳ	维度Ⅴ	维度Ⅵ	维度Ⅶ	维度Ⅷ	维度Ⅸ
	高	无节律	退缩	慢	强烈	消极	不持久	不易转移	低阈值
+1S	4.31	3.79	3.72	3.63	4.25	4.07	3.99	3.57	4.56
mean	3.69	3.09	2.91	2.94	3.59	3.37	3.21	2.91	3.88
-1S	3.07	2.39	2.10	2.35	2.93	2.67	2.43	2.25	3.20
	低	很节律	接触	易适应	温和	积极	持久	易转移	高阈值

表 9-6　CTTS 九个气质维度我国常模的剖面图

项　　目	维度Ⅰ	维度Ⅱ	维度Ⅲ	维度Ⅳ	维度Ⅴ	维度Ⅵ	维度Ⅶ	维度Ⅷ	维度Ⅸ
	高	无节律	退缩	慢	强烈	消极	不持久	不易转移	低阈值
+1S	4.25	3.57	4.14	3.94	4.69	3.66	3.88	3.97	2.78
mean	3.66	2.97	3.32	3.34	3.91	3.07	3.17	3.33	2.02
-1S	3.07	2.37	2.50	2.52	3.23	2.48	2.46	2.69	1.26
	低	很节律	接触	易适应	温和	积极	持久	易转移	高阈值

表 9-7　CTTS 九个气质维度男童我国常模的剖面图

项　　目	维度Ⅰ	维度Ⅱ	维度Ⅲ	维度Ⅳ	维度Ⅴ	维度Ⅵ	维度Ⅶ	维度Ⅷ	维度Ⅸ
	高	无节律	退缩	慢	强烈	消极	不持久	不易转移	低阈值
+1S	4.40	3.60	4.09	4.16	4.73	3.87	4.14	4.44	4.15
mean	3.81	2.97	3.28	4.02	3.25	3.44	3.86	3.44	—
-1S	3.22	2.34	2.47	2.94	3.31	2.63	2.74	3.28	2.73
	低	很节律	接触	易适应	温和	积极	持久	易转移	高阈值

表 9-8　CTTS 九个气质维度女童我国常模的剖面图

项　　目	维度Ⅰ	维度Ⅱ	维度Ⅲ	维度Ⅳ	维度Ⅴ	维度Ⅵ	维度Ⅶ	维度Ⅷ	维度Ⅸ
	高	无节律	退缩	慢	强烈	消极	不持久	不易转移	低阈值
+1S	4.29	3.55	4.22	4.06	4.59	3.75	4.07	4.45	3.94
mean	3.69	2.92	3.36	3.43	3.92	3.15	3.41	3.88	3.34
-1S	3.09	2.29	2.50	2.80	3.25	2.55	2.75	3.31	2.74
	低	很节律	接触	易适应	温和	积极	持久	易转移	高阈值

2. 评分方式

各量表各项目的评分标准按"几乎从不、极少发生、不常见、常见、很常见、几乎总是"分为六个不同等级，以 1～6 分表示。

3. 实施方法

实施方法主要包括纸笔测验和微机测验两种形式。纸笔测验由熟悉孩子情况的监护人（主要是其父母），依照指导语填写量表，填写内容必须真实可靠且不遗漏任何一个问题，填写过程可以以个别或团体为单位进行。填写结束后由研究人员对填写内容进行统分核查。由评定者根据九个气质维度的实测值，与该年龄段的剖面图中维度值比较，根据评分划定出的气质类型主要有五种。

微机测验主要通过相应测评软件进行操作，该软件由量表研究室和西安交通大学自控系共同研制，填写过程需要家长依照软件操作屏所显示的指示语进行。该软件不仅能用于对个体的测验评价，同时也能用于大样本研究数据的分析评价。该软件同时具备相应的统计分析功能，从输入数据到产生结果，人机交互式测查仅需 15 min 左右，根据问卷集中批量式测查仅需 1 min 左右。中国婴幼儿气质量表（CITS 和 CTTS）节选见表 9-9 和表 9-10。

表 9-9　中国 4～8 个月婴幼儿气质量表（CITS）节选

| 填表说明：该问卷的目的是测量您孩子对他（她）所处环境反应的总类型。问卷由描述孩子情况的若干问题组成，请画出你认为能正确反映孩子情况的数字，尽管一些问题看起来有些相似，但实际不一样，应该独立回答每一个问题。如果有一些问题您无法回答或不适合您的孩子，那么只要在答卷纸相应的题号上画一个"○"，越过它继续做下去，尽量回答每一个问题，如果孩子在某些问题所涉及的方面发生了变化，那么应选择能反映他最近状况的数字，该问卷没有好的、坏的、对的或错的答案，只是对孩子的描述。完成问卷需 25～30 min，您可以在后面再加一些评论。请对照下面每一问题，根据这些情况最近出现的频率，在答卷纸每个题号右侧的数字上画"○"。例如 1 代表"几乎从不"；2 代表"极少"；3 代表"不常见"；4 代表"常见"；5 代表"很常见"；6 代表"几乎总是"。 |

问题	得分/分					
1. 孩子每天约吃同样数量的固体食物（半两以内）	1	2	3	4	5	6
2. 孩子醒来或入睡时有些烦躁（皱眉、哭）	1	2	3	4	5	6
3. 玩一个玩具不会超过 1 分钟然后会寻找另一个玩具或做其他活动	1	2	3	4	5	6
4. 在看电视或做其他类似活动时能安静地坐着	1	2	3	4	5	6
5. 能很快接受喂养人姿势或喂养地方的任何变化	1	2	3	4	5	6
6. 剪指甲时孩子不反对	1	2	3	4	5	6

续表

问　　题	得　　分					
7. 当饿了哭喊时，能拥抱他，给奶嘴或围嘴，使他停止哭泣1分钟以上	1	2	3	4	5	6
8. 对一个喜爱的玩具，孩子可持续玩10分钟以上	1	2	3	4	5	6
9. 在一天中任何时间给孩子洗澡他都不会反抗	1	2	3	4	5	6
10. 可带着淡淡的表情（喜欢或不喜欢的）安静地吃饭	1	2	3	4	5	6
11. 当尿布被大便弄脏后孩子有不舒服的表示（大喊大叫或扭动不安）	1	2	3	4	5	6
12. 孩子洗澡时能安静地躺在澡盆里	1	2	3	4	5	6
13. 每天约在同一时间想吃饭或吃奶（时间变动在1小时之内）	1	2	3	4	5	6
14. 在第一次碰见新的小朋友时会害羞（转过身或投向妈妈）	1	2	3	4	5	6
15. 尽管用游戏、玩具或唱歌来努力转移其注意力，孩子在换尿布时还是会感到不舒服	1	2	3	4	5	6
16. 在婴幼儿床上或围栏中能自己玩0.5小时以上（看风铃或玩玩具）	1	2	3	4	5	6
17. 在换尿布或穿衣服时孩子动得厉害（踢、扭动）	1	2	3	4	5	6
18. 吃饱后会坚决不再吃额外的食物或牛奶（吐出、紧闭嘴巴、击打勺子等）	1	2	3	4	5	6
19. 即使做了两次尝试，孩子仍然不愿变动吃饭的时间（变动1小时或更多）	1	2	3	4	5	6
20. 孩子每天在不同的时间大便（相差1小时以上）	1	2	3	4	5	6
21. 有人经过身边时孩子会停下游戏并观看	1	2	3	4	5	6
22. 当玩喜爱的玩具时，孩子会忽视身边的讲话声或其他的普通声响	1	2	3	4	5	6
23. 换尿布或穿衣服时孩子会有愉快的笑声（咯咯、微笑、发笑）	1	2	3	4	5	6
24. 孩子能迅速接受新食物并很快咽下去	1	2	3	4	5	6
25. 孩子看小朋友们游戏不超过1分钟就要看其他的地方	1	2	3	4	5	6

表9-10 中国1～3岁学步儿气质量表（CTTS）节选

填表说明：请您根据孩子最近4～6周的行为表现进行评分。只考虑您自己的印象和观察情况。独立地评估每一个问题（不必把前后的问题联系起来）。只要恰当就用极限值评分（如1，6），避免只选择接近中间的评分。迅速评定每一个问题（每题不超过半分钟）。不要遗漏任何一个问题，对于您无法回答的题目，请在题号上画"○"。请对照下面每一问题，根据您孩子最近出现的频率，在答卷纸每个题号右侧的数字上画"○"。

问　　题	得分/分					
1. 每个晚上孩子约在同一时间入睡（相差0.5小时以内）	1	2	3	4	5	6
2. 在应保持安静的活动中，孩子坐立不安（如讲故事、看娃娃书）	1	2	3	4	5	6
3. 不管对食物喜欢还是不喜欢，孩子都能安静地进食	1	2	3	4	5	6
4. 首次来到陌生的环境，孩子表现愉快（微笑、笑）	1	2	3	4	5	6
5. 初次看病时，孩子就能与医生合作	1	2	3	4	5	6
6. 和父母游戏时，孩子只能保持大约1分钟的注意力	1	2	3	4	5	6
7. 孩子每天大便不定时（相差1小时以上）	1	2	3	4	5	6
8. 孩子在睡醒时表现不耐烦（皱眉头、抱怨、哭）	1	2	3	4	5	6
9. 接触新保姆，孩子最初表现不愿意（哭、抱紧母亲）	1	2	3	4	5	6
10. 对他不喜欢的食物有情绪反应，即使这些食物里混有他喜欢的	1	2	3	4	5	6
11. 接收盼望的物品或活动时（小吃、礼品、被款待）要踌躇几分钟	1	2	3	4	5	6
12. 给孩子穿衣服时，他是安静的	1	2	3	4	5	6
13. 尽管室内喧闹，孩子仍能继续某一项活动	1	2	3	4	5	6
14. 孩子对失败表现出强烈的反应（大哭、跺脚等）	1	2	3	4	5	6
15. 对于喜爱的玩具，能持续玩10分钟以上	1	2	3	4	5	6
16. 进食时不在乎食物的冷、热	1	2	3	4	5	6
17. 每天孩子睡前要吃东西的时间不同	1	2	3	4	5	6

续表

问 题			得	分		
18. 孩子能安静地坐着等候食品	1	2	3	4	5	6
19. 受表扬后孩子容易激动（大笑、大叫、跳跃）	1	2	3	4	5	6
20. 孩子跌倒或磕碰以后哭叫	1	2	3	4	5	6
21. 孩子能接近并且同陌生人的小动物玩耍（如小狗、小猫等）	1	2	3	4	5	6
22. 当有人从身边经过，孩子会停止吃饭并张望	1	2	3	4	5	6
23. 孩子分不出常用饮料的味道（如各类牛奶、各种果汁等）	1	2	3	4	5	6
24. 到新地方时，主动到处活动（跑、跳、攀登）	1	2	3	4	5	6
25. 大便后擦屁股时，孩子大惊小怪或抱怨唠叨	1	2	3	4	5	6
26. 陌生人逗孩子玩时，孩子会微笑	1	2	3	4	5	6
27. 母亲进屋时，孩子会暂停游戏并抬头注视母亲	1	2	3	4	5	6
28. 孩子可持续一个多小时看书或画画	1	2	3	4	5	6

4. 注意事项

第一，填写人员根据该项目内容出现的频率进行评分，每一个项目应该由填表人独立完成，如果不具备独立完成条件的则可由相关评价者代为念题，在此过程中评价者不应带入主观意图并把项目本身含义告知填表者，以保证评分客观、准确。

第二，气质评分并不意味着人的气质类型有好坏之分。气质具有双重性，任何类型的气质均有积极和消极两方面的特点。各类气质的人群中均有优秀人物，同一职业中的优秀人物可具备不同的气质类型。平易型：随和、适应能力强、开朗，但又行动轻率、感情不稳。麻烦型：敏感、情感丰富，但又任性、适应能力差、发脾气。缓动型：冷静、情感深沉、实干，但平时却淡漠、缺乏自信、孤僻。

二、中国婴幼儿情绪及社会性发展量表

中国婴幼儿情绪及社会性发展量表（Chinese infant-toddler social and emotional assessment，CITSEA）是由爱丽丝·卡特（A. S. Carter）和玛格丽特·布格里斯-高恩（M. J. Briggs-Gowan）在2004年编制的《12～36月龄儿童情绪和社会性

评估量表》（infant-toddler social and emotional assessment，ITSEA）的基础上，由华中科技大学同济医学院公共卫生学院石淑华、张建端等人进行全国范围内的修订和标准化后的量表。该量表是适用于筛查和评估1～3岁儿童社会情绪问题的综合性工具。婴幼儿时期的社会、情感和行为的发展是儿童心理健康的重要组成部分。21世纪初，尽管有包括儿童焦虑性情绪障碍筛查表、2～3岁儿童行为量表和中国儿童气质量表、儿童抑郁障碍自评量表在内的相应评价量表，但这些评估都是只针对某些项目，而不是针对整个情绪和行为问题。CITSEA的编制和应用，填补了我国没有婴幼儿社会情绪问题的综合性评估量表的空白。

（一）量表结构与内容

原量表包括166项条目，通过预调查并结合前述专家咨询讨论和有关人员小组访谈的结果，删除了不易理解、与我国实际情况不符、与其所属的各个维度相关性较低的条目，调整后的量表包括146个条目。其中核心条目104条，包括4个领域（外显行为域、内隐行为域、失调域及能力域）和19个维度。

外显行为域包含活动度/冲动性、攻击性/反抗性和同伴攻击3个维度。其中活动度或冲动性指儿童在日常生活中身体活动的频率。活动度高表现为不分情境场合的无明显目的性的活动过多，如易兴奋、爱哭闹，平时手脚动个不停，表现得格外活泼等。冲动性指儿童的情感活动不能受理性控制而发作的捣乱行为，具有克制力差、易激惹、易受外界刺激而兴奋等特点；攻击性或反抗性指想逃避某种以限制或伤害为目的的攻击行为。反抗性是儿童在受到他人伤害或干扰后进行的攻击，属于报复还击。儿童的攻击性/反抗性，通常发生在父母或他人对其施加权威以阻碍或限制他们时，由于挫折和愤怒而对父母或他人表现出攻击性/反抗性，体现在爱发脾气，不听话，霸道及打、咬、踢父母等行为上；同伴攻击，属于攻击性的一种，主要表现是在与同伴发生冲突时，咬人、踢打同伴或采取取笑、捉弄别人等具有敌意性的攻击行为。

内隐行为域包含忧郁/退缩、焦虑、恐惧、强迫、分离焦虑和新事物退缩6个维度。忧郁被认为是一种消极性情绪，对个体而言是一种过度的忧虑及悲伤的情绪体验。忧郁情绪的行为表现形式之一是退缩，儿童一般表现为情绪低沉、不开心、兴致不高，对周围事物都提不起兴趣等；焦虑指没有确切的由来，儿童产生不知名的恐惧、心理紧张、躁动不安等方面的情绪表现；恐惧指儿童对于某种事物（如某个人）或场景（如某个没去过的地方）等产生过分害怕恐惧的心理。使儿童恐惧的人、物、场景等在实际中往往并不具备相当的危险性，即使有一定危险性，但儿童所表现出的害怕的情绪超出了面对该人、物、场景实际的情况；强迫指没有确切的来由，儿童强迫自己去想或去做某件事情，伴有一定的紧张、恐惧、忧虑等不安的情绪表现，如害怕家里被弄乱，就会不停在家中扫地、拖地、整理家具等。在儿童期这种强迫行为往往表现不明显，不会干扰儿童的正常生活，且随着儿童年龄的不断增长，这一行为会逐步消失；分离焦虑指在与依恋者分别时，儿童尤其是年幼的儿童会产生一种恐惧和焦虑的情绪状态，害怕他们的依恋对象（往往是母亲）不再回来。年幼的儿童想要依恋对象一直待在他们身边，否则儿童会不停哭闹，情绪状态不稳定；新事物退缩指当把儿童放置于一个全然陌生的环境中，或他们遇到不熟悉的人时，儿童往往会表现出沉闷、安静、害羞、发呆、退缩等行为。

失调域包括睡眠、负性情绪、饮食和感官的敏感性4个维度。睡眠指儿童表现出很难进入睡眠或在睡眠中表现出不稳定的状态、入睡后时常会醒，需要成年人耗费较长时间才能将儿童哄睡；负性情绪指儿童在起床后时常表现出情绪不佳的状态，具体表现为乱发脾气、平时容易不高兴或生气、在完成某件事的过程中耐心不足，容易产生挫折情感等；饮食得分高是儿童饮食行为失调的表现，如儿童挑食、不肯吃需要嚼的食物，饮食习惯不佳，如把吃的东西含在嘴里不下咽甚至将食物吐出来；感官的敏感性得分高的儿童表现为对感官刺激具有强烈的敏感性，儿童会在受到不同的噪声、强烈的灯光刺激、气味刺激后表现出躁动的情绪等。

能力域包括依从性、注意力、模仿/游戏、掌握动机、移情和亲社会同伴关系6个维度。依从性指对于成人的要求儿童会进行相应的回应和反馈，依从性是儿童为达到与成人的期望和要求相符合的程度而调节变化他们自身的想法和行为。儿童往往表现出听话，会按照成人所期待的去做、能够做到延迟满足等；注意力影响着儿童智力的发展，是儿童认知发展的重要方面。成人需要关注对儿童特别是年幼儿童注意力的培养。幼儿的专注体现在成人给他们讲故事或学习新知识时，年幼的儿童可以专注地坐5 min左右的时间，能够自行阅读等；模仿/游戏指通过模仿成人来学习和练习某种行为，这是儿童早期学习的主要方式。具体表现为儿童学成人拍手、拍腿或通过挥手表示再见，模仿动物的声音，模仿大人做家务等；掌握动机主要指儿童对某些没见过的新鲜事物会感到好奇，喜欢尝试完成某些困难的任务、喜欢独立完成某些事情等；移情指儿童能够体验别人所感受到的情感体验，能够感同身受，如担忧别人的状况，因为别人开心而感到开心，因为别人难过而感到难过，并在他人伤心时尝试安慰和帮助，能够细心留意并观察到他人的不安的感受等。与此同时，儿童能够与同伴进行友好的互动，如分享、相互关心等。儿童相互之间亲密愉悦的体验及所展现出的快乐的情绪能够进一步影响儿童，使得他们能做出某些牺牲，从而给同伴带来更大的快乐；同伴关系是对儿童而言一种重要的社会关系，在儿童与同伴交往过程中得以培养和发展。良好的同伴关系表现为儿童能够较好地与同龄人交往，能自在地和小朋友们玩耍，在争执发生时能适宜地处理与伙伴之间的摩擦。

（二）信度及效度研究

王惠珊、张建端等研究者认为量表中国化研究的信度评估方式主要包括重测信度、分半信度和内部一致性信度的分析。其中，4个域重测信度范围在0.78～0.86，分半信度范围在0.82～0.90；19个因子中Cronbach's α系数为0.7～0.8的占26.31%，0.6～0.7的占47.37%，0.5～0.6的占21.05%。效度评估主要包括效标效度和结构效度的分析。关于结构效度，验证性因子分析显示，除了感官敏感性维度外，模型拟合参数指标GFI、AGFI、NFI、NNFI和CFI均>0.90，RMSEA<0.10、RMR<0.04。数据显示，各维度划分能够较好地拟合数据。关于效标效度，以2～3岁儿童行为量表（CBCL2～3）和1～3岁学步儿气质量表（CTTS）为参照标准，本量表各域得分与CBCL2～3和CTTS得分的维度间存在一定的相关性，即有交叉和重叠的评估领域和内容，但不完全等同。

（三）量表使用和评分系统

1. 中国常模

王惠珊、张建端等研究者通过分层随机整群抽样，以全国七大区域14个城市的5323名12～36月龄健康婴幼儿为对象，分别建立了以男童和女童为区分的中国标准化常模，具体见表9-11和表9-12。

表9-11 女童量表各域及维度的均值粗分及标准差

域和维度	12～18月龄（n=627）		18～24月龄（n=691）		24～30月龄（n=672）		30～36月龄（n=643）		F值	P值
	均值	标准差	均值	标准差	均值	标准差	均值	标准差		
外显行为域	0.5522	0.2919	0.5674	0.3137	0.5462	0.3086	0.5254	0.2991	2.10	0.0976
活动度/冲动性	0.7814[A]	0.4636	0.7904[A]	0.5010	0.7542[A]	0.4974	0.6924[B]	0.4832	5.38	0.0011

续表

域和维度	12~18月龄 (n=627) 均值	标准差	18~24月龄 (n=691) 均值	标准差	24~30月龄 (n=672) 均值	标准差	30~36月龄 (n=643) 均值	标准差	F值	P值
攻击性/反抗性	0.6328	0.3660	0.6701	0.3947	0.6401	0.3780	0.6324	0.3897	1.46	0.2228
同伴攻击	0.1762	0.2998	0.1838	0.2893	0.1951	0.3099	0.1958	0.2695	0.62	0.5989
内隐行为域	0.4705[A]	0.2384	0.5329[B]	0.2458	0.5440[B]	0.2446	0.5407[B]	0.2470	12.09	<0.0001
忧郁/退缩	0.2199[A]	0.2866	0.2599[B]	0.2948	0.2364[B]	0.2907	0.2591[B]	0.2790	2.90	0.0335
焦虑	0.3937	0.3623	0.4097	0.3814	0.3813	0.3732	0.3836	0.3529	0.83	0.4760
恐惧	0.3824[A]	0.4498	0.5005[B]	0.4932	0.5421[B]	0.4933	0.5422[B]	0.4684	15.34	<0.0001
强迫	0.2261[A]	0.3537	0.3153[B]	0.3841	0.3703[C]	0.4067	0.3879[C]	0.4024	22.16	<0.0001
分离焦虑	0.7408[B]	0.4391	0.7355[B]	0.4470	0.6890	0.4460	0.6638[A]	0.4495	4.52	0.0036
新事物退缩	0.8022[A]	0.4035	0.9250[B]	0.4405	0.9844[C]	0.4735	0.9434[BC]	0.4812	19.19	<0.0001
失调域	0.6180	0.2861	0.6329	0.2928	0.6245	0.2786	0.6383	0.2769	0.64	0.5877
睡眠	0.6310[C]	0.4741	0.5590[B]	0.4600	0.4888[A]	0.4221	0.4566[A]	0.4104	19.62	<0.0001
负性情绪	0.5513[A]	0.3451	0.5829[AB]	0.3745	0.5885[AB]	0.3525	0.6252[B]	0.3586	4.54	0.0035
饮食	0.5954	0.4010	0.6210	0.4063	0.6111	0.3979	0.6293	0.4016	0.84	0.4734
感官的敏感性	0.7558[A]	0.3734	0.7977[B]	0.3829	0.8173[B]	0.3878	0.8208[B]	0.3805	3.89	0.0087
能力域	1.1364[A]	0.2795	1.2407[B]	0.3085	1.3167[C]	0.3052	1.3256[C]	0.3074	48.73	<0.0001
依从性	0.9863[A]	0.3647	1.0589[B]	0.3734	1.1241[C]	0.3837	1.1335[C]	0.3757	21.16	<0.0001
注意力	1.2170[A]	0.4426	1.2692[B]	0.4418	1.3481[C]	0.4294	1.3620[C]	0.4099	16.09	<0.0001
模仿/游戏	1.4640[A]	0.3967	1.5802[B]	0.3961	1.5812[B]	0.3981	1.5434[B]	0.4091	12.13	<0.0001
掌握动机	1.3066[A]	0.3868	1.3749[B]	0.3708	1.4100[B]	0.3749	1.3786[B]	0.3798	8.49	<0.0001
移情	0.8295[A]	0.4214	1.0678[B]	0.4553	1.2387[C]	0.4465	1.2630[C]	0.4503	127.16	<0.0001

续表

域和维度	12~18月龄 (n=627) 均值	标准差	18~24月龄 (n=691) 均值	标准差	24~30月龄 (n=672) 均值	标准差	30~36月龄 (n=643) 均值	标准差	F值	P值
亲社会同伴关系	1.0068^A	0.4702	1.1168^B	0.4889	1.2258^C	0.4831	1.3131^D	0.4752	45.36	<0.0001
不良适应指标	0.3305^D	0.2454	0.2997^C	0.2511	0.2361^B	0.2602	0.1958^A	0.2101	38.80	<0.0001
社会关系指标	1.6479	0.2625	1.6372	0.2770	1.6370	0.2846	1.6206	0.2763	0.91	0.4345
非典型行为指标	0.4209	0.3102	0.4430	0.3242	0.4420	0.3282	0.4254	0.3016	0.83	0.4793

注：表中不同字母表示该域或维度的均值在相应年龄段上的差异有显著性意义，相同字母则表示该域或维度的均值在相应年龄段上的差异无显著性意义。

表 9-12 男童量表各域及维度的均值粗分及标准差

域和维度	12~18月龄 (n=663) 均值	标准差	18~24月龄 (n=683) 均值	标准差	24~30月龄 (n=701) 均值	标准差	30~36月龄 (n=643) 均值	标准差	F值	P值
外显行为域	0.5855	0.3009	0.6003	0.3266	0.6070	0.3296	0.6070	0.3197	0.62	0.6014
活动度/冲动性	0.8290	0.4834	0.8208	0.4866	0.8009	0.4941	0.7984	0.4969	0.62	0.6007
攻击性/反抗性	0.6682	0.3754	0.6941	0.3981	0.7084	0.4187	0.7208	0.4104	2.08	0.1012
同伴攻击	0.1950^A	0.2883	0.2250^A	0.3366	0.2484^B	0.3349	0.2318^A	0.3085	3.08	0.0263
内隐行为域	0.4488^A	0.2289	0.5110^B	0.2510	0.5253^B	0.2550	0.5331^B	0.2475	15.24	<0.0001
忧郁/退缩	0.2135^A	0.2674	0.2560^B	0.2822	0.2649^B	0.3039	0.2548^B	0.2839	4.35	0.0046
焦虑	0.3941	0.3559	0.4004	0.3931	0.3959	0.3756	0.3935	0.3821	0.05	0.9872
恐惧	0.3396^A	0.4292	0.4564^B	0.4759	0.4863^B	0.4918	0.5123^B	0.4752	16.77	<0.0001
强迫	0.2131^A	0.3441	0.2882^B	0.3623	0.3162^B	0.3667	0.3729^C	0.3965	21.29	<0.0001

续表

域和维度	12～18月龄（n=663）均值	标准差	18～24月龄（n=683）均值	标准差	24～30月龄（n=701）均值	标准差	30～36月龄（n=643）均值	标准差	F值	P值
分离焦虑	0.7477	0.4480	0.7467	0.4482	0.7290	0.4422	0.6981	0.4474	1.75	0.1546
新事物退缩	0.7196^A	0.4261	0.8518^B	0.4295	0.8960^{BC}	0.4503	0.9117^C	0.4706	25.50	<0.0001
失调域	0.6084	0.2708	0.6337	0.2845	0.6401	0.2793	0.6332	0.2817	1.68	0.1698
睡眠	0.6037^C	0.4593	0.5301^B	0.4379	0.5103^B	0.4168	0.4541^A	0.4233	13.25	<0.0001
负性情绪	0.5572^A	0.3519	0.5904^{AB}	0.3497	0.6096^{BC}	0.3514	0.6468^C	0.3689	7.24	<0.0001
饮食	0.5503^A	0.3551	0.6167^{BC}	0.4071	0.6515^C	0.3962	0.5938^B	0.4001	8.03	<0.0001
感官的敏感性	0.7740	0.3898	0.8156	0.3925	0.7852	0.3883	0.7991	0.3832	1.44	0.2296
能力域	1.0964^A	0.2992	1.2144^B	0.2857	1.2609^C	0.2823	1.3046^D	0.2601	60.30	<0.0001
依从性	0.9332^A	0.3633	1.0424^B	0.3724	1.0552^B	0.3626	1.0957^C	0.3578	23.89	<0.0001
注意力	1.1513^A	0.4450	1.2511^B	0.4553	1.2970^B	0.4318	1.3502^C	0.3964	24.96	<0.0001
模仿/游戏	1.3914^A	0.4116	1.5179^B	0.3907	1.5250^B	0.3812	1.5227^B	0.3674	18.62	<0.0001
掌握动机	1.3068^A	0.4049	1.3848^B	0.3629	1.4044^B	0.3616	1.4119^B	0.3349	11.38	<0.0001
移情	0.7852^A	0.4359	1.0110^B	0.4356	1.1510^C	0.4343	1.2426^D	0.4188	139.65	<0.0001
亲社会同伴关系	0.9634^A	0.4776	1.0545^B	0.4700	1.1371^C	0.4551	1.2235^D	0.4425	35.72	<0.0001
不良适应指标	0.3442^C	0.2563	0.3301^C	0.2663	0.2666^B	0.2509	0.2209^A	0.2285	33.17	<0.0001
社会关系指标	1.6108	0.2721	1.6128	0.2672	1.5924	0.2882	1.6160	0.2604	0.89	0.4460
非典型行为指标	0.4075	0.2969	0.4440	0.3205	0.4486	0.3048	0.4272	0.3230	2.40	0.0663

注：表中不同字母表示该域或维度的均值在相应年龄段上的差异有显著性意义，相同字母则表示该域或维度的均值在相应年龄段上的差异无显著性意义。

2. 评分方式

量表中每一项条目都按"0""1""2"三级记分，如选"0"表示儿童实际情况与条目描述"不符合或偶尔符合"，记为 0 分；选"1"为表示儿童实际情况与条目描述"部分符合或有时符合"，记为 1 分；选"2"表示儿童实际情况与条目描述"非常符合或经常符合"，记为 2 分。当遇到编码为 N 的条目，表示儿童尚无条件发生该条目所描述的情况，计为缺省值。对于反向编码计分条目，选"2"计 0 分，选"0"计 2 分，选"1"计 1 分。在计算各域和维度均值前，必须保证每个维度缺省条目小于该维度总条目数的 25%，如果缺省条目数超过 25% 则信息不够，无法计算该维度均值。

3. 实施方法

首先，按照量表结构，将量表中某个域或维度的所有非缺省条目的分值求和，并除以非缺损项目数，获得不同性别年龄组的各域和维度的均值粗分。其次，将各域的均值粗分转换为均值为 50，标准差为 10 的常模标准 T 分。最后，当相应域或维度的得分高于能力域及维度的 90% 或低于 10% 时，则提示该域或该维度可能存在异常。百分位数临界值见表 9-13，量表具体节选内容见表 9-14。

表 9-13 不同性别年龄组儿童各域及维度的百分位数临界值

域和维度	12~18月龄 男童	12~18月龄 女童	18~24月龄 男童	18~24月龄 女童	24~30月龄 男童	24~30月龄 女童	30~36月龄 男童	30~36月龄 女童
外显行为域	1.00	0.94	1.06	1.00	1.06	0.94	1.06	0.94
活动度/冲动性	1.40	1.40	1.40	1.40	1.40	1.40	1.40	1.40
攻击性/反抗性	1.13	1.13	1.25	1.25	1.25	1.13	125	1.25
同伴攻击	0.60	0.60	0.80	0.60	0.80	0.60	0.60	0.60
内隐行为域	0.78	0.78	0.85	0.85	0.85	0.85	0.85	0.89
忧郁/退缩	0.50	0.67	0.67	0.67	0.67	0.67	0.67	0.67
焦虑	1.00	1.00	1.00	1.00	0.75	1.00	1.00	0.86
恐惧	1.00	1.00	1.00	1.33	1.33	1.33	1.00	1.00
强迫	0.75	0.75	0.75	1.00	0.75	1.00	1.00	1.00
分离焦虑	1.50	1.25	1.50	1.25	1.25	1.25	1.25	1.25
新事物退缩	1.33	1.33	1.50	1.50	1.50	1.67	1.50	1.67
失调域	0.96	1.00	1.04	1.04	1.00	1.00	1.00	1.00
睡眠	1.25	1.25	1.25	1.25	1.00	1.00	1.00	1.00

续表

域和维度	12~18月龄 男童	12~18月龄 女童	18~24月龄 男童	18~24月龄 女童	24~30月龄 男童	24~30月龄 女童	30~36月龄 男童	30~36月龄 女童
负性情绪	1.00	1.11	1.11	1.11	1.11	1.11	1.11	1.11
饮食	1.00	1.17	1.17	1.17	1.17	1.17	1.17	1.17
感官的敏感性	1.20	1.20	1.40	1.20	1.20	1.20	1.40	1.20
适应不良	0.69	0.69	0.69	0.62	0.54	0.54	0.46	0.46
非典型行为	0.86	0.86	0.86	0.86	0.86	0.86	0.86	0.86
社会关系	1.21	1.29	1.21	1.21	1.14	1.21	1.21	1.21
能力域	0.71	0.80	0.83	0.83	0.91	0.93	0.97	0.94
依从性	0.43	0.57	0.57	0.57	0.57	0.57	0.71	0.57
注意力	0.60	0.60	0.60	0.60	0.80	0.80	0.80	0.80
模仿/游戏	0.83	0.83	1.00	1.00	1.00	1.00	1.00	1.00
掌握动机	0.83	0.83	0.83	0.83	1.00	0.83	1.00	0.831
移情	0.29	0.29	0.43	0.43	0.57	0.58	0.71	0.71
亲社会的同伴关系	0.25	0.50	0.50	0.50	0.50	0.50	0.75	0.75

注：问题域、适应不良指标和非典型行为指标取 P_{90} 为界值，能力域和社会关系指标取 P_{10} 为界值。

表 9-14　中国幼儿社会情绪评价量表节选

第一部分：

指导语：该部分包括对 12～36 月龄幼儿有关正常情绪和行为的描述。有些描述会涉及一些有问题的情绪和行为；有些描述可能是针对更大或更小的孩子，对您的孩子来说可能不合适。但是您可以在最接近您孩子情况的选项（0、1、2）上画"○"。

0：不符合或偶尔；1：部分符合或有时符合；2：非常符合或经常符合；N：不适合（您的孩子没有机会表现这一行为），如"如果给个奶瓶就会平静下来。"选择 N 表示您的孩子在最近 1 个月内从没有使用过奶瓶。

对于下列每一条描述，请根据您孩子最近一个月的情况，在最合适的答案上画"○"。0：不符合/偶尔符合；1：有时符合；2：非常符合/经常符合。

问题	得　分/分		
1. 噪声或强光会使他/她烦躁不安	0	1	2
2. 到新地方感到紧张，要过一会儿才会安定下来（10 分钟或更长）	0	1	2
3. 经常受伤或弄痛自己	0	1	2

续表

问　　题	得分/分			
4. 遇到挫折时会产生攻击行为	0	1	2	
5. 在陌生环境中变得安静，不活跃	0	1	2	
6. 被交给新保姆或照护者时显得烦躁不安（N：过去1个月没有新的照护者）	0	1	2	N
7. 一叫他/她的名字就答应	0	1	2	
8. 做事成功时显得高兴（如为自己鼓掌）	0	1	2	
9. 玩好后把玩具收拾好	0	1	2	
10. 看上去不安、紧张或害怕	0	1	2	
11. 不安静，坐不住	0	1	2	
12. 玩的时候会非常"兴奋""发疯"，控制不住自己	0	1	2	
13. 霸道，听不进别人的话	0	1	2	
14. 动个不停	0	1	2	
15. 某些气味会使他/她烦躁不安	0	1	2	
16. 晚上睡觉会醒，然后需要哄着才能再次入睡	0	1	2	
17. 当您要他/她安静下来的时候，就安静下来	0	1	2	
18. 哭闹或发脾气直到他/她精疲力竭	0	1	2	
19. 不肯吃需要嚼的食物	0	1	2	
20. 做坏事，捣蛋，引起大人的注意	0	1	2	
21. 努力按照您说的去做	0	1	2	
22. 玩玩具的时间达5分钟或更长	0	1	2	
23. 拥抱或者轻拍别人表示亲热（N：因为身体原因不能做该动作）	0	1	2	N
24. 又开始做一些以前小时候做的事情（如想用奶嘴）	0	1	2	

第二部分

指导语：您的孩子是否开始说一些由两三个词组成的短句子，如"要果汁""妈妈抱"等。0：还没有→请转至第三部分；1：有时→请回答以下的1～4题；2：经常→请回答以下的1～4题。对于下列每一条描述，请根据您孩子最近一个月的情况，在最合适的答案上画"○"。0：不符合/偶尔符合；1：有时符合；2：非常符合/经常符合。

问　　题	得分/分		
1. 重复别人说的最后几个词或电视广告中的最后几个词	0	1	2
2. 到不熟悉的地方需要过一会儿才说话	0	1	2

续表

问题	得分/分		
3. 说一些奇怪、令人害怕或令人恶心的事情	0	1	2
4. 说别人的情绪感受（如妈妈生气）	0	1	2

第三部分

问题	得分/分		
1. 跟别的孩子玩时，能将自己的东西分给别人或友好地向别人请求想要什么东西	0	1	2
2. 打、推、踢或咬别的孩子（不包括兄弟或姐妹）	0	1	2
3. 有一个或几个喜欢的朋友（年龄差不多）	0	1	2
4. 捉弄或欺负别的孩子	0	1	2
5. 与别的孩子玩得来	0	1	2
6. 取笑别的孩子	0	1	2

三、婴幼儿感觉处理能力剖析量表

婴幼儿感觉处理能力剖析量表（infant-toddler sensory profile，ITSP）是于2002年由维尼·邓恩（W. Dunn）开发的适用于婴幼儿的量表。该量表旨在帮助治疗师、幼儿教师和父母全面快速了解婴幼儿感觉处理能力的现状，了解感觉处理功能对婴幼儿日常生活的影响，并成为测量婴幼儿感觉处理能力的标准方法。0～3岁是婴幼儿感觉信息处理能力形成和发展的重要时期，也是认知发展的第一阶段。当婴幼儿的感觉信息无法在神经系统进行有效的处理时，则会造成感觉统合失调（sensory integrative dysfunction，SID）或感觉信息处理失调（sensory processing disorder，SPD）等问题，这已逐渐成为一种当代儿童心理行为的热点问题。感觉信息失调问题在婴幼儿中就有临床表现，会持续影响儿童的生活自理及学业成绩。因此，儿童感觉信息处理能力的早期评估对儿童身心发展具有长远且深刻的影响。

（一）量表结构与内容

ITSP分为0～6个月婴幼儿量表和7～36个月婴幼儿量表。0～6个月婴幼儿量表共36个项目，包括5个子量表，分别是总体感觉处理、听觉处理、视觉处理、触觉处理、前庭觉处理。7～36月婴幼儿量表共48个项目，与0～6个月婴幼儿量表的子量表相同，且拥有第六个子量表为口腔感觉处理。总体感觉处理子量表衡量孩子与常规和日程安排相关的反应，如"随着日程安排的改变，我的孩子的行为就会恶化"；听觉处理子量表衡量孩子对所听到的事情的反应，如"我的孩子喜欢用嘴发声"；视觉处理子量表测量孩子对所看到的事物的反应，如"我的孩子喜欢看闪亮的物体"；触觉处理子量表测量孩子对接触皮肤的刺激的反应，如"我的孩子拒绝被拥抱"；前庭觉处理子量表测量儿童对运动的反应，如"我的孩子拒绝在洗澡时把头往后仰"；口腔感觉处理子量表（仅出现在7～36个月量表）测量儿童对口腔的触觉、味觉和嗅觉刺激的反应，例如"我的孩子舔/咀嚼非食物的物品"。

量表的各个项目根据特征又分为4个维度，分别是感觉注册低、寻求感觉刺激、感觉敏感、感觉逃避。感觉注册低中包含的项目衡量了孩子对所有可用感觉的意识，例如"我的孩子似乎不知道湿尿布或脏尿布"；寻求感觉刺激这个维度中包含的项目衡量了孩子对所有类型的感觉的兴趣和快乐，例如"我的孩子喜欢看镜子中的自己"；感觉敏感这个维度中包含的项目衡量了孩子注意到所有类型感觉的能力，例如"我的孩子在嘈杂的环境中分心和/或进食困难"；感觉逃避这个维度中包含的项目衡量了孩子在任何时候控制一定数量和类型感觉的需要，例如"我的孩子不愿意擦脸"。

（二）信度及效度研究

目前ITSP已在台湾省和江苏省南京市展开调查，但尚未有全国范围的调查。该量表在译成中文的过程中，中文版量表的信效度会受地域、文化背景的因素影响，但仍在可接受范围内。ITSP信度评估主要包括内部一致性信度和重测信度。根据台湾省的资料，0～6个月的5个分量表与4个象限的内部一致性（Cronbach's α值）为0.42～0.75；7～36个月的Cronbach's α值则为0.48～0.87。根据南京市的资料，0～6个月和7～36个月量表的Cronbach's α值分别为0.750和0.871，7～36个月量表重测信度为0.659，$P<0.01$。

（三）量表使用和评分系统

1. 评分方式

问卷由照护者基于婴幼儿对各种感官体验的反应频率来填写，大约耗时15 min。父母或其他照护者需确定孩子展现特定行为的频率填写问卷。每个项目均有5种频率选项，而每种选项对应的原始分如下，1分=总是（always），即100%时间出现所描述行为；2分=常常（frequently），75%时间出现；3分=有时（occasionally），50%时间出现；4分=很少（seldom），25%时间出现；5分=从不（never），0%时间出现。若父母的选择在两个频率之间，评分者则计算较低的数字。

0～6个月量表可获得关于儿童神经系统阈值的4个维度分数（感觉注册低、寻求感觉刺激、感觉敏感、感觉逃避）和一个综合分数（低阈值）；7～36个月量表可获得5个感觉系统处理能力的分数（视觉、听觉、触觉、前庭觉、口腔感觉）、神经系统阈值的4个维度分数（感觉注册低、寻求感觉刺激、感觉敏感、感觉逃避）和一个综合分数（低阈值）。

评分系统将每个0～6个月婴幼儿的感觉处理能力按照各（组合）象限分数分为"典型行为（typical performance）"和"需要咨询和跟进（包括less than others、more than others）"；7～36个月婴幼儿的则分为"典型行为""可能的差异"（包括less than others、more than others）和"明确的差异"（包括less than others、more than others）。这种分类系统可以帮助治疗师快速确定该婴幼儿在感觉处理能力的表现是否需要关注。分类系统的临界分数来自589名0～36个月的健康无残疾儿童样本。

2. 实施步骤

第一，计算实际年龄。从父母或照护者完成问卷的日期中减去孩子的出生日期。当天数从月借，总是借30天，不考虑月的实际长度；实足年龄按月计算，当天数超过15天则增加一个月，反之不增加。例如，孩子A于2002年3月26日出生，其父母于2004年11月20日填写问卷，则其实足年龄为2年7月24天，视作32个月；孩子B于2004年8月1日出生，其父母于2005年1月14日填写问卷，其实足年龄为5月13天，视作5个月。

第二，统计评分。首先，将问卷上的每个部分（一般处理除外）对应的原始分数相加，并将这个数字记录在部分末尾提供的空格中。其次，将这些总分转移到总评分表的最后一页感觉处理部分的第二栏；再次，将每个孩子每个部分的分数用"X"标记在对应的网格中，在0～6个月量表中，这些网格按照分数分为"典型行为"和"需要咨询和跟进"；在7～36个月量表中，则分为"明确的差异""可能的差异""典型的表现"。最后，借此分数可以比较这个孩子与同龄健康儿童的反应能力。

第三，解读结果。首先，查看各部分的分数。查看已完成的象限总表，查看哪个象限的分数符合这个年龄的孩子的典型表现及关于这些评分整体体现孩子感官处理过程的什么特征。查看总评分表的感觉处理部分，分析在所有的感觉系统中是否出现感觉处理模式，再返回具体的照护者问卷，因为有时整体分数不能反映某一部分的极端情况。回顾得分为1、2或3分的项目及得分为4或5分的项目。其次，分析项目之间的相似或差异之处。分析在特定的系统中是否有一定趋势，观察高分或低分是否聚集在任何特定的感官系统中。再次，联系实际分析孩子的感觉处理模式。分析孩子独特的感觉处理模式是否能够解释或与孩子的表现特征有关；是否能够解释或关系孩子及其家庭面临的挑战；是否反映了其在家庭中常参加且受重视的日常活动的优势；分析在日常生活中可以通过什么方式来促进孩子参与活动。最后，与孩子家人沟通，一起思考对家庭日程的改变，还有活动顺序、使用的材料或亲子互动方式的改变。除了对活动的适应，也要考虑孩子对感官或物理环境各方面的适应。

3. 注意事项

所有的婴幼儿在ITSP中测量的4个阈限中都有一定程度的反应性。由于神经系统的差异性，不同个体对于同一感觉系统的体验和反应并不相同，相同个体对于感觉系统中不同刺激的体验和反应也不相同。仅通过ITSP的研究结果，不能确定儿童是否有感觉处理问题及需要早期干预或其他服务。无论反应能力是过高还是过低，都不意味着孩子有"功能障碍"或需要解决这些问题。例如，尽管一个孩子在两个象限上的分数处于"明确的差异"范围内，但无法说明该孩子有感觉处理问题或挑战。ITSP只是为了帮助早期干预提供者根据儿童独特的感觉处理能力，解释和促进孩子在日常活动中的表现。因此，ITSP的评级只是早期干预提供者为实现这一目标提供的一部分信息。ITSP的结果需要与转诊问题和其他表现指标一起仔细考虑，如父母访谈、对孩子在不同情况下的行为观察结果、发展测试结果和其他背景信息，ITSP也无法用于比较测量前和测量后儿童感觉处理能力的变化。

由于父母填写的问卷很可能反映的是父母对孩子长时间以来的整体了解，而不是孩子现在的反应，因此，问卷结果可能无法灵敏地反映孩子所处环境变化对其感觉处理模式的影响。此时需要关注环境（家庭和日托机构）是如何与孩子的感觉处理模式相互作用的。可以通过采访日托提供者或观察孩子在日托机构的表现，然后将这些结果与父母的结果进行比较，分析其中相同及差异之处。一个人的感觉处理是在各种环境的相互作用中反映出的，无论是专业人员还是婴幼儿家长都要从多途径了解婴幼儿，不能单凭一个量表就对婴幼儿的发展下定论。

第三节　心理测验类评价工具

根据量表功能的不同，测验类评价工具可以分为筛查性及诊断性两大类。前者用于筛查儿童是否存在发育异常，具有操作简单的特点，筛查性量表在日常的使用中能够便于筛查者在早期及时发现儿童智能发育偏离等问题，从而为儿童提供及早的诊断和干预；诊断性量表用于对发育异常的特殊婴幼儿进行心理或行为问题的诊断。当前，儿童发展评价的范式逐渐从过去的实验室评估转向在真实情境中基于观察的评估。因此，婴幼儿发育行为的测验类评价工具的使用地点大多设在婴幼儿熟悉的家庭或者早教机构。国际上婴幼儿诊断性发育量表种类较多，本节选择国内较常用的贝利婴幼儿发育量表（BSID）和中国儿童发育量表（CDSC）；筛查性发育量表则选择丹佛发育筛查量表（DDST）和儿童心理行为发育预警征象筛查问卷（WSCMBD）进行介绍。

一、贝利婴幼儿发展量表

贝利婴幼儿发育量表（Bayley scales of infant development，BSID）是南希·贝利博士（N. Bayley）于1933年发表，1969年再版，此后开始正式推广和应用的量表。该量表是目前国际上对于婴幼儿发育最全面的正式评估和预测工具之一，用于诊断儿童早期的发展迟缓，评估特定风险群体（如早产儿）的发育结果及衡量环境和医疗干预的效果，广泛应用于临床和科研。

（一）量表结构与内容

1993年，为了更新标准性资料，贝利对BSID进行修订并形成了贝利婴幼儿发育量表第2版（BSID-Ⅱ）。BSID-Ⅱ的适用年龄由2～30月龄扩大为1～42月龄，常模样本量由1262例增加至1700例，在保持原来3个量表的基础上修改部分测验内容。BSID-Ⅱ经信度效度考核，量表质量有所提高，临床应用的机会也有所增加。2006年，贝利等对BSID-Ⅱ进行了修订，形成第3版贝利婴幼儿发展量表（Bayley-Ⅲ），被广泛应用于当前的实践中。Bayley-Ⅲ较前两版有了较大变化，主要表现为两点。第一点，常模样本增加特殊组。在除去1700名42个月以内正常婴幼儿的标准组的基础上，还有由 668 名有特殊临床诊断的婴幼儿组成的特殊组，特殊组婴幼儿均伴有相关发育障碍问题，如唐氏综合征、语言障碍、脑瘫、广泛性发育障碍、孕期酒精暴露和早产儿。第二点，诊断范围扩大。Bayley-Ⅲ内含认知、语言、动作 3 个子量表及社会情感、适应性行为 2 个问卷。其中 3 个量表主由专业人员对婴幼儿进行评估，两个问卷则由照护人填写。

20 世纪 80 年代，我国易受蓉教授通过了本量表施测的专门训练，将 1969 年再版的 BSID 版本译成中文，通过在长沙市的预试推定，基本上适用我国城市的婴幼儿。1991 年，BSID 协作组对我国 12 个大中小城市共 2409 名 2～30 月龄的正常婴幼儿进行评估。由于中、美婴幼儿早期照养方式和成长环境不同，婴幼儿各种能力发展的次序与速度不同，协作组对原智力量表、运动量表的条目及其年龄定位进行本土化修订，最后形成中国城市修订版的贝利婴幼儿发展量表（BSID-CR），适用于我国 2～30 月龄的城市婴幼儿。修订后量表的各信度系数达到了心理测量学上可接受的水平，与 Gesell 量表有较好的相关性。2011 年，徐珊珊等人翻译了 Bayley-Ⅲ量表，针对语言量表部分在咨询专家意见的基础上进行了适当的修改。与此同时，在上海地区，研究人员利用 Bayley-Ⅲ量表对婴幼儿发育状况进行评估，并将上海地区婴幼儿子量表分数与美国地区婴幼儿的分数常模进行对比，研究结果表明 Bayley-Ⅲ量表具有可靠的信度，可用于对中国婴幼儿发育情况的测评当中（徐珊珊等，2011）。

2019 年，根据近年的研究调查和用户的反馈，研究者们对 Bayley-Ⅲ进行了修订，形成了第 4 版贝利婴幼儿发展量表（Bayley scales of infant and toddler development-fourth edition，Bayley-4）。该量表的适用范围扩大为 16 天至 42 个月的婴幼儿，用以诊断发育迟缓的婴幼儿，以便提供早期干预服务。与 Bayley-Ⅲ相同，Bayley-4 是通过观察婴幼儿及其与刺激物的互动，来评估婴幼儿的表现水平。考虑到大多数婴幼儿无法完成 90 min 测试，Bayley-4 中的适应性行为问卷项目数由 241 个减少为 120 个，项目的测试时间由 30～90 min 缩短为 30～70 min（实际时长取决于孩子的年龄）。因此，与 Bayley-Ⅲ相比，Bayley-4 更省时，具有更大的临床敏感性和准确性。

Bayley-4 对于婴幼儿的评估分为五大领域，具体包括认知（cognitive，COG）、语言（language，LANG）、动作（motor，MOT）、社会情绪（social-emotional，SE）和适应性行为（adaptive behavior，ADBE）。

认知分量表由认知任务（CG）组成，评估婴幼儿如何思考、反应和了解这个世界。具体来看，认知分量表用以评估婴儿（infant）对新事物的兴趣，对熟悉和不熟悉物体的注意力及如何玩不同类型的玩具；研究学步儿（toddler）如何探索新玩具和体验，如何解决问题，如何学习及完成谜题的能力；评估学龄前儿童（preschooler）假装游戏和活动，如何学习概念、用积木构建、颜色匹配、计数和解决更复杂的谜题。

语言分量表是由接受性沟通（receptive communication，RC）和表达性沟通（expressive communication，EC）的任务组成的。接受性沟通任务用以评估儿童识别声音的能力及对口语和方向的理解程度。具体来看，接受性沟通任务用以评估婴幼儿对环境中声音、物体和人的识别能力，许多任务都涉及社会互动；要求学步儿识别图片和物体，遵循简单的指示，并执行社交例行活动，如挥手告别或玩躲猫猫；要求学龄前儿童识别动作图片，理解概念（大小、颜色），并衡量其对基本语法的理解。表达性沟通任务用以评估儿童用声音、手势或单词进行交流的程度。具体来看，表达性沟通任务用以观察婴幼儿在各种非语言表达的微笑、使用手势和大笑（社会互动）等；学步儿有机会通过命名物体或图片，把单词拼在一起，并回答问题；观察学龄前儿童使用词汇、问问题和回答更复杂问题的表现。

运动分量表是由精细动作（fine motor，FM）和粗大动作（gross motor，GM）的任务组成的。精细动作任务用以评估孩子是否可以使用手和手指达到目的。具体来看，精细动作任务用以评估婴幼儿的肌肉控制，如用眼睛进行视觉跟踪，将一只手放到嘴里，将物体从一只手转移到另一只手及伸手去抓一个物体；要求学步儿展示他们执行精细运动任务的能力，如堆叠方块，画出简单的形状及将小物体（如硬币）放在一个插槽中；要求学龄前儿童画出更复杂的形状，用积木构建简单的结构，并折叠纸。粗大动作任务可以评估孩子移动身体的能力。具体来看，粗大动作任务用以评估婴幼儿的头部控制和他们在活动上的表现，如滚动、直立坐和爬行运动；评估学步儿在没有帮助的情况下进行行走、支撑自己的体重、站立和行走的能力；要求学龄前儿童展示跳跃、爬楼梯、跑步、保持平衡、踢球及其他需要身体控制或协调的活动的能力。

社会情绪分量表用来评估婴幼儿在特定年龄段才能达到的典型社会情绪。社会情绪项目要求照护者评估孩子的社会互动，表达情绪的程度及他们对声音、触摸和环境中的其他东西的反应。

适应性行为分量表要求照护者评估孩子适应正常日常生活的各种需求，并变得更加独立的能力。该分量表分为：交际领域，包括接受性语言（receptive，REC）和表达性语言（expressive，EXP）；日常生活技能领域，包括个人日常生活技能（personal，PER）；社会化领域，包括人际关系（interpersonal relationship，IPR）和玩耍娱乐（play and leisure，PLA）。接受性语言项目评估孩子在社会互动中处理信息的能力、理解单词和听故事的能力；表达性语言项目评估孩子的词汇量发展；个人日常生活技能项目评估孩子在一些活动中如何照顾自己，如自己穿衣、吃饭、如厕和洗衣服；人际关系项目评估孩子的反应和与人的关系（例如照护者与孩子之间的互动、对其他孩子的兴趣、友谊）；游戏与休闲项目评估孩子如何玩和享受乐趣，如和照护者一起玩简单的游戏，和同伴一起玩，并最终轮流玩。

（二）信度及效度研究

如表9-15所示，Bayley-4与韦克斯勒学龄前和学龄初期儿童智力第4版量表（Wechsler preschool and primary scale of intelligence 4th，WPPSI-IV）、皮博迪动作发育第2版量表（the Peabody developmental motor scales 2nd，PDMS-2）的得分相一致。

表9-15 Bayley-4与WPPSI-IV和PDMS-2的比较

Bayley-4	分 数	WPPSI-IV	分 数	差 异
认知	98.5	FSIQ	103.3	-4.8
认知	98.5	VSI	100.2	-1.7
语言	100.6	VCI	103.0	-2.4
Bayley-4	分 数	PDMS-2	分 数	差 异
运动	99.5	总运动商	99.5	0.0
精细动作	99.5	精细动作商	97.5	2.0
粗大动作	99.5	粗大动作商	101.1	-1.6

（三）量表使用和评分系统

1. 美国常模

Bayley-4常模样本是根据2017年的美国人口普查数据，按年龄、性别、种族/民族及父母的受教育水平确定的。训练有素的招聘人员和独立的审查人员根据所选的人口统计学变量确定符合标准的儿童。当多名候选儿童满足相同的纳入标准和人口统计学要求时，使用随机病例选择。除了与人口普查数据匹配外，还使用邮政编码验证平均收入。Bayley-4常模的平均邮政编码收入为62835美元，非常接近 2017 年的美国人均收入 62175 美元。为了确保涵盖所有能力范围的儿童，常模还包括 21 例诊断为唐氏综合征的病例（1.2%）；包括来自不同文化和语言背景的儿童（包括双语儿童）。

2. 量表评分系统

如表 9-16 所示，量表采用三级评分（0～3 分）标准，0 分 = 从不出现，1 分 = 有些时候或很少出现，2 分 = 几乎每次或经常出现。

表 9-16　Bayley-4 评分标准

分　数	技能水平	表　　现
2	精通	几乎每次或经常出现
1	新兴	有些时候或很少出现
0	未出现	从不出现

3. 实施方法

Bayley-4 对于婴幼儿的评估分为五大领域：动作、认知、语言、社会情感、适应性行为，其中前三种形式的量表由专业人员对婴幼儿进行评估，后两者则由父母或其他照护者填写，针对婴幼儿发展状况的问卷进行反馈，施测所需时间为 30～70 min。

二、中国儿童发育量表（CDSC）

中国儿童发育量表（China developmental scale for children，CDSC）是在 20 世纪 80 年代由首都儿科研究所薛红等人自主研发并制定的，是我国首个婴幼儿诊断量表，填补了我国没有儿童发育量表的空白。该量表用以测查 0～6 岁儿童的大运动、精细动作、适应能力、语言及社交行为五大能区的发育情况。儿童发育量表作为综合性、标准化的评价量表，可较为全面地评估儿童发育的水平，对婴幼儿的早期发育问题、延迟及发展不均衡等提供准确的测量信息。多年以来，被全国各地儿科及儿童保健科广泛使用。

（一）量表结构与内容

20 世纪 80 年代开始，首都儿科研究所薛红等人在北京以 55 名新生儿 3 年以来按月追踪测查的常模月龄为基础，并用 1275 名儿童横断验证同样行为项目的结果，并制定了 0～3 岁儿童精神发育智能量表，该量表囊括了 5 大能区——大运动、精细动作，适应能力，语言及社交行为。随后为使3岁儿童的测查结果如实反映其水平，建立实验中的延长年龄组，抽取1185名3～5岁儿童样本，建立了3～4岁量表测查项目，最终制定了0～4岁儿童发育诊断量表。

随着时代变化和社会经济发展不断更新完善，该量表已经不能满足目前儿童保健需求，一些项目无法全面、真实反映发育状况。为此，2009—2013年，首都儿科研究所牵头在北京地区对量表进行修订，将量表适用范围由0～4岁儿童延长至0～6岁儿童，并将其更名为《中国儿童发育量表》（简称儿心量表）。修订后的《中国儿童发育量表》测试项目共261项，最后被命名为《0～6岁儿童发育行为评估量表》，于2017年由中华人民共和国国家卫生和计划生育委员会正式发布，并于2018年4月1正式实施。

修订后的CDSC仍然保留原量表的五大测量领域，即五个能区，包括大运动、精细动作、语言、适应能力和社会行为。大运动能区，主要涉及大肌肉能力如走、跑、跳、爬等，利用大肌肉运动儿童能够维持身体的姿态及进行全身的活动，也可运用不同的大肌肉群保持并控制身体的动作及平衡；精细动作能区指使用手指的能力，如抓、捏、拿、放等一系列涉及手部和手指的运动；语言能区主要评估儿童理解、发音、表达3个方面，涉及儿童对语言的理解及运用语言表达能力的评估，语言能区同时包含有儿童对表达其理解语言和非语言的行为的评价，包括视、听、姿势及手势等方面；适应能力能区指当儿童面对与他们周围不同的自然环境和社会环境时，做出相应回应和表现适应行为的能力。适应能力包括有手眼的协调控制能力和操作能力及做出需要视觉感知协调配合的动作，如儿童通过转动身体去拿某个物体、进行涂鸦、搭积木等；针对3岁以上的儿童，问题解决能力在适应能力评估中的比重增加，包括处理信息的感知、记忆和思考等心理活动；社会行为能区主要评估儿童的交往能力和他们的生活自理能力，包括眼神、发声、笑等社交性游戏行为及生活自理能力（如扣纽扣、系鞋带等）。

（二）信度及效度研究

在北京地区修订的《中国儿童发育量表》中，其信度评估主要包括评定者信度、同质性信度、分半信度和重测信度，效度评估主要包括结构效度和效标效度。

关于评定者信度，量表总发育商及五个能区的肯德尔和谐系数均在0.9以上，量表评分被认为是客观的；关于同质性信度，总量表的Cronbach's α系数为0.850～0.954。分量表即五个能区的Cronbach's α系数分别为大运动 0.534～0.918、精细动作 0.485～0.867、适应能力 0.545～0.892、语言 0.507～0.843 和社会行为 0.441～0.856。大部分能区 Cronbach's α 系数不小于 0.7，符合测量学 Cronbach's α 系数大于 0.6 即可接受的标准。虽然部分年龄组修订后分量表 Cronbach's α 系数低于 0.6，但均高于或相当于原量表该能区的系数，表明修订后信度更高；关于分半信度，总量表的分半一致性相关系数为 0.890～0.968，高于修订前的 0.73～0.81，同时高于同类研究（张家健等，1997；范存仁，1989）。分量表即五个能区的分半一致性相关系数分别为大运动 0.686～0.982、精细动作 0.496～0.950、适应能力 0.567～0.915、语言 0.562～0.901 和社会行为 0.528～0.921；关于重测信度，总发育商及五个能区的重测相关系数均在 0.9 以上，分别为：0.971、0.902、0.903、0.900、0.939 和 0.955，达到了量表总分相关系数大于 0.8 和分量表相关系数大于 0.5 的标准，且与修订前的量表重测一致性相关系数 0.91 相当（张家健等，1997）。

关于结构效度，在北京市地区抽样 0～84 个月月龄儿童共 2779 名（男童 1468 名，女童 1311 名），使用《中国儿童发育量表》初始修订表进行测试。运用项目分析、探索性因素分析、验证性因素分析及结构方程模型分析方法确定量表的结构及结构效度。项目分析显示修订量表中 99.2% 测验项目（$P<0.05$）在主测月龄有鉴别力，仅 2 个项目在主测月龄没有鉴别力（$P>0.05$），但该项目在主测月龄前 1 个月龄有鉴别力，即 χ^2 检验 $P<0.05$。探索性因素分析显示量表的 5 个维度与提取因子载荷匹配基本吻合。验证性因素分析考虑发展量表特点及验证性因素分析样本量要求，将前后连续、相邻月龄项目进行组合，即 1 月龄与 2 月龄组合，2 月龄与 3 月龄组合，以此类推，再进行验证分析，分析比较拟合指数（CFI）及非赋范拟合指数（NNFI）均大于 0.9，近似误差均方根（root mean square error of approximation，RMSEA）在 0.08 以下占 79.2%，最大为 0.98，表明五维度的构想合理。最后，通过相关性分析，显示量表的测验项目与月龄呈中度以上相关者占 98.5%，高度相关占 49.8%，低度相关仅占 6.1%。修订后量表的测验项目与年龄关系密切，呈显著正相关，项目排列顺序符合发育量表特征。关于效标效度，《中国儿童发育量表》对 0～4 岁和 4～6 岁儿童分别采用北京地区修订的 Gesell 发展量表和中国修订韦氏幼儿智力量表（WPPSI-R）作关联效标，其中与 Gesell 的相关系数为 0.637，高于或接近国内同类研究；与 WPPSI-R 的相关系数达到 0.78，呈高度相关。与 Gesell 的相关系数尚未达 0.7 以上，可能与 Gesell 版本相对老旧有关，我国翻译引进并修订的 Gesell 量表采用了 1974 年的版本，距今已经近 50 年。

（三）量表使用和评分系统

1. 评分方式

在各能区的分数计算中，不同月龄段的能区计分不同，如在 1～12 月龄段，每个能区仅计 1 分，在 15～36 月龄段每个能区计 3 分。若能区仅含 1 个测查项目，则该项目计能区所有分数，当能区仅计 1 分而同时有两个评估项目时则每个项目各计 0.5 分。同理，当能区计 3 分而该能区有两个评估项目时每个项目各计 1.5 分。

智力年龄（mental age，MA）又称智龄或心理年龄，是评估儿童智力发展程度的指标。该量表的测查主要按照不同年龄段进行，若在该量表的测查标准下被试能够通过 4 岁的评估项目，则表示其智龄为 4 岁。在智龄计算中，把连续通过的测查项目计算最高分（连续两个月龄通过则不再往前继续测查，默认前面的全部通过），没有通过的项目忽略，通过的项目包括上述默认通过的项目分数逐一加上，为该能区的智龄。将五个能区所得分数相加，再除以 5 就是总的智龄，计算结果保留小数点后一位。

发育商（development quotient，DQ）主要对儿童发育状况进行评估，包括认知、情绪和社会性、大运动、精细动作等方面的发展水平，是评价儿童心智发展水平的核心指标之一。发育商参考指标：大于 130 分为优秀；110～129 分为良好；80～109 分为中等；70～79 分为临界偏低；小于 70 分为智力发育障碍。

2. 实施方法

研究者主要使用本研究工具及与本研究工具相配套的标准化测查工具箱，包括桌、椅、楼梯、诊断床在内的一系列测查工具开展测查。首先研究者需要计算被试的年龄，以月龄为标准单位并保留小数点后一位。日、岁换算成月龄，按照 30 天为 1 个月，1 岁为 12 个月的标准计算。在计算主测月龄中，取与实际月龄最接近的月龄并用三角形标记，若出现主测月龄在两个月龄段之间的情况，则取较小的月龄。在测查过程中，需要先对主测月龄的对应项目进行施测，不论儿童的表现能否顺利通过项目，都需要在此基础上以主测月龄为标准向前、向后各自再针对两个月龄进行测评，加上主测月龄项目一共需要进行 5 个月龄的项目测查。测查需要严格依照相应的年龄标准开展，针对儿童某一能区测查结束的标准是主测月龄往前连续两个月龄的项目都顺利通过；如果无法顺利通过，测查需要继续向前推月龄进行施测，直到达到上述标准后测评结束。针对主测月龄往后的月龄项目的评估，以连续两个月龄的项目都不能顺利通过为标准结束；若顺利通过则测查继续，直到无法通过就停止。0～6 岁儿童发育行为评估量表具体内容见表 9-17。

表 9-17 中国儿童发育量表（0～6岁儿心量表—Ⅱ）

项目	1月龄	2月龄	3月龄	4月龄	5月龄
粗大运动	□ 1 抬肩坐起头竖直片刻	□ 11 拉腕坐起头竖直短时	□ 21 抱直头稳	□ 30 扶腋可站片刻	□ 40 轻拉腕部即坐起
	□ 2 俯卧头部翘动	□ 12 俯卧头抬离床面	□ 22 俯卧抬头 45°	□ 31 俯卧抬头 90°	□ 41 独坐头身前倾
精细动作	□ 3 触碰手掌紧握拳	□ 13 花铃棒留握片刻	□ 23 花铃棒留握 30 s	□ 32 摇动并注视花铃棒	□ 42 抓住近处玩具
	□ 4 手的自然状态	□ 14 拇指轻叩可分开*	□ 24 两手搭在一起	□ 33 试图抓物	□ 43 玩手
适应能力	□ 5 看黑白靶*	□ 15 即刻注意大玩具	□ 25 即刻注意胸前玩具	□ 34 目光对视*	□ 44 注意小丸
	□ 6 眼跟红球过中线	□ 16 眼跟红球上下移动*	□ 26 眼跟红球 180°	□ 35 高声叫ᴿ	□ 45 拿住一积木注视另一积木
语言	□ 7 自发细小喉音ᴿ	□ 17 发"a""o""e"等母音ᴿ	□ 27 笑出声ᴿ	□ 36 伊语作声ᴿ	□ 46 对人及物发声ᴿ
	□ 8 听声音有反应*	□ 18 听声音有复杂反应		□ 37 找到声源	
社会行为	□ 9 对发声的人有注视	□ 19 自发微笑ᴿ	□ 28 见人会笑	□ 38 注视镜中人像	□ 47 对镜有游戏反应
	□ 10 眼跟踪走动的人	□ 20 逗引时有反应	□ 29 灵敏模样	□ 39 认亲人ᴿ	□ 48 见食物兴奋ᴿ
项目	6月龄	7月龄	8月龄	9月龄	10月龄
粗大运动	□ 49 仰卧翻身ᴿ	□ 59 悬垂落地姿势*	□ 68 双手扶物可站立	□ 77 拉双手会走	□ 86 保护性支撑*
	□ 50 会拍桌子	□ 60 独坐直	□ 69 独坐自如	□ 78 会爬	□ 87 自己坐起
精细动作	□ 51 会撕揉纸张	□ 61 耙弄到小丸	□ 70 拇他指捏小丸	□ 79 拇食指捏小丸	□ 88 拇食指动作熟练
	□ 52 耙弄到桌上一积木	□ 62 自取一积木，再取另一块	□ 71 试图取第 3 块积木	□ 80 从杯中取出积木	
适应能力	□ 53 两手拿住积木	□ 63 积木换手	□ 72 有意识地摇铃	□ 81 积木对敲	□ 89 拿掉扣积木杯玩积木
	□ 54 寻找失落的玩具	□ 64 伸手够远处玩具	□ 73 持续用手追逐玩具	□ 82 拨弄铃舌	□ 90 寻找盒内东西

续表

项目	6月龄	7月龄	8月龄	9月龄	10月龄
语言	□ 55 叫名字转头 □ 56 理解手势	□ 65 发"da-da""ma-ma"等无所指 R	□ 74 模仿声音 R □ 75 可用动作手势表达(2/3)	□ 83 会欢迎 R □ 84 会再见	□ 91 模仿发语声 R
社会行为	□ 57 自喂食物 R □ 58 会"躲猫猫"	□ 66 抱脚玩 □ 67 能认生人 R	□ 76 懂得成人面部表情	□ 85 表示不要 R	□ 92 懂得常见物及人名称 □ 93 按指令取东西

项目	11月龄	12月龄	15月龄	18月龄	21月龄
粗大运动	□ 94 独站片刻 □ 95 扶物下蹲取物	□ 103 独立站稳 □ 104 牵一手可走	□ 112 独走自如	□ 120 扔球无方向	□ 128 脚尖走 R □ 129 扶楼梯上楼
精细动作	□ 96 积木放入杯中	□ 105 全掌握笔留笔道 □ 106 试把小丸投小瓶	□ 113 自发乱画 □ 114 从瓶中拿到小丸	□ 121 模仿画横道	□ 130 水晶线穿扣眼 □ 131 模仿拉拉锁
适应能力	□ 97 打开包积木的方巾 □ 98 模仿拍娃娃	□ 107 盖瓶盖	□ 115 翻书两次 □ 116 盖上圆盒	□ 122 积木搭高 4 块 □ 123 正方圆积木入型板	□ 132 积木搭高 7～8 块 □ 133 知道红色
语言	□ 99 有意识地发一个字音 R □ 100 懂得"不" R	□ 108 叫爸爸妈妈有所指 R □ 109 向他/她要东西知道给	□ 117 会指眼耳鼻口手 □ 118 说 3～5 个字	□ 124 懂得 3 个投向 □ 125 说 10 个字词 R	□ 134 回答简单问题 □ 135 说 3～5 个字的句子 R
社会行为	□ 101 会从杯中喝水 R □ 102 会摘帽子	□ 110 穿衣知配合 R □ 111 共同注意	□ 119 会脱袜子 R	□ 126 白天能控制大小便 R □ 127 会用汤匙 R	□ 136 能表示个人需要 R □ 137 想象性游戏 R

项目	24月龄	27月龄	30月龄	33月龄	36月龄
粗大运动	□ 138 双足逃离地面	□ 146 独自上楼 □ 147 独自下楼	□ 156 独脚站 2 s	□ 165 立定跳远	□ 174 双脚交替跳

续表

项目	24月龄	27月龄	30月龄	33月龄	36月龄
精细动作		□ 148 模仿画竖道	□ 157 穿扣子3～5个	□ 166 模仿画圆	□ 175 模仿画交叉线
精细动作	□ 139 穿过扣眼后拉线	□ 149 对拉锁	□ 158 模仿搭桥	□ 167 拉拉锁	□ 176 会拧螺丝
适应能力	□ 140 一页页翻书	□ 150 认识大小	□ 159 知道1与许多	□ 168 积木搭高10块	□ 177 懂得"3"
适应能力	□ 141 倒放圆积木入型板	□ 151 正放型板	□ 160 倒放型板	□ 169 连续执行3个命令	□ 178 认识两种颜色
语言	□ 142 说两句以上诗或儿歌	□ 152 说7～10个字的句子	□ 161 说出图片10样	□ 170 说出性别	□ 179 说出图片14样
语言	□ 143 说常见物用途（碗、笔凳、球）	□ 153 理解指令	□ 162 说自己名字	□ 171 分清"里""外"	□ 180 发音基本清楚
社会行为	□ 144 会打招呼	□ 154 脱单衣或裤 R	□ 163 来回倒水不洒	□ 172 会穿鞋	□ 181 懂得"饿了、冷了、累了"
社会行为	□ 145 问"这是什么？" R	□ 155 开始有是非观念	□ 164 女孩扔果皮	□ 173 解扣子	□ 182 扣扣子

项目	42月龄	48月龄	54月龄	60月龄	66月龄
粗大运动	□ 183 交替上楼	□ 193 独脚站5 s	□ 203 独脚站10 s	□ 213 单脚跳	□ 222 接球
粗大运动	□ 184 并足从楼梯末级跳下	□ 194 并足从楼梯各级跳下稳	□ 204 足尖对足跟向前走2 m	□ 214 踩踏板	□ 223 足尖对足跟向后走2m
精细动作	□ 185 拼圆形、正方形	□ 195 模仿画方形	□ 205 折纸边角整齐	□ 215 照图拼椭圆形	□ 224 会写自己的名字
精细动作	□ 186 会用剪刀	□ 196 照图组装螺丝	□ 206 筷子夹花生米	□ 216 试剪圆形	□ 225 剪平滑圆形
适应能力	□ 187 懂得"5"	□ 197 找不同（3个）	□ 207 类同	□ 217 找不同（5个）	□ 226 树间站人
适应能力	□ 188 认识4种颜色	□ 198 图画补缺（3/6）	□ 208 图画补缺（4/6）	□ 218 图画补缺（5/6）	□ 227 十字切苹果
语言	□ 189 会说反义词	□ 199 模仿说复合句	□ 209 会漱口	□ 219 知道自己姓什么	□ 228 知道自己属相
语言	□ 190 说出图形（△○□）	□ 200 锅、手机、眼睛的用途	□ 210 会认识数字	□ 220 说出两种圆形的东西	□ 229 倒数数字

续表

项　　目	42月龄	48月龄	54月龄	60月龄	66月龄
社会行为	□ 191 会穿上衣 R	□ 201 会做集体游戏 R	□ 211 懂得上午、下午	□ 221 家住哪里	□ 230 懂得为什么要走人行横道
	□ 192 问"吃饭之前为什么要洗手？"	□ 202 分辨男女厕所	□ 212 数手指		□ 231 鸡在水中游

项　　目	72月龄	78月龄	84月龄
粗大运动	□ 232 抱肘连续跳	□ 242 踢带绳的球	□ 252 连续踢带绳的球
	□ 233 拍球（2个）	□ 243 拍球（5个）	□ 253 交替踩踏板
精细动作	□ 234 拼长方形	□ 244 临摹六边形	□ 254 学翻绳
	□ 235 临摹组合图形	□ 245 试打活结	□ 255 打活结
适应能力	□ 236 找不同（7个）	□ 246 图形类比	□ 256 数字类比
	□ 237 知道左右	□ 247 面粉的用途	□ 257 知道什么动物没有脚
语言	□ 238 描述图画内容	□ 248 归纳图画主题	□ 258 知道为什么要进行预防接种
	□ 239 班、窗、苹果、香蕉（2/3）	□ 249 认识钟表	□ 259 毛衣、裤、鞋共同点
社会行为	□ 240 知道一年有哪四个季节	□ 250 懂得星期几	□ 260 紧急电话
	□ 241 认识标识	□ 251 雨中看书	□ 261 猫头鹰抓老鼠

注1：标注 R 的测查项目表示该项目的表现可以通过询问家长获得。

注2：标注 * 的测查项目表示该项目如果未通过需要引起注意。

注3：测查床规格：长 140 cm，宽 77 cm，高 143 cm，栏高 63 cm。

注4：测查用桌子规格：长 120 cm，宽 60 cm，高 75 cm，桌面颜色深绿。

注5：测查用楼梯规格：上平台由两梯相对合成的平台，长 50 cm × 宽 60 cm × 高 50 cm（距地面高度）。底座全梯长 150 cm（单梯底座长 75 cm）。每一个阶梯面长 60 cm × 宽 25 cm × 高 17 cm，共 3 阶梯。单侧扶栏长 90 cm，直径 2.5 cm，从梯面计算扶栏高 40 cm，直径 2.5 cm。

3. 注意事项

第一，测查应在安静、光线明亮的环境当中进行，允许一位家长陪伴陪同年龄在 4 岁以下的儿童，年满 4 岁儿童一般不允许家长陪同，除非有发育落后、沟通不畅或者不配合评估的情况出现。研究者应该位于适宜的位置，并保持桌面整洁，施测所用到的工具箱及内部的工具应避免让儿童看到，研究者应按要求拿取工具，用完后及时放回原处。

第二，研究者应熟记相关操作方法和通过要求。担任主试的研究人员需要经过相关专业的培训并获得一定资质才能开展评估。在测查过程中，研究者应保持中立态度并回避具有启发性、暗示性和诱导性的语言，按照操作方法和测查通过要求进行操作。

第三，在研究结果的解释中，应由受过专业培训的主试结合儿童的综合情况对其发育行为水平予以解释和判断。研究者应恰当地向家长解释儿童发育行为水平，尤其是对于发育落后的儿童更要慎重。

三、丹佛发育筛查量表

丹佛发育筛查量表（the Denver developmental screening test，DDST）由美国学者威廉·弗兰肯堡（W. K. Frankenburg）编制，与约西亚·多兹（J. B. Dobbs）联合推广，于 1967 年首次在美国科罗拉多州丹佛市出版。DDST 是为临床医生、幼儿教师或其他专业人员设计的，用于识别有发育迟缓和残疾风险的 0～6 岁儿童而开发的首批筛查工具之一。需注意，由于丹佛量表不是最终诊断的工具，而是在筛查大量儿童时快速确定需进一步接受评估的儿童的方法，因此无法预测和识别轻微的、特定的儿童问题。作为个体筛查工具，Denver Ⅱ 的目的取决于孩子的年龄，可以用来确定新生儿是否存在脑瘫等神经系统问题；婴幼儿早期干预可能出现的问题的性质；界定儿童的学业和社会问题，以便及早进行干预。目前，DDST 和 Denver Ⅱ 已被翻译成多种外语的版本，并在 12 个国家和地区的儿童身上重新标准化以获得全球常模，从而对全球数百万儿童进行筛查。

（一）量表结构与内容

DDST 的结构与小儿生长曲线表类似，0～6 岁儿童的 105 个发育项目，沿着水平年龄线按时间顺序排列，分为 4 个独立的发育领域，反映了特定年龄组能够执行特定任务的百分比。虽然 DDST 受广大儿童保健及儿科临床工作者的欢迎，但由于应诊时间与条件有限，因而尚未能普遍应用。1981年，DDST的创始人进一步简化测验项目，推出DDST简化方法（Denver developmental screening test-revised，DDST-R）。每个能区测验项目被简化为3项，4个能区共12项。每人次仅需花费5～7 min完成测验，可节省10～15 min，为临床的应用和大量普查创造了条件。由于第一版在识别语言延迟儿童的敏感性较低，因此DDST的原作者于1992年出版了Denver Ⅱ，Denver Ⅱ是在DDST重新修订并标准化的基础上编制而成，校订并完善了DDST中部分项目，对于语言项目进行了相应补充，与之前的DDST相比，为了减少父母报告项目的主观干扰因素，Denver Ⅱ减少了20%的家长报告项目，从而进一步提高了该工具应用的客观性和精确性。与此同时，为了确保评估执行和解释，Denver Ⅱ扩展了主观行为评估量表。此外，由于DDST量表编制年限久远，其中很多项目对当今儿童的适用性较低，国际上已较少使用DDST，如今在世界范围内普遍使用的是重新修订后的Denver Ⅱ量表。

Denver Ⅱ在测试表上共有125个项目，分为以下4个部分：个人－社交部分，即在家和不在家社交的各个方面，如微笑；精细动作－适应性部分，即手眼协调性，解决问题和操纵小物体的能力，如抓取和绘画；语言部分，即声音的产生和识别，理解和使用语言的能力，如造句；粗大动作部分，即运动控制，坐着、走路、跳跃和整体大肌肉运动。测试表格顶部和底部的年龄刻度显示年龄，以月和年表示。每个测试项目在表单上都由一个条形表示，该条形跨越了标准化样本中25%、50%、75%和90%通过该项目的年龄，条形中白色部分为25%～75%的儿童能通过，蓝色部分为75%～90%的儿童能通过，有助于审查员清楚地看到参与测验的0～6岁儿童与其他儿童的发育的比较情况。横条内"R"表示该项目可通过询问家长获得结果。

（二）信度及效度研究

信度评估主要为重测信度和评定者信度。有研究者以38名儿童为研究对象评估了Denver Ⅱ项目的信度，其中34名儿童在10天内在另一个时间再次进行测试，59%的儿童在项目表现出较好的重测信度（$k \geqslant 0.75$）。23%的儿童在项目表现出一般到良好的评级者之间可靠性（$k \geqslant 0.40$），效度评估主要为效标效度。在研制上海常模时，结果表明Denver Ⅱ发育筛查量表与Gesell量表的一致性良好（Kappa值为0.629，$P<0.01$）。

（三）量表使用和评分系统

1. 上海常模

2006 年，上海市儿童医院儿童保健所根据上海市的地理位置和经济文化状况等因素，采用定额样本，在上海市 8 个不同区面向 0～6 岁左右的常住健康儿童，应用 Denver Ⅱ 进行发育测定及问卷调查，样本通过整群分层随机抽取，在 75 个不同的年龄组完成的总人数共 2826 人，其中男生为 1414 人，女生为 1412 人。进一步对全部数据资料进行完整性和逻辑性检查，并在 Epidata 建立了数据库，对输入数据进行逻辑性设定，将有效资料全部输入数据库，两次独立输入并核对。利用 SAS 软件进行逻辑回归，逐一对所有项目进行求解其回归方程，建立相应的拟合曲线，确定 25%、50%、75% 和 90% 的通过年龄，按 90% 通过年龄作为递增排序，得到按阶梯式排列的上海市 Denver Ⅱ 标准化常模，制出新量表。与 DDST 比较发现，在 Denver Ⅱ 125 个项目中，完全无法改变的仅 3 项，上海儿童发育超前的有 14 项，延迟 16 项。

2. 评分方式和实施方法

第一步，计算孩子的实际年龄：申请测试的时间减去孩子的生日。例如，申请日为 2014 年 4 月 25 日，孩子生日为 2009 年 5 月 12 日，则孩子实际年龄为 4 年 11 月 13 天。第二步，画一条线来显示实际年龄。正常的孩子可以完成测试线以左的项目。第三步，测试程序从行的最左侧项目开始。如果孩子不能给出答案，测试人员可以向父母询问某些项目。第四步，完成表格右下角的儿童测验行为评估，用于测量孩子的焦虑和注意力水平。其中，包括典型性（是、否）；顺从性（顺从、通常顺从、不顺从）；对周围环境的兴趣（总是、通常、几乎不）；恐惧性（无、稍有、极度）；注意持久度（适度、有时分散、非常分散）五个方面。

测试结果标记在项目条形上，以"P"表示通过，完成测试项；"F"表示失败，没完成测试项；"R"表示拒绝、不合作；"N.P"表示儿童没有机会或条件做该项目。"R"和"N.P"在计算总分时不考虑在内。在年龄线左侧的项目如果不通过，认为"发育延迟"，用"F"表示并用红笔标记出来。且过年龄线的项目如果不通过，仅用"F"表示，不必用红笔标记，不认为发育延迟。

测试结果分为正常、可疑、异常和无法判断。测试结果异常代表在同龄人群体中落后。具体表现为 2 个或 2 个以上能区，有 22 项迟缓；1 个能区有 22 项迟缓，同时另外 1 个或多个能区有 1 项迟缓且同区年龄线切过的项目都未通过。测试结果可疑代表在某些项目中，存在异常情况。具体表现为 1 个能区有 2 项或更多项迟缓；1个或更多能区有1项迟缓且同区年龄线切过的项目都未通过。测试结果无法判断代表不合作项目、没有机会或条件做过多的项目。测试结果正常代表无上述情况。如果第一次为异常、可疑或无法判断，2～3周后应予以复查。如果复查结果仍为异常、可疑或无法判断，而且家长认为测查结果与儿童日常的表现基本符合，应转诊到专业机构做进一步检查。

3. 注意事项

仔细阅读筛查和技术手册，严格按照标准进行测试、评价和解释；测验过程中检查者要观察并记录儿童的行为、与家长的关系及与检查者配合情况等；使用量表规定的测试工具，不能随意更换或替代，测试工具损坏应及时照原样补充；筛查异常或可疑后，应及时复查或做进一步的检查；该量表无法诊断评定儿童病情，或预测其目前和将来适应环境能力和智力发展潜力。

四、儿童心理行为发育预警征象筛查问卷

儿童心理行为发育预警征象，简称"预警征"，是应我国《儿童心理保健技术规范》制定要求，于2012年由中国疾病预防控制中心妇幼保健中心组织开始编制的适合我国基层儿童保健服务人员使用的心理行为发育指标。2013年，预警征首次公布于《儿童心理保健技术规范》，该规范中的预警征适用于0～3岁儿童心理行为发育筛查，最新版本的预警征适用于0～6岁儿童。预警征与我国的文化背景和儿童发展特征适配，操作简单，基层儿童保健服务人员基于对父母或其他照护者的简单询问即能完成预警征筛查。快速评估儿童心理行为发育状况，有助于儿童心理行为发育问题的早发现、早转诊和早干预。

（一）量表结构与内容

目前0～3岁的预警征共包括8个年龄监测点，分别为3月龄、6月龄、8月龄、12月龄、1.5岁、2岁、2.5岁和3岁。每个年龄点包括4个条目，分别反映粗大运动、精细运动、言语能力、认知能力（视、听力）、社会能力（孤独症）等方面能力。

（二）信度及效度研究

采取分层随机抽样方法，从全国11个省市抽取低危人群1513名，高危人群597名，累计2110名0～6岁儿童进行预警征的信度和效度评估，结果显示预警

征筛查的信效度已达到心理学筛查量表评估的基本要求。

信度评估主要包括重测信度和评定者信度。关于重测信度，不同年龄点预警征间隔7天的测试结果相关系数均大于等于0.7，表明预警征测试条目较稳定，测试结果的重复性好，可靠性高；关于评定者信度，不同评分者之间筛查结果的相关系数平均为0.9，不同年龄点的测试者相关系数均比较理想，表明预警征条目表述比较客观准确，测试者对预警征条目的掌握理解比较一致。

效度评估主要包括效标效度。基于中国现行筛查性和诊断性量表的全国标准化及使用情况，研究者以筛查性发育量表ASQ（ages & stages questionnaires）和诊断性发育量表Gesell为效标，通过检验预警征与效标量表测定结果的相关性和一致性，评估效标效度。其中低危人群以ASQ为效标；高危人群以ASQ和Gesell为双重效标。ASQ和Gesell测评结果的判定均依据其标准化操作指南进行。鉴于ASQ与预警征筛查表均为儿童发育筛查量表，研究者选择Kappa值来评估在全人群中预警征与ASQ筛查结果的一致性程度。结果显示Kappa值为0.63，表明预警征与ASQ测评结果高度一致。

与Gesell相比，预警征筛查的灵敏度为82.2%，特异度为77.7%。即高危儿童中经Gesell确诊存在发育迟缓的儿童，其中有82.2%的儿童会通过预警征筛查发现，漏诊率为17.8%；而在预警征筛出的阳性儿童中，77.7%经Gesell确诊确为发育迟缓儿童，误诊率为22.3%，总体约登指数为0.6。换言之，通过预警征筛查能够发现大部分可能存在发育偏异的儿童，且经标准化量表诊断后确实存在发育迟缓。与ASQ相比，预警征筛查的灵敏度高5.7%，但特异度低11.4%。总体上，与ASQ相比，当针对同一研究人群时，预警征筛查发现可能存在发育偏异的儿童能力较强，但排除儿童存在发育偏异可能的能力相对较弱。其主要原因可能是预警征条目比较精简，而ASQ条目涉及数量均多，故在特异度上要比预警征更加精准，但这也同时增加了现场实施发育筛查的难度。

（三）量表使用和评分系统

1. 实施方法

在0～3岁阶段，预警征分别为3、6、8、12月龄及1.5岁、2岁、2.5岁和3岁等年龄阶段，共有8个监测点。在各个年龄监测点中包含有4个项目，涉及对于大运动、精细运动、言语能力、认知能力（视、听力）、社会能力（孤独症）等不同方面的能力的评估。测查过程采用测评人员与照护者一对一询问的方式，整个测评的过程大致需要2～3 min。如果照护者不能对问题进行清晰、有条理的回答时，测评人员可视情况依照项目释义进行适当的解释说明，必要时要通过现场测试来判断。如果发现有相应月龄的预警征象，应在相应情况在"□"内打"√"。测评时出现相应年龄段一项不通过即为可疑或异常，提示有发育偏异的可能，建议转诊。

2.注意事项

第一，需注意，医护服务人员在对儿童进行健康检测时，应选取儿童相应的关键年龄点项目进行测试。如果体检时不与相应月龄匹配，应采用实足月龄点条目进行检查，如接近下一月龄点（1周岁之内），则以下一月龄为参考。

第二，如果发现儿童存在有任何一个预警征象的阳性状况，应采取其他标准化的检查工具对儿童的发展状况进行进一步的筛查和诊断。如果本机构不具备进一步筛查、诊断的条件时，应及时将儿童转诊到上级医疗机构。该工具不能替代筛查或诊断量表，不作为临床诊断依据。当与其他测试结果不一致时，应请专业人员进行检查和判断。

参 考 文 献

[1] 张瑾，2011. 美国发展适宜性实践理论研究 [D]. 北京：中央民族大学．
[2] 何彦璐，2017. 0～3 岁感觉信息处理量表信效度及临床应用研究 [D]. 南京：南京医科大学．
[3] 任浩，2019. 5～6 岁婴幼儿游泳运动能力评价指标体系的构建 [D]. 苏州：苏州大学．
[4] 刘焕楠，2021. 3～6 岁幼儿动作发展能力评价指标的研究 [D]. 太原：山西师范大学．
[5] 陈家麟，骆伯巍，1984. 提高人口素质必须注意心理卫生 [J]. 人口学刊 (6)：5.
[6] 徐秀，冯玲英，刘湘云，等，2007. 婴幼儿抚育环境和动作发展的研究 [J]. 中国儿童保健杂志 (5)：455-457.
[7] 宋剑祥，何亚芸，2013. 国外人格理论研究的主要流派述评 [J]. 昆明冶金高等专科学校学报，29(4).
[8] 张祎明，洪秀敏，2020. 美国 50 州《早期学习与发展指南》核心指标的可视化图谱分析与启示 [J]. 幼儿教育（Suppl6）：20-23.
[9] 卢珊，李璇，姜霁航，等，2018. 中文版婴幼儿—学步儿家庭环境观察评估表的信效度分析 [J]. 中国临床心理学杂志，26(2)：244-248.
[10] 周燕，巩蕴清，黄曼菁，等，2021. 美国《婴幼儿学习环境评量表》的代际演变及其启示 [J]. 幼儿教育（Suppl3）：16-21.
[11] 周晖，张豹，2008. 幼儿早期阅读水平的发展——横断和追踪研究 [J]. 心理发展与教育 (4)：13-18.
[12] 杨华，刘黎明，2018. 297 例婴幼儿体格发育影响因素的分析 [J]. 中国妇幼健康研究，29(1)：9-13.
[13] 施家有，刘树琼，方为群，等，2010. 0～12 月龄正常婴幼儿生长速率纵向监测分析 [J]. 中国儿童保健杂志，18(6)：465-466，472.
[14] 宗心南，李辉，2009. 中国儿童身高与体重的生长模式及简单数学模型的建立 [J]. 中华儿科杂志，(5)：371-375.
[15] 宗心南，李辉，2010. 7 岁以下儿童中国生长标准与世界卫生组织新标准比较 [J]. 中国儿童保健杂志，18(3)：195-198，201.
[16] 李丽雅，吕国荣，苏瑞娟. 超声测量胎儿四肢长骨及足长与孕龄的相关性研究 [J]. 中国医学影像技术 (11)：1739-1741.
[17] 史俊，张闻琅，2006. 颅骨发育生物学 [J]. 中国口腔颌面外科杂志，4(1)：66-72.
[18] 张晓明，2000. 前囟早闭与小头畸形 [J]. 健康博览 (1)：16-17.
[19] 顾菊美，许积德，俞瑾，1998. 前囟早闭儿童早期监测的意义 [J]. 实用儿科临床杂志 (1)：44.
[20] 许雯，张爱丽，张念真，等，2002. 头围增长过速、前囟增宽及闭合延迟患儿 78 例分析 [J]. 山东医药 (4)：40.
[21] 郑莉琴，戴银清，张彦定，2007. 牙齿发育与再生 [J]. 组织工程与重建外科杂志 (1)：1-6.

[22] 王亚鹏，董奇，2007. 脑的可塑性研究：现状与进展 [J]. 北京师范大学学报（社会科学版）(3)：39-45.

[23] 王亚鹏，董奇，2005. 脑的可塑性研究及其对教育的启示 [J]. 教育研究 (10)：35-38.

[24] 周纯，施明光，2005. 优先注视法与婴幼儿条栅视力发育评估 [J]. 中国斜视与小儿眼科杂志 (2)：93-94，69.

[25] 郑海华，周传清，施明光，等，2003. 选择观看法对正常婴幼儿双眼视力的初步评价 [J]. 中国斜视与小儿眼科杂志 (4)：25-28.

[26] 张连山，薛善益，1981. 视动性眼球震颤 [J]. 国外医学 . 耳鼻咽喉科学分册 (6)：422-426.

[27] 宋钰，马玉娜，刘桂香，等，2020. 运用视动性眼球震颤法检测视力的可行性研究 [J]. 中国斜视与小儿眼科杂志，28(1)：25，28-29，23.

[28] 冯晓梅，张晓冬，张厚粲，等，1988. 新生儿视觉分辨能力的研究 [J]. 心理学报.

[29] 李欣茹，1989. 优先注视法婴幼儿视力卡 [J]. 实用眼科杂志 (1)：64-65.

[30] 宏愚，1984. 开掘儿童的智力潜能——满足他的视觉偏爱 [J]. 父母必读 (7)：43-47.

[31] 周垚，2017. 浅谈幼儿园室内设计 [J]. 江西建材 (20)：30，33.

[32] 曾琦，陶沙，董奇，等，1999. 爬行与婴幼儿共同注意能力的发展 [J]. 心理科学 (1)：14-17，93.

[33] 陶沙，董奇，王雁，1999. 爬行经验对婴幼儿迂回行为发展的影响 [J]. 心理学报 (1)：69-75.

[34] 郭庆，2021. 语言获得理论对听障儿童语言康复教育的启示 [J]. 现代特殊教育 (9)：52-54.

[35] 许政援，郭小朝，1992. 11～14个月儿童的语言获得——成人的言语教授和儿童的模仿学习 [J]. 心理学报 (2)：148-157.

[36] 罗立胜，刘延，2004. 语言学习的"强化理论"及其对外语教学的启示 [J]. 外语与外语教学 (3)：23-25.

[37] 潘绍典，2000. 维果茨基论儿童言语的发生和发展 [J]. 心理学探新 (2)：21-24.

[38] 霍瑛，2009. 从认知发展看儿童语言习得 [J]. 边疆经济与文化 (7)：117-118.

[39] 李卓，2007. 皮亚杰儿童认知发展理论与儿童语言习得 [J]. 山西广播电视大学学报 (3)：27-28.

[40] 何克抗，2004. 语觉论与英语教学改革 [J]. 中国电化教育 (12)：5-9.

[41] 吴天敏，许政援，1979. 初生到三岁儿童言语发展记录的初步分析 [J]. 心理学报 (2)：153-165.

[42] 王理嘉，1989. 实验语音学与传统语音学 [J]. 语文建设 (1)：57-60.

[43] 席洁，姜薇，张林军，等，2009. 汉语语音范畴性知觉及其发展 [J]. 心理学报 (7)：8.

[44] 胡马琳，蔡迎旗，2021. 我国0～3岁婴幼儿托育政策的价值取向变迁研究 [J]. 教育学术月刊 (10)：40-48.

[45] 卢珊，崔莹，王争艳，等，2018. 看电视时间与婴幼儿语言、情绪社会性发展的关系——一项追踪研究 [J]. 学前教育研究 (11)：15-26.

[46] 李宇明，1991. 1～120天婴幼儿发音研究 [J]. 心理科学 (5)：23-27+55+67.

[47] 谢丽丽，2013. 儿童语用技能的研究和启示 [J]. 现代基础教育研究，9(1)：54-58.

[48] 罗丹，2020. 前言语阶段婴幼儿手势对语言发展的预测 [J]. 学前教育研究 (9)：39-47.

[49] 张仁俊，朱曼殊，1987. 婴幼儿的语音发展——一例个案的分析 [J]. 心理科学通讯 (5)：9-13+66.

[50] 宋新燕，孟祥芝，2012. 婴幼儿语音感知发展及其机制 [J]. 心理科学进展，20(6)：843-852.
[51] 金颖若，盘晓愚，2002. 婴幼儿语音发展研究 [J]. 贵州大学学报（社会科学版）(3)：64-68.
[52] 蔡臻，张劲松，2013. 婴幼儿社会性情绪和气质特点的关系研究 [J]. 临床儿科杂志，31(9)：862-865.
[53] 刘国艳，张建端，时俊新，等，2006. 婴幼儿社会性和情绪发展的影响因素研究 [J]. 中国儿童保健杂志 (3)：238-240.
[54] 杨丽珠，董光恒，2006. 依恋对婴幼儿情绪调节能力发展的影响及其教育启示 [J]. 学前教育研究 (4)：5-9.
[55] 刘云艳，1995. 婴幼儿情绪社会化与心理健康 [J]. 学前教育研究 (4)：6-7.
[56] 周仁来，靳宏，张凡迪，2000. 内隐和外显记忆的发展及其差异 [J]. 心理发展与教育 (3)：51-54，62.
[57] 边玉芳，2013. 遗忘的秘密——艾宾浩斯的记忆遗忘曲线实验 [J]. 中小学心理健康教育 (3)：31-32.
[58] 赵广平，2013. 基于熟悉性的再认记忆 [J]. 中小学心理健康教育 (3)：31-32.
[59] 佚名，2013. 神经元发育可提高认知力但使幼儿健忘 [J]. 中华肺部疾病杂志（电子版），6(3)：237.
[60] 李维东，2009. 皮亚杰的建构主义认知理论 [J]. 中国教育技术装备 (6)：18-20.
[61] 孙清祥，2012. 论皮亚杰认知发展阶段理论及其对教育的启示分析 [J]. 南昌高专学报，27(1)：64-66.
[62] 周姣术，朱华，2017. 浅谈皮亚杰认知发展理论对当代教育教学的意义 [J]. 学理论 (8)：172-173.
[63] 董奇，陶沙，曾琦，等，1997. 论动作在个体早期心理发展中的作用 [J]. 北京师范大学学报（社会科学版）(4)：48-55.
[64] 刘俐敏，2004. 幼儿发展评价研究 [M]. 北京：人民教育出版社，16-79.
[65] 高敬，杨爱娟，袁敏姗，等，2004. 幼儿发展评价指南 [M]. 上海：华东师范大学出版社，34-90.
[66] 姚伟，2012. 幼儿园教育评价行动研究 [M]. 南京：南京师范大学出版社：14-86.
[67] 白爱宝，1999. 幼儿发展评价手册 [M]. 北京：教育科学出版社.
[68] 韩映虹，2017. 婴幼儿行为观察与分析 [M]. 上海：上海科技教育出版社.
[69] 刘梅，等，2010. 儿童发展心理学 [M]. 北京：清华大学出版社.
[70] 王振宇，2015. 学前儿童发展心理学 [M]. 北京：人民教育出版社.
[71] 唐娜，桑德拉，玛格丽特，2021. 儿童心理学：0～8岁儿童的成长 [M]. 金心怡，何洁，译. 北京：机械工业出版社.
[72] 李晓东，2013. 发展心理学 [M]. 北京：北京大学出版社.
[73] 李丹，1987. 儿童发展心理学 [M]. 上海：华东师范大学出版社.
[74] 朱智贤，1993. 儿童心理学 [M]. 北京：人民教育出版社.
[75] 周念丽，2014. 学前儿童发展心理学（第3版）[M]. 上海：华东师范大学出版社.
[76] 桑标，2009. 儿童发展心理学 [M]. 北京：高等教育出版社.
[77] 刘婷，2021. 0～3岁婴幼儿心理发展与教育 [M]. 上海：华东师范大学出版社.
[78] 刘吉祥，刘慕霞，2016. 学前儿童发展心理学 [M]. 长沙：湖南大学出版社.

[79] 杨柯, 2015. 学前儿童发展心理学 [M]. 成都：西南交通大学出版社.
[80] 刘万伦, 2014. 学前儿童发展心理学 [M]. 上海：复旦大学出版社.
[81] 刘金花, 2001. 儿童发展心理学 [M]. 上海：华东师范大学出版社.
[82] 桑标, 2014. 儿童发展 [M]. 上海：华东师范大学出版社.
[83] 但菲, 刘彦华, 2008. 婴幼儿心理发展与教育 [M]. 北京：人民出版社.
[84] 范晓玲, 杨智明, 1999. 教育测量与评价 [M]. 长沙：中南工业大学出版社.
[85] 郑日昌, 1987. 心理测量 [M]. 长沙：湖南教育出版社.
[86] 劳拉·贝克, 2014. 婴幼儿、儿童和青少年：第5版 [M]. 桑标, 译. 上海：上海人民出版社.
[87] 徐立新, 2000. 儿科学 [M]. 北京：人民卫生出版社.
[88] 伯克, 2014. 伯克毕生发展心理学 [M]. 北京：中国人民大学出版社.
[89] 孟昭兰, 1997. 婴幼儿心理学 [M]. 北京：北京大学出版社.
[90] 劳拉·贝克, 2009. 儿童发展 [M]. 吴颖, 译. 南京：江苏教育出版社.
[91] 叶奕乾, 何存道, 梁宁建, 2021. 普通心理学 [M]. 上海：华东师范大学出版社, 1.
[92] 何克抗, 2004. 语觉论 [M]. 北京：人民教育出版社.
[93] 林焘, 王理嘉, 1992. 语音学教程 [M]. 北京：北京大学出版社.
[94] 彭聃龄, 1991. 语言心理学 [M]. 北京：北京师范大学出版社.
[95] 伯克, 2014. 伯克毕生发展心理学：从0岁到青少年 [M]. 陈会昌, 译. 北京：中国人民大学出版社.
[96] 谢弗, 邹泓, 2005. 发展心理学：儿童与青少年 [M]. 北京：中国轻工业出版社.
[97] 劳伦斯·科恩, 2011. 游戏力 [M]. 北京：军事谊文出版社.
[98] 罗伯特·费尔德曼, 2007. 发展心理学：人的毕生发展 [M]. 第4版. 苏彦捷, 译. 北京：世界图书出版公司北京公司.
[99] 周念丽, 2006. 学前儿童发展心理学：修订版 [M]. 上海：华东师范大学出版社.
[100] 庞丽娟, 李辉, 1993. 婴幼儿心理学 [M]. 杭州：浙江教育出版社.
[101] 王丹, 2016. 婴幼儿心理学 [M]. 重庆：西南师范大学出版社.
[102] 秦金亮, 2008. 儿童发展概论 [M]. 北京：高等教育出版社.
[103] Ainsworth M D S, 1969. Object relations, dependency, and attachment: a theoretical review of the infant-mother relationship[J]. Child Development, 4(40): 969-1025.
[104] Harlow H F, 1958. The nature of love[J]. American Psychologist, 13: 673-685.
[105] Baumrind D, 1991. Effective parenting during the early adolescent transition. In: Cowan, P. A., Hetherington, E. M. (Ed.)[J]. Family transitions. Lawrence Erlbaum Associates, Inc.: 111-163.
[106] Plomin R, 1994. Biological approaches to the study of human intelligence[J]. 24(4): 417-418.
[107] Dunn, J, Slomkowski, C, Beardsall L, 1994. Sibling relationships from the preschool period through middle childhood and early adolescence[J]. Developmental Psychology, 30(3), 315-324.
[108] Gottesman I I, 1963. Heritability of personality: a demonstration[J]. Psychological Monographs, 77(9): 1-21.
[119] Kochanska G, Kim S, Boldt L J, et al., 2013. Promoting toddlers' positive social-emotional outcomes in low-income families: a play-based experimental study[J]. J Clin Child Adolesc Psychol, 42(5): 700-712.
[110] Lampl M, Veldhuis J D, Johnson M L, 1992. Saltation and stasis: a model of human growth[J].

Science, 258(5083): 801-803.

[111] Keith L, 2003. Moore and TVN Persaud. Saunders: Philadelphia, 2003.280 pages[J]. Journal of Manipulative & Physiological Therapeutics, 26(8): 536.

[112] Ranly D M, 1998. Early orofacial development[J]. The Journal of Clinical Pediatric Dentistry, 22(4): 267-275.

[113] Huttenlocher P R, 1994. Synaptogenesis in human cerebral cortex[J].

[114] Stiles J, 2000. Neural plasticity and cognitive development[J]. Developmental Neuropsychology, 18(2): 237-272.

[115] Webb S J, Monk C S, Nelson C A, 2001. Mechanisms of postnatal neurobiological development: implications for human development[J]. Developmental Neuropsychology, 19(2): 147-171.

[116] Johnston C, Mash E J, 2001. Families of children with attention-deficit/hyperactivity disorder: Review and recommendations for future research[J]. Clinical Child and Family Psychology Review, 4(3): 183-207.

[117] Thompson R A, Nelson C A, 2001. Developmental science and the media: Early brain development[J]. American Psychologist, 56(1): 5.

[118] Johnson M H, Griffin R, Csibra G, et al., 2005. The emergence of the social brain network: Evidence from typical and atypical development[J]. Development and Psychopathology, 17(3): 599-619.

[119] Davidson R J, 1994. Asymmetric brain function, affective style, and psychopathology: The role of early experience and plasticity[J]. Development and Psychopathology, 6(4): 741-758.

[120] Courage M L, Adams R J, 1990. Visual acuity assessment from birth to three years using the acuity card procedure: cross-sectional and longitudinal samples[J]. Optometry and Vision Science: Official Publication of the American Academy of Optometry, 67(9): 713-718.

[121] Slater, A.Visual perception.In G. Bremner &A. Fogel(Eds.), Blackwell handbook of infant devel-opment[M]. Malden, MA: Rlackwel, 2001: 5-34.

[122] Bornstein M H, 1975. Qualities of color vision in infancy[J]. Journal of Experimental Child Psychology, 19(3): 401-419.

[123] Peeles D R, Teller D Y, 1975. Color vision and brightness discrimination in two-month-old human infants[J]. Science, 189(4208): 1102-1103.

[124] Dondi M, Simion F, Caltran G, 1999. Can newborns discriminate between their own cry and the cry of another newborn infant?[J]. Developmental Psychology, 35(2): 418.

[125] Wertheimer M, 1961. Psychomotor coordination of auditory and visual space at birth[J]. Science, 134(3491): 1692-1692.

[126] Clifton R K, Rochat P, Litovsky R Y, et al., 1991. Object representation guides infants' reaching in the dark[J]. Journal of Experimental Psychology: Human Perception and Performance, 17(2): 323.

[127] Vouloumanos A, Werker J F, 2004. Tuned to the signal: the privileged status of speech for young infants[J]. Developmental Science, 7(3): 270-276.

[128] Rochat P, 1983. Oral touch in young infants: Response to variations of nipple characteristics in the first months of life[J]. International Journal of Behavioral Development, 6(2): 123-133.

[129] Streri A, Lhote M, Dutilleul S, 2000. Haptic perception in newborns[J]. Developmental Science, 3(3): 319-327.

[130] Slater A, Mattock A, Brown E, et al., 1991. Form perception at birth: Revisited[J]. Journal of Experimental Child Psychology, 51(3): 395-406.

[131] Fantz R L, 1961. A method for studying depth perception in infants under six months of age[J]. The Psychological Record, 11: 27.

[132] Banks M S, Ginsburg A P, 1985. Infant visual preferences: A review and new theoretical treatment[J]. Advances in Child Development and Behavior, 19: 207-246.

[133] Dannemiller J L, Stephens B R, 1988. A critical test of infant pattern preference models[J]. Child Development: 210-216.

[134] Barrera M E, Maurer D, 1981. Recognition of mother's photographed face by the three-month-old infant[J]. Child Development: 714-716.

[135] Quinn P C, Yahr J, Kuhn A, et al., 2002. Representation of the gender of human faces by infants: A preference for female[J]. Perception, 31(9): 1109-1121.

[136] Yonas A, Cleaves W T, Pettersen L, 1978. Development of sensitivity to pictorial depth[J]. Science, 200(4337): 77-79.

[137] Chomsky N, 1959. Review of verbal behavior by B. F. Skinner[J].

[138] Vargas E A, 2013. The Importance of Form in Skinner's Analysis of Verbal Behavior and a Furth14er Step[J]. Analysis of Verbal Behavior, 29(1): 167.

[139] Tager-Flusberg H, Rogers S, Cooper J, et al., 2009. Defining spoken language benchmarks and selecting measures of expressive language development for young children with autism spectrum disorders[J]. Journal of Speech Language & Hearing Research Jslhr, 52(3): 643.

[140] Eimas P D, Siqueland E R, Jusczyk P, et al., 1971. Speech Perception in Infants[J]. Science, 171(3968): 303-306.

[141] Johnston J, 2005. Factors that Influence Language Development[J]. Encyclopedia on Early Childhood Development.

[142] Newland L A, Roggman L A, Boyce L K, 2001. The development of social toy play and language in infancy[J]. 24(1): 1-25.

[143] Thomas A, Chess S, Birch H G, 1970. The origin of personality[J]. Scientific American, 223(2): 102.

[144] Melges F T, Bowlby J, 1969. Types of hopelessness in psychopathological process[J]. Archives of General Psychiatry, 20(6): 690-699.

[145] Hoffman M L, 1977. Sex differences in empathy and related behaviors[J]. Psychological Bulletin, 84(4): 712.

[146] Ainsworth M S, 1989. Attachments beyond infancy[J]. American Psychologist, 44(4): 709.

[147] Cohen L J, Lampe J R, 2011. Embracing democracy in the western Balkans[J]. From Post-conflict Struggles toward European Integration. Washington, DC.

[148] Howes C, Matheson C C, 1992. Sequences in the development of competent play with peers: Social and social pretend play[J]. Developmental Psychology, 28(5): 961.

[149] Lashley K S, 1930. Basic neural mechanisms in behavior[J]. Psychological Review, 37(1): 1.

[150] Rovee-Collier C, 1999. The development of infant memory[J]. Current Directions in Psychological Science, 8(3): 80-85.

[151] Fantz R L, 1963. Pattern vision in newborn infants[J]. Science, 140(3564): 296-297.

[152] Gunderson E A, Gripshover S J, Romero C, et al., 2013. Parent praise to 1－to 3－year－olds predicts children's motivational frameworks 5 years later[J]. Child Development, 84(5): 1526-1541.

[153] Lucca K, Horton R, Sommerville J A. 2019. Keep trying!：Parental language predicts infants' persistence[J]. Cognition, 193: 104025.

[154] Radovanovic M, Solby H, Soldovieri A, et al., 2021. Try smarter, not harder: Exploration and strategy diversity are related to infant persistence[C]//Proceedings of the Annual Meeting of the Cognitive Science Society, 43(43).

[155] Carson V, Lee E Y, Hewitt L, et al., 2017. Systematic review of the relationships between physical activity and health indicators in the early years (0-4 years)[J]. BMC Public Health, 17(5): 33-63.

[156] Caspi A, Harrington H L, Milne B, et al., 2003. Children's behavioral styles at age 3 are linked to their adult personality traits at age 26[J]. Journal of Personality, 71(4): 495-514.

[157] Barr R, Hayne H, 1996. The effect of event structure on imitation in infancy: practice makes perfect? [J]. Infant Behavior and Development, 19: 253-257.

[158] Baillargeon R, 1987. Object Permanence in 3 1/2- and 4 1/2-Month-Old Infants[J]. Developmental Psychology, 23(5): 655-664.

[159] Barr R, Dowden A, Hayne H, 1996. Developmental changes in deferred imitation by 6-to 24-month-old infants[J]. Infant Behavior and Development, 19(2): 159-170.

[160] Brown A L, 1990. Domain-specific principles affect learning and transfer in children[J]. Cognitive Science, 14: 107-133.

[161] Baker R K, Keen R. 2007. Tool use by young children: choosing the right tool for the task[J]. Presented at biennial meet. Soc. Res. Child Dev., Boston, MA.

[162] McCarty M E, Clifton R K, Collard R R, 1999. Problem solving in infancy: The emergence of an action plan[J]. Developmental Psychology, 35(4): 1091-1101.

[163] Haight W L, Miller P J, 1994. Pretending at home: Early development in a sociocultural context[J]. Educational Researcher, 23(2).

[164] AdolphK E, 1997. Comment on learning in the development of infant locomotion[J]. Monographs of the Society for Research in Child Development, 62(3): 141-151.

[165] DeLoache J S, Sugarman S, &Brown A L, 1985. The development of error correction strategies in young children's manipulative play[J]. Child Development, 3: 928-939.

[166] Chen Y P, Keen R, Rosander K, et al., 2010. Movement planning reflects skill level and age changes in toddlers[J]. Child Development, 81(6): 1846-1858.

[167] Joh A S, Jaswal V K, Keen R, 2011. Imagining a way out of the gravity bias：Preschoolers can visualize the solution to a spatial problem[J]. Child Development, 82(3): 744-750.

[168] J. S. Horst, L. M. Oakes, K. L, 2005. Madole,"what does it look like and what can it do? Category structure influences how infants categorize[J]. Child Development, 76(3): 614-631.

[169] Kalanit G S, Weiner K S, Jesse G, et al., 2018. The functional neuroanatomy of face perception:

from brain measurements to deep neural networks[J]. Interface Focus A Theme Supplement of Journal of the Royal Society Interface, 8(4): 20180013.

[170] Rekow D, Baudouin J Y, Poncet F, et al., 2021. Odor-driven face-like categorization in the human infant brain[J]. Proceedings of the National Academy of Sciences, 118(21): 1-7.

[171] Chen Z, Sanchez R P, Campbell T, 1997. From beyond to within their grasp: the rudiments of analogical problem solving in 10-and 13-month-olds[J]. Dev Psychol, 33(5): 790-801.

[172] Sobel D M, Kirkham N Z, 2006. Blickets and babies: The development of causal reasoning in toddlers and infants[J]. Developmental Psychology, 42(6): 1103-1115.

[173] Hayne H, Rovee-Collier C, Perris E E, 1987. Categorization and memory retrieval by three-month-olds[J]. Child Dev, 58(3): 750-767.

[174] Gardner H, Asensio M T M N M, 1998. Intelligencias multiples [M]. Barcelona: Paidós.

[175] Buss A, Plomin R, 2008. Temperament: Early developing personality traits[M]. Lawrence Erlbaum.

[176] Buss A H, Plomin R, 1975. A temperament theory of personality development[M]. Wiley-Interscience.

[177] Lichtenberg G C, 1983. Briefwechsel [M]. CH Beck.

[178] Rovee-Collier C, Cuevas K, 2008. The development of infant memory[M]//The development of memory in infancy and childhood, Psychology Press: 23-54.

[179] Bowlby J. Attachment and loss: Attachment (Vol. 1,2,3)[M]. New York: Basic Books, 1969, 1973, 1980.